Wissenschaftstheorie
Wissenschaft und Philosophie

Gegründet von
Prof. Dr. Simon Moser, Karlsruhe

Herausgegeben von
Prof. Dr. Siegfried J. Schmidt, Bielefeld

1 H. Reichenbach, Der Aufstieg der wissenschaftlichen Philosophie (vergriffen)

2 R. Wohlgenannt, Was ist Wissenschaft? (vergriffen)

3 S. J. Schmidt, Bedeutung und Begriff (vergriffen)

4 A.-J. Greimas, Strukturale Semantik (vergriffen)

5 B. G. Kuznecov, Von Galilei bis Einstein

6 B. d'Espagnat, Grundprobleme der gegenwärtigen Physik (vergriffen)

7 H. J. Hummell / K.-D. Opp, Die Reduzierbarkeit von Soziologie auf Psychologie

8 H. Lenk, Hrsg., Neue Aspekte der Wissenschaftstheorie

9 I. Lakatos / A. Musgrave, Hrsg., Kritik und Erkenntnisfortschritt

10 R. Haller / J. Götschl, Hrsg., Philosophie und Physik

11 A. Schreiber, Theorie und Rechtfertigung

12 H. F. Spinner, Begründung, Kritik und Rationalität, Band 1

13 P. K. Feyerabend, Der wissenschaftstheoretische Realismus und die Autorität der Wissenschaften

14 I. Lakatos, Beweise und Widerlegungen

15 P. Finke, Grundlagen einer linguistischen Theorie

Peter Finke

Grundlagen einer linguistischen Theorie

Empirie und Begründung in der Sprachwissenschaft

Friedr. Vieweg & Sohn Braunschweig/Wiesbaden

CIP-Kurztitelaufnahme der Deutschen Bibliothek

Finke, Peter:
Grundlagen einer linguistischen Theorie: Empirie u. Begründung in d. Sprachwiss. / Peter Finke. – Braunschweig, Wiesbaden: Vieweg, 1979.

ISBN-13: 978-3-528-08390-8 e-ISBN-13: 978-3-322-86605-9
DOI: 10.1007/978-3-322-86605-9

1979

Satz: Friedr. Vieweg & Sohn, Braunschweig
Druck: E. Hunold, Braunschweig
Buchbinder: W. Langelüddecke, Braunschweig

Ha! I have a theory. These flashes come upon me at times.

SHERLOCK HOLMES

Bemerkung zur Zitierweise

Zitate, auch von Namen von Begriffen, sind durch doppelte Anführungszeichen gekennzeichnet. Einfache Anführungszeichen werden bei manchen uneigentlichen Redeweisen, zur impliziten Problematisierung gewisser unklarer oder ‚gängiger' Ausdrücke, sowie dann verwendet, wenn in einem zitierten Text irgendwelche Formen von Anführungszeichen auftreten.

Vorwort

Die Sprachwissenschaft befindet sich gegenwärtig in einer Entwicklungsphase, in der die Beschäftigung mit ihren Grundlagen nicht nur als das Bedürfnis einiger – wie KANT sie genannt hätte – Klüglinge, sondern eine in der Sache begründete Notwendigkeit erscheint. Die Beantwortung zweier Fragen ist in diesem Zusammenhang nicht unwichtig, nämlich erstens, ob und inwiefern die Linguisten für ihre Theorien den Anspruch auf einen empirischen Gehalt erheben, und zweitens, ob und inwiefern sie begründete Entscheidungen für bestimmte linguistische Konzeptionen treffen können. Die Grundidee dieses Buches ist, daß beide Fragen im Zusammenhang gesehen und beantwortet werden müssen.

Ich wende mich an Leser, die bereits eine gewisse elementare Kenntnis von sprachwissenschaftlichen Theorien, insbesondere der in der gegenwärtigen linguistischen Diskussion wichtigen Theorien, besitzen. So muß ich mich z.B. oft auf bestimmte Theorien beziehen, ohne sie näher charakterisieren oder sogar darstellen zu können. Vielleicht sollte man außerdem allgemein sagen, daß wissenschaftsphilosophische Untersuchungen oft für denjenigen, der in einer Wissenschaft praktisch arbeitet, von einem Schein der Trivialität begleitet sind. Obwohl ich weiß, daß dies zumindest an einigen Stellen die Grenzen des Autors sichtbar werden läßt, möchte ich doch meine Leser darum bitten, so weit wie möglich die trügerische Sicherheit des anscheinend Selbstverständlichen zu beargwöhnen. Dies gelte auch da, wo ich mich in Sicherheit wiege.

Dem Buch liegt der Text meiner Göttinger philosophischen Dissertation zugrunde; er ist gegenüber dem vervielfältigten Originalmanuskript von 1976, das unter dem Titel „Empirizität und Begründungsproblem einer linguistischen Theorie" bereits verschiedentlich zitiert worden ist, in mehreren Punkten verändert worden. In den zweiten Teil habe ich zwei für diesen Zweck leicht modifizierte Aufsätze eingearbeitet, die in Sammelbänden der Verlage Hoffmann und Campe (Hamburg) und Scriptor (Kronberg) erschienen sind. Ich danke den Verlagen und den beteiligten Herausgebern für ihre Erlaubnis, das Material hier erneut zu verwenden.

Es bleibt mir die angenehme Pflicht, Dank abzustatten für mannigfache Belehrung, Hilfe, Ermunterung, anregende Diskussion und – Geduld.

An erster Stelle steht, bei allen diesen Punkten (und gewiß beim letzten!), mein Lehrer Günther Patzig. Bei ihm habe ich gelernt, daß Philosophie lebendig, klar und wissenschaftsnah betrieben werden kann. Ich weiß, daß ich leider in vielen Punkten seinen Maßstäben für Klarheit und Genauigkeit der Darstellung, Souveränität des Urteils und Aufmerksamkeit der Argumentation nicht habe entsprechen können.

An zweiter Stelle nenne ich Jürgen Gidion, Siegfried Kanngießer und Peter Frederick Strawson, die, auf unterschiedliche Weise, einen starken Einfluß auf das hatten, was in diesem Buch steht. Auch Wolfgang P. Schmid und Thomas Gardner möchte ich hier herzlich danken.

Außerdem habe ich von vielen Freunden und Kollegen Belehrung und Hilfe in unterschiedlicher Form empfangen; ich nenne insbesondere Renate Bartsch, Werner Diederich, Hans-Heinrich Lieb, Chistopher Habel, Walter Kindt, Wolf König, Helen Martucci, János S. Petöfi, Siegfried J. Schmidt, Helmut Schnelle, Veronika Ullmer-Ehrich, Jan Wirrer und Reinhard Zobel. Sehr nützlich waren für mich einige Diskussionen mit Joseph D. Sneed zum Problem der Übertragbarkeit seiner wissenschaftstheoretischen Konzeption auf die Linguistik.

Dem Vieweg-Verlag, und hier insbesondere Herrn Albrecht A. Weis, danke ich für seine Geduld und Sorgfalt bei der Herstellung des Buches.

Zuletzt – er wird es verstehen – nenne ich Milvus M. Migrans; ohne unsere gemeinsamen Exkursionen, vom Hanság bis ins Ochsenmoor, sähe dies mit Sicherheit ganz anders aus.

P. F.

Bielefeld, im Dezember 1977

Inhaltsverzeichnis

A. Einleitung: Wissenschaft, Linguistik, Philosophie

Wissenschaft – was ist das eigentlich? Eine Menge von Theorien? Und wie sehen diese aus? Was ist das überhaupt, eine Theorie? Ist Wissenschaft nicht vielmehr eine Tätigkeit? Eine spezielle Form menschlicher Kommunikation? Wenn ja – was sind ihre Spezifika? Ist sie wirklich so verschieden von anderen Formen der Kommunikation, vom normalen Handeln im täglichen Leben, wie das prima facie den Anschein hat?

Linguistik ist eine Wissenschaft, die Wissenschaft von der Sprache. Ist sie damit ausreichend definiert? Wie sollten wir sie sonst charakterisieren? Durch die Sätze ihrer Theorien? Bestehen Theorien überhaupt aus Sätzen? Sollten wir die Linguistik nicht eher durch das kennzeichnen, was die Linguisten tun? Ist dies wirklich so verschieden von der Art, wie andere Wissenschaftler handeln oder auch vom alltäglichen Leben und Handeln der Menschen in einer Gesellschaft, in der sie sich verständigen und miteinander auskommen müssen?

Philosophie schließlich: eine besonders seltsame Sache. Müssen wir uns überhaupt damit beschäftigen? Können wir nicht, als Linguisten, einfach zur Sache kommen, vorausgesetzt, wir haben geklärt, was unsere Sache ist? Aber brauchen wir dazu die Philosophie? Ist das nicht mittlerweile klargeworden, was die Sache der Linguistik ist, wenn vielleicht auch unter philosophischer Assistenz, so doch letzten Endes aufgrund der Entscheidung der Fachleute, der Linguisten?

Eine stattliche Menge von stattlichen Fragen, und doch nur eine Teilmenge der Fragen, die sich einem skeptischen Linguisten aufdrängen, wenn er über Probleme des Status einer linguistischen Theorie nachdenkt. Ich kann im Folgenden keinesfalls alle diese Fragen ausführlich behandeln oder gar befriedigend entscheiden; dafür sind sie zu schwierig, zu zahlreich und zu generell für unser spezifisches Thema. Ich will zwei – gemessen an den allgemeinen Fragestellungen, die ich genannt habe – recht spezielle Probleme abhandeln: die Frage nach den Voraussetzungen, die vorliegen müssen, um eine linguistische Theorie eine *empirische* Theorie nennen zu können, und die – wie zu zeigen ist – mit dieser Frage eng verknüpfte weitere Frage, wie ich im gegenwärtigen Konzeptionenpluralismus linguistischer Theorien die Wahl einer bestimmten Theorie *begründen* kann.

Dazu ist es aber notwendig, auch zu jenen allgemeinen Fragen, von denen ich einige eingangs gestellt habe, *eine Meinung zu haben.* Dies ist deshalb notwendig, weil schon die genaue Formulierung eines speziellen wissenschaftlichen Problems mannigfache Vorentscheidungen in generelleren Fragen voraussetzt. Weiß ich z.B. nicht, was in der Linguistik als Theorie gilt, so kann ich nach ihrer Empirizität und Begründung erst gar nicht sinnvoll fragen.

Wenn also diese Untersuchung über vermutete Eigenschaften oder erwünschte Bewertungen von Theorien in der Linguistik auch nicht dazu geschrieben ist, um Antworten auf jene und ähnliche allgemeine Fragen zu geben, so kann sie doch auf *Positionen* in diesen Fragen nicht verzichten; sie muß vielmehr von ihnen ausgehen. Dies kann vielleicht mißverstanden werden; es heißt nicht, daß man unter allen Umständen seine Meinung zu solchen generellen wissenschaftstheoretischen Problemen *sagen* müsse, sondern zunächst nur, daß man eine haben sollte. Aber selbst wenn dies bezweifelt würde, bliebe das *Faktum,* daß man von gewissen Positionen ausgeht, von expliziten oder impliziten Theorien, bewußten oder unbewußten Vorentscheidungen oder Vorurteilen.[1]

Es kann also keinesfalls Ziel dieser Untersuchung sein, in Sachen Grundlagen einer linguistischen Theorie „die Probleme im wesentlichen zu lösen", sondern ich betone im Gegenteil, wie abhängig Analysen wie diese von Vorentscheidungen und Vorurteilen sind. Allerdings sollen einige der generellen Probleme, die im Vorfeld des Empirizitäts- und Begründungsproblems entschieden werden, hier dennoch kurz selbst thematisiert werden: Probleme der wissenschaftstheoretischen und philosophischen Rahmenkonzeption, des Theorienbegriffs, der Struktur und Rolle rationaler Kommunikation etc.. Sie können als Beispiele dafür dienen, daß Festlegungen und Positionen, die undiskutiert bleiben oder auch explizit als Entscheidungen eingeführt werden, nicht etwa einer näheren Begründung unzugänglich sind; auch Vorurteile können – bewußt gemacht – prinzipiell einem Begründungsverfahren ausgesetzt werden. Zwar sind vernünftige Argumentationen ohne Entscheidungen nicht möglich, doch könnte auf manches, was nach 'blinder' Entscheidung aussieht, der Bereich argumentativer Rechtfertigung und Begründung gewiß ausgedehnt werden. Nur der Glaube an eine vollständig entscheidungsfreie Rationalität ist eine Fiktion.[2]

Rationalität, vernünftige Argumentation, Wissenschaft – der Beigeschmack des Ehrwürdigen, Großartigen und Asketischen ist diesen Begriffen sicher.[3] Es mag sein, daß darin eine gewisse Berechtigung liegt; ich möchte jedoch stattdessen auf das Normale, Selbstverständliche und Gewöhnliche, was diesen Begriffen auch anhaften kann, hinweisen. Zwar muß man es unter all der Bildungsfracht, geistesgeschichtlichen Relativität und Honorabilität erst wieder zu sehen lernen, doch kann dies, im Hinblick auf unsere speziellen Probleme, lohnend sein. Die Fragen nämlich, ob linguistische Theorien einen empirischen Gehalt besitzen, wie man dies ggf. prüfen könnte, wie man solche Theorien begründen bzw. ihre Begründungschancen bewerten könnte, solche Fragen sind – so behaupte ich – von prinzipiell keiner anderen Art, genauso vernünftig und genauso einer vernünftigen Beantwortung zugänglich, wie jede andere ernsthafte Frage im täglichen Leben auch. Ich behaupte, daß die Rationalität der Wissenschaft im Prinzip keine andere ist als die Rationalität, derer wir im täglichen Leben bedürfen, daß wissenschaftliche Argumentation im Prinzip nichts anderes ist als jede nach Gründen fragende Argumentation im normalen Alltagsleben der Menschen – kurz, daß Wissen-

1 „Wir sind nicht alle miteinander ratlose Anfänger" (KAMLAH/LORENZEN 1967: 26).

2 Es wird später (Kap. I c 2 und 5) deutlich werden, daß diese allgemeinen Vorbemerkungen schon mehr mit den beiden Spezialthemen der Empirizität und Begründung einer linguistischen Theorie zu tun hatten, als an dieser Stelle ausgeführt werden kann (cf. S. 110 ff., 127 resp.).

3 Leider gibt es immer wieder Wissenschaftler und philosophische Schulen, die der Versuchung erliegen, die eigene Position dogmatisch als 'vernünftig' oder als den orthodoxen Weg zum vernünftigen Reden zu immunisieren. Sie nützen jene Konnotationen aus.

schaft im Prinzip nichts anderes ist als eine Fortsetzung von Teilen der gewöhnlichen Lebenspraxis in einen bei dieser weniger interessierenden Bereich hinein.[4]

Drei Fragen drängen sich vor allem auf: was heißt „im Prinzip"? Welche Teile der gewöhnlichen Lebenspraxis interessieren hier und wie sehen sie aus? Und: wie kann der Bereich der Wissenschaft gekennzeichnet werden? Ich will in wenigen Sätzen eine Position zu diesen Fragen skizzieren.[5]

Ich verstehe Wissenschaft als eine menschliche Tätigkeit, deren Hauptzweck es ist, bestimmte spezialisierte Bedürfnisse zu erfüllen. Jeder Mensch hat elementare Bedürfnisse: Essen, Schlafen, sexuelle Bedürfnisse u.v.a.m.. Dies sind Bedürfnisse der Individuen, aber sie sind sehr allgemein: jeder hat sie. Sie sind die praktischsten Bedürfnisse, die wir haben. Doch wir sind keine ‚bloßen', isoliert voneinander lebenden Individuen, sondern auf Gemeinschaft angelegte und angewiesene Lebewesen. Deshalb gesellen sich zu jenen Individualbedürfnissen andere, die nur in der Gemeinschaft entstehen und befriedigt werden können: das Bedürfnis nach Unterstützung, Zuneigung, Verbesserung der Lebensbedingungen usf.. Auch dies sind sehr praktische Bedürfnisse, die unmittelbar das Leben und Wohlergehen des einzelnen betreffen. Doch ist bei diesen Gemeinschaftsbedürfnissen schon eher sichtbar, daß ihre Befriedigung auf Fähigkeiten beruht, die gelernt und beherrscht sein wollen, und wir sehen jetzt, daß dies – mehr oder weniger – auch für die noch praktischeren Bedürfnisse der Individuen gilt: wir müssen lernen, was eßbar ist und was nicht, lernen, wie wir anderen helfen können, wie wir unsere Lebensbedingungen verbessern können.[6] M.a.W.: wir lernen Strategien zur Lösung von Problemen. Aber wie könnten wir Probleme *lösen*, ohne sie zuvor zu *sehen*?

Wir lernen also offenbar auch, etwas überhaupt als Problem zu sehen, Probleme zu *erzeugen*. Das Kind, das seine Eltern fragt: Was ist das? Wie kommt das? Warum machst du das? hat dies für bestimmte Bereiche bereits gelernt: es kann eine bestimmte Klasse von sehr elementaren Bedürfnissen befriedigen, weil es Fragen-zu-stellen gelernt hat. Diese Probleme sind relativ elementar und relativ allgemein in dem Sinne, daß jeder Mensch Erzeugungs- und Lösungsstrategien für sie lernen muß und lernt, allerdings erst, *nachdem* er noch elementarere und allgemeinere Bedürfnisse zu befriedigen gelernt hat und noch *bevor* er wieder andere erzeugen und lösen kann. Diese früher-später-Relationen sind aber nicht nur ontogenetisch zu verstehen[7], sondern auch in einem anderen Sinne: es ist nicht nur *zeitlich* unmöglich, nach etwas Bestimmtem zu fragen, bevor man es als solches zu diskriminieren gelernt hat, sondern dies ist auch *logisch* unmöglich. Über Identifizierungsstrategien für bestimmte Objekte zu verfügen, seien dies nun sprachliche

4 "What primarily distinguishes science from other intellectual enterprises in which the right answer has to be obtained is not method but the matter" (BRIDGMAN 1950: 370).

5 Einige wissenschaftstheoretische Randbedingungen und Konsequenzen dieser Position werden im Kapitel Ic diskutiert.

6 Es scheint auch elementare Bedürfnisse zu geben, zu deren Befriedigung überhaupt nichts gelernt zu werden braucht, z.B. das Schlafbedürfnis.

7 Auch eine phylogenetische Interpretation ist plausibel; cf. für Anhaltspunkte die klassischen Werke von HAECKEL 1866 (Band II) und HUXLEY 1942. Für eine Aktualisierung cf. REMANE 1962. – Das hier interessierende biolinguistische Problem wird näher expliziert und exemplifiziert in MARSHALL 1970, insbes. 207–214 der dt. Ausgabe.

oder nichtsprachliche Handlungen, ist eine notwendige Bedingung dafür, Fragen über sie stellen zu können.

Ich sehe nun den einzigen hier relevanten Unterschied zwischen den Fragen des Kindes, den Fragen, die wir alle im täglichen Leben stellen, und den Fragen, wie sie Wissenschaftler stellen, in dem Allgemeinheitsgrad des Interesses an den Antworten auf sie. Fragen artikulieren Bedürfnisse, und die Befriedigung der Bedürfnisse des täglichen Lebens ist von einem allgemeinerem Interesse als die Beantwortung der meisten wissenschaftlichen Fragen. Die meisten Bedürfnisse der Wissenschaftler qua Wissenschaftler sind spezialisierter als ihre Bedürfnisse qua Menschen, aber sie sind nicht grundsätzlich von anderer Art. Sie sind im wesentlichen *Bedürfnisse nach Erklärungen*, aber nach Erklärungen suchen wir alle im täglichen Leben tausendfach. Nur, meistens, nach anderen als denen, für die sich ein Wissenschaftler interessiert, keinesfalls nach ganz anderen Arten von Erklärungen. So ist z.B. auch die Theoretizität von Wissenschaft kein Hinweis auf die Andersartigkeit ihrer Erklärungen, sondern nur darauf, daß wir in den Wissenschaften ganz bestimmte formale Strategien für Erklärungen ausgebildet und entwickelt haben.

Was sind Erklärungen? Ich kann auch dieses zentrale Thema der Wissenschaftstheorie hier nicht ausführlich behandeln[8], die flüchtige Skizze einer Position muß genügen.

Erklärungen sind Antworten auf Fragen, insbesondere Antworten auf Warum-Fragen.[9] Zwar artikulieren auch andere Fragetypen, etwa Wie-Fragen, Erklärungsbedürfnisse, z.B.: Wie verändern sich natürliche Sprachen? Oder: Wie ist es zu erklären, daß in Sprachen der Wakashan-Familie, wie z.B. Nootka und Kwakiutl, alle Individuen als Prozesse bezeichnet werden?[10] Oder: Wie können linguistische Theorien begründet werden? In der Tat scheinen Wie-Fragen sehr viele Erklärungsbedürfnisse artikulieren zu können, die dann mit Argumentationszusammenhängen beantwortet werden können[11]; dennoch möchte ich die Warum-Fragen als den charakteristischen Fragetyp, der ein Erklärungsbedürfnis artikuliert, bezeichnen.

Wann fragen wir: Warum? In Situationen, wo eine Erwartung durch etwas Unerwartetes durchbrochen wird, etwas Normales plötzlich in Frage steht, ein für selbstverständ-

---

8 Eine umfassende Übersicht über Probleme und Theorien des Begriffs der wissenschaftlichen Erklärung vermittelt STEGMÜLLER 1969: 72ff.

9 Ich schließe mich hierin der Explikation des generellen Charakters von Erklärungen an, die SCHEIBE 1970 gegeben hat. Allerdings restringiere ich meinen Erklärungsbegriff nicht auf Warum-Erklärungen in einem engen Sinne, da gewisse linguistische Erklärungen auch Züge solcher Erklärungen tragen, die aus der Philosophiegeschichte als teleologische Erklärungen bekannt sind. – Zur Diskussion der Problematik cf. das Kap. II c 3.

10 Cf. HACKING 1968: 177–185. Dieses Beispiel einer Wie-Frage, genauer: einer Wie-ist-es-zu-erklären-Frage, zeigt besonders gut, daß Wie-Fragen solchen Typs gleichsam verkleidete Warum-Fragen sind, denn der Ausdruck „Wie ist es zu erklären, daß x der Fall ist?" bedeutet dasselbe wie der Ausdruck „Warum ist x der Fall?"

11 Ich verstehe das bekannte TOULMINsche Argumentationsschema als Schema zur Beantwortung von Wie-Fragen, nämlich Fragen des Typs: Wie ist eine Argumentation aufgebaut? Oder: Wie sollte eine Argumentation aufgebaut werden? – Zu den Zusammenhängen und Unterschieden zwischen TOULMINs Schema und dem sog. D-N-Modell der Erklärung, wie es von HEMPEL und OPPENHEIM entwickelt worden ist, cf. WUNDERLICH 1970: 69–74 und 99–104, sowie SCHMIDT 1975a: 58–65.

lich gehaltener Zusammenhang – aus welchen Gründen auch immer – durchbrochen ist oder scheint: in solchen Situationen fragen wir nach diesen Gründen.[12] Wir haben ein neues Bedürfnis: das nach einer Erklärung, nach einer befriedigenden Antwort auf unsere Warum-Frage. Und ebenso, wie es diesen Standardtyp der Fragen gibt, mit dem wir unser Erklärungsbedürfnis artikulieren, gibt es Standardtypen der Antworten, durch die wir es befriedigen: den Weil-Typ und den Damit-Typ. Die Frage: Warum gibt es Linguistik? z.B. kann auf beiderlei Weise beantwortet werden: *Weil* wir spezielle Erklärungsbedürfnisse in Sachen Sprache haben, die systematische Lösungsstrategien erfordern, und: *Damit* unsere speziellen Erklärungsbedürfnisse in Sachen Sprache durch systematische Lösungsstrategien befriedigt werden können.[13]

Dies scheint mir für Wissenschaft und wissenschaftliche Erklärung charakteristisch zu sein: daß sie sich um möglichst systematische, kohärente und methodisch kontrollierte Lösungsstrategien zur Erfüllung von Erklärungsbedürfnissen bemüht. Der Aspekt der Wahrheit der wissenschaftlichen Sätze ist dagegen für eine Definition der wissenschaftlichen Tätigkeit allem Anschein nach weniger nützlich als vielfach angenommen, denn das Bedürfnis nach Wahrheit oder Wahrheitsnähe reguliert die wissenschaftliche Kommunikation lediglich genauso, wie es jegliche rationale Kommunikation auch im alltäglichen Leben reguliert. Wahrheit ist kein spezifisches Ziel von *Wissenschaft,* ebensowenig wie Erklärung.[14]

Aber sucht ein Wissenschaftler nicht nach *theoretischen* Erklärungen, wir alle im normalen Leben aber nach *praktischen* Erklärungen? Ich will hier nicht in die alte – und wir mir scheint weitgehend abgeschlossene – Debatte über das Verhältnis von Theorie und Praxis eintreten[15], sondern nur daran erinnern, daß bereits die Analyse sehr elementarer Bedürfnisse (wie kindlicher Fragehandlungen) zeigt, daß die sie motivierenden Probleme nur erzeugt und Lösungsstrategien nur gefunden werden können, wenn gewisse allgemeine Fähigkeiten beherrscht werden, deren Anwendung und Disziplinierung in den Wissenschaften lediglich auffälliger ist, weil sie nämlich dort systematischer entwickelt werden und zur expliziten Theoriebildung führen: Sprachbeherrschung, Sprachveränderung, logische Fähigkeiten, Abstraktionsfähigkeit usf.. Das Beispiel der Kinderfragen zeigt, daß eine scharfe Unterscheidung von praktischen und theoretischen Erklärungen unmöglich ist; es gibt nur praktischere – d.h. mehr oder weniger unmittelbar auf fundamentale Probleme des täglichen Lebens bezogene – und weniger praktische – d.h. auf die Befriedigung von hierarchisch nachgeordneten Bedürfnissen bezogene – Erklärungen. In diesen ist die theoretische Komponente nur deutlicher sichtbar und stärker entwickelt als in jenen, aber sie sind nicht von grundsätzlich anderer Art. Man

---

12 Diese Tatsache hat J. KÖNIG 1949 besonders hervorgehoben. – Hieran schließt auch SCHEIBE 1969 an.

13 Dieser Punkt wird ausführlich behandelt in KANNGIESSER 1976; cf. auch FINKE/KANNGIESSER (im Druck).

14 cf. Kap. IIa (insbes. S. 144 ff.).

15 Es gibt hierzu eine reiche Literatur; viele grundsätzliche Probleme sind schon in der klassischen Debatte zwischen KANT, GENTZ und REHBERG erörtert worden, wobei m.E. die besseren Argumente bei KANT zu finden sind (nicht in allen Punkten). – Die Debatte wurde neu herausgegeben von HENRICH 1967.

sollte sich eher das Verhältnis von Theorie und Praxis als *Kontinuum* vorstellen: die Theorie ‚erwächst' gleichsam aus der Praxis, indem Menschen bestimmte Bedürfnisse und insbesondere Strategien zu ihrer Befriedigung fortentwickeln, die in den elementarsten Handlungen des täglichen Lebens bereits angelegt sind und benutzt werden. Das heißt aber: Theorie ist nicht etwas grundsätzlich anderes als Praxis, sondern nur die Fortsetzung der Praxis im Hinblick auf spezielle Bedürfnisse und mit verfeinerten Strategien.[16]

Eine solche grobe Charakterisierung der Wissenschaften durch ihre *Funktion* soll hier zunächst genügen. Eine genauere Bestimmung dieser Funktion müßte die spezifischen Ausprägungen der Bedürfnisse und Lösungsstrategien, die für die einzelnen Wissenschaften typisch sind, differenziert untersuchen. Dafür ist, bis auf einen Fall, hier nicht der Ort. Insbesondere fehlt auch eine Charakterisierung der Wissenschaften durch ihre *Struktur,* also den Aspekt, der für die gesamte Analytische Wissenschaftstheorie kennzeichnend ist.[17] Daß er hier fehlt, hat einen einfachen Grund: wir wollen uns in diesem Buch mit diesen Fragen noch eingehend am Beispiel der Linguistik beschäftigen.

Der eine Fall, auf den ich mich von nun an konzentrieren werde, ist die Wissenschaft von der Sprache, die *Linguistik.* Sie wird von den Wissenschaftlern ausgebildet zur methodisch kontrollierten Befriedigung von z.T. sehr spezialisierten Bedürfnissen, doch auch sie sind gleichsam nur die Verlängerung elementarerer und allgemeinerer Bedürfnisse, die auf Problemen beruhen, welche sich aus der Existenz, der Rolle, der Beschaffenheit, der Erkennbarkeit und kognitiven Funktion von Sprachen für das tägliche Leben der Menschen ergeben. Ich schränke dabei das Tätigkeitsfeld der Linguistik nicht auf den Bereich der sog. natürlichen Sprachen ein, denn es ist erstens noch immer grundsätzlich umstritten, ob es – neben der Tatsache, daß formale Sprachen Konstrukte und keine natürlichen Objekte sind – einen prinzipiellen Unterschied zwischen natürlichen und formalen Sprachen gibt.[18] Außerdem hat das Studium formaler Sprachen de facto in der heutigen Linguistik eine Bedeutung erlangt – sei es als Beschreibungssprachen für theoretische Zwecke, sei es als formale Approximationen an natürliche Sprachen[19] – die es neben dem Studium der natürlichen Sprachen und im Zusammenhang mit diesem auch aus wissenschaftstheoretischen und wissenschaftshistorischen Gründen zu einem konstitutiven Teil der Linguistik hat werden lassen. Dennoch bleiben die natürlichen Sprachen die primären Untersuchungsobjekte der Linguisten. Ich werde mich daher im Folgenden – wenn keine andere Qualifikation erfolgt – mit den Ausdrücken „eine Sprache" oder „sprachlich" ausschließlich auf natürliche Sprachen beziehen. Dies schließt nicht aus, daß manche dieser Bemerkungen auch auf bestimmte formale Sprachen zutreffen.

---

16 Umgekehrt können wir auch sloganartig sagen: Wo Erklärung ist, da ist auch Theorie (cf. Kap. Ia2).

17 Diese einseitige Ausrichtung der Analytischen Wissenschaftstheorie(n) läßt es berechtigt erscheinen, sie als unvollständig zu bezeichnen. In Kap. Ic bringe ich Argumente dafür bei, daß diese Unvollständigkeit prinzipieller Natur ist.

18 Zu Argumenten gegen eine prinzipielle Unterscheidung cf. CRESSWELL 1973: 1 ff., sowie 127 ff.; auch KINDT 1974. – Man könnte dies eine „nichtklassische Position" nennen, im Unterschied zu einer Position, die sich auf im Vergleich weniger elaborierte formale Systeme bezieht, und als „klassische Position" bezeichnet werden kann.

19 Zu diesem Aspekt cf. Kap. Ic4 (S. 120 ff.).

Welches sind nun die allgemeinen Bedürfnisse, aus denen sich die Linguistik entwickelt hat, und welches sind die spezialisierteren Bedürfnisse, die sie selbst erzeugt und zu befriedigen versucht?

Die Bedürfnisse der ersten Art will ich „*Kommunikationsbedürfnisse*" nennen und die Erklärungsbedürfnisse sind eine echte Teilmenge von ihnen. Die Bedürfnisse der zweiten Art nenne ich „*linguistische Erklärungsbedürfnisse*". Beispiele für Kommunikationsbedürfnisse sind: etwas-mitteilen-wollen, für-etwas-eine-Erklärung-haben-wollen, jemanden-verstehen-wollen, etwas-versprechen-wollen, etwas-erreichen-wollen; aber nicht nur das Wollen, sondern auch das Dürfen, Müssen und Sollen drückt Bedürfnisse und ggf. Kommunikationsbedürfnisse aus. Allgemein gesprochen sind Kommunikationsbedürfnisse Motivationen, und zwar solche Motivationen, denen einen aktive oder passive Informationsabsicht zugrundeliegt.[20] Nun entspringt zwar nicht jede Übertragung einer Information zwischen Kommunikationspartnern einem Kommunikationsbedürfnis des einen Partners, aber umgekehrt intendiert jedes Kommunikationsbedürfnis eine Informationsübertragung.

Diese Sprechweise ist stark verkürzt; genauer sollte ich sagen: ein Mensch, der ein Kommunikationsbedürfnis hat, intendiert die Übermittlung oder Aufnahme einer Information. In dieser Formulierung kann deutlicher werden, daß es sich bei den Problemen, die mit der Erzeugung und Befriedigung von Kommunikationsbedürfnissen verbunden sein können, zunächst und primär nicht um abstrakte, auf einer hohen theoretischen Ebene angesiedelte Probleme handelt, sondern um ganz gewöhnliche, alltägliche und konkrete Probleme: ich verstehe nicht, was jemand sagt; ich verstehe nicht genau, was er meint; ich kann mich nicht so verständlich machen, wie ich möchte; ich beherrsche die Sprache nicht, die jemand verwendet.

Solche Beispiele für Situationen, in denen ein Kommunikationsbedürfnis *nicht* befriedigt werden kann, sind die methodischen Anfangsstadien von Wissenschaft: wir verstehen etwas nicht, etwas funktioniert nicht, läuft nicht so ab wie gewohnt. Dies ist essentiell die Situation des kleinen Kindes, das seine Eltern fragt: Warum?[21]

Wir suchen nach Erklärungen. Wenn wir darüber nachdenken, wird uns bewußt, daß wir viele solcher Erklärungen gelernt haben: wir verstehen ihn nicht, weil er eine besonders merkwürdige Aussprache hat; wir verstehen ihn nicht, weil er ein Wort anders verwendet, als wir es tun würden; wir können uns ihm nicht verständlich machen, weil wir seine Sprache nicht beherrschen usf.. Die Linguistik beginnt dann, wenn man mit diesen Erklärungen nicht zufrieden ist, sondern weiterfragt: Warum hat er eine andere Aussprache? Warum verwendet er das Wort anders als wir? Warum kann er, in einer anderen Sprache, grosso modo, offenbar dasselbe ausdrücken wie wir in der unsrigen? Der Schritt von elementaren Kommunikationsbedürfnissen zu spezialisierteren, ‚theoretischeren', ist getan. Es ist ein sehr kleiner Schritt. Nichts deutet darauf hin, daß wir die neuen Probleme auf eine *grundsätzlich andere* Weise zu lösen versuchen müßten, als diejenigen, an die wir sie angeschlossen haben. Umgekehrt dürfen wir aber auch ver-

20 Einen elaborierten Kalkül zur Darstellung von Bedürfnisstrukturen und Motivationsräumen enthält NOWAKOWSKA 1973, cf. daraus insbes. das Kap. "The Language of Motivation".

21 Eine tiefgehende Analyse des Sinnes einer Unterscheidung von theoretischen und praktischen Warum-Fragen führt J. KÖNIG durch (insbes. 49–88, op. cit.).

muten, daß wir unsere Lösungsstrategien stark verfeinern und spezialisieren müssen, um unsere neuen Bedürfnisse, die linguistischen Erklärungsbedürfnisse, zu befriedigen.

Allgemein gesprochen sind linguistische Erklärungsbedürfnisse eine Untermenge der allgemeinen Kommunikationsbedürfnisse, genauer: diejenigen Kommunikationsbedürfnisse, die durch Erklärungen über die Funktion und Struktur von Sprachen befriedigt werden können. Eine bestimmte Gruppe von Menschen, eben die Linguisten, hat solch spezialisierte Bedürfnisse entwickelt, daß sie — jedenfalls besser als andere — in der Lage sind, uns zu erklären, wozu wir überhaupt sprechen und warum unsere Sprachen so beschaffen sind, wie das der Fall ist.

Aber es gäbe ein schiefes Bild, wenn wir hier allein an psychologisch zu deutende Besonderheiten von Individuen oder soziologisch zu deutende Besonderheiten von Gruppen von Individuen denken würden.[22] Die Entstehung der linguistischen Erklärungsbedürfnisse aus den allgemeinen Kommunikationsbedürfnissen *erklärt*, warum jede Gesellschaft ein elementares Interesse an der Erforschung der sprachlichen Kommunikation haben muß: es ist das für jede Gesellschaft vitale Interesse am Funktionieren der unentbehrlichen kommunikativen Handlungen, denn kommunikative Koordination und Kooperation zählen zu den elementaren Konstitutionsbedingungen jeder Gesellschaft.[23] Deshalb ist nicht nur die Ausprägung von Bedürfnissen in bezug auf die Kommunikationsmittel selbst — die Sprachen — sondern auch deren Ergänzung durch Bedürfnisse in bezug auf ihre Beschreibung und Erklärung ein wichtiges allgemeines Interesse. Dies geschieht auch: Sprachen werden in der Schule gelehrt und partiell — nämlich in Hinblick auf wichtige Funktionen — erklärt, den Sprechenden durchsichtig gemacht. Dies zeigt, daß ein gewisser Kernbereich an angewandter Linguistik bereits für die Befriedigung relativ elementarer Bedürfnisse notwendig ist. Doch wo die Anwendung von Linguistik notwendig ist, ist zunächst einmal deren Entwicklung als Wissenschaft notwendig.[24] Wie aber entwickelt sich eine Wissenschaft?

Eine Wissenschaft entwickelt ‚sich' überhaupt nicht, sondern sie wird von Wissenschaftlern oder besser Wissenschaftlergruppen entwickelt. Aber woraus entwickeln sie eine Wissenschaft? Die Geschichte der Wissenschaften zeigt, daß die Mutter aller Wissen-

---

22 Die wissenschaftshistorischen Untersuchungen von BRAITHWAITE, HANSON, KUHN, TOULMIN u.a. haben zwar gezeigt, daß Wissenschaftspsychologie und Wissenschaftssoziologie für die Wissenschaftstheorie nicht irrelevant sind; die Debatte im Anschluß an diese Untersuchungen hat aber auch gezeigt, daß diese Bereiche nicht identisch sind. (Cf. LAKATOS/MUSGRAVE (eds.) 1970, dt. 1974). — Diese Differenzierung hat mancher Kritiker der Analytischen Wissenschaftstheorie, besonders aus dem hermeneutisch-dialektischen Lager, der beispielsweise deren Unvollständigkeit in wichtigen Bereichen zu Recht hätte kritisieren können, bis heute nicht vollzogen.

23 Dies ist — noch deutlicher als im Falle der menschlichen Sprachen — am Modell von Tiersprachen und Tierstaaten zu beobachten. Die von Ameisen, Bienen oder Fischen verwendeten Kommunikationssysteme (‚Tiersprachen') sind die einzigen Handlungsschemata, die diesen Individuen die Möglichkeit geben, für ihre Existenz lebenswichtige Sozialstrukturen aufzubauen. — Cf. TEMBROCK 1975: passim, zu Typen, Strukturen und Funktionen solcher Systeme.

24 In der BRD hat dies in den vergangenen zehn Jahren zu zahlreichen Initiativen und Strukturveränderungen im Hochschul- und Schulbereich geführt. — Einen kritischen Überblick vermittelt HARTMANN 1972. Cf. auch FINKE 1976b, sowie die anderen Beiträge des Sammelbandes.

schaften die Philosophie war und ist. Wie haben wir dies zu verstehen? In welchem Verhältnis steht die Linguistik zur Philosophie? Ich will auch in dieser Frage die Position andeuten, die meiner Untersuchung von zwei Spezialproblemen der Linguistik zugrundeliegt.

„Eine ganze Wolke von Philosophie kondensiert zu einem Tröpfchen Sprachlehre", sagt WITTGENSTEIN an einer Stelle der „Philosophischen Untersuchungen".[25] Eine ganze Wolke von Gedanken kondensiert zu einem Satz-Tröpfchen, möchte man antworten. Aber es ist müßig, Spekulationen darüber anzustellen, ob WITTGENSTEIN die ungewöhnlich intensive Entwicklung der Linguistik durch den Regen der Analytischen Philosophie, insbesondere auch seiner eigenen, vorausgeahnt und mit jenem Bildsatz vielleicht angedeutet hat; wohl kaum. In der Tat spricht einiges dagegen: seine (spätere) Abneigung gegen Dogmen, gegen stabile Methoden und Regeln, gegen eine allzu systematische und professionell betriebene Philosophie. Aber war er auch skeptisch gegenüber der systematischen Anwendung ihrer Ergebnisse durch andere, deren Nutzung nicht als Dogmen, aber als wissenschaftliche Hypothesen, der professionellen Raffinesse, angesichts der Möglichkeit, Spielregeln abzuändern "as we go along" eben einen formalisierten Begriff der *variablen* Regel auszuarbeiten?[26] Es wäre müßig, wenngleich nicht unnütz, hier Fragen wie diesen nachzuhängen. Fragen wir uns lieber nach dem sachlichen Verhältnis zwischen Sprachwissenschaft[27] und Sprachphilosophie, wie es sich uns gegenwärtig darstellt, und wie es *vielleicht* bereits in der Geschichte des WITTGENSTEINschen Tröpfchens kondensiert war.

Die Philosophie hat schon sehr früh ein erhebliches Interesse an der Sprache gezeigt. Das hat sich nie geändert. Aber erst seit etwa hundert Jahren haben Philosophen die Sprache in immer umfassenderer Weise thematisiert, zum Objekt ihrer Fragen und Theorien gemacht. Freilich finden wir schon zu Beginn der Philosophie- und Wissenschaftsgeschichte Denker, die sich für Wörter, Sätze, Dialoge, Redesituationen und Zusammenhänge des Sprachsystems interessiert haben, und dies nicht nur in dem trivialen Sinne, daß bei den alten Griechen Wissenschaft und Philosophie ohnehin zunächst noch ein und dieselbe Sache waren. Auch nicht nur in dem Sinne, daß sie gewisse fundamentale linguistische Methoden, die sie ersonnen hatten, in den philosophischen Dienst stellten[28] – Sprachanalyse als philosophische Methode, in der unmittelbaren Vergangenheit und Gegenwart ein bestimmender Charakterzug mehr als einer philosophischen Bewegung. Ich meine vielmehr die Tatsache, daß sich zwar anscheinend noch nicht die Vorsokratiker, fraglos aber und teilweise mit einer ganz außergewöhnlichen analytischen Schärfe PLATON, ARISTOTELES und die Stoiker, mit der Sprache *um ihrer selbst willen* auseinanderge-

25 WITTGENSTEIN 1953: II, xi, 222.

26 So bei LABOV, einem der bedeutendsten Soziolinguisten der Gegenwart. – Cf. neben den Schriften LABOVs auch CEDERGREN/SANKOFF 1974: 333–355.

27 Ich sehe keinen Unterschied zwischen Sprachwissenschaft und Linguistik, wie er gelegentlich in mehr oder weniger kunstvoller Form behauptet wird. – Eine illustrative Übersicht über solche Demarkationslinien bieten BARTSCH und VENNEMANN in ihrem Einführungskapitel zu dem von ihnen herausgegebenen Sammelband 1973: 9–20.

28 Das klassische Beispiel ist die Analyse der Mehrdeutigkeiten des griechischen *εἶναι* durch ARISTOTELES in seiner Kategorienschrift.

setzt haben, als einem Objekt sui generis et iuris des philosophischen Interesses.[29] Hier ist nicht der Ort für Philosophiegeschichte;[30] deshalb muß die Bemerkung genügen, daß – in dem langen Zeitraum vor den letzten hundert Jahren – noch oder schon viele Philosophen Sprachen und Zeichensysteme in methodischer oder thematischer Absicht studiert haben, AUGUSTIN, OCCAM, LEIBNIZ und andere. Aber: erst seit ungefähr hundert Jahren hat das philosophische Interesse an der Sprache eine systematische Dimension hinzugewonnen und ein Ausmaß erreicht, das es nachgerade zum prägenden Gegenstand einer ganzen philosophischen Epoche hat werden lassen.[31]

Sie hat einmal eine neue Disziplin ausgeprägt, die Sprachphilosophie, in der man heute alle philosophischen Untersuchungen über den Gegenstand Sprache zusammenfaßt. Zum anderen haben Philosophen im Zusammenhang mit diesen Bemühungen analytische Methoden entwickelt, um mit ihrer Hilfe einen neuen Zugang zu alten und noch immer ungelösten Problemen zu finden: dem Wahrheitsproblem, dem Problem der Begründung unseres Wissens, dem Problem der Rechtfertigung moralischer Normen u.v.a.m.. Diese beiden Entwicklungen, die nicht säuberlich voneinander getrennt werden können, sondern in einem engen sachlichen Bezug aufeinander verlaufen sind, sind verwoben mit einer dritten Entwicklung, der Entwicklung der formalen Logik.[33]

Am Anfang dieses Entwicklungsstranges steht FREGE, der als Begründer der modernen Sprachanalyse gelten kann. Das Erscheinen seiner „Begriffsschrift, eine der arithmetischen nachgebildete Formelsprache des reinen Denkens" im Jahre 1879 markiert den Beginn jener Jahre, die philosophisch gesehen bis heute in thematischer und methodischer Hinsicht vom Interesse an der Sprache geprägt sind. Das Interesse der Logiker galt dabei vornehmlich dem Studium formaler Sprachen, das der Sprachphilosophen dem Studium natürlicher Sprachen, doch ist auch diese Trennung ungenau. De facto hat FREGE zum Nutzen unserer Kenntnisse über die Struktur und Funktion von Sprachen beides in systematischer Weise aufeinander bezogen[34], und an einem der vorläufigen Endpunkte

29 Den Vorsokratikern war die Beziehung von Sprache und Wirklichkeit, und damit die Rolle der Sprache, offenbar noch nicht als Problem bewußt; man denke etwa an die Verwendung des Ausdrucks λόγος bei HERAKLIT, „worunter er in so rätselhafter Weise anscheinend gleichzeitig das von ihm verkündete Wort versteht, dann die Wahrheit, die es enthält, sowie schließlich die äußere Realität, die er beschreiben will und der er den Namen des Feuers gab" (GUTHRIE 1963 : 13).

30 Die Geschichte der Sprachphilosophie beginnt mit PLATONs Κράτυλος, wo Sokrates den Kratylos darauf hinführt, daß die Verhältnisse nicht so unproblematisch sind, wie dieser zunächst angenommen hatte („Mir erscheint dies ganz einfach: Wer die Namen kennt, kennt auch die Dinge", ὅς ἂν τά ὀνόματα ἐπίστηται, ἐπίστασθαι καὶ τὰ πράγματα KRAT. 435d5 ed. BURNET).

31 Cf. PATZIG 1966 : 9f.

32 Eine der inzwischen schon klassisch zu nennenden Aufsatzsammlung trägt den Titel: „The Linguistic Turn" (RORTY (ed.) 1967).

33 Einen knappen Überblick über die Geschichte der sprachanalytischen Philosophie gebe ich in FINKE 1974a.

34 Zwei Beispiele: seine zunächst auf mathematische Strukturen gezielte Analyse von Funktionen hat er über eine Theorie des Begriffs auch für die Anwendung auf natürliche Sprachen nutzbar gemacht (cf. Funktion und Begriff 1891); seine logischen Theorien hat er durch sehr genaue und detaillierte Analysen im Bereich der natürlichen Sprache ergänzt (cf. Logische Untersuchungen, 1918–1923). Wiederabdrucke in FREGE 1962 und 1966.

der Entwicklung, in der intensionalen Logik MONTAGUEs[35], geschieht dies im Prinzip ebenso, wenngleich sich Intentionen und Methoden weitgehend verändert haben.

Ich werde im Folgenden den Ausdruck „Sprachphilosophie" für solche Unternehmungen reservieren, die philosophische Untersuchungen *über* – natürliche oder formale – Sprachen darstellen, Sprache oder Sprachen als Untersuchungsobjekt haben. Ihr primärer *Zweck* ist die Formulierung sprachphilosophischer Theorien. Solche philosophischen Unternehmungen dagegen, die – über welche Objekte oder Probleme auch immer – *vermittels* linguistischer oder sprachphilosophischer Theorien argumentieren, nenne ich „sprachanalytische Philosophie". Sie verwendet linguistische oder sprachphilosophische *Methoden* zur Darstellung oder Lösung ihrer Probleme.

Was ist nun Linguistik im Unterschied zur Sprachphilosophie? Sie hat auch Sprachen und Sprechen zum Gegenstand, beruft sich wie sie auf eine z.T. gemeinsame Tradition (beispielsweise HUMBOLDT), und rekrutiert ihren Nachwuchs zum Teil aus philosophischen Departments.

Es ist gegenwärtig sicherlich schwierig, eine scharfe Unterscheidung zwischen Sprachwissenschaft und Sprachphilosophie durchführen zu wollen. Jede rigide Einteilung in zwei verschiedene Schubladen würde auch an dem gegenwärtig bestehenden Problemzusammenhang vollkommen vorbeigehen. Natürlich gibt es viele Teilgebiete der Linguistik, die mit philosophischen Problemen anscheinend keine oder nur wenige Berührungspunkte haben; man denke beispielsweise an die linguistische Phonetik, an die empirische Lexikologie, an die Diskussion über technische Aspekte der Syntaxtheorie oder Untersuchungen über die politisch-sozialen Umstände und Konsequenzen aus soziolektalen und dialektalen Sprachverschiedenheiten. Doch führen sehr kritische Forschungen selbst auf diesen Gebieten leicht zu Fragen wie: In welchem Sinne sind die phonetischen Matrizen eigentlich vollständig? Woher gewinnen wir überhaupt die Klassifizierungskriterien für das Lexikon einer Sprache? Sind Phrasenstruktursyntaxen und Dependenzsyntaxen nicht im Grunde äquivalente Systeme? Implizieren Sprachverschiedenheiten immer schon kulturelle, soziale oder politische Chancenungleichheiten? In diesen Fragen treten einige der stereotypen Indikatoren für philosophische Fragen auf: „eigentlich", „überhaupt", „im Grunde" und, last bot not least, „immer schon". Wahrscheinlich könnten wir auf sie verzichten; deutet aber die Möglichkeit, *daß* wir sie verwenden können, darauf hin, daß wir es mit *philosophischen* Fragen oder einem Bereich zu tun haben, wo die Sprach*wissenschaft* aufhört und die Sprach*philosophie* beginnt? Ich will, zum Abschluß dieser allgemeinen Überlegungen, deshalb noch etwas über den Philosophiebegriff sagen, den ich meiner Analyse des Empirizitäts- und Begründungsproblems zugrunde lege.

Philosophie wird in höchst unterschiedlicher Weise betrieben und verstanden. Nur darin zeigt sich eine gewisse Übereinstimmung, daß sie – in irgendeinem Sinne – grundlegende Probleme behandele. Diese Bestimmung ist so vage, daß sie unbrauchbar ist. Ich will mich deshalb mit einer Präzisierung auseinandersetzen, die gute Chancen hat, vor allem im Bereich der sog. Analytischen Philosophie, breitere Zustimmung zu finden. Danach könnte Philosophie verstanden werden als „Reflexion auf die Bedingungen

---

35 Cf. MONTAGUE 1970. – Der bezeichnende Titel einer anderen Arbeit MONTAGUEs lautet: English as a Formal Language (MONTAGUE 1967).

der Möglichkeit genau dessen, was in jeder anderen als der philosophischen Einstellung für selbstverständlich muß genommen werden".[36]

Diese von PATZIG vorgeschlagene Gebrauchsdefinition[37] der Philosophie ist den meisten konkurrierenden Bestimmungen an Präzision und Entschiedenheit in bezug auf den Ausgangspunkt, die Problemstellung und die Methode der Philosophie weit überlegen. Das nicht Bezweifelte, als selbtverständlich Akzeptierte, nicht seinerseits Thematisierte: dies ist der Ausgangspunkt und Gegenstandsbereich der Philosophie; die kantische Frage nach den Bedingungen seiner Möglichkeit: ihre typische Problemstellung; und die kritische Reflexion auf diese Bedingungen: die philosophische Methode. Ich halte nun zwar alle diese Bestimmungen für im Prinzip richtig; dennoch meine ich, daß sie zumindest ergänzungsbedürftig sind.

Ich habe dafür zwei Gründe: erstens muß uns auch die Gebrauchsdefinition einer Tätigkeit („Reflexion") neben einer Angabe über das Gebiet und die Methode, das bzw. die ihr zugeordnet ist, eine Angabe über das *Ziel* machen, das zu erreichen sie sich bemüht. Und zweitens gibt es nichts, das „in jeder anderen als der philosophischen Einstellung" für selbstverständlich genommen werden *muß*.

Um mit letzterem zu beginnen: bei allen Tätigkeiten gibt est etwas, das *vorausgesetzt* wird.[38] Aber das ist nicht dasselbe als zu sagen, es müsse für *selbstverständlich* genommen werden. Im Gegenteil: es ist geradezu wünschenswert, daß man sich des hypothetischen Charakters der Voraussetzungen, die man unbefragt akzeptiert und beispielsweise zur Grundlage vieler Entscheidungen macht, möglichst bewußt ist. Dies ist das eine. Zum anderen wäre es zumindest mißverständlich zu sagen, daß man solche Voraussetzungen in jedem Falle machen *müsse*. Man macht sie und ist sich bestenfalls ihres hypothetischen Charakters bewußt. Aber man muß sie nicht machen, denn es steht jedermann frei, sie jederzeit zu problematisieren. Nun könnte geantwortet werden: gewiß, aber damit beginnt man zu philosophieren. Abgesehen davon, daß ich gegen eine solche Philosophiekonzeption[39] gewisse systematische Züge betonen möchte, die philosophische Lösungsstrategien nun einmal besitzen müssen[40], ist gegen eine solche Charakterisierung der allgemeinen philosophischen Ausgangssituation wenig einzuwenden. Mir scheint allerdings, daß sie kein ganz adäquates Bild des gegenwärtigen Verhältnisses von *Wissenschaften* zur (Analytischen) Philosophie, speziell des Verhältnisses der Linguistik zur Sprachphilosophie ermöglicht.

---

36 PATZIG im Vorwort zu einem von ihm herausgegebenen Band mit Aufsätzen von FREGE (1962 : 14).

37 Der Ausdruck „Gebrauchsdefinition", den ich von PATZIG übernehme, soll den Charakter dieser Definition als Vorschlag und ihre bewußte Eingrenzung auf eine philosophische Rahmenkonzeption unterstreichen.

38 Ich spreche im Folgenden von Voraussetzungen anstatt von Bedingungen der Möglichkeit, um die Implikationen dieses kantischen Ausdrucks zu vermeiden. Im wesentlichen meine ich damit das quaestio facti – quaestio iuris – Problem (cf. Kap. Ic3, S. 114 ff.).

39 Eine extreme Ausprägung findet sich beim späten WITTGENSTEIN, dessen ad-hoc-Konzeption der Philosophie eine umfang- und folgenreiche Debatte ausgelöst hat.

40 Auch hier setze ich natürlich eine bestimmte Rahmenkonzeption von Philosophie voraus, doch meine ich mit den systematischen Zügen vergleichweise schwache Postulate wie Kohärenz, rationale Argumentation, Erklärungsintention, Wahrheitsintention u.a..

Wir beobachten gegenwärtig in vielen Wissenschaften eine intensive Beschäftigung mit den eigenen Grundlagen, den Voraussetzungen, auf denen ihre Theorien beruhen. Zwar kann diese Arbeit wahrscheinlich von solchen Wissenschaftlern besonders gründlich geleistet werden, die sich einen guten Blick für philosophische Probleme und genaue Kenntnisse der einschlägigen philosophischen Theorien erworben haben. Wesentlicher aber scheint mir, daß infolge der einzelwissenschaftlichen Spezialisierungen als notwendige Bedingung die genaue und intime *Kenntnis der spezifischen Problemlage der jeweiligen Wissenschaft* oder Theorie vorhanden ist. Eine Reflexion auf ihre Voraussetzungen und die Bedingungen ihrer Möglichkeit wird daher nicht nur immer mehr die Fachkompetenz der Spezialisten *erfordern,* sondern – da es sich hierbei um höchst wichtige Probleme handelt – auch zunehmend von diesen *gefordert* werden müssen. Es wäre nun aber künstlich, die Stelle oder den Zeitpunkt bestimmen zu wollen, wo sie aufhören, Physik oder Linguistik zu betreiben und zu philosophieren beginnen. Dies insbesondere deshalb, weil die Wissenschaften im Zuge genau dieser Reflexionen der Philosophie immer neues Terrain abringen und durch genuin eigene Problemstellungen und Lösungsvorschläge besetzen. Ein Beispiel par excellence ist gegenwärtig die Entwicklung der linguistischen Pragmatik aus den sprachphilosophischen Theorien von AUSTIN, STRAWSON, SEARLE und GRICE. Damit ist die grundsätzliche Unterscheidbarkeit von Philosophie und Einzelwissenschaft nicht geleugnet, auch nicht das (modifizierte) PATZIGsche Kriterium für eine solche Unterscheidung, allerdings interpretiert als eines, das nur eine *notwendige* Bedingung formuliert: Die Reflexion auf ansonsten nicht problematisierte Voraussetzungen ist noch nicht *hinreichend*, um eine Tätigkeit als Philosophie zu identifizieren.

Hier setzt meine Kritik an, daß in PATZIGs Gebrauchsdefinition kein Zweck genannt ist, dem die Reflexion auf Bedingungen der Möglichkeit von etwas dienen soll. Reflexion, auch kritische Reflexion, kann manchem Ziel dienen, sie kann auch Selbstzweck bleiben. Wir müssen fragen: was leistet die philosophische Reflexion, welches Ziel wollen wir durch sie erreichen? Ich kann diese Frage hier nicht erschöpfend behandeln, sondern nur zwei Aspekte meiner Antwort auf sie nennen: erstens die Forderung, daß die philosophische Reflexion *Erklärungsbedürfnisse* befriedigen solle, und zweitens die Forderung, daß sie dies – wie KANT es genannt hat – *in praktischer Absicht* tun solle.

Darin, daß die Philosophie Erklärungsbedürfnisse befriedigen solle, unterscheidet sie sich also nicht von den einzelnen Wissenschaften, ja nicht einmal von elementaren Einstellungen im täglichen Leben. Von diesen, für die wir eine theoretisch-systematische, kohärente und planvolle Entwicklung und Organisation ihrer Frage-Antwort-Komplexe nicht verlangen[41], unterscheidet sie eben dieser systematisch-strategische Aspekt, der auch den Wissenschaften zukommt. Es gibt aber kein Erklärungsbedürfnis, das prinzipiell einer wissenschaftlichen Behandlung unzugänglich wäre, sondern nur solche, für die

41 Dies ist natürlich nur in einer bestimmten Interpretation richtig: wir brauchen im täglichen Leben nicht die Entwicklung *expliziter* Theorien vorzunehmen, die wir dann anzuwenden hätten. Deshalb ist es nützlich, einen Begriff der *impliziten* Theorie zu definieren, der auf viele Lösungsstrategien des täglichen Lebens anwendbar ist. – Cf. Kap. Ia 2, Anm. 16 (S. 28).

die Ausbildung wissenschaftlicher Lösungsstrategien uninteressant oder vergleichsweise unwichtig erscheint[42], solche, für die solche Lösungsstrategien bereits ausgebildet werden, und solche, bei denen dies noch nicht der Fall ist. Die mittlere Gruppe markiert den (kontingenten) Bereich der Wissenschaft, die erste und letzte Gruppe den der Philosophie.

Und die praktische Absicht? Philosophische Erklärungen in bezug auf die Bedürfnisse der ersten Gruppe sollen der rationalen Orientierung der Menschen bei Entscheidungen für Werte und Normen dienen; dabei sind in erster Linie moralische Normen gemeint. Dies kann ich hier nicht weiter begründen.[43]

Philosophische Erklärungen in bezug auf die Bedürfnisse der dritten Gruppe sollen der Erweiterung des Bereichs der Wissenschaften dienen. Nach meiner Auffassung ist es heute die fruchtbarste Ansatzmöglichkeit und Anwendung philosophischer Reflexion, wenn sie im Vorfeld wissenschaftlicher Theoriebildung zu deren Nutzen geschieht. Das heißt, daß im Verhältnis von Philosophie und (einzelner) Wissenschaft die Wissenschaft und ihre Theorien von der Philosophie profitieren und – jedenfalls primär – nicht umgekehrt. Wenn sich bei der Reflexion auf die Voraussetzungen wissenschaftlicher Problemstellungen und Lösungsstrategien Erklärungsbedürfnisse einstellen, die noch nicht von Theorien der jeweiligen Wissenschaft befriedigt werden können, beginnt – für eine mehr oder weniger lange Zeitspanne – die Arbeit der Philosophen, und es ist eine Arbeit zum Nutzen der *Wissenschaft* und nicht der Philosophie.[44] Philosophie ist kein Selbstzweck; es ist ihre Aufgabe, den Bereich rationalen menschlichen Verhaltens, der als Kernbereich den der Wissenschaften enthält, nach Möglichkeit zu erweitern. Darin besteht ihr Nutzen und dies ist ihre praktische Absicht.

Noch ein sehr wichtiger Punkt ist hier zum systematisch-methodischen Aspekt der Philosophie nachzutragen. Aus dem Gesagten geht hervor, daß ich der Philosophie einen innovatorisch-funktionalen Charakter zuerkenne; über ihre Methoden habe ich vergleichsweise wenig gesagt. Mir scheint dies deshalb besonders schwierig zu sein, weil die Entwicklung der Philosophie zu zeigen scheint, daß in ihrem Problembereich die Ausbildung stabiler methodischer Systeme vergleichsweise wenig chancenreich ist. Der Streit der Philosophen ist sprichwörtlich und Ausdruck eines nahezu prinzipiellen Mißtrauens gegenüber dogmatischen Positionen, oder, positiv gewendet, Ausdruck einer nahezu prinzipiellen Offenheit für neue methodische Ideen und Mutationen der wissenschaflichen Phantasie. PATZIG hat in einer anderen Publikation bewußt „zugespitzt" formuliert: „Die Methode der Philosophie ist die Freiheit"[45]. Ich interpretiere dies so, daß neue Fragen für die Philosophie immer wichtiger sind als die Antworten, daß das Bedürfnis, den Wissenschaften neues Terrain zu erobern ein typisch philosophisches

---

42 D.h. die Ausarbeitung expliziter Theorien aus impliziten Theorien, wie in Fußnote 41 angedeutet.

43 Einige Argumente diskutiere ich nach einer Analyse von Kommunikationsprinzipien im Schlußkapitel dieses Buches (Teil C, S. 198 ff.).

44 Sekundär kann man auch Rückkoppelungseffekte auf die Philosophie beobachten, denn die solchermaßen von einer Wissenschaft um einige Frage-Antwort-Komplexe reduzierte Philosophie ist in dem ihr einstweilen verbleibenden Randbereich aus der Nähe jener Wissenschaft auch, durch den eingen Kontakt mit deren Problemen und Lösungen, differenzierter und um neue Probleme bereichert worden. Doch sind diese ihrerseits wieder ‚nur' Wissenschaft im Embryonalstadium.

45 PATZIG 1964 : 38.

Bedürfnis ist und daß die wissenschaftliche Phantasie der Philosophen auf die Suche nach methodischen Innovationen angewiesen ist.

Ich schlage daher Folgendes als Gebrauchsdefinition der Philosophie vor: Philosophie ist die Klasse von Tätigkeiten, deren Ziel es ist, mit einer prinzipiellen Bereitschaft zu methodischen Innovationen solche Erklärungsbedürfnisse systematisch zu befriedigen, die (einstweilen noch) von keiner Wissenschaft befriedigt werden. – Die Nutzenrichtung ist also einseitig: die Philosophie dient der Wissenschaft. Im Vorgriff auf eine genauere Analyse der Linguistik kann man den Nutzen der Sprachphilosophie auch darin sehen, einer in vielen Punkten heterogenen, nicht abgeschlossenen und matrixinstabilen Wissenschaft einige Entscheidungshilfen zu geben. Sprachphilosophie ist damit im wesentlichen zukünftige Linguistik, doch ist eine penible und pedantische Unterscheidung im einzelnen heute schwierig und ohne Sinn. Es geht nicht um Etiketten, sondern es geht um Probleme. Unser Bedürfnis nach ihrer Auflösung ist unteilbar. In dieser Absicht – in der Hoffnung auf eine auch praktikable Erklärung gewisser Voraussetzungen einer Wissenschaft, der Linguistik – sind die folgenden Untersuchungen geschrieben. Ich fasse zusammen:

Wissenschaft ist eine Klasse von Tätigkeiten; deren Ziel ist es, bestimmte Bedürfnisse systematisch zu befriedigen: dabei handelt es sich um Kommunikationsbedürfnisse, genauer: um Erklärungsbedürfnisse.

Linguistik ist die Wissenschaft, deren Ziel es ist, linguistische Erklärungsbedürfnisse systematisch zu befriedigen. Darunter verstehe ich Bedürfnisse, die durch Erklärungen über Funktion und Struktur von Sprachen befriedigt werden können.

Philosophie ist die Klasse von Tätigkeiten, deren Ziel es ist, mit einer prinzipiellen Bereitschaft zu methodischen Innovationen solche Erklärungsbedürfnisse systematisch zu befriedigen, die (noch) von keiner Wissenschaft befriedigt werden.

Zunächst bleibt noch eines zu erklären: Es war von Wissenschaft die Rede, von Linguistik, Sprachphilosophie und von Philosophie allgemein. Wo bleibt, so wird man fragen, die *Wissenschaftstheorie*?

Die Frage ist berechtigt, aber es ist schwierig, sie zu beantworten. Der Name „Wissenschaftstheorie" hat zwei Nachteile: einmal suggeriert er, daß es sich hier um *eine Theorie* im präzisen Sinne dieses Begriffes handelt[46]. Das ist aber – ähnlich wie im Fall von „Sprachtheorie", „Erkenntnistheorie" u.v.a. – nicht der Fall. Vielmehr handelt es sich um eine große Familie von Theorien und Vorstadien von Theorien. Zum zweiten ist mit dem Namen inzwischen bei vielen die Vorstellung von einer Disziplin verbunden, die sich – wie andere philosophischen Disziplinen vor ihr – inzwischen bereits von der philosophischen Mutter weitgehend gelöst und selbst als eine Wissenschaft etabliert hat. Obwohl dies für Teile sicher zutrifft, sind doch in ihrer Gesamtheit viele Fragen der Wissenschaftstheorie noch vollständig oder teilweise offen, andere noch kaum oder nicht gestellt.[47] Aus dem eben Dargelegten ergibt sich, daß sich gegenwärtig die wissenschaftstheoretische Arbeit auf Philosophen und Einzelwissenschaftler verteilt; gerade letztere sind wegen ihrer speziellen Sachkenntnisse hier wohl in Zukunft zu-

46 Hierzu cf. Kap. Ia dieses Buches (S. 20 ff.).
47 Cf. hierzu FINKE 1977.

nehmend gefordert. Hier wäre also abermals eine säuberliche Trennlinie ziemlich unsinnig. Ich verwende daher die Ausdrücke „Wissenschaftstheorie" und „Wissenschaftsphilosophie" synonym. Es wird dabei an mehr als einer Stelle notwendig werden, auch kritisch auf den gegenwärtigen Zustand der Wissenschaftstheorie einzugehen.

In diesem Buch werde ich mich also unter Verwendung wissenschaftsphilosophischer Methoden teils mit Voraussetzungen von, teils mit Lehren aus der linguistischen Theoriebildung befassen. Es ist, nach dem Gesagten, selbstverständlich, daß dies nicht in dem Sinne vollständig geschehen kann, daß alle – oder auch nur alle für wichtig gehaltenen – Aspekt der Empirizität und des Begründungsproblems linguistischer Theorien – denn um diese gegenwärtig besonders umstrittenen Probleme aus dem Grundlagenbereich der Sprachwissenschaft soll es gehen – diskutiert werden können. Ich habe in diesem einleitenden Kapitel eine tour d'horizon durch die Gebiete unternommen, in denen Positionen zu besonders grundsätzlichen Fragestellungen bezogen, Antworten auf die Fragen: Was ist Wissenschaft? Was ist Linguistik? Was ist Philosophie? gegeben werden müssen. Wenn diese Antworten auch sehr allgemein und nur unvollständig begründet worden sind, so liegen sie doch als Entscheidungen den nachfolgenden Untersuchungen zugrunde.

B. Hauptteil: Empirizität und Begründungsproblem einer linguistischen Theorie

Im Rahmen der Linguistik, wie in jeder Wissenschaft, in der es noch offene Fragen gibt, ist vieles erklärungsbedürftig. Die meisten solcher Probleme sind recht spezieller Natur, setzen, um als Problem gesehen und akzeptiert zu werden, eine recht spezielle Kenntnis der betreffenden Wissenschaft voraus. Dies gilt auch für Grundlagenprobleme wie diejenigen, die hier zur Debatte stehen. Dennoch werde ich mich bemühen, sie so einfach wie möglich zu behandeln. Zwei Fragen sollen untersucht werden:

1. Unter welchen Bedingungen kann eine linguistische Theorie *empirisch* genannt werden?
2. Unter welchen Bedingungen kann eine linguistische Theorie als *begründet* gelten?

Beide Fragen scheinen, in gewisser Hinsicht, überflüssig zu sein. Die Linguisten entwickeln nämlich Theorien und arbeiten mit ihnen, ohne daß es ihnen – über weite Bereiche – zum Problem würde, wie diese Theorien metatheoretisch zu bewerten seien. Interessant ist nun, daß dies nicht nur eine subjektive Problemblindheit von Wissenschaftlern zu sein braucht, sondern – wie zu zeigen ist – auch objektiv gesehen über weite Strecken der linguistischen Theoriebildung kein Nachteil oder Fehler. Es gibt allerdings wissenschaftliche Entwicklungsstadien, wo gewisse Probleme mit einem Mal wichtig werden und die allgemeine Diskussion beherrschen. Dafür gibt es jedesmal Gründe, die in der Entwicklung der betreffenden Wissenschaft liegen. Das gegenwärtige Interessse der Linguisten an wissenschaftstheoretischen Fragen ist ebenfalls keine Marotte einzelner Personen oder eines dubiosen Zeitgeistes, sondern Ausdruck eines verbreiteten Bewußtseins, daß die Grundlagen der modernen linguistischen Theorien unzureichend bekannt sind. Zu diesen Grundlagen gehören auch Fragen der Beurteilung von Theorien, wie die nach ihrem empirischen Gehalt und den Kriterien, nach denen wir theoretische Alternativen begründet entscheiden können. Der Anschein des Überflüssigen, der diese Fragen für denjenigen umgeben mag, der linguistische Theorien anzuwenden gewohnt ist, ohne auf ihr Voraussetzungen zu reflektieren, verschwindet sofort, wenn man sie im Kontext der jüngsten Linguistikgeschichte sieht. Dies ist die Geschichte z.T. sehr abstrakter und genereller Theorien, darunter Theorien über synchrone und diachrone Universalien, also Gesetze, die für alle natürlichen Sprachen gelten sollen. Hier ist die Frage nach der Empirizität dieser Theorien nicht nur naheliegend, sondern von außerordentlicher Wichtigkeit. Sie ist nicht trivial, da ihre Beantwortung alles andere als einfach ist.

Die jüngste Linguistikgeschichte ist auch die Geschichte eines in der Sprachwissenschaft beispiellosen Konzeptionenpluralismus. *Das* linguistische Dogma gibt es nicht, wiewohl es in einzelnen linguistischen Teildisziplinen, insbesondere etwa der Syntaxtheorie, Anzeichen für einen Abschluß der Grundlagendiskussion gibt. Der Normalfall ist eine reiche Theorienkonkurrenz, deren Vergleichbarkeit infolge der Konzeptionenverschiedenheiten teilweise nicht leicht zu beurteilen ist. Dennoch müssen wir solche Theorienvergleiche durchführen, um über die Leistungsfähigkeit der Theorien begründet entscheiden zu können. Aber selbst derjenige Linguist, der diese Notwendigkeit nicht anerkennt, entscheidet sich *de facto* für bestimmte Konzeptionen, wenn er an konkreten Einzelfragen wie den Deletionstransformationen oder der Klassifizierung von Sprechakten arbeitet. Deshalb ist auch die Begründungsfrage in dieser Situation wichtig und zweifellos nicht trivial. Wie sollen nun die beiden Fragen behandelt werden?

Die Untersuchung zerfällt in zwei Teile. Im I. Teil interpretiere ich den Titel „Grundlagen einer linguistischen Theorie" *allgemein*, d.h. ich beschäftige mich mit Grundlagen der linguistischen Theoriebildung in einer Weise, die Anspruch erhebt, auf alle empirischen Sprachtheorien eines bestimmten Standards zuzutreffen.

Im II. Teil interpretiere ich den Titel dann in einer *speziellen* Weise, d.h. ich behandele Grundlagenfragen einer bestimmten Linguistikkonzeption, in der Theorien formulierbar sind, die nach meiner Auffassung ein höheres Maß an empirischer Adäquatheit erreichen können und damit besser begründbar sind als die meisten gegenwärtig angebotenen linguistischen Theorien.

In einem Schlußkapitel erörtere ich schließlich noch einige sehr generelle Fragen der Beziehung von theoretischer und praktischer Vernunft, denn mir scheint, daß linguistische Grundlagenuntersuchungen wie die hier vorgelegten, die die kommunikative Funktion des sprachlichen Handelns in den Vordergrund stellen, auf Zusammenhänge zwischen theoretischen Fundierungsproblemen mit praktischen im moralischen und politischen Bereich aufmerksam machen können.

Im I. Teil wird also die Klärung der Grundbegriffe Theorie, Empirizität und Begründung zu leisten, im II. der Umriß einer Weiterentwicklung der linguistischen Problemstellungen und Lösungsstrategien in eine bestimmte, nur aus der spezifischen Problemlage der gegenwärtigen Linguistik erklärbare Richtung zu geben sein.

In beiden Teilen mache ich Gebrauch von einigen Ideen und Konzepten, die die wissenschaftstheoretische Diskussion der letzten Jahre mit ungewöhnlichem Leben erfüllt haben; hier ist insbesondere das Werk von T.S. KUHN zu nennen. Dabei liegt im I. Teil die Betonung auf einer Diskussion der *Theorienstruktur*, wie sie von J.D. SNEED im Anschluß an KUHNsche Gedanken präzisiert worden ist; im II. Teil liegt die Betonung auf der *Theoriendynamik*, die einige der in der gegenwärtigen linguistischen Forschung virulente Konzeptionen in ein präziseres Verhältnis zueinander zu setzen gestattet.

Die theoretische Konzeption, welche ich im II. Teil in einigen ihrer wichtigen Eigenschaften skizziere, ist die eines *linguistischen Funktionalismus*. Funktionale Überlegungen durchziehen jedoch auch solche Passagen, in denen ich mich mit dem Selbstverständnis von Philosophie und Wissenschaftstheorie auseinandersetze.

I. Grundlagen der linguistischen Theoriebildung

In diesem ersten Kapitel geht es um die drei Grundbegriffe, die wir zur Formulierung unserer Probleme brauchen. Ich frage also:
Was ist eine linguistische Theorie?
Was ist Empirizität?
Was ist Begründung?
Mein Ziel ist jeweils ein Explikat, das geeignet ist, die beiden zentralen Probleme so neu zu stellen, daß sie gelöst werden können. Beide Fragen sind nämlich in der bisherigen Form in mehreren Punkten vage; insbesondere gilt dies deshalb, weil die in ihnen verwendeten Begriffe noch expliziert werden müssen. Dabei betrachte ich Explikationen unter einem pragmatischen Aspekt, in Hinblick auf ihre Nützlichkeit. Wenn die Explikation eines Begriffs, der in der Formulierung eines Problems verwendet wird, eine Lösung dieses Problems ausschließt, ist sie unbrauchbar. Wenn sie eine Lösung erschwert, ist sie zumindest problematisch. Der Sinn wissenschaftlichen Explizierens und Definierens besteht nicht nur in einer Klärung und Stabilisierung des Sprachgebrauchs, sondern auch darin, Problemlösungen zu erleichtern.[1]

Natürlich sollen Explikate auch historisch adäquat sein, d.h. an ‚gute' Tradition anknüpfen.[2] Ersichtlich ist dies aber ein der Praktikabilität der Explikate nachzuordnender Gesichtspunkt; immerhin muß er aus Gründen der Kontinuität und Erleichterung des wissenschaftlichen Kommunikationszusammenhanges beachtet werden.

Im Kapitel (a) wird der wichtigste Begriff, der einer linguistischen *Theorie*, ausführlich diskutiert und unter Benutzung zweier Matrixbegriffe, die in Anlehnung an Arbeiten von KUHN und SNEED entwickelt werden, definiert. Dabei wird zu zeigen sein, daß die im Rahmen des SNEEDschen Holismus entwickelte Begriffs- oder Prädikatskonzeption einer Theorie sowohl in wissenschafttheoretischer, wie in linguistischer Hinsicht der üblichen Satzkonzeption überlegen ist. Die Grundlagen der Prädikatskonzeption werden modelltheoretisch präzisiert und an einem sprachwissenschaftlichen Beispiel erläutert.

Im Kapitel (b) wird sodann gezeigt, daß die Hauptursache für die Verwirrungen, die über die Empirizitätsfrage im Umlauf sind, auf ein mangelhaftes Theorieverständnis zurückgehen. Auch die Verwechslung des Empirieproblems mit dem Empirismusproblem spielt hier eine Rolle. Unter Aufgabe der empiristischen Zweistufenkonzeption ist ein *Theorienrelativismus* formulierbar, der den Weg zu einem brauchbaren Begriff des *empirischen Gehalts einer Theorie* öffnet. Ein Verfahren, diesen für eine beliebige linguistische Theorie zu bestimmen, wird im Prinzip beschrieben (modifiziertes Ramseyverfahren). Voraussetzung für seine Durchführung ist die vollzogene Axiomatisierung einer Theorie.

---

1 Ein gutes Beispiel aus der neueren Linguistik ist die bekannte mengentheoretische Sprachdefinition (Sprache als eine Menge von Sätzen), die die generative Grammatikkonzeption möglich machte.

2 Zur Frage des Unterschieds zwischen guten und schlechten wissenschaftlichen Traditionen cf. TOULMIN 1961. – Cf. auch Kap. Ic5, wo es um Aspekte der Theoriendynamik geht (S. 127 ff.).

Im Kapitel (c) schließlich wird der Zusammenhang zwischen Empirizitäts- und Begründungsproblem dargestellt. Insbesondere werden zwei Bedeutungen des Begründungsbegriffs unterschieden: Begründung als (rekonstruktive) *Fundierung* einer einzelnen Theorie, und Begründung als *Entscheidung* zugunsten einer bestimmten Theorie aus einer Theoriekonkurrenz. Nach einer Kritik der Analytischen Wissenschaftstheorie als in einem präzisen Sinne unvollständig wird ein theoriendynamischer *Reduktionsbegriff* eingeführt, der als Kriterium für die Begründung einer linguistischen Theorie im Sinne einer Konkurrenzentscheidung dienen kann.

a) Was ist eine linguistische Theorie?

Wenn wir die Fragen nach Empirizität und Begründung einer linguistischen Theorie präzisieren und beantworten wollen, müssen wir uns zunächst fragen, was eine linguistische Theorie ist. Wie soll man eine solche Frage beantworten?

Versuchen wir eine *Analogie*. Wie beantworten wir Fragen wie: Was ist ein gebrauchtes Auto? Was ist ein linguistisches Buch? Oder: Was ist ein sprachliches Zeichen? Ersichtlich sind Fragen dieser Art viel leichter zu beantworten als die Fragen dieses Kapitels. Wir alle kennen gebrauchte Autos, linguistische Bücher, sprachliche Zeichen. Zumindest kennen wir Autos, Bücher und Zeichen irgendwelcher Art; wir können sie ostensiv definieren, indem wir auf bestimmte Gegenstände hinweisen und sagen: das z.B. ist ein Auto, etc.. Manche Sprachlehrbücher verfahren im Prinzip so, wenn sie die (referentielle) Bedeutung gewisser einfacher Begriffswörter lehren. Wenn wir dieses Verfahren auf Gegenstände von der Art linguistischer Theorien übertragen wollen, stoßen wir aber auf eine Reihe von grundsätzlichen Schwierigkeiten. *Erstens* sind Gegenstände dieser Art nicht sinnlich wahrnehmbar, obwohl sie mit sinnlich wahrnehmbaren Objekten eng verknüpft sind. *Zweitens* sind sie nicht so gut und allgemein bekannt, wie Autos, Bücher oder Zeichen. Wir müssen also an Spezialkenntnisse appellieren. *Drittens* scheinen sie nicht eine so vergleichsweise stabile Gestalt zu besitzen wie jene. Denn obwohl zwar die Gestalt von, beispielsweise, Autos recht variabel ist, gibt es bei ihnen doch eine ganze Anzahl von stabilen Eigenschaften: sie haben Antriebsaggregate, Räder, eine Karosserie usf.. *Viertens* – und das scheint für den Versuch, linguistische Theorien durch eine Art ostensiver Definition zu bestimmen, die größte Schwierigkeit zu bedeuten – gibt es selbst unter Experten tiefgehende Meinungsverschiedenheiten darüber, was das ist: eine linguistische Theorie; bei Autos eine undenkbare Situation.

Ich will deshalb versuchen, die Frage dieses Kapitels in mehreren Schritten zu beantworten. Zunächst soll geprüft werden, inwieweit nicht doch eine Art ostensiver Definition für den Begriff „linguistische Theorie" möglich ist; ich meine eine Defintion durch Aufzählung. Dann soll die Frage genauer untersucht werden, was denn überhaupt eine Theorie ist. Und schließlich soll der Begriff der linguistischen Theorie dadurch expliziert werden, daß ich versuche, allgemeine formale Eigenschaften linguistischer Theorien anzugeben.

1. Beispiele linguistischer Theorien

Ein kleines Kind, das sagen soll, was eine lustige Geschichte ist, im Unterschied zu einer langweiligen, wird oft Antworten geben wie die folgende: die von der schwarzen Katze im schwarzen Raum, die gar nicht drin ist, und die Onkel Imre dann trotzdem findet, die ist eine lustige Geschichte, und die von Karl-Ottos Annonce „Suche jede Menge Aprioris", die ist blöd und langweilig.[3]

Hat das Kind gesagt, was eine lustige Geschichte ist? Zweifellos hat es keine *Definition* des Begriffs „lustige Geschichte" gegeben, aber haben wir diese erwartet? Vielleicht haben wir nur in Erfahrung bringen wollen, welche Geschichte wir ihm noch einmal erzählen sollen. Doch selbst, wenn wir eine Definition oder den Versuch dazu erwartet haben sollten, ist die Antwort des Kindes zwar inadäquat, aber eine durchaus nützliche Vorübung für eine Definition.[4] Ganz ähnlich verfährt z.B. auch PLATON, wenn er viele Dialogpartner des Sokrates auf dessen Frage τί ἐστιν; (Was ist das und das?) zunächst einmal eine Reihe von Beispielen geben läßt, die mit dem Definiendum besser bekannt machen sollen, insbesondere dann, wenn es eine abstrakte Entität oder etwas ist, das ganz unterschiedliche äußere Gestalt annehmen kann (wie Begriffe oder Tätigkeitsformen). Als Definitionsverfahren lehnt er freilich die Aufzählung einzelner Beispiele ausdrücklich ab. Aber je größer das Spektrum der Meinungen in einem Bereich oder je abstrakter ein Objekt ist, desto nützlicher dürfte es sein, zunächst einmal Beispiele zu sammeln. Beides gilt für linguistische Theorien.

Beispiele für das, was Wissenschaftler als linguistische Theorien bezeichnen, gibt es in nahezu unübersehbarer Fülle; ich beschränke mich hier auf die neuere und neueste Geschichte der Sprachwissenschaft. Um nur einiges zu nennen: DE SAUSSUREs Theorie von Synchronie, Diachronie und Panchronie, die Phonologie TRUBETZKOYs, der Prager Funktionalismus, JESPERSENs Rangtheorie, BLOOMFIELDs Behaviorismus, HARRIS' Distributionalismus, die Dependenztheorie von TESNIÉRE, WEISGERBERs Wortfeldtheorie, CHOMSKYs generative Grammatik, die generative Semantik, BAR-HILLELs kategoriale Syntaxtheorie, die natürliche-generative Grammatik von BARTSCH-VENNEMANN, die Sprechakttheorie SEARLEs, die LEWISsche Theorie sprachlicher Konventionen, die Theorie der Konversationsmaximen von GRICE, etc..[5] Hilft uns ein solcher zufälliger Griff in die Kiste der neueren Linguistikgeschichte auch nur minimal dabei, eine Antwort auf die Frage: Was ist eine linguistische Theorie? zu finden?

Die Antwort scheint negativ ausfallen zu müssen. Die Tradition ist zu vielstimmig, zu uneinheitlich. Auch das theoretische Selbstverständis ist zu unterschiedlich, um durch einen simplen Abstraktionsakt auf diese Weise die Bedeutung des Begriffs „linguistische Theorie" erfassen zu können. Der Begriff bleibt – einstweilen – *vage*. Trotzdem können wir aus unserem Versuch einiges lernen, das wir berücksichtigen müssen. Wir können

3 Die Anregung zu dem zweiten Beispiel verdanke ich Helen Leuninger.

4 Die Antwort des Kindes ist eben nur *partiell* inadäquat. Sie wäre vollständig inadäquat, wenn es z.B. geantwortet hätte: eine lustige Geschichte ist eine Idee; oder: eine lustige Geschichte ist eine farblose grüne Idee, die wütend schläft.

5 Einen guten Überblick über die wichtigsten Entwicklungsstadien der modernen Linguistik bis in die Mitte der 60er Jahre vermittelt G. HELBIG 1974.

nämlich lernen, daß der Begriff auch – in verschiedener Hinsicht – *mehrdeutig* ist:

1. Es gibt offenbar unterschiedliche Auffassungen darüber, was der Begriff „*linguistische* Theorie" bedeuten solle.
   a) Es gibt nicht nur verschiedene linguistische Theorien, sondern auch verschiedene Arten von linguistischen Theorien.
   b) Es gibt unterschiedliche und unterschiedliche Arten von Ähnlichkeits- und Verwandtschaftsbeziehungen zwischen linguistischen Theorien.
2. Es gibt offenbar auch unterschiedliche Auffassungen darüber, was der Begriff „*Theorie*" bedeuten solle.

Führen wir uns kurz einige Beispiele vor Augen.

(ad 1): Manche vermeiden es überhaupt oder nach Möglichkeit, von linguistischen Theorien zu sprechen. Die anderen meinen, wenn sie diesen Begriff benutzen, entweder nur Theorien über natürliche Sprachen oder Theorien über natürliche und formale Sprachen, entweder Theorien der Sprache als System oder des Sprachgebrauchs (Theorien des Sprechens). Unter dem Namen von linguistischen Theorien werden nur sprachbeschreibende oder auch spracherklärende Objekte vorgestellt, werden formale Systeme oder in natürlicher Sprache dargestellte Zusammenhänge angeboten, ect.: der Begriff einer linguistischen Theorie ist *mehrdeutig*, insofern die grundsätzlichen Auffassungen über Ziele, Methoden und Gegenstände der Linguistik unterschiedlich sind. Er ist auch vage, insofern als er nicht in jedem Zusammenhange, wo er gebraucht wird, eindeutig definiert oder in seiner Bedeutung unmißverständlich ist.

(ad a): In der Literatur werden als linguistische Theorien u.a. bezeichnet: Grammatiken, Teiltheorien von Grammatiken wie phonologische oder syntaktische Theorien, Theorien über Grammatiken, Theorien sprachlicher Universalien, pragmatische Theorien, Theorien sprachlicher Handlungen, Theorien von Sequenzen sprachlicher Handlungen usf.: der Begriff einer linguistischen Theorie ist *mehrdeutig*, insofern es offenbar sinnvoll ist, die linguistischen Probleme in verschiedene Problembereiche zu gliedern, denen unterschiedliche Arten von Lösungsstrategien zugeordnet werden.

(ad b): Unter (a) wurden Beispiele für Theorien mit höherem Ähnlichkeitsgrad genannt (Grammatik und Phonologie) und solche mit geringerem Ähnlichkeitsgrad (Syntax und Pragmatik); Beispiele für andere Arten von Ähnlichkeitsunterschieden wären die Paare Grammatik und Pragmatik vs. Theorien der Synchronie/der Diachronie, oder: CHOMSKY- und MONTAGUE-Theorien vs. WEISGERBER- und MARTINET -Auffassungen, usf.: der Begriff einer linguistischen Theorie ist *mehrdeutig*, insofern die Unterschiedlichkeit der Problemstellungen und Lösungsstrategien verschiedene Typen und Verwandtschaftsgradationen von linguistischen Theorien zur Folge hat.

(ad 2): Manche der unter (1., a und b) genannten Unterschiede und Arten von Unterschieden, die zur Mehrdeutigkeit des Begriffs „linguistische Theorie" beitragen, hängen offenbar mit unterschiedlichen Auffassungen über Theorien im allgemeinen zusammen: sollen Theorien ihre Gegenstände nur beschreiben oder auch erklären? Sind Theorien Satzsysteme oder andere Objekte? Haben Theorien einen deskriptiven oder einen normativen Status?, usf.: der Begriff einer linguistischen Theorie ist auch *mehrdeutig*, insofern die grundsätzlichen Auffassungen über Ziele, Status und Strukturen von Theorien im allgemeinen unterschiedlich sind.

Da es zweckmäßig ist, diese Unterschiede und Arten von Unterschieden, die die Mehrdeutigkeit des Begriffs „linguistische Theorie" ausmachen, auseinanderhalten und kurz benennen zu können, führe ich in vorläufiger Weise den Begriff der wissenschaftlichen *Konzeption* ein . (Der Begriff wird später noch präzisiert werden). Unter einer *wissenschaftlichen Konzeption* verstehe ich eine systematische Einheit von Problemstellungen und an diese angeschlossenen Lösungsstrategien, die die wissenschaftlichen Zielsetzungen einer bestimmten Wissenschaftlergruppe definiert. Unter einer *Linguistikkonzeption* verstehe ich Entsprechendes, bezogen auf Gruppen von Linguisten. Konzeptionen werden von einzelnen Wissenschaftlern oder Wissenschaftlergruppen entwickelt, gegen konkurrierende Konzeptionen verteidigt, während dieses Prozesses modifiziert, verbessert oder aufgegeben, durchgesetzt oder durch andere ersetzt.[6] In (1.) geht es also um Unterschiede der Linguistikkonzeption, in (2.) um Unterschiede der allgemeinen Theoriekonzeption. Die durch (2.) aufgeworfenen Probleme werde ich einstweilen ausklammern; sie sollen im nächsten Kapitel (Ia2) behandelt werden. Die unter (1.a) gemeinten Unterschiede der Linguistikkonzeption sind solche der internen Struktur einer Konzeption, die unter (1.b) gemeinten Unterschiede sind solche von Konzeptionen untereinander. Bei den (a)-Typ-Unterschieden handelt es sich um (a') Aspekte der Hierarchisierung von Konzeptionen (z.B. Grammatik und Grammatiktheorie) und (a'') Aspekte des Problembereichs von Konzeptionen (z.B. Grammatik und Pragmatik), bei den (b)-Typ-Unterschieden handelt es sich um (b') Aspekte der Vollständigkeit von Konzeptionen (z.B. Grammatik und Phonologie) und (b'') der Konkurrenz von Konzeptionen (z.B. Strukturalismus vs. Funktionalismus).

Ich will mich im Weiteren hauptsächlich auf den (b'')-Typ von linguistischen Konzeptionsunterschieden beschränken; gelegentlich müssen aber auch Unterschiede der drei anderen Typen in die Betrachtung miteinbezogen werden.[7]

Kehren wir zurück zu unserem Kapitelproblem. Was erbringt die Parade einer hinreichenden Anzahl von linguistischen Konzeptionen im Hinblick auf die Frage, was eine linguistische Theorie sei? Die Antwort muß bescheiden ausfallen: wenig. Erstens deshalb, weil wir noch nicht über einen brauchbaren Theoriebegriff verfügen und deshalb zunächst den allgemeineren Begriff der Konzeption haben. Zweitens deshalb, weil eine solche Konzeptionsparade keine Entscheidungskriterien für linguistische Theorien liefern kann. Wir bemerken fast nur Unterschiede: Unterschiede verschiedener Art und verschiedenen Grades. Eine Definition durch Aufzählung, obwohl sie prinzipiell möglich wäre, wäre ohne Sinn: einmal, weil sich der Sinn des Definiens beinahe ständig *verändern* würde (es werden immer Konzeptionen verändert und neue Konzeptionen erzeugt, andere werden fallengelassen: was sollte das bedeuten?), und zum anderen – der entscheidende Punkt – weil sie uns kein *Kriterium* an die Hand gäbe, das, was die Linguisten täglich tun müssen und auch tun: nämlich Entscheidungen für und zwischen Konzeptionen zu

6 Mehr zum Begriff der Wissenschaftlergruppe oder Wissenschaftlergemeinschaft cf. Kap. Ic (insbes. S. 110 ff.), IIa2 (S. 144 ff.) und im Teil C. – Zum Konzeptionsbegriff cf. Kap. Ia2 (S. 36).

7 Dies ist beispielsweise schon dann der Fall, wenn man sich darüber klarwerden will, auf welche Entitäten eigentlich das Prädikat „empirisch" zutrifft; hier treten die verschiedensten Kandidaten auf, z.B. Begriffe, Sätze, Theorien unterschiedlicher Stufe oder wissenschaftliche Untersuchungen. Ich behandele das Problem in Kap. Ib1 (insbes. S. 65 f.).

treffen, mit guten Gründen zu tun. Aber – was hat das mit einer Defintion des Begriffs einer linguistischen Theorie zu tun? Zumindest lehrt es uns, drei Probleme zu sehen: erstens sind Theorien konzeptionsabhängig, zweitens ist der Theoriebegriff auch unter Linguisten umstritten, und drittens werden wir nicht alles als vollwertige Theorie akzeptieren wollen, was unter diesem Namen daherkommt. Es hilft nichts: wir müssen uns dem Begriff der Theorie selbst zuwenden. Allerdings soll zuvor noch ein wesentlicher Aspekt genannt werden, der das Zielthema Empirizität und Begründung betrifft.

Ich habe nämlich bisher den Unterschiedlichkeitsgrad übertrieben. Da es um die Frage: Was ist eine linguistische Theorie? ging, hatte ich die Aspekte, die für linguistische Theorien genauso wie für viele andere Theorien einschlägig sind, einstweilen ausgeklammert. Wenn wir diese Restriktion aufheben, bemerken wir plötzlich Gemeinsamkeiten nahezu aller linguistischen Konzeptionen[8], von denen im Folgenden zwei näher interessieren sollen:

(1) Nahezu alle Linguisten erheben im Rahmen ihrer jeweiligen Linguistikkonzeption den Anspruch, daß ihre Theorien *einen empirischen Gehalt besitzen* (empirische Theorien sind).

(2) Alle Linguisten erheben im Rahmen ihrer jeweiligen Linguistikkonzeption den Anspruch, daß ihre Theorien *begründbar* sind.

(1) will ich den *Empirizitätsanspruch*, (2) den *Begründbarkeitsanspruch* nennen. (2) ist offenbar mehrdeutig:

(2a) Der Begründbarkeitsanspruch besteht darin, daß eine Theorie T_i in bezug auf ihre (logischen und empirischen) Grundlagen sowie ihre Struktur und Zielsetzung als *wohlfundiert* bzw. korrekt aufgebaut angesehen wird.

(2b) Der Begründbarkeitsanspruch besteht darin, daß die Theorie T_i aus einer Menge T von konkurrierende Theorien $\{T_1, \ldots, T_n\}$ als jeder Theorie $T_j \in T$ $(i \neq j)$ *überlegen* angesehen wird.

(1) sowie (2a) und (2b) sind einstweilen noch in verschiedener Hinsicht vage. Einmal wegen des notorischen Auftretens des Theoriebegriffs, dann, weil die Begriffe des em-

---

8 Anstatt einer Sammlung von originalen Belegstellen möchte ich die Worte zitieren, mit denen LYONS die fundamentalen Gemeinsamkeiten der modernen linguistischen Theoriebildung zusammenfaßt: „However abstract, or ‚formal', modern linguistic theory may be, it has been developed to account for the way people actually use language. It derives from, and it is validated or refuted by, emprical evidence. In this respect linguistic is not different from any other science" (LYONS 1968 : 51); LYONS setzt bezeichnenderweise hinzu: „The point would not be worth stressing, if it were not the case that some linguists, out of sympathy with current developments, have seen a necessary opposition between what have been called ‚fromalism' and ‚realism' in the study of language". – Ich spreche vorsichtig von „nahezu allen" linguistischen Konzeptionen, weil es linguistikhistorisch auch andere Auffassungen gegeben hat und außerdem sehr frühe Entwicklungsstadien konzeptioneller Innovationen von der Betrachtung ausgeschlossen bleiben sollen. Ich finde es bezeichnend, daß der in den Worten LYNOS' zum Ausdruck kommende *Empirizitätsanspruch* von nahezu allen Sprachwissenschaftlern mit Selbstverständlichkeit erhoben und gegenwärtig nur von manchen linguistischen Metatheoretikern entgegen dieser Überzeugung als unangemessen betritten wird. Auch CHOMSKY, dessen Theorien hier einem besonders nachhaltigen Apriorismusverdacht ausgesetzt sind, hat nie bezweifelt und stets betont, daß die generative Linguistik als eine empirische Wissenschaft angelegt und durchführbar sei. Cf. hierzu den Abschnitt Ib (S. 55 ff.).

pirischen Gehalts (oder der Empirizität) und der Begründbarkeit – letzterer auch nach den vorläufigen Präzisierungen (2a) und (2b) – noch der Klärung bedürfen, schließlich, weil dies auch für Kriterien wie die „T_i ist wohlfundiert" und „T_i ist T_j überlegen" gilt.

Die Ansprüche auf Empirizität und Begründbarkeit werden, das zeigt die Beispielparade unmißverständlich, von den linguistischen Theoretikern nicht nur als Eigenschaften ihrer Produkte, als *Eigenschaften von linguistischen Theorien*, sondern auch als (für erreicht unterstellte) *Ziele ihrer Tätigkeit* angesehen. Die Empirizität und die Begründbarkeit linguistischer Theorien sind offenbar *Werte*, deren Gültigkeit von (fast) allen Linguisten anerkannt wird und die gewisse Normen für die linguistische Theoriebildung zu etablieren gestatten: *Konstruiere die Theorie T so, daß sie empirisch und begründbar ist!* Auch dies muß noch genauer untersucht werden.[9]

In der Einleitung zu diesem Kapitel hatte ich die Frage gestellt, ob es möglich ist, den Begriff einer linguistischen Theorie durch eine Art ostensiver Defintion zu bestimmen. Vorbehaltlich einer Klärung des Theoriebegriffs im allgemeinen kann als Fazit gelten, daß schon aufgrund der Konzeptionenvielfalt eine befriedigende Definition auf diesem Wege nicht möglich ist. Hinzu kommen die Statusprobleme von Theorien (im Unterschied zu Objekten wie Autos etc.), die allenfalls eine Art abstrakter ostensiver Definition, eine Definition durch Aufzählung, möglich zu machen scheinen. Daß auch dies nicht geht, ist eingehend begründet worden.

Und doch: die Beispiele linguistischer Theorien sind es, die letztlich die Bedeutung des Begriffs „linguistische Theorie" ausmachen. Um einen von KUHN in die wissenschaftstheoretische Debatte eingeführten[10] und leidlich strapazierten Begriff zu benutzen: wenn es uns gelänge, unter der Fülle der Beispiele für linguistische Theorien *Paradigmata*, also vorbildliche, typische, überzeugende *Standardbeispiele* aufzufinden, dann dürften wir einer Definition erheblich näher gekommen sein. KUHN hat offenbar – im Hinblick auf die ihn zuvörderst interessierenden physikalischen Theorien – gemeint, eine Definition des Begriffs einer physikalischen Theorie sei nur auf dem Wege über eine Selektion und Analyse solcher Standardbeispiele oder Paradigmata möglich.[11] Aber wie seligieren wir aus den Beispielen die Standardbeispiele, wie erkennen wir die Standards? Wie begründen wir die Theorie T als vorbildlich, typisch oder überzeugend? Dies mag im Bereich der Physik noch einfacher sein als im Bereich der Linguistik, weil es dort –jedenfalls in gewissen ‚klassischen' Bereichen – einen zu Recht verbreiteten Konsens darüber gibt, welche Theorien erfolgreich und überlegen und welche Kriterien für theoretischen Erfolg und Überlegenheit als gültig anzuerkennen sind. Dennoch sind

9 Dies geschieht umgehend in den folgenden Kapiteln.

10 und auch wieder ausgeführten! Cf. dazu das nächste Kapitel. – KUHN 1970.

11 „Daß KUHN den von WITTGENSTEIN eingeführten Begriff des Paradigma benützt, ist vermutlich damit zu erklären, daß beide, WITTGENSTEIN wie KUHN, der Überzeugung sind, im nicht-mathematischen Bereich würden Begriffe häufig oder sogar meist mittels der *Methode der paradigmatischen Beispiele* eingeführt. Auf die Frage, was ein Spiel sei, werden paradigmatische Beispiele von Spielen angegeben. Ähnlich kann man nach KUHN die Frage, was ein Newtonscher Physiker (ein Relativitätstheoretiker, ein Quantenphysiker) sei, auf keine andere Weise als dadurch beantworten, daß man paradigmatische Beispiele von Tätigkeiten Newtonscher Physiker (Relativitätstheoretiker, Quantenphysiker) gibt" (STEGMÜLLER 1974 : 186–187).

auch die Physiker hier um *Entscheidungen* nicht herumgekommen. Welche Entscheidungen sollten wir in der Linguistik treffen? Wir müssen zunächst fragen, welche Entscheidungen wir in der allgemeinen Theoriebildung treffen sollten.

2. Was ist überhaupt eine Theorie?

Im voraufgegangenen Kapitel hatte ich *deskriptiv* argumentiert. Die Artenvielfalt der linguistischen Theorieflora schien einen solchen Beginn nahezulegen, um nicht mit einem auf Vorurteilen begründeten Theoriebegriff in die Diskussion einzusteigen. Wenn wir erst einmal wissen, was eine Theorie ist, dann verfügen wir über Kriterien zur Selektion dieser Artenvielfalt, Kriterien, die uns Bedingungen zu formulieren gestatten, die auch für linguistische Theorien gelten müssen. So ist unsere Hoffnung. Es ist aber leicht zu sehen, daß sich bei gleicher deskriptiver Einstellung das Problem auf der metatheoretischen Ebene wiederholen würde: es gäbe noch mehr Objekte, die als Theorien auftreten; nicht *ein* Theoretizitätskriterium könnte so gewonnen werden.

Ich schließe daraus übrigens allgemein, daß eine rein deskriptive Wissenschaftstheorie unmöglich ist, es sei denn, man betriebe sie im Stile eines Reporters.[12] Man käme auf diese Weise prinzipiell in einen unendlichen Regreß hinein, weil bei einer durchgängig deskriptiven Einstellung auf der jeweils nächsten Metastufe immer nur wieder die Verwendung gewisser – möglicherweise unterschiedlicher – Kriterien *festgestellt*, aber nie *begründet* werden kann.

De facto freilich bräche der Regreß bald ab, weil schon auf der Meta-Metastufe die Menge der faktisch vorliegenden Meta-Metatheorien sehr klein ist; aber selbst wenn sie einelementig wäre, es also nur eine einzige Theorie der Wissenschaftstheorie gäbe – was nicht der Fall ist – wäre dies keine befriedigende Lösung unseres Kriterienproblems, da bei einer rein deskriptiven Einstellung Theoriekriterien immer nur beschrieben, aber nie gefordert werden könnten. Dies ist essentiell die Lektion, die uns HUME gelehrt hat: daß eine logische Ableitung des Sollens aus dem Sein unmöglich ist.

Dies ist der Ort, wo Wissenschaftler, wenn sie weiterkommen wollen, *Entscheidungen* treffen müssen. Inwieweit diese Entscheidungen ihrerseits wieder begründet werden können – dies ist in gewissem Umfange durchaus möglich – will ich an dieser

---

12 Auch dies kann u. U. sehr nützlich sein, z. B. für Überblicke und zur schnelleren Information. Doch wäre es fatal, wenn daraus ein vollständiger Wissenschafts- und Konzeptionsrelativismus abgeleitet würde. Dies wäre auch nicht konsequent: jede Kürzung erfordert bereits die Anwendung von Auswahlkriterien. Die besten Werke, in denen Theorien und Konzeptionen dargestellt und referiert werden, enthalten auch viele kritische und weiterführende Passagen, die deutlich von Existenz und Anwendung solcher Kriterien sprechen. Ein hervorragendes Beispiel für Metatheorien (also Wissenschaftstheorien) ist z. B. das noch nicht abgeschlossene Werk von STEGMÜLLER, in dem Probleme und Resultate der Wissenschaftstheorie und der Analytischen Philosophie kritisch referiert werden. STEGMÜLLER versteht sein Werk darum auch nicht als rein deskriptiv, sondern als „rationale Rekonstruktion". – STEGMÜLLER 1969, 1970, 1973.

Stelle nicht diskutieren.[13] Jetzt soll es um das Problem gehen: welche Entscheidungen muß ich treffen, um die Frage: Was ist eine linguistische Theorie beantworten zu können?

Hier ist zunächst einmal der Ort verwundert festzustellen, daß die Mühe, die Philosophen und Wissenschaftstheoretiker in unserem Jahrhundert auf subtile und diffizile metatheoretische Gedankengänge verwendet haben, offenbar lange Zeit nicht ausgereicht hat, um ein befriedigendes Explikat des Begriffs einer Theorie zustande zu bringen.[14] Viele Aufsätze und Bücher sind über den Theoriebegriff geschrieben und mit höchst raffinierten Überlegungen zur Struktur von Theorien gefüllt worden, ohne daß die Autoren bemerkt zu haben schienen, daß sie ihren Grundbegriff schon auf der ersten Seite so selbstverständlich verwenden, wie die Brille auf der Nase, die man selbst auch nicht sieht. „Theorien sind Klassen von Sätzen", mit dieser Auskunft mußte man sich zumeist zufriedengeben. Hier ist ein wirklicher Wandel erst vor wenigen Jahren durch das Buch von J.D. SNEED „The Logical Structure of Mathematical Physics" eingetreten, als durch die Präsentation einer anderen Theoriekonzeption die Lücke, die hier bestanden hatte, offenbar wurde. Wir werden auf SNEEDs Konzeption noch zurückkommen.

Ich erinnere daran, daß ich in der Einleitung über Bedürfnisse gesprochen und plausibel zu machen versucht hatte, daß die Bedürfnisse, die wir als Wissenschaftler haben, im Prinzip keine anderen sind als gewisse Bedürfnisse, die wir alle auch im täglichen Leben haben, nämlich *Kommunikationsbedürfnisse*. Des Genaueren handelt es sich hier um eine Teilmenge der Kommunikationsbedürfnisse, die ich *„Erklärungsbedürfnisse"* genannt habe. Und ebenso, wie wir im täglichen Leben Probleme haben, für die wir nach Lösungen suchen, ist es in der Wissenschaft. Die einzigen relevanten Unterschiede betreffen die Problembereiche, die uns interessieren, und die Raffiniertheit der Lösungsstrategien,[15] die wir uns ausdenken, doch sind dies keine prinzipiellen, sondern nur graduelle Unterschiede.

Auf diese Weise begründe ich meine Entscheidung für eine wissenschaftstheoretische Konzeption, die *Theorien als Lösungsstrategien* begreift. Den hierfür grundlegenden Strategiebegriff werde ich dabei undefiniert voraussetzen, Dies nicht deshalb, weil seine nähere Erläuterung unnötig wäre, sondern im Gegenteil deshalb, weil dies, wenn es genau geschehen soll, einen erheblichen Exkurs in die Spieltheorie verlangen würde. Ich begnüge mich daher hier mit dem Hinweis auf Beispiele bewußter alltäglicher Planung, die jedesmal dann eingesetzt wird, wenn Bedürfnisse nicht unmittelbar und umstandslos befriedigt werden können: die Planung einer Reiseroute, eines Tages-

---

13 Einige Überlegungen hierzu enthält das Kap. Ic5 („Rationale Entscheidung und Begründung).

14 W. DIEDERICH ist uneingeschränkt zuzustimmen, wenn er – im Zusammenhang mit einer Klage über Ungenauigkeiten wissenschaftstheoretischer Begriffsbestimmungen – sagt: „Dies betrifft vor allem den Begriff der Theorie" und daran den Stoßseufzer anschließt: „– generell einer der schlechtestdefinierten Begriffe der Wissenschaftstheorie!" (DIEDERICH (ed.) 1974: 14, Fußnote).

15 Jemand könnte sagen: „Im alltäglichen Leben benötigen wir Lösungen, in der Wissenschaft Lösungsstrategien". Aber wir benötigen ebenso Lösungen in der Wissenschaft, wie wir Lösungsstrategien im täglichen Leben benötigen; man denke an abgeschlossene Theorien einerseits und andererseits daran, wie man plant und überlegt, auf welche Weise man einen schwierigen Berg besteigen oder seine Ersparnisse anlegen soll.

ablaufs, einer schwierigen Konferenz, etc.... In solchen Fällen führt, wie wir aus Erfahrung wissen, eine spontane, einfache Handlung oft nicht zu dem gewünschten Ziel. Vielmehr bedarf es einer wohlüberlegten Übersicht über die zu erwartenden Schwierigkeiten und den relativ günstigsten Geschehensablauf; schließlich muß ein mehr oder weniger komplexes Handlungsschema aufgestellt werden, welches sicherstellt, daß der relativ günstigste Geschehensablauf unter bewußter Berücksichtigung der Schwierigkeiten möglichst eng approximiert wird. Ganz unabhängig vom Erfolg jedoch haben wir es bei solchen Planungen mit *Strategien* zu tun, bewußten Systemen von Handlungsabsichten zur Erreichung bestimmter Ziele, in diesem Falle: zur Befriedigung von Bedürfnissen. Vielleicht handelt es sich hierbei um Kommunikationsbedürfnisse, vielleicht bereits um Erklärungsbedürfnisse. In allen diesen Fällen dient die Strategie der Lösung eines Problems: sie ist eine *Lösungsstrategie*. Das erste Explikat für den Begriff „Theorie" sei daher E_1:

E_1: Eine Theorie ist eine Lösungsstrategie.

Oder, etwas ausführlicher:

E_1': Eine Theorie ist eine Lösungsstrategie zur Befriedigung von Erklärungsbedürfnissen.

Es ist leicht zu sehen, daß E_1 bzw. E_1' kein befriedigendes Explikat für den Theoriebegriff darstellt. Ein Autofahrer beispielsweise, dessen Wagen plötzlich stehenbleibt, hat ein Erklärungsbedürfnis; er möchte wissen, warum. Auch wenn er ein technischer Laie ist, wird er eine Reihe von Lösungsstrategien kennen; z.B. kann er nachschauen, ob der Tank vielleicht leer ist. Der Unterschied einer solchen Lösungsstrategie zu einer theoretischen besteht u.a. darin, daß es sich um eine nichtsprachliche Tätigkeit handelt. Theorien sind hingegen immer an eine sprachliche Formulierung gebunden.[16] Zwar könnte u.U. auch das Problem des Autofahrers mittels einer sprachlichen Lösungsstrategie gelöst werden, wenn er z.B. jemanden nach der Ursache fragt und dann eine entsprechende Antwort erhält. Doch setzt der Erfolg solcher sprachlichen Lösungsstrategien die Existenz von nichtsprachlichen voraus, derer man sich prinzipiell bedienen

16 Hier ist es wichtig, zwei Unterschiede nicht zu übersehen, nämlich den zwischen impliziten und expliziten Theorien und den zwischen Theorien und ihren Darstellungen. Meine Explikation des Theoriebegriffs bezieht sich nur auf das, was man vollständiger als eine „*explizite* Theorie" bezeichnen kann, also eine Theorie, die in Form mindestens einer wissenschaftlichen Darstellung vorliegt. Es ist demgegenüber nützlich, bestimmte Lösungsstrategien für Erklärungsbedürfnisse – besonders wenn es sich um praktische Probleme des täglichen Lebens handelt, aber bisweilen auch im wissenschaftlichen Bereich – als „*implizite* Theorien" zu bezeichnen. Bis zu ihrer Ausarbeitung als explizite Theorien kann es u. U. noch ein weiter Weg sein, wobei das entscheidende Kriterium für den Übergang zur expliziten Form darin besteht, daß der Theorie eine sprachliche Darstellung gegeben wird, die dokumentiert, daß bestimmte allgemeine Kriterien und Postulate zu erfüllen versucht worden ist. Was gemeint ist, wird durch die nachfolgenden Explikationsschritte deutlicher werden. Das Thema implizite vs. explizite Theorien muß noch einmal aufgegriffen werden, wenn es um die sog. Theorienabhängigkeit der Erfahrung geht (Kap. Ib1). – Nicht zu verwechseln ist der Begriff „explizite Theorie" mit dem Begriff „Darstellung einer Theorie". Eine Theorie muß in mindestens einer Form dargestellt worden sein, um als explizite Theorie gelten zu können; hingegen können verschiedene Darstellungen sehr wohl Darstellungen ein und derselben Theorie sein.

könnte und an fundamentaler Stelle im Lösungsprozeß auch bedienen muß. Anders im Falle von Theorien. Woran liegt das? Offenbar an der spezifischen Struktur der *wissenschaftlichen* Erklärungsbedürfnisse. Sie sind nicht anders als sprachlich artikulierbar und Entsprechendes gilt für die ihnen adäquaten Lösungsstrategien. Wir präzisieren daher E_1' in einem zweiten Explikationsschritt durch E_2:

E_2: Eine Theorie ist eine Lösungsstrategie für solche Erklärungsbedürfnisse, deren Befriedigung nur durch sprachliche Lösungsstrategien erreichbar ist.

Auch E_2 ist unzureichend. Jede Antwort auf eine Warum-Frage wäre dann schon eine Theorie. Oder ein Linguist könnte kommen und sagen: Ich weiß jetzt, warum das Lisu eine freie Wortstellung hat: weil die Kommunikationsbedürfnisse der Lisu-Sprecher anders nicht befriedigt werden können. – Interessant, würden wir vielleicht sagen, und auf nähere Erläuterungen warten. Aber wir wollen annehmen, daß dann nichts mehr kommt: keine Erläuterung der Begriffe, keine Begründung der These. Die geäußerte Meinung wird nicht in einen linguistischen Zusammenhang gestellt, die Behauptung nicht begründet. Was hier zur Theorie fehlt, ist offenbar ein systematischer Kontext; vollkommen isolierte sprachliche Verlautbarungen sind auch noch keine Theorie, wenn sie als Antworten auf Fragen ausgegeben werden.[17] Wir müssen daher E_2 durch E_3 präzisieren:

E_3: Eine Theorie ist eine Lösungsstrategie für solche Erklärungsbedürfnisse, deren Befriedigung nur durch systematische sprachliche Lösungsstrategien erreichbar ist.

oder kürzer:

E_3': Eine Theorie ist eine systematische sprachliche Lösungsstrategie.

Wiederum müssen wir fragen, ob damit der Theoriebegriff hinreichend expliziert ist. Denken wir uns eine Gesellschaft von Lebewesen, bei denen sich Erklärungsbedürfnisse in Form affektiver Spannungen äußern und die sich zur Lösung dieser Spannungen gegenseitig in wenig artikulierter Weise anbrüllen. Dies mag durchaus systematisch geschehen, insofern als es Brüllregeln geben mag, die beachtet werden und ganze Brüllsequenzen entstehen lassen. Es hängt jetzt davon ab, ob wir zugestehen wollen, daß hier eine Sprache benutzt wird, um zu entscheiden, ob dieser Fall als Gegenbeispiel einschlägig ist oder nicht. Wenn wir dies aber zugestehen[18], müßte das Regelsystem der Brüllregeln nach E_3 bzw. E_3' als eine Theorie gelten. Da dies absurd wäre, müssen wir uns fragen, wie Theorien noch näher spezifiziert werden können. Offensichtlich ist es eine bestimmte Form des Sprachgebrauchs, die hier den Unterschied ausmacht.

Reflektieren wir einen Augenblick auf unseren ersten Explikationsschritt. Aus ihm bereits läßt sich eine Forderung logisch ableiten, nämlich, daß Theorien *Erklärungen* liefern sollen. (In anderer Ausdrucksweise wollen wir diese Forderung gelegentlich auch

---

17 Bestenfalls kann es sich hierbei um implizite Theorien im Sinne von Anmerkung 16 handeln.

18 Die hier bestehende Schwierigkeit wird an einem anderen Beispiel deutlich. Kleine Kinder, die ihre Muttersprache noch nicht beherrschen, können sich in ihren ersten Lebensmonaten in ganz ähnlicher Weise verhalten wie jene Lebewesen. Dann lernen sie allmählich sprechen, aber setzen die ihnen immer umfangreicher und präziser zur Verfügung stehende Sprache u.a. zu denselben Zwecken ein wie zuvor ihr Schreien. Es scheint daher berechtigt zu sein, auch einfachere Signalsysteme, die in solchen Zusammenhängen verwendet werden, als – primitive – Sprachen zu verstehen.

so ausdrücken, daß Theorien explanative Kraft besitzen sollen). Wir können daher als Postulat für Theorien generell formulieren:

($P-E_g$) Theorien sollen Erklärungen liefern.

Ich will ($P-E_g$) das *generelle Explanationspostulat für Theorien* nennen.

Wissenschaftliche Erklärungen sind immer sprachlich formuliert, ebenso wie die Problemstellungen, durch die wir unsere speziellen Erklärungsbedürfnisse artikulieren. Problemstellungen sind im Prinzip Fragen, Fragen über konkrete oder abstrakte Objekte, Sachverhalte, Ereignisse, und andere Entitäten (wie Vermutungen, Fragen, Theorien, ect.). Allgemein gesprochen: Problemstellungen sind Fragen über bestimmte Gegenstände, deren Eigenschaften oder Beziehungen untereinander. Um solche Fragen stellen zu können, muß man diese Gegenstände aber zunächst benennen und beschreiben können. In diesem Sinne setzt jede Erklärung *Beschreibung* voraus. Auch dies müssen wir also von Theorien fordern, daß sie *Beschreibungen* oder *Deskriptionen* liefern sollen:

($P-D_g$) Theorien sollen Beschreibungen liefern.

Ich will ($P-D_g$) das *generelle Deskriptionspostulat für Theorien* nennen. ($P-E_g$) und ($P-D_g$) will ich auch *funktionale Postulate für Theorien*[19] nennen, da es die Funktion von Theorien in ihrer Rolle als Lösungsstrategien ist, Erklärungen und a fortiori Beschreibungen zu liefern.

Wir können nun in der Explikation des Theoriebegriffs fortfahren und E_3' durch E_4 präzisieren:

E_4: Eine Theorie ist eine systematische sprachliche Lösungsstrategie, die Beschreibungen und Erklärungen liefert.

Ist E_4 hinreichend? Dies hängt offensichtlich davon ab, ob genau verstanden wird, worin der systematische Charakter der theoretischen Lösungsstrategien besteht. Offenbar weniger darin, daß die Tätigkeit der Theoriebildung gemeint ist, sondern ihre Resultate: die Beschreibungen und Erklärungen, die die Lösungsstrategie liefert, sollen in einem systematischen Zusammenhang stehen. Ich betrachte dies als Erläuterung von E_4 und schreibe es als E_4':

E_4': Eine Theorie ist eine Lösungsstrategie, die systematische Beschreibungen und Erklärungen liefert.

Was aber heißt „systematisch“? Die Beantwortung dieser Frage ist nicht ganz einfach und wird erfordern, daß wir den nächsten Explikationsschritt genauer als die bisherigen überlegen müssen. Wenn wir nach Bedingungen suchen, die Theorien, welche eine erklärende Kraft besitzen sollen, erfüllen müssen, so denkt man an Begriffe wie Widerspruchsfreiheit, Vollständigkeit, Entscheidbarkeit, aber auch an solche wie Kohärenz, Genauigkeit, Bestätigbarkeit, Rechtfertigbarkeit. Wenn es sich nicht um Theorien über

19 Von den funktionalen Theoriepostulaten sind finale Theoriepostulate zu unterscheiden, die die Verwendung einer Theorie für bestimmte Zwecke, etwa im Rahmen einer Technologie, vorschreiben (Finalisierung von Theorien). Allerdings gibt es gute Gründe für die Annahme, daß nur abgeschlossene Theorien in befriedigender Weise finalisiert werden können. Da wir in der Linguistik bisher nicht über abgeschlossene Theorien verfügen, behandele ich die finalen Theoriepostulate hier weiter nicht. – Weiter unten formuliere ich außerdem sog. strukturale Postulate für Theorien.

logische oder mathematische Sachverhalte handelt, wird auch der empirische Gehalt der Theorie genannt werden müssen.

Offensichtlich haben wir es mit *verschiedenen Parametern* zu tun, und wir müssen noch weitere, andersartige nennen, wenn wir den systematischen Charakter theoretischer Lösungsstrategien nicht ganz einseitig verstehen und beurteilen wollen. Jede Theorie ist in einer Sprache dargestellt; diese Sprache gestattet die Formulierung von gesetzesartigen und singulären Aussagen; die Wahl dieser Sprache ist nicht in jeder Hinsicht beliebig; außerdem gehört zum systematischen Aspekt von Theorien die Tatsache, daß sie auf Phänomene und Objekte aus ihrem Definitionsbereich angewendet werden, daß diese Anwendungen die Beachtung bestimmter Regeln erfordert und daß sie von einer Theorie T insofern gar nicht getrennt werden können, als erst sie zu entscheiden gestatten, ob T die generellen Deskriptions- und Explanationspostulate überhaupt erfüllt; eine ‚Theorie', für die es keine Anwendungsbeispiele gibt, verfehlt ihre Funktion. Ein solches Objekt kann nach unseren Kriterien nicht als Theorie gelten.

Aber noch mindestens eine weitere Gruppe von Parametern trägt zu dem systematischen Aspekt theoretischer Lösungsstrategien bei. Diese sind möglicherweise nicht so offenkundig, wie die schon genannten, jedoch von fundamentaler Bedeutung für Art und Umfang der gelieferten Beschreibungen und Erklärungen. Ich meine die Auffassung, die einer Theorie hinsichtlich ihres Objektbereichs zugrundeliegt und, beispielsweise, entscheidend die Wahl der Theoriesprache beeinflußt. Jeder Wissenschaftler, der eine Theorie formulieren will, muß zunächst den Objektbereich definieren, der von der Theorie erfaßt werden soll. Diese Festlegung eines Definitionsbereiches geschieht aber nicht absolut, problemneutral und unabhängig von den Ideen, die der Wissenschaftler bezüglich möglicher Lösungen für seine Probleme hat.[20] Sie geschieht vielmehr relativ zu diesen Problemen und Lösungsideen und inkorporiert oder präsupponiert damit eine bestimmte Sichtweise des Objektbereichs, ein *Bild* oder *Modell*, das diesen Bereich nach bestimmten Auswahlkriterien vereinfacht, nämlich solchen, die formulieren, was die für die Theorie wesentlichen Eigenschaften ihrer Objekte sind[21], hinsichtlich derer die Theorie allein einen deskriptiven und explanativen Anspruch erhebt. Dabei ist die Redeweise von Bildern oder Modellen insofern ganz wörtlich zu nehmen. als die spe-

---

20 Primär sind immer die Probleme. Die Gegenstandsbereiche werden problemabhängig definiert, ebenso wie die Auswahl der geeigneten Lösungsstrategien problemabhängig ist. Die hier bestehenden Adäquatheitsrelationen zwischen den Problemstellungen und dem Gegenstandsbereich einerseits und den Problemstellungen und geeigneten Lösungsstrategien andererseits werden noch genauer betrachtet werden müssen (cf. Kap. IIa2, S. 144 ff.).

21 Die Meinung, eine Theorie T_i über die Objekte O müssen jedes O_k *vollständig* hinsichtlich *aller* seiner Eigenschaften beschreiben und erklären, wäre gänzlich verfehlt. Es scheint aber Linguisten zu geben, die dies glauben. Beispielsweise ist die Kontroverse ‚Systemlinguistik vs. Pragmalinguistik' z.T. von solchen irrigen Einschätzungen beherrscht, Die CHOMSKY-Linguistik ist aber nicht deshalb inadäquat oder fehlerhaft, weil sie auf grammatische Eigenschaften von Sprachen restringiert ist und etwa pragmatische nicht dazustellen vermag, sondern weil sie mit dem überzogenen Anspruch verknüpft worden ist, eine vollständige Sprachtheorie darzustellen. Inadäquat ist – unter der hier interessierenden Perspektive – nur ein solcher globaler Anspruch, der im übrigen mehr in CHOMSKYs Darstellungen hineingelesen worden, als aus diesen tatsächlichen ableitbar ist.

zifische Auffassung und Darstellung der Objekte, wie sie für eine Theorie typisch sind, tatsächlich an vereinfachten Vergleichsobjekten orientiert ist, bei denen die in der fraglichen Theorie interessierenden Eigenschaften besonders deutlich und (vermeintlich) besser bekannt sind.[22]

Diese Überlegungen sollen vor Augen führen, daß der noch präzisierungsbedürftige Begriff des *systematischen* Charakters einer theoretischen Lösungsstrategie ziemlich komplex ist. Es reicht nicht hin, ihm durch die Angabe logischer Strukturen oder sprachlicher Eigenschaften der Darstellung zu präzisieren, in der eine Theorie vorliegt; es gehören u.a. auch Angaben über die verfolgten Ziele, die Auswahl der interessierenden Objekte und ihrer Eigenschaften, der Nachweis erfolgreicher Anwendungen hinzu. Wie können wir diese heterogenen Aspekte zusammenfassen? Zum Glück hat KUHN unter dem Eindruck der Verwirrungen, die die Mehrdeutigkeiten seines Paradigmabegriffs in der wissenschaftstheoretischen Debatte angerichtet haben – M. MASTERMAN hat im Text der Erstausgabe von „The Structure of Scientific Revolution" mindestens einundzwanzig verschiedene Bedeutungen gezählt[23] – im Nachwort zur zweiten Auflage seines Buches den Begriff des Paradigmas durch einen neuen Begriff mit größerer Extension, aber präziser definierter Intension ersetzt, der genau die systematische Natur wissenschaftlicher Lösungsstrategien in ihrer ganzen Komplexität auszudrücken gestattet: den Begriff der Disziplinären Matrix.[24]

Die *Disziplinäre Matrix* einer Theorie ist ein Quadrupel K aus Werten, symbolischen Verallgemeinerungen, Modellen und Beispielen:

K = < Werte, symbolische Verallgemeinerungen, Modelle, Beispiele >.

Jede Lösungsstrategie, die systematische Beschreibungen und Erklärungen liefern soll, muß mindestens hinsichtlich der vier Komponenten von K eindeutig bestimmt sein. Sie muß für bestimmte Probleme und Ziele konzipiert sein, die es zu entscheiden gestatten, ob die Lösungsstrategie erfolgreich ist oder nicht. Eine solche Entscheidung kann als Bewertung der Strategie relativ zu den Problemen und Zielen verstanden werden, m.a.W.: eine Wissenschaftlergruppe akzeptiert *Werte*, nach denen sie ihr strategisches Verhalten ausrichtet: Genauigkeit der Darstellung, erklärende Kraft, deskriptive Adäquatheit, Widerspruchsfreiheit, vielleicht aber auch hermeneutische Zirkularität oder dialektische Qualitäten können als Beispiele für solche Werte dienen. Es handelt sich hier also um methodologische Werte; grob gesagt wird durch sie die wissenschaftstheoretische Rahmenkonzeption festgelegt. Die hier getroffenen Entscheidungen determinieren eine wichtige Teilklasse der Verhaltensnormen, welche die Ausarbeitung von T durch die Wissenschaftler steueren: wir bezeichnen sie kurz als „*methodologische Normen*".

Der systematische Charakter der Wertekomponente ist offensichtlich: T darf und soll in jeglicher Hinsicht nach dem Grade bewertet werden, zu dem die gewählten Werte erfüllt werden. Derselbe systematische Charakter zeichnet auch die anderen Komponenten aus. So ist unter dem Begriff der *symbolischen Verallgemeinerungen* die systematische Natur der sprachlichen Strukturen gemeint, die zur Darstellung der deskriptiven

22 Dies wird näher aufgeführt in Kap. Ic4 (S. 120 ff.) und IIc1 (S. 170 ff.).

23 MASTERMAN 1966 : 61–65 der dt. Ausgabe (LAKATOS/MUSGRAVE (eds.) 1974).

24 KUHN 1970, Postskript zur 2. Auflage. – Dt. Übers. in WEINGART (ed.) 1972 : 287–319.

und explanativen Teile von T zugelassen bzw. geeignet sind; man könnte sagen, „symbolische Verallgemeinerung" bezeichnet den Inbegriff der Darstellungsmittel von T. Dies können mathematische oder logische Theoriesprachen oder Teile von ihnen sein, die die Formulierung der Axiome, Regeln oder Gesetzesaussagen von T ermöglichen („Eine allgemeine Regelgrammatik (oder Typ-O-Grammatik) G ist ein Quadrupel G = $<\Phi, \Sigma, R, S>$", "S → NP + VP", "(x) (x ist eine natürliche Sprache) ⊃ (x hat eine Transformationsstruktur) "), doch müssen wir zu dieser Komponente von K auch alle anderen sprachlichen und nichtsprachlichen (beispielsweise Abbildungen, Diagramme) Darstellungsmittel rechnen, die zur Formulierung von T erforderlich sind.

Die Komponente der *Modelle* umfaßt die T zugrundeliegenden Vereinfachungsentscheidungen. Dabei ist es unerheblich, ob sie in Form eines anschaulichen oder eines abstrakten Modells des Untersuchungsobjekts vorgestellt werden, auch gilt, daß einer Theorie zumeist mehr als ein Modell, nämlich je nach der Komplexität des gewählten Definitionsbereichs, zugeordnet ist. Man darf hier an HUMBOLDTs *ἐνέργεια*-Modell der Sprache denken, an BLOOMFIELDs stimulus-response-Modell der Spracherlernung, oder CHOMSKYs Modell des kompetenten Sprecher-Hörers als eines abstrakten Automaten.[25] Diese Beispiele zeigen bereits, wie wichtig die Modellvorstellungen, die sich ein Forscher oder eine Forschergruppe von ihren Objekten machen, für die systematische Ausarbeitung der Lösungsstrategie T sind.

Die *Beispiele* schließlich demonstrieren die Anwendbarkeit von T als tatsächlich funktionierende Lösungsstrategie; sie beweisen ihre (partielle) Brauchbarkeit. Sie repräsentieren exemplarisch gelungene Beschreibungen und Erklärungen im Rahmen von T, gleichsam den ‚harten Kern', in bezug auf den T (anscheinend) nicht falsifizierbar ist und der als Vorbild für das weitere Arbeiten mit T dienen kann.[26] Im Bereich der Linguistik kann man, je nach der zugrundegelegten Theorie, an bestimmte Etymologien (Indogermanistik), Wortfeldanalysen (inhaltsbezogene Sprachwissenschaft), Oppositionsbeispiele (Strukturale Phonologie), grammatische Desambiquierungen (Generative Linguistik) oder Übersetzungen in eine formale Sprache (Modelltheorie) denken.[27] Es ist wichtig zu bemerken, daß solche exemplarischen Anwendungen einer Theorie T ein unverzichtbarer *Bestandteil von* T sind und nicht etwa T gegenübergestellt werden können wie die Verwendung eines Autos dem Auto selbst. Ein geeignetes Analogon böte schon eher der Vergleich eines Musikstücks mit seiner latenten Kodifizierung in den Rillen einer Schallplatte: die Platte hat die Funktion, das Musikstück hörbar zu machen; das Musikstück ist nicht nur eine bloße Struktur, sondern eine Struktur, die hörbar gemacht werden kann. Ebenso ist eine Theorie eine Struktur, die angewendet werden kann, mathematisch gesprochen: das geordnete Paar aus einer Struktur und ihren Anwendungen.

KUHNs Disziplinäre Matrix gestattet uns, die wichtigsten Ebenen, auf denen die Strukturen und ihre Anwendungen, die wir „Theorien" nennen, *systematische* Eigen-

---

25 Cf. zu dem letzten Beispiel KANNGIESSER 1976 : 120.

26 Mit dieser Komponente der Disziplinären Matrix rekonstruiert KUHN eine der wichtigsten Bedeutungen seines früheren Paradigma-Begriffs.

27 Genau genommen müßten hier *konkrete* Beispiele für Etymologien, etc., stehen, mit Angabe der Forscher und der Darstellungen, die sie (z.B. in Veröffentlichungen) davon gegeben haben.

schaften besitzen müssen, zu unterscheiden. Dabei ist zu berücksichtigen, daß KUHN selbst ausdrücklich den heuristisch-unvollständigen Charakter seines Matrix-Quadrupels betont. Ich werde später selbst noch die Komponente „Gegenstände" einführen, aber auch an Komponenten wie „Gesetze" und „Probleme" ist hier zu denken. Außerdem dürfte jede einzelne Komponente relativ komplex strukturiert sein; beispielsweise wird eine Theorie nicht nur durch *eine* Modellvorstellung, sondern nur durch eine Mehrzahl von unterschiedlich allgemeinen Modellen repräsentierbar sein. Theorien sind in diesem Sinne komplexe Systeme: ihr Komplexität ist durch die Komponenten der Disziplinären Matrix, ihre Systematizität durch die *Verbindlichkeit der Entscheidungen*, die in jeder dieser Komponenten getroffen werden müssen, *für die gesamte Theorie* bestimmt. – Ich will eine auf solche Art spezifizierte Disziplinäre Matrix kurz *„KUHN-Matrix"* oder *„K-Matrix"* nennen. Wir können daher als weiteres Postulat für Theorien generell formulieren:

(P-M_K) Theorien müssen eine K-Matrix besitzen.

Ich will (P-M_K) das *K-Matrix-Postulat für Theorien* nennen. Außerdem will ich (P-M_K) ein *strukturales Postulat für Theorien* nennen, im Gegensatz zu den funktionalen Postulaten (P-E_g) und (P-D_g), und in Ergänzung zu einem weiteren strukturalen Postulat, das später eingeführt werden soll.[28]

Ich kann nun die Explikation des Theoriebegriffs mit dem nächsten Schritt fortführen, indem ich E_4' durch E_5 ersetze:

E_5: Eine Theorie ist eine Lösungsstrategie, die eine K-Matrix besitzt.

Können wir uns mit E_5 als Explikat zufriedengeben? Wissen wir jetzt, was eine Theorie ist? Es gibt *vier Gründe*, die uns veranlassen sollten, die Explikation noch einen Schritt weiterzuführen. Die ersten drei hängen mit dem Begriff der K-Matrix zusammen. Offensichtlich gibt es verschiedene K-Matrizen, je nachdem, welche Entscheidungen wir auf den einzelnen Ebenen des Matrixschemas treffen. Hier ist es unerläßlich, daß ich auch selbst Entscheidungen treffe und begründe. Außerdem ist die Vielfalt dessen, was bislang als Theorie zählt, auch aus einem anderen Grunde noch zu groß; er hängt mit dem Umstand zusammen, daß es, genau genommen, nicht ganz eindeutig ist, was mit der Behauptung gemeint ist, die Disziplinäre Matrix gelte für Theorien. Hier ist eine Differenzierung erforderlich. Der dritte Grund betrifft den intuitiven und informellen Charakter der K-Matrix. Dieser läßt insbesondere für formalisierte oder formalisierbare Theorien, die es zunehmend ja auch in der Linguistik gibt, den Wunsch nach größerer Genauigkeit entstehen. Der vierte Grund schließlich, wieso wir E_5 noch nicht als befriedigendes Explikat des Theoriebegriffs ansehen können, ist in der Tatsache zu sehen, daß es in der gegenwärtigen wissenschaftstheoretischen Debatte eine fundamentale Kontroverse über den Status von Theorien gibt, die in unsere Explikation einer Theorie als Lösungsstrategie überhaupt nicht eingeht. Es ist aber notwendig, sich dieser Kontroverse zu stellen. Es handelt sich darum, ob wir eine Theorie als eine Klasse von Sätzen oder als etwas anderes auffassen wollen.

28 Es handelt sich um das Postulat einer SNEED-Matrix oder S-Matrix (cf. nächstes Kapitel).

3. Strukturale Eigenschaften von Theorien

Unsere linguistische Theorieparade im ersten Kapitel hatte aus sehr unterschiedlichen Elementen bestanden. Nicht nur, daß die Theorien *inhaltlich* unterschiedlich waren; es gilt auch, daß sie in zweierlei Hinsicht *formal* unterschiedlich zu beurteilen sind: einmal in dem Sinne, daß ihnen verschiedene K-Matrizen angemessen sind, zum anderen, weil sie in ihrem Allgemeinheitsanspruch nicht alle auf der gleichen Ebene stehen. Man denke etwa an den Prager Funktionalismus einerseits und die Phonologie TRUBETZKOYs andererseits: letztere ist eine spezielle Theorie, die innerhalb des allgemeineren theoretischen Rahmens, der durch den Begriff „Prager Funktionalismus" angedeutet ist, entwickelt wurde. Ein anderes Beispiel ist die Generative Grammatik einerseits und die Theorie der grammatischen Ränge von JESPERSEN andererseits: hier ist zwar die Theorie JESPERSENs keine Subtheorie der Generativen Grammatik, aber die Verschiedenheit beider Ansätze geht doch auch nicht so weit, daß nicht leicht festgestellt werden könnte, daß die Generative Grammatik in diesem Falle die umfangreicheren Erklärungsansprüche stellt.

Es ist daher empfehlenswert, Theorien auch relativ zu ihrem Stellenwert zu unterscheiden, den sie untereinander besitzen. Ich will hier von *„Theorien"*, *„Subtheorien"* und *„Netzen von Theorien"* sprechen, um die wichtigsten Unterschiede benennen zu können. Es soll daher gelten:

> Wenn T_1 eine Theorie ist und T_2 ebenfalls ($T_1 \neq T_2$), dann ist T_2 eine *Subtheorie* von T_1 gdw. die Erklärungen, die im Rahmen von T_2 gegeben werden können, eine echte Teilmenge der Erklärungen sind, die im Rahmen von T_1 gegeben werden können.
>
> Wenn T_1 eine Theorie ist und T_2 ebenfalls, ($T_1 \neq T_2$), dann ist $T_1 \cup T_2$ ein *Netz von Theorien* gdw. beide Theorien die gleiche K-Matrix besitzen.[29]

Wichtig ist außerdem die Unterscheidung von hierarchischen Theoriebeziehungen. Hier wollen wir von *„Objekttheorien"* und *„Metatheorien"* sprechen:

> Eine Theorie T_i ist eine *Objekttheorie relativ auf ihren Objektbereich O* gdw. O keine Theorie ist. Im anderen Falle heißt T_i eine *Metatheorie* (genauer: eine *Metatheorie relativ auf O*).

29 Im Rahmen der SNEEDschen Wissenschaftstheorie ist eine wesentlich präzisere Formulierung des Begriffs eines Theorienetzes möglich. Sie soll aber hier nicht gegeben werden, weil sie unsere Untersuchung an dieser Stelle mit einem unnötig großen formalen Aufwand belasten würde. Außerdem ist auf Folgendes hinzuweisen: Die an dieser Stelle gegebene Definition ist unvollständig. Sie nennt nur eine notwendige Bedingung für das Vorliegen eines Theorienetzes. Der Grund für diese Unvollständigkeit liegt aber nicht im Begriff der K-Matrix, denn diese kann ja vollständiger als ihr Vorbild, die KUHNsche Disziplinäre Matrix, angegeben werden (cf. hierzu auch das Folgende). Vielmehr ist als hinreichende Bedingung hinzuzufügen, daß die beiden Theorien T_1 und T_2 über einen gemeinsamen Durchschnitt T-theoretischer Begriffe verfügen (s.u.). – Zur genauen Definition des Begriffes eines Theorienetzes cf. BALZER/SNEED 1977.

Diese Unterscheidung, die vor TARSKI[30] bereits ansatzweise von RUSSELL[31] und FREGE[32] durchgeführt worden ist, ist nun für unsere Zwecke deshalb wichtig, weil das Konzept der Disziplinären Matrix zwar für Theorien auf jeder Hierarchiestufe anwendbar ist, dies jedoch eine Unterscheidung bezüglich dessen wünschenswert macht, was eine K-Matrix tatsächlich leistet. Ich habe bereits früher den Begriff der Konzeption intuitiv verwendet. Ich präzisiere ihn jetzt wie folgt:

Konzeptionen sind eine Teilklasse der Metatheorien.

Wir können jetzt, den KUHNschen Beispielbegriff in einer unorthodoxen Weise aufnehmend, sagen:

Theorien sind Beispiele für Konzeptionen.

Wie wir gleich sehen werden, ist es nützlich, bei den Eigenschaften von Theorien zu differenzieren:[33]

Rahmenbedingungen sind metatheoretische Eigenschaften. Eigenschaften von Konzeptionen sind Rahmenbedingungen der ihnen zugeordneten Theorien.

Mit Hilfe dieser Begriffe kann ich nun sagen, daß es ein Nachteil des Begriffs der Disziplinären Matrix bei KUHN ist, daß mit ihm sowohl Eigenschaften, als auch Rahmenbedingungen von Theorien gemeint sein können. Dies ist insofern ein Nachteil, als der Matrixbegriff hierdurch mehrdeutig wird und infolgedessen auch keine eindeutige Definition des Theoriebegriffs ermöglicht. E_5 kann schon deshalb nicht als befriedigendes Explikat des Theorienbegriffs gelten. Ich will daher meinen Begriff der K-Matrix so festlegen, daß er nur Rahmenbedingungen, aber keine Eigenschaften von Theorien bedeutet. In Anlehnung an die Sprechweise „T besitzt eine K-Matrix" kann man „x besitzt eine K-Matrix" dann als ein Prädikat konstruieren, das Rahmenbedingungen von Theorien bedeutet:

Das Prädikat „x besitzt eine K-Matrix" bedeutet Rahmenbedingungen von Theorien.

Mir scheint, daß durch eine solche Festlegung die eigentliche Intention KUHNs gewahrt, die Mehrdeutigkeit seines Begriffs der Disziplinären Matrix aber vermieden wird. Allerdings benötigen wir nun noch ein weiteres Prädikat, das die *Eigenschaften* der Theorien bedeutet. Hierfür bietet sich zwangslos die logische Rekonstruktion der Theorienstruktur an, wie sie von J.D. SNEED am Beispiel physikalischer Theorien entwickelt[34] und von W. STEGMÜLLER[35] modifiziert und verbessert worden ist. SNEED konstruiert nämlich auf dem Hintergrund KUHNscher Konzepte den Begriff einer Theorie als ein Prädikat, dessen Merkmale die Eigenschaften der Theorie bedeuten. Von dem subtilen

30 Locus classicus ist TARSKIs berühmte Arbeit über den Wahrheitsbegriff in den formalisierten Sprachen (TARSKI 1936).

31 Gemeint ist die formale Hierarchie der Typentheorie, die von RUSSELL in den „Principia mathematica" entwickelt worden ist.

32 So in dem im Nachlaß veröffentlichten Aufsatz „Logische Allgemeinheit" (ca. 1923), abgedruckt z.B. in FREGE 1971 : 166–171.

33 Der Begriff der Eigenschaft einer Theorie wird hier nicht explizit definiert. Wir müssen uns mit ihm anläßlich der Diskussion der Prädikate „empirisch" und „begründbar" noch genauer auseinandersetzen.

34 SNEED 1971; 1976

35 STEGMÜLLER 1973.

und schwierigen Gedankengang SNEEDs interessieren hier hauptsächlich die Anfangsgründe. Ich werde im weiteren Verlauf der Untersuchung einige der Überlegungen, die SNEED über diese einfachen Unterscheidungen hinaus anstellt, an geeigneter Stelle in meine Argumentation einbringen.[36]

Charakteristisch für die SNEEDsche Konzeption für Theorien ist der sog. „non-statement-view". Danach sind Theorien *geordnete Mengen von mathematischen Strukturen und ihren Anwendungen;* ich will zeigen, wie dies zu verstehen ist. Dazu will ich von dem ausgehen, als das ich Theorien bislang gekennzeichnet hatte: als Lösungsstrategien. Ich wollte dadurch betonen, daß die wissenschaftliche Theoriebildung eine Tätigkeit und die Produkte dieser Tätigkeit – die Theorien – von Menschen konstruierte Instrumente sind, die sich als Hilfsmittel im Erkenntnisprozeß bewähren sollen. Ähnlich, wie sich Arbeiter oder Handwerker je nach Art ihrer spezifischen Tätigkeit unterschiedlicher Sortimente von verschiedenen Werkzeugen bedienen, die sie gelegentlich auch selbst nacharbeiten oder sogar herstellen müssen, entwickeln und modifizieren Wissenschaftler verschiedene Gruppen von abstrakten Hilfsmitteln, die sie allererst instand setzen, ihre Probleme überhaupt zu formulieren und danach zu lösen. Auf diese Weise können wir Theorien aus ihrer Funktion heraus verstehen.[37]

Dies reicht aber nicht aus, denn wir wollen auch wissen, wie solche abstrakten Hilfsmittel der Wissenschaftler aufgebaut sind, wollen also auch die Struktur von Theorien verstehen. Ich frage also: Welches sind strukturale Eigenschaften von Theorien? Hier erhalten wir nun überlicherweise die Auskunft, daß es sich um Sätze bzw. *Klassen von Sätzen* handelt.[38] Diese Auffassung ist mittlerweile als *„statement-view of theories"* oder *„Aussagenkonzeption"* bekannt geworden. M.a.W.: unter einem Strukturaspekt gesehen ist eine Theorie nach dem statement-view eine Klasse von Sätzen, die unter-

36 Die Theorie SNEEDs, die ursprünglich für physikalische Theorien formuliert worden ist, wird gegenwärtig in verschiedenen Wissenschaften auf ihre Anwendbarkeit hin untersucht. Hier gibt es sogar Perspektiven für eine Neubegründung der Literaturwissenschaft (cf. GÖTTNER 1974; FINKE/KINDT/WIRRER 1975). – Eine Anwendung auf die Linguistik wird beschrieben in SCHNELLE 1976 und FINKE 1977a.

37 Eine detaillierte funktionale Analyse von Theorien deutet ihren Charakter als Lösungsstrategien so, daß es sich bei ihnen um prognosefähige Systeme handelt. Unter einer Prognose ist hier – im Gegensatz zu einer bloßen Prophetie – eine durch die Anwendung gewisser systematisch-methodologischer Regeln gewonnene Aussage über in der Zukunft mögliche Ereignisse zu verstehen; eine Prognose besitzt einen Gesetzescharakter. So kann beispielsweise das D-N-Modell der Erklärung als ein Prognoseschema gedeutet werden. Der falschen Auffassung, daß die Anwendung solcher Prognoseschemata auf die sog. Naturwissenschaften beschränkt sei, sind vor allem POPPER und HEMPEL entgegengetreten. Cf. z.B. POPPER 1971 und HEMPEL 1970. – Zur funktionalen Wissenschaftstheorie cf. FINKE 1977a.

38 Eine der frühesten Darstellungen dieser Auffassung hat N.R. CAMPBELL 1920 gegeben (Wiederdruck in FEIGL/BRODBECK (eds.) 1953 : 288–308. CAMPBELL charakterisiert eine Theorie wie folgt: „A theory ist a connected set of propositions which are divided into two groups. One group consists of statements about some collection of ideas which are characteristic of the theory; the other group consists of statements of the relation between these ideas and some other ideas of a different nature" (290). Auch in der Linguistik ist diese Theorieauffassung bisher üblich: „Theorien sind Klassen von Sätzen (bzw. von Behauptungsaussagen), welche nach formalen wie auch nach inhaltlichen Gesichtpunkten bestimmt sind" (WUNDERLICH 1974 : 33).

einander durch interne logische Beziehungen geordnet sind.[39] Von den Theorien selbst sind außerdem noch die *Darstellungen*, die von ihnen in Lehrbüchern, Forschungsaufsätzen etc. gegeben werden, sowie ihre *Anwendungen* auf konkrete Gegenstände aus ihrem Definitionsbereich zu unterscheiden. Beispielsweise hat J. SEARLE in den 60er Jahren aus Vorarbeiten von AUSTIN u.a. eine Theorie entwickelt, die Sprechakttheorie, die seitdem in vielen Publikationen dargestellt (und dabei auch modifiziert) worden ist. In z.T. anderen Publikationen finden wir Beispiele für Anwendungen dieser Theorie auf verschiedene Ausschnitte von verschiedenen Sprachen.

Wenn uns nun aber jemand präzis fragte: Wie lauten die Sätze, die zusammengenommen die Sprechakttheorie *sind*? würden wir erhebliche Schwierigkeiten bei unserer Antwort haben. Genau gesehen könnten wir immer nur Sätze oder Satzklassen formulieren, die die Sprechakttheorie *darstellen* – beispielsweise, indem wir SEARLEs eigene Darstellung aus seinem Buch „Speech Acts" zitieren, aber wir würden auf diese Weise nie zu dem vorstoßen, was wir eigentlich meinen, wenn wir von *der* Sprechakttheorie reden. Auch ist diese Theorie ja noch längst nicht abgeschlossen, sondern wird ständig modifiziert. Der statement-view aber erlaubt uns nicht, zwischen Veränderungen der Theorie und Veränderungen ihrer Darstellung in einer klaren Weise zu unterscheiden.[40]

Nun gibt es ein Verfahren, welches zunächst weiterzuhelfen scheint; ich meine die Bildung von *Äquivalenzklassen*. Äquivalenzklassen können wir von den verschiedensten Objekten bilden, so auch von Mengen von Sätzen. Wenn wir uns also auf den klassischen wissenschaftstheoretischen Standpunkt stellen und Theorien als Mengen von Sätzen verstehen wollen, können wir auf diese Weise – wie es scheint – weiterkommen und genauer sagen, was eine Theorie im Unterschied zur Darstellung einer Theorie ist. Zwei Mengen von Sätzen M_i und M_j, so müßten wir sagen, stellen die gleiche Theorie T dar, wenn ihre Folgerungsmengen F_i bzw. F_j identisch sind: Wenn F_i aus M_i logisch folgt und F_j aus M_j logisch folgt, und F_i mit F_j identisch ist, dann stellen M_i und M_j die gleiche Theorie T dar.

---

39 Der statement-view, der vor allem von STEGMÜLLER in verschiedenen Publikationen kritisiert wird, ist allerdings nicht so simpel, wie er in letzter Zeit verschiedentlich dargestellt wird. So würdigt m.E. auch STEGMÜLLER in seinen kritischen Analysen die *komplexen Ordnungen*, die der Klasse von Sätzen einer Theorie im Sinne des statement-view aufgeprägt sind, nur unzureichend. Eine Theorie ist nach dieser Auffassung nicht *nur* eine Klasse von Sätzen, sondern eine Klasse von Sätzen, die in einer komplexen Weise logisch geordnet sind. Allerdings vermag dieser Ordnungsaspekt die grundsätzlichen Inadäquatheiten dieser Konzeption nicht zu beseitigen.

40 Hier mag ein Einwand kommen, der etwa wie folgt lauten könnte: Der statement-view müßte eigentlich proposition-view heißen. Es sei nicht gemeint, daß eine Theorie eine Klasse von Sätzen, sondern, daß sie eine Klasse von Aussagen sei. Abgesehen davon, daß auch der Aussagen- bzw. Propositionsbegriff nicht unabhängig von den Sätzen definiert werden kann, die zur Darstellung von Aussagen notwendig sind, wäre dieser Einwand auch deshalb nicht überzeugend, weil er das Hauptproblem, dem der statement-view ausgesetzt ist, nicht lösen würde. Ich meine den Widerspruch zu einem intuitiven, aber wichtigen Konzept von Konstanz und Identität einer Theorie, wie ich es umgehend diskutieren werde.

Zwei Satzmengen, die identische Folgerungsmengen besitzen, nennt man „logisch äquivalent" oder „L-äquivalent".[41] Wir könnten also sagen: Eine Theorie T ist genau das, was für alle Darstellungen M_i, j ...dasselbe ist; oder: eine Theorie T, die von M_i dargestellt wird, ist genau das, was dasselbe ist, wenn M_i und M_j L-äquivalent sind. Wir könnten dies als Umfangsgleichheit eines Begriffs deuten und auch sagen: die Theorie T, die von M_i dargestellt wird, ist identisch mit der Extension des Begriffs „ist eine mit M_i L-äquivalente Darstellung".[42]

Aber so einleuchtend eine solche Argumentation auf den ersten Blick erscheinen mag, so unbefriedigend ist sie doch bei genauerem Nachdenken. Es gilt nämlich, daß dieser Theoriebegriff eine ziemlich unplausible Vorstellung von *Theorienidentität* impliziert. Ein praktisch mit Theorien arbeitender Wissenschaftler, etwa ein Linguist, der mit ‚der' Sprechakttheorie arbeitet, wird erstens auf diese Weise nur selten feststellen können, was nun genau die Theorie ist, mit der er arbeitet; dies ist deshalb so schwierig, weil die meisten Theorien – so auch die Sprechakttheorie – nicht formalisiert oder nur teilformalisiert vorliegen,[43] der Begriff der L-äquivalenten Darstellung aber nur für axiomatisierte (und daher formalisierte) Theorien wirklich scharf ist; m.a.W.: unser Definitionsversuch hat *kein praktikables Kriterium* zur Bestimmung einer Theorie erbracht. Es wäre eine höchst künstliche, irreale und unbrauchbare Festlegung des Theoriebegriffs, wenn in bezug auf den weitaus größten Teil der linguistischen Arbeit nicht in einem präzisen Sinne von Theorien gesprochen werden könnte.[44] Gerade dieser Bereich ist es doch, in dem sich die interessanten, innovatorischen, für das Gesicht der linguistischen Forschung einer Epoche charakteristischen Entwicklungen und Diskussionen abspielen.

---

41 Zum Begriff der L-Äquivalenz cf. CARNAP 1947 (1960^3) : 7–16.

42 Eine solche Argumentation, die erstmals von FREGE in den „Grundlagen der Arithmetik" zu Definitionszwecken verwendet worden ist (dort geht es um den Begriff der Anzahl; FREGE 1884 (1961) : 73–81), ist – unter ausdrücklicher Beziehung auf FREGE – von PATZIG zur Definition des Tatsachenbegriffs vorgelegt worden (PATZIG 1970 : 56–65). – Cf. auch Kap. IIc1 (S. 170 ff.).

43 „Heute ist man (...) geneigt, unter Theorien mehr oder weniger stark formalisierte Theorien zu verstehen und damit auf diese Produkte menschlichen Geistes mit logischer Voreingenommenheit, also gewissermaßen durch die Brille des Logikers, zu blicken. Für historische Untersuchungen ist eine derartige Einstellung aber eher hinderlich als förderlich. Kodifizierung und Axiomatisierung ist eine Späterscheinung und nach KUHN häufig bereits ein Verfallssymptom, da es zu dieser Art von Präzisierung meist erst dann kommt, wenn die Wissenschaft in eine Krise geraten ist und von abweichenden gegnerischen Anschauungen bedrängt wird". (STEGMÜLLER 1975 : 497). – Es ist vielleicht nicht überflüssig darauf hinzuweisen, daß die Formalisierung von Theorien zwar bisweilen anscheinend als Selbstzweck betrieben wird, aber – gerade auch in Disziplinen, die sich noch keinesfalls in einer Spätphase ihrer Entwicklung befinden – das einzig zuverlässige Mittel sind, noch vorhandene Unklarheiten oder Alternativen unzweideutig zu entscheiden. Die Sprachwissenschaft ist ein gutes Beispiel hierfür.

44 Man kann präzis über noch präzisierungsbedürftige Theorien sprechen, ebenso unpräzis über präzis ausgearbeitete Theorien. Hier wird die Auffassung vertreten, daß es nicht sinnvoll ist, nur Objekte, die einem absoluten Präzisionsmaßstab genügen, als „Theorien" zu bezeichnen. Ein solcher absoluter Präzisionsmaßstab ist eine Fiktion.

Doch ist dies nicht das entscheidende Argument, weil die Möglichkeit bzw. Unmöglichkeit von Formalisierungen und Axiomatisierungen auch in der Linguistik zweifellos ein wichtiges Kriterium für die Beurteilung der wissenschaftlichen Chancen einer Lösungsstrategie darstellen kann. Gravierend ist vielmehr die Tatsache, daß auch dann, wenn entscheidbar wäre, ob zwei Darstellungen L-äquivalent sind oder nicht, ein so definiertes Theoriekriterium impraktikabel, unplausibel und im Forschungsprozeß nicht nützlich, sondern geradezu hinderlich ist. Einmal müssen wir fordern, daß auch eine Theorie, von der nur *eine* Darstellung existiert, als Theorie identifiziert und von ihrer Darstellung unterschieden werden kann,[45] andernfalls ergäbe sich ein gänzlich inadäquates Bild von theoretischer Innovation und Fortschritt in der Linguistik. Zum anderen – und dies ist der Hauptpunkt – wären kaum zwei Darstellungen Darstellungen derselben Theorie. De facto nämlich wäre der Fall, den das Kriterium formuliert – zwei Darstellungen haben identische Folgerungsmengen – nur äußerst selten, wenn überhaupt, realisiert; es gäbe fast so viele verschiedene Theorien, wie es Darstellungen gibt; dies wäre ein unplausibler und inadäquater Theoriebegriff. M.a.W.: das Kriterium ist *zu stark*; unsere Erfahrungen mit der relativen Konstanz linguistischer Theorien[46] erfordern ein anderes, schwächeres Theoriekriterium.

Was ist der Fehler? Mir scheint, daß es sich um einen Fehler sehr grundsätzlicher Natur handelt: unsere Ausgangskonzeption, daß eine Theorie eine Menge von Sätzen *sei*, ist falsch. Vielmehr müssen wir sagen, daß eine Theorie dasjenige ist, was durch eine Menge von Sätzen *dargestellt* werden kann, ohne daß wir dies über die L-Äquivalenz der Darstellung definieren können. Die Äquivalenzklassenargumentation kann uns aber bereits die Richtung andeuten, in der wir eine brauchbare Explikation des Theoriebegriffs finden können: *wir wollen eine Theorie als die Bedeutung eines Begriffs auffassen.* Allerdings ist hier nicht die extensionale, sondern die intensionale Bedeutung des Begriffs gemeint. Die Extension eines Begriffs ist eine Menge von Objekten, seine Intension eine Eigenschaft. Mit einer geeigneten formalen Sprache können wir diese Eigenschaft durch eine mathematische Struktur repräsentieren. Nur Darstellungen von Theorien sind Mengen von Sätzen; Theorien selbst sind Strukturen, die durch mengentheoretische

---

45 Es mag sein, daß es in einem solchen Fall *schwierig* sein kann, die Theorie zweifelsfrei von ihrer Darstellung zu unterscheiden. Selbst wenn dies faktisch unmöglich wäre – was zumeist nicht der Fall ist – wäre die begriffliche Unterscheidung Theorie – Darstellung der Theorie notwendig.

46 Ich muß hier noch an ein intuitives Vorverständnis des Theoriebegriffs appellieren, doch ist dies das übliche und beinahe einzige Korrektiv auf dem Gebiet begrifflicher Analysen, über das wir verfügen. Es ist auch vernünftig, solche Plausibilitätskriterien zu verwenden, da in sie unsere guten und schlechten Erfahrungen mit begrifflichen Feststellungen Eingang finden können. So mißt etwa STEGMÜLLER der Alltagserfahrung des Wissenschaftlers eine korrigierende Funktion zu, wenn er gegen den statement-view schreibt: „Eine derartige Identifizierung wäre äußerst unzweckmäßig. Es müßte dann z.B. die geringfügigste Änderung (...) – z.B. in einem Spezialgesetz, das nur zu ganz bestimmten Anwendungen der Theorie gehört – als Änderung der Theorie bezeichnet werden. Demgegenüber dürfte man mit dem Sprachgebrauch viel besser im Einklang bleiben und auch zu einer in logischer wie in historischer Hinsicht angemesseneren Analyse gelangen, wenn man in solchen Fällen sagt, daß die Theorie konstant bleibt, während sich die mit Hilfe dieser Theorie aufgestellten empirischen Hypothesen (...) ändern." (STEGMÜLLER 1974 : 180).

Begriffe ausgedrückt werden können, beispielsweise die Begriffe „Satz“, „Sprechakt“, „Transformation“, „natürliche Sprache“, etc.. Sprachlich darstellen können wir Begriffe durch Prädikate,[47] also beispielsweise durch die Prädikate „ist ein Satz“, „ist ein Sprechakt“, „ist eine Transformation“, „ist eine natürliche Sprache“.

Die Struktur einer Theorie wollen wir nun mit dem identifizieren, was solche Prädikate bedeuten, allerdings nicht im Sinne der Extension des Prädikats, sondern im Sinne seiner Intension. Die Extension des Prädikats „ist ein Satz“ ist die Menge aller Objekte, die Sätze sind; die Intension dieses Prädikats ist eine Eigenschaft, die jedes dieser Objekte besitzt, nämlich eine bestimmte linguistische Struktur. Da wir solche und andere Strukturen prinzipiell mit logischen und mathematischen Sprachen darstellen können, wollen wir sie bisweilen kurz als *„mathematische Strukturen“* bezeichnen und die Prädikate, deren Intension diese Strukturen sind, als *„mengentheoretische Prädikate“*.[48] Wir können dann sagen, daß eine Theorie die Bedeutung eines Begriffs ist, der durch ein mengentheoretisches Prädikat dargestellt werden kann:

E_6: Eine Theorie ist die Bedeutung eines Begriffs, der durch ein mengentheoretisches Prädikat dargestellt werden kann.

Ein solches mengentheoretisches Prädikat, das ich gelegentlich auch *„das (fundamentale) Theorieprädikat“* nennen werde, kann durch eine Klasse von Sätzen dargestellt werden, aber es ist nicht selbst eine Klasse von Sätzen; deshalb kann diese Theoriekonzeption als „non-statement-view“ bezeichnet werden. Wir können auch von einer „Begriffs- oder Prädikatskonzeption“ sprechen. J.D. SNEED hat diese Theoriekonzeption am Beispiel ‚ausgereifter‘ (STEGMÜLLER) physikalischer Theorien entwickelt und formalisiert; mir scheint, daß dies einen wesentlichen Fortschritt in der Wissenschaftstheorie markiert.[49]

Ich will die schwierigen und differenzierten Überlegungen SNEEDs hier nur in ihren einfachsten Grundzügen referieren; es zeigt sich jedoch, daß dies für ein adäquates

47 Natürlich können wir Begriffe auch durch Ausdrücke, die anderen sprachlichen Kategorien angehören, darstellen; besonders häufig werden Nominale (‚Terme‘) verwendet. So war z.B. die soeben von mir verwendete Redeweise, genau genommen, unkorrekt. Präziser hätte ich von den Begriffen reden müssen, die durch die Ausdrücke oder Terme „Satz“ etc. dargestellt werden können.

48 Wie STEGMÜLLER gezeigt hat, kann das Verfahren der Definition von mengentheoretischen Prädikaten als eine informelle Art der Axiomatisierung aufgefaßt werden: „In einer für Logiker und Mathematiker kennzeichnenden kühnen Verallgemeinerung werden die Ausdrücke ‚Axiomatisierung einer Theorie‘ und ‚Einführung eines mengentheoretischen Prädikats‘ gleichgesetzt. Von einer informellen Axiomatisierung sprechen wir deshalb, weil die mengentheoretischen Begriffe nicht im Rahmen eines formalen Systems der Mengenlehre eingeführt werden, sondern im Rahmen der Umgangssprache auf rein intuitiver Grundlage. In der Mathematik ist die Methode sehr gebräuchlich“ (STEGMÜLLER 1973: 39); wie wir noch sehen werden, ist diese Methode auch in der neueren Linguistik durchaus üblich.

49 Der entscheidende Punkt ist, daß eine solche Theoriekonzeption eine zwangslose und plausible Rekonstruktion einiger insbesondere von KUHN in die wissenschaftstheoretische Debatte eingeführter Begriffe der Theoriedynamik erlaubt. So können z.B. die Veränderungen, die die generative Syntax seit CHOMSKYs „Syntactic Structures“ durchgemacht hat, als Veränderungen ein und derselben Theorie interpretiert und müssen nicht als eine Abfolge verschiedener Theorien gedeutet werden.

Verständnis des Theoriebegriffs *in der Linguistik* einstweilen ausreichend ist. Die Darstellung ist stark vereinfacht und versucht, die Plausibilität der SNEEDschen Grundunterscheidungen zu betonen.[50]

Wir gehen von einem mengentheoretischen Prädikat „ist ein S" aus, das wir auch, um seine ‚Ungesättigtheit' (FREGE) darstellen zu können, mit einer Variable als „x ist ein S" schreiben können. Die Variable soll als Platzhalter für solche Konstanten dienen, für die gilt, daß ihre formale Gestalt die in der Definition von „S" festgelegten Strukturbedingungen erfüllt. SNEED, der physikalische Theorien betrachtet, wählt als S physikalische Systeme, wie Partikelmechaniken. So wird die klassische Partikelmechanik als das Prädikat „x ist eine klassische Partikelmechanik" rekonstruiert, bei dem z.B. Pendel-, alle erdbezogenen Gravitations- und andere astronomische Systeme (wie das Sonnensystem) zum Argumentbereich des Prädikats gehören. Als Argumente können also alle Objekte (komplexer Art, ‚Systeme') dienen, auf die das Theorieprädikat angewendet werden kann.

Hier ist nun eine größere Genauigkeit in der Sprechweise vonnöten. Denn einmal können wir alle Objekte meinen, von denen es *erwiesen* ist, daß sie „x ist ein S" zu einem wahren Satz machen. Zum zweiten können wir alle Objekte meinen, in bezug auf die es *möglich* ist, daß sie „x ist ein S" zu einem wahren Satz machen, ohne daß entschieden zu sein braucht, ob dieser Wahrheitsnachweis schon erbracht worden ist oder noch nicht; im letzteren Falle kann es auch sein, daß der Satz falsch wird. In beiden Fällen beschreiben wir die Objekte bereits mit Hilfe der theoretischen Differenzierungen, die uns die Definition des Prädikats zur Verfügung stellt: wir interpretieren beispielsweise das Pendel, das wir sehen, *als* eine klassische Partikelmechanik, verwenden zur Beschreibung unseres Untersuchungsgegenstandes also bereits die Theoriesprache, die mit der Angabe der Struktur S aufgebaut wird. Dies genau zu sehen ist sehr wichtig, denn es gibt nun noch eine dritte Alternative, wie wir von Anwendungen des Prädikats „x ist ein S" sprechen können. Wir können nämlich auch alle die Objekte meinen, in bezug auf die es zwar möglich sein mag, das „x ist ein S" zu einem wahren Satz machen, auf die wir uns aber nicht vermittels dieses Prädikates beziehen, sondern die wir unter Verwendung von sprachlichen Mitteln identifizieren und beschreiben, die auf eine von den in der Prä-

50 Für eine detaillierte formale Darstellung der Theorienstruktur der strukturalen Linguistik auf der Grundlage der Konzeption SNEEDs verweise ich auf den wichtigen Aufsatz von SCHNELLE 1976. In dem vorliegenden Buch (sowie, kürzer, in FINKE 1977a) wird mit einer allgemeineren Intention der wissenschaftstheoretische Rahmen dargestellt, in den die SNEED-SCHNELLEsche Formalisierung eingebettet werden kann. – Ich zitiere zumeist nicht die Originalarbeit SNEEDs (SNEED 1971), sondern die kritisch-modifizierte und verbesserte Version der SNEEDschen Gedanken, die STEGMÜLLER 1973 vorgelegt hat. Das Buch STEGMÜLLERs ist darüberhinaus leichter lesbar und zugänglich, als das in der Darstellungsweise kompromißlos anspruchsvolle Buch SNEEDs. – SNEED hat seine Konzeption neuerdings in einigen Punkten verändert, die jedoch im Wesentlichen nur eine größere Eleganz ihrer formalen Repräsentation ermöglichen (cf. SNEED 1976; BALZER/SNEED 1977). Dies tangiert die in diesem Buch debattierten grundsätzlichen Strukturen dieser Konzeption jedoch nicht, weshalb sich meine Diskussion zumeist an der Standardfassung, wie sie in SNEED 1971 und STEGMÜLLER 1973 vorliegt, orientiert. Freilich enthalten die neueren Arbeiten SNEEDs wesentliche Präzisierungen zur Problematik des Verhältnisses elementarer und komplexer Theorien.

dikatsdefinition bereitgestellten sprachlichen Mitteln *unabhängige* Weise bereitgestellt worden sind. Ein Nichtphysiker beispielsweise wird viele der Objekte, die ein Physiker sofort als klassische Partikelmechaniken identifiziert, in anderer Weise und anderer Sprache identifizieren, kurz: anders identifizieren, ohne daß man sagen könnte, daß es sich um andere Gegenstände handelt. Auch ‚dasjenige, was an manchen Uhren hängt und hin und her schwingt', ist ein Kandidat für ein Objekt, das „x ist eine klassische Partikelmechanik" zu einem wahren Satz machen kann.

Diese Unterscheidung, die für das Verständnis der SNEEDschen Theorie von fundamentaler Wichtigkeit sind, können wir auf zweierlei Weise darstellen. Entweder wir treffen sie in bezug auf die *Objekte*, die den Argumentbereich des Prädikatbereichs erfüllen, oder wir treffen sie in bezug auf dieses *Prädikat* selber, und unterscheiden genauer – je nach ihrer Extension – drei Prädikate.

Hier fällt SNEED eine Entscheidung von großer Tragweite, und zwar zugunsten der ersten Alternative, der Objektauffassung. Der Grund dafür ist folgender: würde man die Prädikatsauffassung zugrundelegen, ginge damit ein entscheidender Vorteil dieser Konzeption gegenüber dem statement-view wieder verloren, nämlich das plausiblere Verständnis von Theorieidentität, das ja zur Ausarbeitung des non-statement-view u.a. mit motivierend gewesen war. Fiele die Entscheidung zugunsten der Prädikatsauffassung, so wäre die Konsequenz, daß wir es nicht mit einer, sondern mit drei verschiedenen, wenn auch verwandten, Theorien zu tun hätten. Dies aber impliziert die Konzeption der Modelltheorie nicht, abgesehen davon, daß die Theoriedynamik unplausibler würde.

Die große Tragweite dieser Entscheidung sieht man aber erst dann, wenn man sich bewußt macht, daß auf diese Weise nun die *sprachlichen Strategien*, die zu beherrschen notwendig ist, wenn man eine Theorie kennenlernen, ihre Gegenstände diskriminieren und sie selbst – womöglich auf unterschiedliche Weisen – darstellen will, vollständig vernachlässigt werden. Daraus kann aber nur der Schluß gezogen werden, daß die SNEEDsche Konzeption ergänzungsbedürftig, nicht, daß sie falsch angelegt ist; die Ebene der Theorie muß von der Ebene ihrer Darstellung unterschieden werden. Für letztere freilich bietet SNEED noch keine Konzeption an.

Der erste von mir vorgestellte Fall, die Objektauffassung, erfüllt genau die Bedingungen, die vorliegen müssen, damit in der TARSKI-Semantik (oder Modelltheorie) von einem „Modell" gesprochen werden kann: ein (einfaches oder komplexes) Objekt wird einem formalen, ungedeuteten System als eine *Interpretation* dieses Systems zugeordnet, und es muß außerdem gelten, daß diese Zuordnung zu Recht erfolgt. Dies ist der Fall, wenn die (deskriptiven) Sätze, die das interpretierte System beschreiben, wahr sind. Man spricht dann auch von einem *„Modell"*. Der zweite von mir vorgestellte Falle entspricht dem, was in der Modelltheorie ein *„mögliches Modell"* genannt wird, also eine Interpretation, die den (deskriptiven) Sätzen der Darstellung des Systems prinzipiell eine Wahrheitschance gibt, weil es – nach aller Erfahrung – zumindest denkmöglich, vielleicht sogar wahrscheinlich ist, daß sich eine solche Interpretation als ein Modell des Systems erweist. Es ist nicht verwunderlich, daß der dritte von mir unterschiedene Fall keine genaue Entsprechung ‚in' der Modelltheorie hat, denn hier ginge es ja gerade darum, ohne Verwendung der Sprache des formalen Systems[51] und damit unabhängig von den dort konstruierten Kodifikationsmitteln, aber natürlich unter Benutzung anderer, hiervon unabhängig definierter Identifizierungsstrategien, Objekte zu beschreiben und dem formalen System zuzuordnen; diese Objekte, die ja auch keine ‚Dinge an sich', sondern durchaus wohlbestimmte Entitäten sind, sollen *„mögliche Partialmodelle"* genannt werden. Damit wird zum Ausdruck gebracht, daß sie die Bedingungen für mögliche Modelle nur teilweise erfüllen: es sind zwar Entitäten, die als mögliche Modelle prinzipiell in Frage kommen, aber nur, wenn sie als das identifiziert worden sind, was mit den Darstellungsmitteln des Systems sprachlich kodifiziert werden kann.

Gegenstände, die zur mathematischen Struktur S des fundamentalen Theorieprädikats im Verhältnis möglicher Partialmodelle zu formalen Systemen stehen, sind in einem gewissen Sinne erkenntnistheoretisch primär: ihre Identifikation und Beschreibung setzt noch nicht die Kenntnis der spezifischen theoretischen Konstrukte voraus, die für das formale System bzw. das vom fundamentalen Theorieprädikat charakteristisch sind; wir alle kennen mögliche Partialmodelle der klassischen Partikelmechanik (sog. Partikelmechaniken), ohne notwendigerweise auch zu wissen, *daß* es sich um mögliche Modelle oder Modelle für sie handelt. Wir können also den Übergang von möglichen Partialmodellen zu möglichen Modellen damit in Zusammenhang bringen, daß wir eine physikalische Sprache erlernen, die Sprache der klassischen Partikelmechanik. Ein solcher Übergang hat neben einem zeitlichen auch noch einen logischen Aspekt. Wir können die logische Natur dieses Übergangs durch eine *Zuordnungsfunktion* darstellen, die jedes mögliche Partialmodell von S auf ein mögliches Modell von S abbildet. Demgegenüber ist der Übergang von einem möglichen Modell zu einem (tatsächlichen) Modell offenbar ohne Verwendung logischer Konzepte als ein kontingenter und rein forschungsgeschichtlich fixierbarer Prozeß verstehbar: eine Entdeckung wird gemacht; nichts ändert sich an der Darstellung der Objekte mit den Mitteln der Theoriesprache.

In noch einem weiteren Punkt müssen wir die Redeweise von „allen Argumenten, auf die das fundamentale Theorieprädikat angewendet werden kann", präzisieren. Wir können nämlich fragen, in welchem Verhältnis diese Anwendungen untereinander stehen, ob sie vollkommen unabhängig voneinander sind oder nicht. Handelt es sich beispielsweise um den Planet Erde als Objekt, so können wir fragen, ob die Menge der Eigenschaften, die es eindeutig kennzeichnen, verschieden ist, je nachdem ob wir es als Teil des Systems Erde-Sonne oder als Teil des Systems Erde-Monde betrachten. Hier ist offensichtlich die Annahme einer Identität der Eigenschaften sinnvoll, denn unsere Theorie wird umso leistungsfähiger sein, desto weniger differenzierende Einschränkungen wir für den Skopus ihrer Anwendungen formulieren müssen. Es wird daher nötig sein, daß wir dem Theorieprädikat explizite *Bedingungen* hinzufügen, die in allgemeiner – d.h. für jedes mögliche Modell verbindlicher – Weise angeben, in welchem internen Zusammenhang Anwendungen des Prädikats stehen müssen.

---

51 Um die Einführung der SNEEDschen Modellstruktur möglichst intuitiv plausibel zu machen und noch keine Entscheidungen in der Empirizitätsdiskussion vorwegzunehmen, ist meine Darstellung in diesem Kapitel von einer *wesentlichen* Vereinfachung gegenüber der Theorie SNEEDs gekennzeichnet, die das Äußerste darstellt, was als Vereinfachung hier zulässig ist: die Unterscheidung von T-theoretisch und T-nichttheoretisch (oder N-theoretisch) wird hier noch *nicht* gemacht. Ich versuche dies in Kap. Ib2 wieder zurechtzubiegen (S. 71 ff.).

Das, was ich hier informell und skizzenhaft erläutert habe, nennt SNEED den *„Strukturkern K einer Theorie"*.[52] Symbolisieren wir die möglichen Modelle durch „M_p", die möglichen Partialmodelle durch „M_{pp}", die Zuordnungsfunktion durch „r", die Modelle durch „M" und die allgemeinen Nebenbedingungen durch „C", so erhalten wir das Quintupel

$$K = \langle M_p, M_{pp}, r, M, C \rangle$$

Das Theorieprätikat „x ist ein S" taucht hier nicht gesondert auf, weil es in den Modelltypen M_p, M_{pp} und M implizit enthalten ist: jedes x, das ein S ist, ist entweder ein M_p, ein M_{pp} oder ein M (wobei das „oder" im nicht ausschließenden Sinne gemeint ist). Da r insofern die Struktur von S mitdeterminiert, als hierdurch nur die Abbildung von M_p auf M_{pp} geleistet wird, können wir auch sagen, daß der Strukturkern einer Theorie aus dem Theorieprädikat und allgemeinen Nebenbedingungen besteht. Um die Wichtigkeit des Theorieprädikats zu unterstreichen, bezeichnet STEGMÜLLER die von ihm aufgespannte Struktur auch als das *„Fundamentalgesetz der Theorie"*.

Von K müssen wir nun dasjenige unterscheiden, was wir die „Anwendungen von S" genannt haben. Diese können mit den möglichen Partialmodellen identisch, müssen es aber nicht sein. Die Einführung dieser weiteren Unterscheidung im Anwendungsbereich von S ist deshalb sinnvoll, weil es ein kontingenter und von vielfältigen Umständen der Forschungsentwicklung abhängiger Zustand ist, in dem sich die M_p, M_{pp} oder M präsentieren. Wir benötigen neben diesen Modellbegriffen ein begriffliches Korrelat zu der Tatsache, daß Wissenschaftler eine Theoriestruktur zwar für bestimmte Anwendungen konzipieren, es aber dem Prozeß der weiteren Forschung überlassen müssen, welchen Umfang die Klasse der Anwendungen de facto annimmt. Sie haben zwar bestimmte Modelle im Auge, müssen aber die Anwendungsgrenzen offenlassen; sie hoffen zumeist, daß diese einen möglichst großen Umfang haben, denn das ist ein Maß für die Leistungsfähigkeit einer Theorie. Die Menge der Anwendungen ist also nicht scharf bestimmt,[53] sondern hat nur ein scharf umrissenes Zentrum: jene Beispiele vorbildlich gelungener Konkretisierungen von S, die KUHN als Paradigmata beschrieben hat und die den Charakter von forschungsleitenden Regulativen besitzen. Die Menge der Paradigmata heiße I_o; sie ist eine Teilmenge der Menge I, die wir als die *„intendierten Anwendungen"* bezeichnen.

---

52 Im gegenwärtigen Argumentationszusammenhang, in dem es nicht um Fragen der Theoriendynamik, sondern nur um solche der Theorienstruktur geht, ist zunächst nur eine ‚Theorie im schwachen Sinne' von Interesse (s. u.). Fragen der Erweiterung des Strukturkerns einer Theorie (im schwachen Sinne), die zur Erörterung theoriedynamischer Prozesse überleiten, werden im Begründungskapitel (Ic), aber auch dort nur kurz, behandelt. – Im Sinne der neuerdings überarbeiteten Konzeption (SNEED 1976; BALZER/SNEED 1977) spreche ich lediglich von Theorieelementen, d. h. den kleinsten Analyseeinheiten (sprach-)wissenschaftlicher Theorien, welche die Strukturbedingungen, die für Theorien gelten, erfüllen. Man könnte hier auch von elementaren Theorien sprechen. Die meisten faktisch vorkommenden (sprach-)wissenschaftlichen ‚Theorien' sind Komplexe solcher Theorieelemente (‚Theorienetze').

53 Dies gilt nur für empirische Theorien. Bei mathematischen Theorien beispielsweise ist stets ein fester Individuenbreich vorgegeben.

Wir können damit in einer für unsere Zwecke ausreichenden Näherung sagen, was die Struktur einer Theorie ist:

(D): T ist eine Theorie *gdw.* es gibt M_p, M_{pp}, r. M, C, I, so daß

(1) $T = \langle K, I \rangle$

(2) $K = \langle M_p, M_{pp}, r, M, C \rangle$

(3) M_p ist eine Menge von möglichen Modellen[54]

(4) M_{pp} ist eine Menge von möglichen Partialmodellen[55]

(5) $r: M_p \rightarrow M_{pp}$ [56]

(6) $M \subseteq M_p$

(7) C ist eine Menge von allgemeinen Nebenbedingungen

(8) $I \subseteq M_{pp}$

Eine durch das geordnete Paar $\langle K, I \rangle$ definierte Theorie heiße *„Theorie im schwachen Sinne"*. Wissenschaft aber ist ein Prozeß, in dem der Strukturkern einer Theorie nicht immer konstant bleibt. So kann K z.B. durch Hinzunahme einer Menge G spezieller Gesetze erweitert werden, die die Definition des Fundamentalgesetzes der Theorie verschärfen; sie gelten nur für bestimmte Anwendungen von S. Außerdem ist eine Menge C_G von speziellen Nebenbedingungen erforderlich, die erfüllt sein müssen, wenn die Homogenität des spezialisierten Anwendungsbereichs gewährleistet sein soll. Und schließlich muß eine zweistellige Anwendungs- oder Entsprechungsrelation α hinzukommen, die anzugeben gestattet, welche Spezialgesetze in welchen Anwendungen gelten. Ein solchermaßen modifizierter Strukturkern E heißt *„Erweiterung des Strukturkerns"* und das geordnete Paar $\langle E, I \rangle$ eine *„Theorie im starken Sinne"*. Diese Differenzierung des Theoriebegriffs wird im Folgenden zunächst vernachlässigt werden. Erst bei der Erörterung des Begründungsproblems linguistischer Theorien und des Fortschritts in der Linguistik werden wir sie wieder aufgreifen.

Hiermit sind – bis auf eine sehr wichtige Ausnahme[57] – die fundamentalen Unterscheidungen in einer informellen und intuitiven Weise bereitgestellt, die wir noch zur Definition strukturaler Eigenschaften von Theorien brauchen. Ich will die durch (D)

---

54 SNEED bezeichnet die Menge möglicher Modelle als eine „mn-Theorien-Matrix" (SNEED 1975 : 1).

55 Die genaue Definition von M_{pp} setzt die Einführung von endlichen, nichtleeren Mengen D_i von Individuenbereichen voraus, sowie eine genauere Bestimmung dessen, was als theoretische Begriffe in Frage kommt; für mathematisierte Theorien sind dies quantitative Funktionen f_i. Es gilt dann: $M_{pp} = \{D_1, D_2 \ldots, D_m; f_1, f_2, \ldots, f_k \rangle \mid$
$\langle D_1, D_2, \ldots, D_m; f_1, \ldots, F_k, f_{k+1}, \ldots, f_n \rangle \in M_p\}$

56 Diese Festlegung von r ist unvollständig; sie muß – ähnlich wie dies in der vorigen Anmerkung für M_{pp} angegeben worden ist, durch explizite Angaben von Individuen- und Funktionenbereichen spezifiziert werden und lautet dann:
$r: M_p \rightarrow M_{pp}$ so daß $r(D_1, \ldots, D_m; f_1, \ldots f_k, \ldots, f_n) = \langle D_1, \ldots, D_m; f_1, \ldots, f_k \rangle$. – Cf. SNEED 1975 : 1.

57 Ich meine die Unterscheidung von T-theoretischen und T-nichttheoretischen Begriffen. – Cf. Kap. Ib2 (S. 71 ff.).

aufgespannte Struktur eine „SNEED-Matrix" oder kurz „S-Matrix" nennen, im Vergleich und in Ergänzung zu der die Randbedingungen einer Theorie definierenden K-Matrix.[58] Als weiteres strukturales Postulat für Theorien neben (P-M_k) gelte daher (P-M_s) (Dieses soll das *S-Matrix-Postulat für Theorien* heißen):

(P-M_s): Theorien müssen eine S-Matrix besitzen.

Mit dem abschließenden Schritt E_7 gebe ich daher als Definition für den Begriff der Theorie an:

E_7: Eine Theorie ist definiert als eine Lösungsstrategie, die eine K-Matrix und eine S-Matrix besitzt.

Man könnte E_7 als eine funktionale Definition des Theoriebegriffs bezeichnen, da sie ihren Charakter als Lösungsstrategien als genus proximum verwendet. Dagegen könnte man von einer strukturalen Definition von Theorien sprechen, wenn sie als Begriffe gedeutet werden. Diese Definition ist in E_7' ausgedrückt:

E_7': Eine Theorie ist ein Begriff, der eine K-Matrix und ein S-Matrix besitzt.

4. Der Begriff einer linguistischen Theorie

Ich habe die Gedanken SNEEDs nur partiell, informell und in einer Weise dargestellt, die mehr die Plausibilität seiner Unterscheidungen, als ihre auch formal befriedigende Formulierung betont hat. Es könnte sich nun eine generelle Kritik anschließen, die etwa wie folgt lautet:

Hier geht es um Linguistik, nicht um Physik oder eine andere Naturwissenschaft. Es ist zwecklos, einen Theoriebegriff einzuführen, der wohl dort anwendbar sein mag, aber für die Linguistik unbrauchbar ist. Der in der Definition E_7 formulierte Theoriebegriff ist extensional viel zu eng gefaßt, um für linguistische Theorien in ihrer großen Mehrzahl adäquat zu sein. Diese sind *nicht axiomatisiert*, ja noch nicht einmal formalisiert, höchstens teilformalisiert. Es ist vollständig inadäquat, der Hauptmasse der linguistischen Theorien ihre Theoretizität streitig machen zu wollen. Es muß daher ein liberalerer Theoriebegriff formuliert werden, der z.B. auch die Erweiterte Standardtheorie[59] und die Sprechakttheorie als Theorien zu begreifen erlaubt. Die gegebene Darstellung ist daher doppelt inadäquat: einmal wegen des linguistisch inadäquaten Theoriebegriffs, zum zweiten wegen der Informalität der Darstellung selbst: es wird nicht deutlich (bzw. darf wegen der Übertragungsabsicht auf die Linguistik nicht deutlich werden), daß nur axiomatisierte Theorien die Kriterien von E_7 erfüllen.

Ich würde eine solche Position, obwohl sie prima facie die besseren Argumente auf ihrer Seite zu haben scheint, für vollständig verfehlt halten. Die Intuitivität der gegebenen Darstellung scheint mir dadurch gerechtfertigt zu sein, daß die bei SNEED unter einem

---

58 Ich weiche mit dieser Darstellung insofern von KUHN und SNEED ab, als ich KUHNs Begriff der Disziplinären Matrix durch den der K-Matrix ersetzt habe, der auf Rahmenbedingungen von Theorien eingeschränkt ist, und SNEED seine Theorie als logische Rekonstruktion *eines Teiles* der Disziplinären Matrix (im Sinne KUHNs) versteht.

59 Cf. CHOMSKY 1972.

rigorosen Formalismus verborgene Konzeption auch als gerade für nichtformalisierte Theorien prinzipiell anwendbare Konzeption erkannt wird. Freilich: die KUHNschen und SNEEDschen Konzepte sind nicht an Beispielen der Linguistik, sondern an solchen anderer Wissenschaften entwickelt worden, vor allem an ‚ausgereiften' physikalischen Theorien. Die philosophische und wissenschaftstheoretische Debatte hat aber gezeigt, daß alle bisherigen Versuche, Wissenschaften nach Theorietypen zu klassifizieren, gescheitert sind. Das Vorurteil, die Konzeptionen KUHNs und SNEEDs seien in ihrer Anwendbarkeit auf sog. ‚naturwissenschaftliche' Theorien eingeschränkt, ist schon deshalb nicht haltbar, weil der Begriff der Naturwissenschaften (und insbesondere diesem korrespondierende Begriffe wie „Geisteswissenschaften") aus guten Gründen obsolet geworden ist. Alle diese Unterscheidungen, die zumeist im Rahmen wissenschaftsferner Philosophien getroffen worden sind, haben die dynamisch-innovatorischen Aspekte wissenschaftlicher Forschung, die produktive Rolle erkenntnisleitender Modellvorstellungen (im Sinne KUHNs), die aus anderen Bereichen Anregungen bringen, unterschätzt. Zwar bleiben Übertragungen zwischen Wissenschaftsbereichen problematisch, insbesondere dann, wenn in einem Bereich deskriptiv gewonnene Strukturen für einen anderen normativ benutzt werden, doch sind sie grundsätzlich legitim, oft unvermeidlich und auch wünschenswert.[60]

Aber die beiden Hauptpunkte der fingierten Kritik sind andere. Sie betreffen die Rolle von Formalisierung und Axiomatisierung und lauten: die gegebene Darstellung ist inadäquat, weil die fundamentale Rolle der Axiomatisierung undeutlich bleibt. Sie wäre, wenn dies deutlich gemacht würde, als unbrauchbar für die Linguistik zu erkennen.

Darauf ist zu antworten, daß es gerade ein Vorzug der hier eingeführten Konzepte ist, im Gegensatz zu anderen Theoriebegriffen nicht auf *eine* Weise der Darstellung einer Theorie restringiert zu sein. Zwar sind die der K- und S-Matrix zugrundeliegenden Konzepte bisher fast ausschließlich an physikalischen Theorien, die in axiomatischer Darstellung vorliegen, auf ihre Fruchtbarkeit hin untersucht worden, doch sind sie so allgemein formuliert, daß ihre Anwendung auf z. B. linguistische Theorien möglich und naheliegend ist. Was nun die Axiomatisierung anbetrifft, so hat zum Beispiel STEGMÜLLER gezeigt,[61] daß es verschiedene Typen der Axiomatisierung einer Theorie gibt und nur ein verhältnismäßig schwacher Axiomatisierungstyp Voraussetzung für eine vollständige Anwendung der Theorie SNEEDs ist: die „informelle mengentheoretische Axiomatisierung" oder „informelle Axiomatisierung durch Definition eines mengentheoretischen Prädikats". Von einer ‚informellen' Axiomatisierung sprechen wir deshalb, weil die mengentheoretischen Begriffe nicht im Rahmen eines formalen Systems der Mengenlehre eingeführt werden, sondern im Rahmen der ‚Umgangssprache' auf rein intuitiver Grundlage" (STEGMÜLLER 1973 : 39). Als ‚Axiome' werden hier also die definitorischen Bestimmungen eines fundamentalen Theorieprädikats verstanden. Dies ist ein Hinweis darauf, daß die Übertragung der Theorie SNEEDs *nicht schematisch* erfolgen darf. Wir müssen uns vielmehr von Fall zu Fall überlegen, wie Unterscheidungen *sinngemäß* zu übertragen sind. So ist es für nichtmathematisierte linguistische Theorien z. B. nicht sinn-

60 Cf. Kap. Ic1 (S. 102 ff.).
61 STEGMÜLLER 1973 : 34–42.

voll, von der *mathematischen* Struktur ihrer fundamentalen Theorieprädikate zu sprechen; es ist aber dem Sinne nach vollständig im Einklang mit den Intentionen SNEEDs, wenn wir sagen, daß die Definitionen solcher Prädikate eine abstrakte *linguistische* Struktur aufspannen. Ihrer Mathematisierung steht prinzipiell nichts im Wege; für eine ganze Anzahl von Theorien ist dies bereits geleistet worden.

Wir können aber einstweilen in der Linguistik mit Theoriekonzepten, die auf formalisierte Darstellungen von Theorien restringiert sind, wenig anfangen. Entgegen dem ersten Anschein ist es wichtig festzuhalten, daß SNEEDs Konzeption prinzipiell *nicht* auf formalisierte, sondern auf die allenthalben, so auch in der Linguistik, im normalen Wissenschaftsgeschäft üblichen nichtformalisierten Darstellungen von Theorien bezogen ist; eine Kalkülisierung ist nicht vorausgesetzt.[62] Es wird noch zu zeigen sein, daß es auch nicht erforderlich ist, für die Objekttheorien Darstellungen vorauszusetzen, die allein mit quantitativen Begriffen arbeiten.[63] Andererseits ist die Konzeption (und auch unser E_7) stark genug, auch kalkülisierte Theoriedarstellungen zu erfassen. Es geht eben um die Theorien, nicht um ihre Darstellungen.

An dieser Stelle ist allerdings unserem Kritiker ein gravierendes Zugeständnis zu machen. Die Theorie SNEEDs ermöglicht für kalkülisierte Theoriedarstellungen die Formulierung eines in entscheidenden Punkten präzisierten *Empirizitätskriteriums*. Es handelt sich hierbei um das sog. Ramseyverfahren, das die Formulierung des gesamten empirischen Gehalts einer Theorie in einem einzigen Satz, dem Ramseysatz der Theorie, ermöglicht. Das Problem soll im nächsten Kapitel diskutiert werden.

Ich bestreite damit die Präsuppositionen jenes fingierten Einwands. Die Theoriedefinition durch K- und S-Matrizen ist sehr wohl übertragbar auch auf Bereiche, die (noch) nicht in einer mathematisierten Gestalt vorliegen, aber prinzipiell mathematisierbar sind. Dies ist, in bezug auf die moderne Linguistik, eine empirische Hypothese, die gut bestätigbar zu sein scheint. H. GÖTTNER sagt, wie ich glaube, zu Recht: „Dieses komplexe und dennoch exakte Instrument (i.e. die KUHN-SNEED-Theorie, P.F.) kommt m.E. besonders den Humanwissenschaften zugute, obwohl es an der Physik entwickelt worden ist."[64]

Allgemein gesehen müssen auch linguistische Theorien alle Rahmenbedingungen und Eigenschaften, die für Theorien generell gelten, also *eine* K-Matrix und *eine* S-Matrix, besitzen. Hiermit will ich zweierlei betonen: erstens eine Singularitätsforderung für Matrizen. Theorien sind nur dann wohlbestimmt, wenn sie hinsichtlich der sie definierenden Matrizen wohlbestimmt sind.[64a] Zweitens ist hierdurch der Umstand beleuchtet, daß ich bislang nur von der allgemeinen Form solcher Matrizen und nicht von konkreten Matrizen gesprochen habe. Es gibt verschiedene K- und S-Matrizen. Die inhaltsbezogene Grammatik folgt einer anderen K-Matrix als die generative Grammatik; dies gilt a fortiori

62 Man darf hiermit nicht verwechseln, daß SNEED seine eigene Theorie in einer mengentheoretischen Präzisierung vorgelegt hat.

63 SNEED wählt allerdings ein solches Beispiel. Deshalb ist seine Restriktionsfunktion r allein für numerische, reelle u.a. Funktionen definiert.

64 GÖTTNER 1974 : 5. – Die Redeweise von ‚Humanwissenschaften' ist an dieser Stelle zur Pointierung einer These wohl vertretbar.

64a Dieses ist eines der Begründbarkeitspostulate (cf. Kap. Ic3, S. 114 ff.).

für die entsprechenden S-Matrizen. Das heißt: die Matrizen der Linguistik stellen Untermengen der Mengen aller wissenschaftlichen Matrizen dar. Wir müssen zunächst diese Untermengen bestimmen.

Die ursprüngliche KUHNsche Methode, dies durch die Angabe typischer, für eine Wissenschaft charakteristischer Standardbeispiele für ihre Problemlösungen zu tun, setzt voraus, daß wir uns für *bestimmte Paradigmata* I_0 entscheiden; dies gilt mutatis mutandis auch für die modifizierte KUHNsche Methode, solche Beispiele als eine Komponente einer wohlbestimmten Disziplinären Matrix anzugeben, und ebenso für die Präzisierung SNEEDs, die besagt, wie diese Angabe zu erfolgen hat: durch mengentheoretische Prädikate. Wenn wir genau hinsehen, bemerken wir jedoch, daß eine solche Entscheidung selbst wiederum eine fundamentale Entscheidung voraussetzt: wir müssen uns entschieden haben, welchen *globalen Bereich* intendierter Anwendungen wir überhaupt in Betracht ziehen wollen. Da dies in der wissenschaftlichen Praxis immer schon geschehen ist, ganz gleich, welchem Paradigma eine Wissenschaftlergruppe folgt, ist eine solche Entscheidung mit dem Anschein des Trivialen und Selbstverständlichen verbunden. Dies ist wissenschaftsintern auch in gewisser Hinsicht wahr, wissenschaftsexternextern jedoch in keiner Hinsicht. Die Festlegung des Gegenstandsbereichs einer Wissenschaft – darum geht es hier – ist aber auch ein wissenschaftsinternes Problem, insofern sie von den für eine Wissenschaftlergruppe typischen Problemstellungen und Lösungsstrategien abhängig ist;[65] sie ist wissenschaftsextern nie trivial, weil durch sie in starkem Maße die interdisziplinäre und gesellschaftliche Position und Relevanz einer Wissenschaft determiniert wird.

Wenn die K-Matrix uns daher erlauben soll, die Untermenge der einer Wissenschaft, wie z.B. der Linguistik, zugehörigen Theorien aus der Menge aller wissenschaftlichen Theorien zu seligieren, muß sie so modifiziert werden, daß explizit angegeben werden kann, in welchem globalen Gegenstandsbereich wir nach einschlägigen Paradigmata bzw. mengentheoretischen Prädikaten suchen müssen. Es gilt daher:

> Die K-Matrix ist mindestens[66] um die Komponente „Gegenstände" zu erweitern, um die Rahmenbedingungen der Konzeptionen *einer bestimmten Wissenschaft* explizit darstellen zu können. Eine so modifizierte K-Matrix heiße „erweiterte K-Matrix".

Für die S-Matrix ist eine entsprechende Modifikation nicht erforderlich, da sie über die Komponente der intendierten Anwendungen (bzw. Modelle) bereits die Gegenstände einer Wissenschaft festzulegen erlaubt.

Wir können nun daran gehen, den Begriff einer *linguistischen Theorie* zu definieren. Wir tun dies, indem wir zunächst zwei Begriffe linguistischer Matrizen (L-Matrizen) definieren:

1. Eine erweiterte K-Matrix ist eine linguistische K-Matrix (= K_L-Matrix) *gdw. Sprachen* ihre Gegenstände sind.
2. Eine S-Matrix ist eine linguistische S-Matrix (= S_L-Matrix) *gdw. Sprachen* ihre möglichen Partialmodelle sind.

---

65 Cf. hierzu Kap. IIa2, S. 144 ff..

66 Auch KUHN ist sich dessen bewußt, nur die wichtigsten Kennzeichnungsebenen wissenschaftlicher Konzeptionen explizit angegeben zu haben.

Der Begriff einer linguistischen Theorie kann dann so definiert werden:

Eine Theorie ist eine linguistische Theorie *gdw.* sie eine K_L-Matrix und eine S_L-Matrix besitzt.

Diese Definition ist in dreierlei Hinsicht unbefriedigend. Erstens ist sie recht abstrakt; sie besitzt nicht die Vertrautheit, die der tägliche Umgang mit linguistischen Theorien entstehen läßt. Aber dies ist der Preis, den wir für jede wissenschaftliche Präzisierung zahlen müssen. Wir können uns damit trösten, daß jene verlorengegangene Vertrautheit nicht unbedingt auch mit Klarheit und Präzision verbunden sein muß. Aber gilt dies für unsere Definition? Hier ist die zweite kritische Einschränkung fällig: sie ist noch zu vieldeutig, um befriedigend zu sein. Nicht alle L-Matrizen sind auch akzeptable L-Matrizen; dies gilt insbesondere für K_L-Matrizen. Es bleibt also die Frage: welche L-Matrizen wollen wir akzeptieren? Und drittens: es gibt verschiedene Typen von linguistischen Theorien (cf. Kap. Ia1, S. 21 ff.). Auch hier müssen wir noch genauer werden.

Dies soll den weiteren Kapiteln des Buches vorbehalten bleiben. Ich will an dieser Stelle nur sagen, daß wir, um Kriterien für die Akzeptabilität von L-Matrizen zu finden, vor allem den Empirizitäts- und den Begründbarkeitsanspruch der modernen Linguistik ernst nehmen müssen. Deshalb muß das Problem der Akzeptabilität der L-Matrizen in den folgenden Untersuchungen über die Begriffe der Empirizität und der Begründbarkeit wieder aufgegriffen werden. Und um die Probleme, die in diesem Zusammenhang durch die verschiedenen Typen von linguistischen Theorien entstehen, in angemessener Weise behandeln zu können, müssen wir den bislang intuitiv verwendeten Begriff einer *Sprache* selbst diskutieren, denn die Typisierung linguistischer Theorien ist in starkem Maße von dem Sprachkonzept abhängig, das in ihnen expliziert wird.

Zum Schluß dieses Kapitels soll noch darüber gesprochen werden, wie S_L-Matrizen aussehen. Ich will daher andeuten, wie eine Übertragung der $\langle K, I \rangle$-Struktur auf die Linguistik erfolgen kann.

Wählen wir als Beispiel das fundamentale Theorieprädikat „x ist ein Satz". Wir können es als ein mengentheoretisches Prädikat auffassen, für das die einzelnen Bedingungen seiner Definition die Axiome einer Theorie darstellen, der Satztheorie oder Syntax.

Es gibt bisher keine, unter Linguisten allgemein anerkannte Definition des Satzbegriffes. Entsprechend verschieden sind die an die verschiedenen Satzdefinitionen angeschlossenen Syntaxtheorien. In traditionellen Linguistikkonzeptionen wurden die Syntaxtheorien meist über Satzdefinitionen wie *Ein Satz ist die größte grammatische Analyseeinheit* oder *Ein Satz ist die kleinste sprachliche Einheit, mit der ein vollständiger Gedanke ausgedrückt werden kann* aufgebaut; die mangelnde Präzisierung der in solchen Definitionen verwendeten Begriffe vererbte sich dabei auf die durch sie definierten Theorien. Eine präzisere Definition ist hier erst vom strukturalistischen Distributionalismus entwickelt worden: *Ein Satz ist eine grammatische Einheit, zwischen deren Konstituenten Distributionsgrenzen und -abhängigkeiten bestehen, die selbst aber nicht Mitglied einer Distributionsklasse ist.* Während der Distributionsbegriff von HARRIS u.a. in befriedigender Weise präzisiert werden konnte,[67] konnte der Hauptmangel dieser

---

67 HARRIS 1954; cf. auch LYONS 1968 : 172f.

distributionalistischen Definition von „Satz" erst durch eine bewußte Unterscheidung zweier Sprachebenen aufgehoben werden: der Unterscheidung von analysierter Sprache und Analysesprache. Eine Definition, die heute wohl von vielen Linguisten akzeptiert werden könnte, kann wie folgt formuliert werden:

(D-Satz) x ist ein Satz *gdw.* $\langle$kt, sb$\rangle$

so daß

(1) Es gibt eine endliche nichtleere Menge $V_T = \{a, b, c \ldots\}$ von identifizierbaren und paarweise unterscheidbaren Symbolen einer Sprache L_i (= „Terminalvokabular");

(2) Es gibt eine zweistellige assoziative Funktion + vom kartesischen Produkt der Mengen V_T und V_T in die Menge V_T, $+ : V_T \times V_T \rightarrow V_T$, so daß $(a + b) + c = a + (b + c)$ (= „Verkettungsoperation");

(3) (a) Das aus keinem Symbol aus V_T bestehende leere kt ist ein kt über V_T;
(b) Wenn x ein kt über V_T und a ein Symbol aus V_T ist, so ist xa ein kt über V_T (= „Kette", induktiv definiert);

(4) $V_T{}^* = \{kt_1, \ldots, kt_n\}$ über V_T (= „freie Halbgruppe");[68]

(5) Es gibt eine endliche nichtleere Menge $V_N = \{\alpha, \beta, \gamma \ldots\}$ von identifizierbaren und paarweise unterscheidbaren Symbolen aus einer Sprache L_j ($L_j \neq L_i$) (= „Nonterminalvokabular, Hilfsvokabular");

(6) $V = V_T \cup V_N$;

(7) (a) Das aus keinem Symbol aus V bestehende leere sb ist ein sb über V;
(b) Jedes Element aus V ist ein sb über V;
(c) Wenn $sb_1, \ldots, sb_n$ endlich viele sb über V sind, und A eine Element aus V_N ist, dann ist $A + (sb_1, \ldots, sb_n)$ ein sb über V;
(d) $SB = \{sb_1, \ldots, sb_n\}$ über V (= „Strukturbeschreibung", induktiv definiert);[69]

(8) Es gibt eine zweistellige Funktion F von $sb_j \in SB$ in $V_T{}^*$, so daß F (sb_j, kt_j) (= „Zuordnungsfunktion")

Mit den ‚Axiomen' (1) – (8) ist die begriffliche linguistische Struktur S des fundamentalen Theorieprädikats „x ist ein Satz" eindeutig und präzis angegeben;[70] wir können

68 Meistens wird in der Syntaxtheorie die spezielle Algebra, die zur Definition einer freien Halbgruppe dient, durch „$V(L)^* = \bigcup_{i=0}^{\infty} V(L)^i$" und damit nur teilweise angegeben; erst zusammen mit der Verkettungsoperation kann man wirklich von einer freien Halbgruppe sprechen. Aber: „Meist nennt man bereits [$V_T{}^*$] freie Halbgruppe über [V_T], da man die Operation der Verkettung stillschweigend als auf [$V_T{}^*$] definiert voraussetzt" (KRATZER/PAUSE/v. STECHOW 1973 : 24).

69 Es handelt sich bei den Strukturbeschreibungen um sog. *Strukturbäume*, d.h. gerichtete und etikettierte Graphen. Gebräuchlich ist auch die Rede von „etikettierten Klammerausdrücken". – Cf. KRATZER/PAUSE/v. STECHOW 1973 : 32.

70 Der Leser wird bemerken, daß in (D-Satz) nur syntaktische, nicht aber semantische Definitionsbedingungen aufgenommen worden sind. Dem entspricht eine Verallgemeinerung des Satzbegriffs („Phrase"), die für die generative Syntax charakteristisch ist. Prinzipiell könnten wir zu Demonstrationszwecken natürlich auch andere Satzdefinitionen heranziehen.

sagen, daß in diesem Falle eine linguistische Struktur tatsächlich durch eine mathematische Struktur präzisiert oder in Form einer mathematischen Struktur dargestellt worden ist. Grundsätzlich kann aber auch eine weniger genaue oder nur umgangssprachlich formulierte Definition eines Theorieprädikats als Fundamentalgesetz einer Theorie angesehen werden. – Wir wollen S nun modelltheoretisch interpretieren.

Mögliche Modelle M_{p_i} von S sind alle Sätze einer bestimmten (natürlichen) Sprache L, d.h. alle Objekte, die mit den Mitteln der – durch (D-Satz) eingeführten – Syntaxsprache beschrieben werden können. Insbesondere müssen wir also über die Begriffe „Kette" und „Strukturbeschreibung" verfügen, wenn wir in der Lage sein wollen, Objekte als Sätze zu identifizieren und damit als mögliche Modelle für S. Diese Begriffe aber werden uns von der Syntaxtheorie zur Verfügung gestellt, sei es in impliziter, unvollständiger oder intuitiver Form oder explizit und wohldefiniert (wie in (D-Satz)). Allerdings: stimmt es wirklich, daß wir nur dann ein Objekt als einen Satz identifizieren können, wenn wir über die Begriffe „Kette" und „Strukturbeschreibung" verfügen? Nur Linguisten könnten dann Sätze erkennen; demgegenüber ist es aber doch eine alltägliche Erfahrung von uns allen, daß wir mit Sätzen umgehen, Sätze zu unterscheiden vermögen, Sätze produzieren, und damit – in einem gewissen Sinne – Objekte als Sätze identifizieren.

Hier hängt alles davon ab, daß wir *genau* zu sagen versuchen, was wir in solchen Situationen eigentlich tun bzw. *genau* zu sagen versuchen, was wir mit der Redeweise „etwas als einen Satz identifizieren" eigentlich meinen. Wir bemerken dann eine sehr wichtige Unterscheidung: entweder sprechen wir von dem, was ein Syntaxtheoretiker tut, wenn er bestimmte komplexe Symbole aus – beispielsweise – einer fremden, noch fast unbekannten Sprache als Sätze dieser Sprache identifiziert, oder wir sprechen von dem, was jeder kompetente Sprecher/Hörer einer Sprache tut, wenn er bestimmte komplexe Symbole produziert oder versteht. Der Linguist *weiß*, daß er es mit *Sätzen* zu tun hat; der kompetente Sprecher/Hörer *braucht dies durchaus nicht zu wissen*. Jedes Kind, das seine Muttersprache erlernt hat, ist ein Beispiel dafür: es besitzt die Fähigkeit, Sätze zu erzeugen und zu verstehen, aber es besitzt (zunächst noch) nicht den Begriff „Satz". Da es aus Gründen, die noch zu erörtern sein werden, persönlich und gesellschaftlich wichtig ist, nicht nur ein sprachliches, sondern auch ein gewisses Maß an linguistischem Bewußtsein zu entwickeln, lernt das Kind vielleicht später auch den linguistischen Begriff „Satz" und dies – je nach den Umständen – mehr oder weniger im Sinne von (D-Satz). M.a.W.: es gibt verschiedene Satzbegriffe ($Satz_i$, $Satz_j$,...); sie sind vor allem hinsichtlich des Präzisionsgrades ihrer Definition und der Linguistikkonzeption, in die sie eingebettet sind, unterschieden.

Es ist aber nicht dieser Unterschied zwischen „etwas als einen $Satz_i$ erkennen" und „etwas als einen $Satz_j$ erkennen", den ich im Auge habe. Vielmehr ist es der Unterschied zwischen der praktischen syntaktischen Kompetenz eines kompetenten Sprechers/Hörers und der theoretischen syntaktischen Kompetenz eines Linguisten. Dasjenige, was der Linguist im Rahmen einer Syntaxtheorie als einen Satz (etwa im Sinne von (D-Satz)) identifizieren kann, ist ein mögliches Modell für S; dasjenige aber, das nur als ein (komplexes, wohlgeformtes) sprachliches Symbol identifiziert werden kann, ist ein *mögliches Partialmodell* M_{pp_i} von S. Ein mögliches Partialmodell von S ist also, allgemein gesprochen, alles dasjenige, was und insoweit es ohne Kenntnis der Begriffe der Syntaxtheorie identifiziert und beschrieben werden kann. Enthält die linguistische Struktur S, unter die ein Objekt a subsumiert werden soll, syntaxtheoretische Begriffe wie „Kette" oder „Strukturbeschreibung", dann ist a bloß ein mögliches Partialmodell von S, wenn es *ohne Verwendung* dieser Begriffe beschrieben werden kann; es wird zu einem möglichen Modell, wenn es *unter Verwendung* dieser Begriffe beschrieben wird.

Hier ist eine Frage unvermeidlich: *wie* sollte a denn ohne Verwendung syntaxtheoretischer Begriffe überhaupt beschrieben werden können? Und selbst wenn es beschrieben werden könnte: wodurch ist dann sichergestellt, daß es sich um ein mögliches Partialmodell *von S* handelt (S immer verstanden als die linguistische Struktur, die durch die Definition von „x ist ein Satz" aufgespannt wird)? Dies ist in der Tat eine höchst wichtige Frage. Sie weist darauf hin, daß alle meine bisherigen Bestimmungen für mögliche Partialmodelle von S unvollständig waren. Wir bewegen uns hier aber gleichsam an der Schwelle des Empirizitätsproblems, und ich möchte eine genaue Diskussion deshalb auf das nächste Kapitel verschieben. Allerdings will ich andeuten, wie eine Antwort auf die Frage aussehen kann: ein Objekt a kann ohne Verwendung syntaxtheoretischer Begriffe wie „Kette" und „Strukturbeschreibung" als ein mögliches Partialmodell von S beschrieben werden, indem es allein unter Verwendung der Begriffe beschrieben wird, die für die symbolischen Kodifikationssysteme der (natürlichen) Sprachen definiert sind. Ein Gruppe solcher Systeme sind z.B. Schriftsysteme. In der Theorie dieser Systeme werden Begriffe wie „Interpunktionszeichen", „Alphabet", „Zwischenraum zwischen zwei Wörtern", etc., definiert. Ein Satz kann immer nur über seine Kodifikate identifiziert werden; allgemein können wir z.B. sagen: ein Satz ist dasjenige, was zwischen zwei benachbarten Punkten steht. Natürlich gibt es auch nichtvisuelle, etwa akustische, Kodifikationssysteme. – Wir werden auf die wichtige Rolle der Kodifikationstheorien, die N-Theorien der Linguistik (s.u.), zurückkommen.[71]

Komplettieren wir unsere Modellstruktur für „x ist ein Satz". Die *Restriktionsfunktion* r bildet mögliche Modelle auf mögliche Partialmodelle ab, also Sätze auf bestimmte Symbole. Ihre einzige Aufgabe ist es also, die zur Identifizierung als M_{p_i} nötigen, zur Identifizierung als M_{pp_i} aber unnötigen theoretischen Begriffe „wegzustreichen" (STEGMÜLLER). Als Menge der *Modelle* M kann jedes individuelle Korpus von Sätzen interpretiert werden, beispielsweise die Sätze dieses Buches. Jeder individuelle Satz ist ein Modell von S.

Als *Nebenbedingungen* sind u.a. anzusetzen: jedes Objekt a, das im Kontext X ein Satz ist, ist auch im Kontext X' ein Satz, und zwar derselbe ($X \neq X'$); zwei Kodifikate Y_i und Y_j ($i \neq j$) stellen denselben Satz dar, wenn sie kodifikationstheoretisch in formaler Hinsicht identisch sind;[72] Ketten- und Strukturbeschreibungen sind extensive Größen,

71 Meine These ist: die *Theorien der symbolischen Kodifikation* von Sprache (akustisch, visuell etc.) *entsprechen dem Sinne nach* in der Linguistik genau dem, was bei der Anwendung von SNEEDs Theorie auf die Physik die Rolle der *Meßtheorien* ist.

72 In Kodifikationstheorien müssen genaue type-token-Unterschiede gemacht werden. Mit der genannten Nebenbedingung kann sinnvollerweise nur eine Typidentität gemeint sein; individuelle Handschriftenunterschiede beispielsweise werden als token-verschieden, aber typidentisch behandelt.

etc.. Es dürfte noch eine Reihe weiterer Nebenbedingungen geben.[73]

Als Menge I der *intendierten Anwendungen* von S dürfen wir in unserem Falle die Menge aller Objekte ansetzen, die ein Linguist als Sätze beschreiben würde, also die Menge aller Sätze aller (natürlichen) Sprachen. Und mit I_0, den *Paradigmata*, können wir natürlich alle Beispiele aus Syntaxbüchern und anderen wissenschaftlichen Abhandlungen über Syntax identifizieren; also etwa die tatsächlich zu forschungsleitenden Standardbeispielen gewordenen CHOMSKYschen Beispielsätze, wie „Flying planes can be dangerous" und „John is eager to please" vs. „John is easy to please", aber auch die Beispielsätze anderer Linguisten („Letzte Woche schob Franz-Josef dem Kurt-Georg einen Kassiber durch die Ritze")[74].

Auf diese Weise können prinzipiell auch alle anderen fundamentalen linguistischen Theorieprädikate („ist ein Sprechakt", „ist eine Transformation", „ist eine Grammatik", „ist eine Sprache", etc.) mengentheoretisch definiert und die so definierte linguistische Struktur modelltheoretisch interpretiert werden. Das erste geschieht de facto schon weithin, ja man kann sagen, daß es sich um das seit CHOMSKY in der Linguistik übliche Verfahren handelt. Dabei ist das Verfahrensprinzip nicht zu verwechseln mit dem Präzisionsgrad seiner Ausführung. Beispielsweise sind die sprechakttheoretischen Prädikate bei SEARLE bisweilen unpräzis definiert; Formalisierungen können dies demonstrieren. Dennoch wird auch dort das gleiche Verfahrensprinzip, die Definition einer Theorie durch Definition eines mengentheoretischen Prädikats, angewendet. Ich werde dies als ein Entscheidungskriterium in der Theorienkonkurrenz verwenden.

Das zweite, die modelltheoretische Interpretation, ist bisher in der Linguistik – mit Ausnahme der modelltheoretischen Semantik selbst – nicht üblich. Mir scheint aber, daß S-Matrizen, gedeutet als S_L-Matrizen, auch in der Linguistik zu einem besseren Verständnis dessen beitragen können, was eine Theorie ist.

b) Was heißt „empirisch"?

Wir haben einen klaren Begriff von linguistischer Theorie gewonnen, also des Produktes ihrer Tätigkeit, bezüglich dessen nahezu alle Linguisten einen Empirizitätsanspruch erheben. Wir müssen uns nun fragen, was dieser Empirizitätsanspruch genauer bedeuten soll, wenn wir uns in die Lage versetzen wollen zu beurteilen, ob dieser Anspruch zu Recht besteht oder nicht.

Seinen „Versuch einer allgemeinen Charakterisierung der Linguistik" leitet R.G. VAN DE VELDE mit einer „ersten These" ein: „Die Linguistik versucht, in ihren neueren Richtungen eine empirische Wissenschaft zu sein", und er fährt dann fort: „Es ist nicht

73 *Spezielle* Nebenbedingungen gelten für erweiterte Strukturkerne E, also nur in speziellen Anwendungen. Beispielsweise könnte durch sie das fundamentale Theorieprädikat „x ist ein Satz" zu „x ist ein deutscher Satz" verschärft werden. Die Theorie der Sprachverschiedenheit läßt sich demnach beispielsweise auf eine Teilklasse der speziellen Nebenbedingungen für die Anwendung linguistischer Universalien abbilden. – Auch weitere Verschärfungen müssen durch zusätzliche spezielle Nebenbedingungen vorgenommen werden, z.B. die Verschärfung zum Prädikat „x ist ein deutscher Nebensatz".

74 MAAS 1974 : 271.

überflüssig, hier die Kennzeichnung ‚empirisch' zu erläutern. Wir fassen dieses Eigenschaftswort in seinem weitesten Sinne als Bezeichnung dessen auf, was sich auf die Erfahrung überhaupt bezieht. Mit dieser rudimentären Begriffserklärung gelangen wir jedoch mitten in die philosophische Diskussion, die eine sehr lange Tradition hat (...). Im Grunde genommen besagt die empirische Grundhaltung, daß *alle Erkenntnis in der Erfahrung ihre Basis hat, beziehungsweise von den Erfahrungsfakten ihre Bestätigung zu erhalten hat.* Wenn wir also mit der ersten These die allgemeine Ansicht zum Ausdruck bringen, daß diese empirische Grundhaltung auf die gesamte neuere Linguistik zutrifft, so gilt das Gesagte nicht nur für die induktive Verfahrensweise der empirisch-deskriptiven Linguistik, sondern auch für das deduktiv-nomologische Argumentieren der generativen Linguistik."[75]

Ist die Linguistik tatsächlich eine Erfahrungswissenschaft? Beispielsweise ist ja die berühmte Grammatik von Port Royal[76] nicht so fundamental von der Logik von Port Royal[77] verschieden, wie das die Verteilung auf zwei Wissenschaftsklassen vermuten ließe. Auch sehen wir, daß moderne linguistische Theoretiker erstens oft logische und mathematische Theorien in umfangreichem Maße anwenden und zweitens solche Theorien für linguistische Zwecke bisweilen erst entwickeln. Schließlich gibt es linguistische Theorien über formale Sprachen, etwa Grammatiken der sog. Chomsky-Sprachen. Ist dies noch eine Erfahrungswissenschaft? Abgesehen davon, daß wir historische Theorien hier nicht betrachten wollen, beweisen alle diese Beispiele nicht das Gegenteil. Keine Wissenschaft wendet im größeren Umfange logische und mathematische Theorien an als die Physik; dennoch ist ihr Status als Erfahrungswissenschaft unbestritten.

Neben manchen wenig sinnvollen Klassifikationen der Wissenschaften gibt es eine sinnvolle: die in *formale* und *empirische* Wissenschaften. Zu den ersten gehören Logik und Mathematik, in der zweiten Klasse herrscht drangvolle Enge. Dort finden sich so unterschiedliche Existenzen wie die Physik, die Literaturwissenschaft, die Geographie, die Rechtswissenschaft und auch die Linguistik. Zum Glück brauchen wir uns hier nur mit der Linguistik zu beschäftigen.

Ist die Linguistik tatsächlich eine empirische Wissenschaft? Was soll es heißen, daß die empirische Grundhaltung besage, daß „alle Erkenntnis in der Erfahrung ihre Basis hat, bzw. von den Erfahrungsfaktoren ihre Bestätigung zu erhalten hat"?[78] Fragen wir uns zunächst, was der Ausdruck „empirisch" überhaupt bedeutet. Auch hierbei sollten wir uns daran erinnern, daß es keine einzig richtige, gleichsam natürliche und ‚wahre' Antwort auf diese Frage gibt, sondern einen Entscheidungsspielraum, der es uns innerhalb der durch die Begriffstradition vorgegebenen (weiten) Grenzen gestattet, unter den möglichen Explikationen eine solche auszuwählen, die der Bedarfslage der linguistischen Probleme angemessen ist und bei ihrer Lösung eine konstruktive Funktion erfüllen kann.

---

75 VAN DE VELDE 1974 : 25f.

76 LANCELOT/ARNAULD 1660. – Cf. auch CHOMSKY 1966: insbes. 31–58.

77 ARNAULD 1662.

78 Hiermit soll nicht gesagt sein, daß VAN DE VELDE sich mit dieser lapidaren Feststellung begnügt; im Gegenteil seine Arbeit gehört zu den wenigen relativ ausführlichen und soliden Untersuchungen auf dem hier einschlägigen Gebiet.

1. Wahrnehmung, Beobachtung, Erfahrung

Mit der Frage „Inwiefern können wir die Theorien der Linguisten eigentlich ‚empirisch' nennen? begeben wir uns in die Nähe vielfältiger philosophischer Diskussionen und Traditionen. Ich werde nicht versuchen, diese hier auch nur annähernd aufzuarbeiten oder in ihrer Bedeutung für die wissenschaftliche Theoriebildung zu würdigen. Vielmehr soll es im folgenden darum gehen, im Anschluß an vor allem einige neuere wissenschaftstheoretische Diskussionen selbst ein *Empirizitätskonzept* zu entwickeln, das der Sachlage in der modernen linguistischen Theoriebildung angemessen ist. Dabei geht es mir insbesondere um die folgenden Punkte:

1. „Empirisch" bedeutet nicht dasselbe wie „empiristisch". Der erste Begriff bedeutet die Eigenschaft eines Objekts, welchen, das ist noch genauer zu untersuchen. Jedenfalls sind Theorien Kandidaten für solche Objekte. Der zweite Begriff bedeutet demgegenüber eine erkenntnistheoretische Grundeinstellung, die des Empirismus.
2. Die Diskussion um das Empirizitätsproblem von Theorien ist streckenweise belastet durch die ungenügende Unterscheidung des Empiriebegriffs vom Empirismusbegriff. Dies gilt auch für das Selbstverständnis der modernen Linguistik.
3. Empirie und Theorie sind keine Gegensätze. Es gilt nicht nur, daß empirische Wissenschaft auf Theorien angewiesen ist und nur vermittels von Theorien betrieben werden kann. Es gilt auch ganz allgemein, daß es eine vollständig theoriefreie Erfahrung nicht gibt.
4. Die Dichotomie zwischen theoretischen und nichttheoretischen Begriffen ist aufzugeben. Statt dessen ist jeder Begriff dadurch zu kennzeichnen, in welcher Theorie er expliziert wird bzw. expliziert werden kann.
5. Empirische Theorien besitzen einen empirischen Gehalt. Diesen zu ermitteln, ist prinzipiell ein modifiziertes Ramseyverfahren geeignet. Dies gilt im Grundsatz auch für linguistische Theorien. Um es jedoch überhaupt anwenden zu können, müssen wir über den Begriff der Empirizität bereits verfügen. In dieser Arbeit soll es nur um letzteres gehen, also um die Frage: was meinen wir eigentlich, wenn wir von einer linguistischen Theorie sagen, sie sei empirisch?

Wenden wir uns den Problemen im einzelnen zu!

Zur Zeit des linguistischen Positivismus im 19. Jahrhundert galt es als Selbstverständlichkeit, daß die Linguistik eine empirische Wissenschaft ist. Man wird heute sagen dürfen, daß die Grundlage dieses Vertrauens in die Empirizität der Linguistik ein allzu naiver Empiriebegriff gewesen ist. Er hat auch noch den logischen Empirismus der ersten Hälfte den 20. Jahrhunderts beherrscht und alle wissenschaftlichen Konzeptionen, die ihm geistesverwandt oder von ihm beeinflußt worden waren. Überwiegend hat dies zum Vorteil dieser Wissenschaften gereicht, so auch zum Vorteil der Linguistik, die in ihren strukturalistischen Konzeptionen – vor allem im amerikanischen Strukturalismus – ein neues Niveau der intersubjektiven Verbindlichkeit ihrer Methoden und Arbeitsergebnisse erreichen konnte. Dennoch ist es, vom heutigen Standpunkt aus gesehen, sehr wichtig gewesen, daß der naive Empirismus des linguistischen Strukturalismus durch CHOMSKYs rationalistische Attacke in seinen Grundfesten erschüttert und auf die allzu starken Vereinfachungen seines Empirieverständnisses aufmerksam geworden ist. Mit dieser rationalistischen Gegenströmung sind abermals Fortschritte in der linguistischen Forschung erreichbar gemacht worden, die die gegenwärtige linguistische Theoriediskussion zu Recht weithin beherrschen. Allerdings ging mit der Argumentation nun bisweilen auch eine gewisse Sorglosigkeit einher, was die Qualifikation der Linguistik als eine empirische Wissenschaft anbetraf. Allzu leicht haben sich manche Linguisten daran gewöhnt, die Empirizität ihrer Produkte zur Disposition von eher linguistikfernen Begriffstheoretikern zu stellen, selbst hingegen eher vertrauensselig auf die empirische Solidität ihrer Forschung zu bauen.

In einer solchen Situation ist es nicht überraschend, wenn auch gestandene Linguisten Zweifel an der Empirizität ihres Tuns bekommen. Da es aber nach wie vor von nahezu allen als ein methodologischer Wert angesehen wird, nur Theorien zu konstruieren, die einen prüfbaren empirischen Gehalt besitzen, ist das Empirizitätsproblem in der Linguistik langsam zu einem Grundproblem ersten Ranges geworden. Die Linguisten beginnen einzusehen, daß die Entscheidung dieser Frage nicht auf der Grundlage von Begriffen gefunden werden kann, die von der neueren Wissenschaftsphilosophie mit guten Gründen kritisiert worden sind, und daß sie ebenfalls nicht Personen überlassen werden darf, die der Entwicklung und Anwendung linguistischer Theorien eher reflektierend gegenüberstehen, als diese Tätigkeiten selbst durch praktische Arbeit in der Linguistik zu kennen. Es dürfte deshalb nützlich sein, die Argumentation eines sich dieser Problematik bewußten Linguisten zu untersuchen, um einen fruchtbaren Zugang zum linguistischen Empirizitätsproblem zu finden.

In seiner Arbeit „Was für eine Wissenschaft ist die Linguistik eigentlich?" spricht E. ITKONEN gleich zu Beginn über „die vermeintliche Raum-Zeitlichkeit des Gegenstands der Linguistik": „Die Linguistik darf als eine empirische Wissenschaft nur unter der Bedingung gelten, daß sie Raum-Zeitliches untersucht. (Im Bereich des Raum-Zeitlichen muß ferner ein Unterschied zwischen beobachtbarer und verständlicher Raum-Zeitlichkeit, d.h. Vorgängen und Handlungen gemacht werden.) Es könnte vorgeschlagen werden, daß der empirische Charakter der Linguistik darauf beruht, daß sie in Raum und Zeit vorkommende Änderungen untersucht. Es ist aber klar, daß die Grammatiken seit je nicht beliebige Äußerungen, sondern nur *korrekte* Äußerungen untersuchen, oder vielmehr korrekte *Sätze*, d.h. Sätze, von denen man *weiß*, daß sie korrekt sind, unabhängig davon, ob ihnen entsprechende Äußerungen jemals vorgekommen sind oder nicht. Soweit das letztere der Fall ist, wird sofort klar, daß keine Beziehung zu Raum und Zeit vorliegt, so daß die Linguistik keine empirische Wissenschaft ist".[79]

Mir scheint, daß eine solche Position von einer allzu einfachen Vorstellung dessen beherrscht ist, was als Untersuchungsgegenstand einer empirischen Wissenschaft gelten soll, und damit von einer zu einfachen Vorstellung dessen, was der Begriff „empirisch" eigentlich bedeutet. Grammatiker (nicht „Grammatiken") untersuchen seit eh und je dasjenige, was wir als die natürlichen Sprachen kennen, und gegeben sind uns diese, wie alle anderen einer Wissenschaft zugänglichen Objekte ebenfalls, zunächst einmal und primär nur durch sinnlich wahrnehmbare *Erfahrungsdaten*. Diese Daten werden mit Hilfe von Begriffen wie „Äußerung" oder „Satz" einer wissenschaftlichen Behand-

---

79 ITKONEN 1975 : 1. – Eine überarbeitete Fassung liegt vor in WUNDERLICH 1976 : 56–76.

lung allererst zugänglich gemacht, und hier besteht überhaupt kein Unterschied zu jeder anderen Wissenschaft, ja noch nicht einmal zu den präwissenschaftlichen Verhaltensweisen, die das tägliche Leben von uns allen durchziehen. *Was* die Grammatiker genau untersuchen, dies zu sagen erfordert bestimmt eine genauere Differenzierung; man denke hier an die drei Modellbegriffe, die für S_L-Matrizen angesetzt werden müssen: mögliche Modelle, mögliche Partialmodelle und tatsächlich als Modell erwiesene Interpretationen. Die Kurzredeweise, daß, was die Grammatiker untersuchen, Sätze sind, ist also nicht in jeglicher Hinsicht befriedigend; noch viel weniger überzeugend ist es aber, wenn ITKONEN behauptet, daß sie nur „korrekte Sätze" untersuchen. Was er meint, ist doch offenbar, daß sie zwar alle Symbolkomplexe untersuchen, die die Chance haben, als Sätze identifiziert werden zu können, insbesondere aber daran interessiert sind, eine Teilklasse der Sätze als ‚grammatisch', ‚semigrammatisch', oder auch nur ‚akzeptabel' auszuzeichnen.[80] ITKONEN fragt nun: woher *weiß* ein Linguist aber, daß er einen Satz in dieser oder jener Weise auszeichnen darf? Und er schließt offenbar, daß er dies nicht aufgrund empirischer Untersuchungen wissen kann. Hier sehen wir, daß wir keine Klarheit über eine solche Position gewinnen können, solange wir keine ausreichende Klarheit über den Empiriebegriff gewonnen haben, den zugrundezulegen in der Linguistik wie in einer Wissenschaft allgemein sinnvoll ist. Die Erläuterung der Empirizität durch die Raum-Zeitlichkeit von Untersuchungsobjekten ist jedenfalls ersichtlich unzureichend. Linguisten untersuchen Sprechergebnisse, kodifizierte Symbole und Inskriptionen genauso wie Sprechakte, Sätze und grammatisch akzeptable Sätze. Wir müssen hier wesentlich genauer werden, in eine weniger vorurteilsbeladene Diskussion der verwendeten Grundbegriffe eintreten, wenn wir die Gründe für die Empirizität der Linguistik und damit die Gründe, die für oder gegen die Empirizität ihrer Theorien sprechen, in angemessener Weise verstehen und bewerten wollen.

„Daß alle unsere Erkenntnis mit der Erfahrung anfange, daran ist gar kein Zweifel; denn wodurch sollte das Erkenntnisvermögen sonst zur Ausübung erweckt werden, geschähe es nicht durch Gegenstände, die unsere Sinne rühren und teils von selbst Vorstellungen bewirken, teils unsere Verstandestätigkeit in Bewegung bringen, diese zu vergleichen, sie zu verknüpfen oder zu trennen, und so den rohen Stoff sinnlicher Eindrücke zu einer Erkenntnis der Gegenstände zu verarbeiten, die Erfahrung heißt? Der Zeit nach geht also keine Erkenntnis in uns vor der Erfahrung vorher, und mit dieser fängt alle an." Mit diesen Worten beginnt KANT die Einleitung zur zweiten Ausgabe seiner „Kritik der reinen Vernunft" (1787). Eine genaue Lektüre läßt bald erkennen,

---

80 Das solche Differenzierungen unerläßlich sind, hat die Debatte, die sich an den Begriff der ‚degrees of grammaticalness' angeschlossen hat, überzeugend gezeigt; und zwar gilt dies bereits aus theorieinternen Gründen (CHOMSKY, KLIMA, LABOV, KANNGIESSER, LIEB, u.a.). Hinzu kamen viele genuin empirische Argumente, vor allem Erfahrungsdaten aus soziolinguistischen Untersuchungen (LABOV, HYMES, BERNSTEIN, OEVERMANN). Die starken Idealisierungen CHOMSKYs („Linguistic theory ist concerned primarily with an ideal speaker/listener, in a completely homogenuous speech-community, who knows its language perfectly and is unaffected by such grammatical irrelevant conditions as (...) errors (random or characteristic) in applying his knowledge of the language in actual performance", CHOMSKY 1965 : 3) haben sich als unnötig erwiesen; doch selbst CHOMSKY hat nie die Empirizität der Linguistik in Frage gestellt, wenn er auch apriorische Elemente in ihr gefunden zu haben meinte.

daß KANT den Begriff der Erfahrung hier in zwei verschiedenen Bedeutungen verwendet. In dem Sinne, in dem wir von einer Erfahrungswisssenschaft reden, spricht er von der Erfahrung als dem Resultat einer Tätigkeit; sie besteht darin, „den rohen Stoff sinnlicher Eindrücke zu einer Erkenntnis der Gegenstände zu verarbeiten". Im ersten Satz hingegen spricht er von diesem sinnlichen Stimulus für eine solche Tätigkeit, wenn er sagt, „daß alle unsere Erkenntnis mit der Erfahrung anfange". Später[81] bezeichnet er diesen Stimulus aller Erfahrung als „Anschauung" (αἴσθησις). Ich will hierfür im Folgenden den Begriff *„Wahrnehmung"* verwenden, und den Begriff *„Erfahrung"* für das Produkt aus einer begrifflich verarbeiteten und systematischen Wahrnehmungstätigkeit reservieren. Es dürfte nützlich sein, dem Gedankengang KANTs noch eine kleine Strecke weiter zu folgen.

KANT fährt fort: „Wenn aber gleich alle unsere Erkenntnis mit der Erfahrung anhebt, so entspricht sie doch darum nicht eben alle aus der Erfahrung. Denn es könnte wohl sein, daß selbst unsere Erfahrungserkenntnis ein Zusammengesetztes aus dem sei, was wir durch Eindrücke empfangen, und dem, was unser eigenes Erkenntnisvermögen (durch sinnliche Eindrücke bloß veranlaßt) aus sich selbst hergibt, welchen Zusatz wir von jenem Grundstoff nicht eher unterscheiden, als bis lange Übung uns darauf aufmerksam und zur Absonderung desselben geschickt gemacht hat."

KANT spricht an dieser Stelle die Vermutung aus, daß Erfahrung nicht vollständig auf Wahrnehmung reduzierbar sein könnte. Es könnte sein, so sagt er, daß es Erfahrung gibt, die diesen Namen verdient, obwohl in sie nicht auf Wahrnehmung zurückführbare Konstitutionsbedingungen eingehen. KANT spricht – es ist wichtig, dies hier zu bemerken – an dieser Stelle immer noch von Erfahrung und Erfahrungskenntnis; seine Vermutung besagt, daß die Erfahrung selbst aus unterschiedlichen Komponenten zusammengesetzt sei. Er fährt nun aber fort, als habe er schon eine weitergehende Vermutung geäußert: nämlich die, daß es *neben* und *zusätzlich* zu der durch Wahrnehmungen stimulierten Erfahrung noch eine weitere Art von Erkenntnis geben könnte, für die Wahrnehmungen überhaupt keine, also auch keine irgendwelche Handlungen veranlassende Rolle spielen: „Es ist also wenigstens eine der näheren Untersuchung noch benötigte und nicht auf den ersten Anschein sogleich abzufertigende Frage: ob es ein dergleichen von der Erfahrung und selbst von allen Eindrücken der Sinne unabhängiges Erkenntnis gebe. Man nennt solche Erkenntnisse *a priori*, und unterscheidet sie von den *empirischen*, die ihre Quellen a posteriori, nämlich in der Erfahrung, haben."

Man darf wohl sagen, daß alle späteren Diskussionen zum Problem der Empirizität ohne die Theorie KANTs nicht denkbar sind. Das kantische Begriffspaar a posteriori-a priori bzw. empirisch-nichtempirisch ist für die moderne Wissenschaft und Wissenschaftsphilosophie grundlegend und unverzichtbar geworden. Im wesentlichen gilt dies bis heute auch für die Definitionen, durch die KANT die Bedeutung dieser Begriffe festlegte;[82] dennoch können wir uns mit KANTs Bestimmung des Empirischen heute

81 In der transzendentalen Ästhetik, B 33ff.

82 Erst S.A. KRIPKE hat in „Naming and Necessity" beispielsweise die kantische Definition der Apriorizität grundsätzlich angegriffen und Argumente dafür beigebracht, daß es sinnvoll sein kann, nicht-notwendige und nicht-analytische Wahrheiten a priori anzuerkennen. Cf. KRIPKE 1972.

nicht mehr zufriedengeben. Dafür gibt es insbesondere den Grund, daß die Rolle von Theorien und theoretischen Begriffen inszwischen genauer als zu KANTs Zeiten erforscht ist. So ist an die Seite des kantischen Gegensatzpaares empirisch vs. nichtempirisch ein anderes Gegensatzpaar getreten, nämlich empirisch vs. theoretisch. KANT hat das Theoretische hauptsächlich in seinem Gegensatz zum Praktischen diskutiert, wobei er allerdings die Unsinnigkeit der naiven Ansicht kritisiert hat, daß Praxis auf Theorie verzichten kann. Während wir ihm in diesem Punkt heute uneingeschränkt zuzustimmen bereit wären, gibt es auf der anderen Seite gute Gründe dafür, die Rolle des Theoriefaktors in der Erfahrung anders, wenn auch vielleicht ähnlich als KANT, zu beurteilen. Wir wollen uns dies genauer ansehen.

Wie mit vielem anderen, so können wir auch mit Sprachen unsere Erfahrungen machen. Wenn dies im täglichen Leben geschieht, beispielsweise beim Erlernen einer fremden Sprache, so wird uns meist nicht bewußt, daß die Organisation unserer Erfahrung von vielfältigen theoretischen Voraussetzungen abhängig ist, von impliziten, aber auch von expliziten Theorien. So müssen wir beim Erlernen einer fremden Sprache, sei es implizit oder explizit, unter anderm Syntaxregeln lernen. Wir müssen beispielsweise bei den meisten natürlichen Sprachen lernen, daß die Brauchbarkeit eines Satzes in der Kommunikation von der Einhaltung bestimmter Wortstellungsregeln abhängig ist. Wenn wir etwa das Englische und das Deutsche vergleichen, können wir verstehen lernen, was eine der Hauptschwierigkeiten der Engländer beim Deutschlernen darstellt: während die sprachlichen Ausdrücke, die in einem Satz eine Objektfunktion haben, im Englischen dem Verbum allgemein nachgestellt werden (VO-Sprachen), gilt dies im Deutschen nur für Hauptsätze; in Nebensätzen finden wir allgemein die umgekehrte Wortordnung. Genauere linguistische Untersuchungen[83] können uns die Einsicht gewinnen lassen, daß das Deutsche gegenwärtig offenbar von einer OV-Sprache zu einer VO-Sprache wird, diesen Prozeß aber erst zum Teil durchlaufen hat. Eine Beobachtung etwa, die diese Hypothese stützen würde, ist die Tatsache, daß die Stellung des Adverbials „sorgfältig" in dem Satz „Hans schreibt wegen des Tadels sorgfältig" noch die aus der OV-Zeit des Deutschen stammende Endposition besetzt (die für den gesamten Komplex aus Verbum und Adverbiale immer noch in Nebensätzen erhalten ist: „daß Hans wegen des Tadels sorgfältig schreibt"), während in umgangssprachlichen Kontexten bereits eine reine VO-Stellung akzeptiert wird: „Hans schreibt sorgfältig wegen des Tadels". Wir machen hier also linguistische Erfahrungen, Erfahrungen, die unsere Kenntnis der Syntax einer Sprache verändern oder erweitern können, die wir aber nur im Lichte und mit Hilfe der uns von der Syntaxtheorie bereitgestellten Begriffe wie „Verb" und „Objekt" überhaupt erwerben und in einen systematischen Zusammenhang mit unseren bisherigen linguistischen Erfahrungen bringen können. *Linguistische Erfahrung ist, wie alle Erfahrung, theorieabhängig*. Wenn wir nicht über theoretische Begriffe verfügen, die uns die Beobachtung, die wir machen, überhaupt erst begrifflich zu ordnen und zu systematisieren gestatten, wäre jede kohärente und stabile Orientierung schon im täglichen Leben, und damit jede Erfahrung, unmöglich.

83 Cf. BARTSCH/VENNEMANN 1972 : 136ff.

Wenn nun auch Erfahrung immer nur im Lichte von Theorien möglich ist, gilt dies vielleicht nicht für die Beobachtungen, aus denen wir den komplexen Zusammenhang der Erfahrung konstituieren? Dies aber ist ein Irrtum. Was wir nämlich beobachtet haben, wenn wir den erwähnten syntaktischen Vergleich zwischen dem Englischen und dem Deutschen durchgeführt und unsere Erfahrung durch die Ergebnisse dieses Vergleichs differenziert haben, setzt ebenfalls bereits die Fähigkeit voraus, bestimmte Objekte als Sätze, als Verben oder als Adverbiale identifizieren und damit linguistisch klassifizieren zu können. Was wir in diesem Falle beobachten, das sind keine Schallgeräusche, keine Spuren auf einem Schreibpapier, sondern wohlbestimmte Objekte, eben Sätze, Adverbiale usw.. Wenn wir annehmen, daß es sich um visuelle Beobachtungen handelt, dann könnten wir zwar sagen, daß wir Schriftspuren auf einem Stück Papier *sehen*, doch wir würden sofort hinzufügen, damit unsere Beobachtung nur ungenügend charakterisiert zu haben. Wir würden darauf bestehen, *mehr* beobachtet zu haben, als nur eine visuelle Inskription; nämlich einen Satz oder Teile von Sätzen. Auch Beobachtung also, obwohl sie sicher nicht identisch ist mit Erfahrung, sondern nur eine Konstitutionsbedingung von Erfahrung darstellt, ist – wie wir sehen – theorieabhängig. Auch unsere Beobachtungen, aus denen wir dann unsere Erfahrungen konstruieren, machen wir *im Lichte von Theorien*. Und dort, wo wir im Zweifel sind, ob wir uns bei Beobachtungen theoretischer Begriffe bedienen, geht es nicht um die Alternative theoretisch-nichttheoretisch, sondern nur darum, wie explizit, wie wissenschaftlich elaboriert, wie systematisch und wie methodisch kontrolliert unsere Begriffe sind, mittels derer wir unsere Beobachtungen machen. Wir können beispielsweise unsere Beobachtungen präzisieren, indem wir in expliziten Theorien die Begriffe präzisieren, die wir bei ihnen verwenden; der Übergang aber von prätheoretischen zu theoretischen Begriffen wird dabei nur ein gradueller sein. In jedem Falle gilt, daß in wissenschaftlichen Kontexten eine Beobachtung nur soviel wert ist wie die Theorie, in der der Begriff definiert wird, ohne den wir sie überhaupt nicht machen könnten.

Von Beobachtungen hatte KANT in den zitierten Sätzen nicht gesprochen, wohl aber in einem zweiten Sinne von Erfahrung, als dem Ausgangspunkt und der Vorbedingung für empirische Erkenntnis. Ich hatte hierfür den Begriff der *Wahrnehmung* benutzt, um, was gemeint ist, voneinander eindeutig absetzen zu können. Ich will nun fragen: Finden wir bei Wahrnehmungen vielleicht jene Unabhängigkeit von Theorien, die wir bei Beobachtungen und, a fortiori, bei Erfahrungen vergeblich gesucht hatten? Hier haben wir natürlich in einem gewissen Umfange die Freiheit, uns eine zweckmäßige Definition zurecht zu legen. Es ist ja keinesfalls so, daß es evident oder aufgrund eines theoretischen Dogmas einfach ‚richtig' wäre, Begriffe wie „Wahrnehmung", „Beobachtung" oder „Erfahrung" in einer ganz bestimmten Weise zu verwenden. Wir müssen vielmehr darauf achten, *zweckmäßige* Unterscheidungen zu treffen, die uns in Stand setzen, alle begrifflichen Differenzierungen, die für eine linguistisch fruchtbare Exposition des Empirizitätsproblems getroffen werden müssen, auch zu treffen. Dafür brauchen wir eine Terminologie, die uns neben dem komplexen System der Erkenntnis und seinen einzelnen Konstituenten auch dasjenige zu unterscheiden gestattet, was als sinnliches Substrat einer Beobachtung gelten kann. Dies will ich als Wahrnehmung bezeichnen. Ich verwende also für meine Argumentation die folgenden Gebrauchsdefinitionen:

Wahrnehmungen sind Sinneseindrücke, die noch nicht begrifflich organisiert sind.
Beobachtungen sind begrifflich organisierte (interpretierte) Wahrnehmungen; sie sind die Konsituenten von Erfahrungen. Die bei den Beobachtungen verwendeten Begriffe sind allesamt theoretisch, d.h. im Rahmen bestimmter Theorien mehr oder weniger explizit und präzis definiert.
Erfahrungen sind theoretisch organisierte Systeme von Beobachtungen.

Alle Begriffe sind theoretische Entitäten. Ich will nun untersuchen, in welchem Sinne es dennoch sinnvoll ist, auch von Beobachtungsbegriffen und von empirischen Begriffen zu reden.

Begriffe verstehe ich mit FREGE als eine besondere Klasse von Funktionen. Wir können sie über die Werte definieren, zu denen Funktionen durch ihre Argumente ergänzt werden:

Ein Begriff ist eine Funktion, deren Wert für jedes Argument ein Wahrheitswert ist.[84]

Die Redeweise von Begriffen als theoretischen Entitäten steht insofern nicht im Widerspruch zur Rede von Beobachtungsbegriffen und empirischen Begriffen, als mit letzteren etwas über die Gegenstände gesagt wird, die unter bestimmte Begriffe fallen. Wenn wir hingegen von einem Begriff als von einer theoretischen Entität sprechen, sagen wir überhaupt noch nichts über den Bereich, in dem wir seine Extension festmachen können. Wir sagen vielmehr etwas über den Gegenstand „Begriff" selbst, über seinen Unterschied zu *den* Objekten, die unter eine bestimmte Klasse von Begriffen fallen: durch empirische Verfahren wahrnehmbare, beobachtbare Objekte. Offensichtlich ist die Einschränkung, daß es sich bei Beobachtungsbegriffen oder empirischen Begriffen nur um eine Teilklasse aller Begriffe handelt, sehr wichtig. Denn ersichtlich gibt es auch solche Begriffe, deren Gegenstände selbst wiederum Begriffe sind; und indem ich an die Definition von „Theorie" erinnere, als einer begrifflichen Entität, müssen wir auch zugestehen, daß es Begriffe gibt, unter die Theorien als ihre Gegenstände fallen. Beispiele für solche Begriffe sind etwa „Syntax", „Grammatik", „Pragmatik", „Sprechakttheorie", etc.. Wir wollen sie *„Begriffe von Theorien"* nennen.

Hiervor müssen solche Begriffe gut unterschieden werden, die *in Theorien* verwendet werden. Doch auch hier ist eine genaue Unterscheidung notwendig. Wir können nämlich entweder solche Begriffe meinen, die durch ein fundamentales Theorieprädikat einer Theorie T_i ausgedrückt werden können — diese Begriffe werden in T_i

---

84 FREGE selbst hat in seiner Abhandlung „Funktion und Begriff" (1891) diese Definition mit einer leichten Einschränkung versehen, wenn er — im Anschluß an die zu ihr hinführende Argumentation — sagt: „Wir sehen daraus, wie *eng* das, was in der Logik Begriff genannt wird, *zusammenhängt* mit dem, was wir Funktion nennen. Ja, man wird *geradezu* sagen können: ein Begriff ist eine Funktion, deren Wert immer ein Wahrheitswert ist." (FREGE 1962 : 26; Hervorhebungen von mir). Ich gehe allerdings davon aus, daß die in einer solchen Sprechweise deutlich werdende reservatio mentalis durch die mögliche Mehrdeutigkeit des „ist" in der Redeweise „ein Begriff ist eine Funktion" begründet ist; hier wollte FREGE wohl nur der falschen Meinung vorbeugen, Begriffe seien mit Funktionen *identisch*, wohingegen er darauf aufmerksam machen wollte, daß es möglich ist, sie durch Funktionen zu *definieren*. Die Literatur zu FREGE stützt diese Interpretation.

zur Definition des Strukturkerns K verwendet. Oder wir meinen solche Begriffe, die in T_i *zur Anwendung* von K verwendet werden; diese Begriffe werden dann zwar nicht in T_i definiert, doch können sie durchaus in einer anderen, expliziten Theorie T_j definiert sein.

Die zuletzt getroffene Unterscheidung ist also *nicht identisch* mit der besonders im logischen Empirismus stark diskutierten Unterscheidung von theoretischen Begriffen und Beobachtungsbegriffen.[85] Es soll hier nicht bestritten werden, daß es sinnvoll sein kann, von ‚Beobachtungsbegriffen' zu reden, und sicherlich ist es sinnvoll, solche Begriffe, die sich auf empirisch erfahrbare Objekte beziehen lassen, als ‚empirische Begriffe' zu bezeichnen. (Was dies genau heißen soll, muß uns noch beschäftigen). Es soll demgegenüber aber betont werden, daß jeder Begriff, der in einer wissenschaftlichen Theorie verwendet wird, sei es im Zusammenhang mit der Definition von K oder im Zusammenhang mit der Menge I der intendierten Anwendungen, als ein *theoretischer Begriff* angesehen werden muß. Dies soll mehr heißen als, daß er eine theoretische Entität darstellt. Dies ist trivial wahr von allen Begriffen. Meine jetzige Behauptung geht weiter und besagt, daß jeder Begriff, der im Rahmen einer expliziten Theorie *verwendet* wird, auch in irgendeiner impliziten oder expliziten Theorie *definiert* sein muß. Diese Forderung gründet sich darauf, daß die Begründbarkeit einer Theorie eine Funktion der Begründbarkeit der in ihr verwendeten Begriffe ist. Vereinfacht gesagt: eine Theorie ist nur so gut, wie die Begriffe begründet sind, die in ihr verwendet werden. Ich verschiebe die weitere Erörterung dieser Problematik auf meine Diskussion des Begründungspoblems.

Wir müssen uns nun noch ein wenig genauer mit den Begriffen Erfahrung, Beobachtung und Wahrnehmung und damit dem Begriff der Empirizität auseinandersetzen. Wir haben uns bislang noch nicht mit der Frage beschäftigt, auf welche Entitäten eigentlich das Prädikat „empirisch" angewendet werden kann oder sollte. Kandidaten hierfür gibt es offensichtlich genug, und dreierlei haben wir auch schon genannt: Begriffe, Theorien und bestimmte Verfahrensweisen. Wir dürften einer Klärung der Bedeutung des Begriffs „empirisch" nicht näherkommen, solange wir keine Ordnung in diese Kandidatenliste bringen. Wir könnten sie auch noch wesentlich verlängern, wenn wir nur einen Teil dessen aufzählen würden, was als empirisch qualifiziert oder hinsichtlich seiner Empirizität untersucht worden ist. Als wichtiger Kandidaten dürfen wir hierbei *Sätze* nicht vergessen. Wenn man von empirischen Sätzen spricht, dann meint man in der Regel Sätze, die bei der Anwendung von Theorien formuliert werden, also singuläre oder gesetzesartige Aussagen, die unter Verwendung von theoretischen Begriffen in einer zweckmäßigen Sprache formuliert werden. So gilt beispielsweise der Satz „Das Englische ist eine SOV-Sprache" als ein empirischer Satz, ebenso wie „Das Englische ist eine SVO-Sprache".

Einen Satz als empirisch zu bezeichnen, ist offenbar von seinem Wahrheitswert unabhängig. Wohl aber ist die Bestimmung des Wahrheitswertes eines Satzes davon abhängig, ob er ein empirischer oder ein nichtempirischer Satz ist. Wenn wir sagen, daß der Satz „Englisch ist eine SVO-Sprache" wahr sei, dann können wir nur ent-

---

85 Diese Problematik wir detaillierter erörtert in STEGMÜLLER 1970 : 181ff., insbes. 293–319. Cf. auch v. KUTSCHERA 1972 : 257–278.

scheiden, ob dieses Urteil berechtigt ist oder nicht, wenn wir in bezug auf das Englische das anstellen, was man „empirische Untersuchungen" nennt. Wir untersuchen beispielsweise englische Sätze, wie wir sie in Tageszeitungen finden oder im Radio hören, daraufhin, ob ihre Konstituenten in einer SVO-Reihenfolge oder in einer anderen Reihenfolge angeordnet sind. M.a.W.: Wir entscheiden über den Wahrheitswert eines empirischen Satzes aufgrund empirischer Untersuchungen. Demgegenüber brauchen wir keine empirischen Untersuchungen anzustellen, wenn wir entscheiden wollen, ob der Satz „Wenn etwas eine SVO-Sprache ist, dann ist es keine SOV-Sprache" wahr ist. Diese Entscheidung können wir aufgrund der logischen Form des Satzes selbst treffen, die durch die Definition der Begriffe „SVO-Sprache" und „SOV-Sprache" festgelegt wird. Da aus diesen Definitionen der genannte Satz logisch folgt, bedarf es keiner empirischen Untersuchungen, um zu entscheiden, daß er wahr ist. Ich nenne solche Sätze, von denen gilt, daß über ihren Wahrheitswert nicht durch empirische Untersuchungen entschieden werden muß, sondern allein aufgrund der Regeln der Logik und der Definitionen der in ihnen verwendeten Begriffe entschieden werden kann, *analytische Sätze*. Alle anderen Sätze, über deren Wahrheitswert zu entscheiden noch zusätzliche Kenntnisse und Informationen voraussetzt, nenne ich *empirische Sätze*.[86] Empirische Sätze können wir also einmal negativ bestimmen: als Sätze, bei denen zur Entscheidung über ihren Wahrheitswert logische und definitorische Informationen nicht ausreichen. Wenn wir den Begriff eines empirischen Satzes aber genauer bestimmen wollen, müssen wir auf jene ‚empirischen Untersuchungen' zurückgreifen, von denen wir Beispiele im Zusammenhang mit dem SOV-/SVO-Problem genannt hatten. Hier sehen wir uns wieder auf Begriffe wie Erfahrung, Beobachtung und Wahrnehmung zurückverwiesen.

Hier sollten wir zwei Fragen genau auseinanderhalten. Die eine ist die Frage, worin die Empirizität empirischer Begriffe, Sätze, Theorien und Untersuchungen eigentlich besteht. Die zweite ist die Frage, ob es eine primäre und für andere Verwendungen grundlegende Verwendung des Prädikats „empirisch" gibt. Hier spricht vieles dafür, als die primäre Verwendung des Prädikats „empirisch" seine Anwendung auf *Untersuchungen* oder *Verfahren der Untersuchung von Problemen* anzusehen:

Empirische Begriffe sind solche Begriffe, für die nur durch empirische Untersuchungen entschieden werden kann, welche Gegenstände unter sie fallen.

Empirische Sätze sind solche Sätze, über deren Wahrheitswert nur aufgrund empirischer Untersuchungen entschieden werden kann.

---

86 Ich diskutiere hier nicht das seit KANT noch nicht gelöste Problem der synthetischen Sätze a priori. Das Selbstverständnis der modernen empirischen Wissenschaften als Erfahrungswissenschaften ist der kantischen Idee von apriorischer Erkenntnis auch im Bereich der empirischen Wissenschaft nicht gefolgt. Zwar bedeutet dies nicht, daß es keine synthetischen Sätze a priori geben kann, es bedeutet aber, daß es gute Gründe für die Hypothese gibt, daß wir ihrer nicht bedürfen. In jedem Falle liegt die Beweislast immer noch bei denen, die die Notwendigkeit solcher Sätze für die Erfahrungserkenntnis behaupten. Solange hier keine überzeugende Theorie vorgelegt worden ist, dürfte es eine sinnvolle – weil mit der Praxis erfolgreicher Wissenschaft, auch der Linguistik, am besten zu vereinbarende – Hypothese sein, daß alle synthetischen Sätze empirische Sätze sind. Ich spreche deshalb überhaupt nicht von synthetischen, sondern nur von empirischen Sätzen. – Interessante und unkonventionelle Überlegungen zu einer modernen Theorie analytischer und synthetischer Sätze finden sich bei KRIPKE 1972.

Empirische Theorien sind solche Theorien, für die nur durch empirische Untersuchungen entschieden werden kann, welche Gegenstände ihre Modelle sind. Es mag den Anschein haben, daß zumindest im Fall von „empirischer Begriff" und „empirische Theorie" die gegebenen Definitionen unbrauchbar sind, weil sie nicht im Einklang mit der wissenschaftlichen Erfahrung stünden. Es könnte argumentiert werden, daß auf diese Weise *alle* Begriffe empirische Begriffe und *alle* Theorien empirische Theorien wären. Denn – so könnte das Argument lauten – es gilt ja auch für logische und mathematische Begriffe und Theorien, daß wir nach für sie geeigneten Anwendungen suchen müssen.

Ein solches Argument würde aber von der Unschärfe, die bis jetzt noch dem Begriff „empirische Untersuchung" anhaftet, profitieren. Natürlich wäre es nicht sinnvoll, jegliche Art von Untersuchungen als empirische Untersuchungen zu bezeichnen. Untersuchungen über logische Begriffe z.B., wie „Folgerung", „Allquator" oder „mögliche Welt" können immer nur theoretische Entitäten als die Gegenstände zutage fördern, die allein aufgrund logischer Informationen identifiziert werden können. Dasselbe gilt mutatis mutandis für Theorien. Unter den Begriff „modallogische Theorie" fallen bestimmte logische Theorien; auch diese können allein aufgrund der Information identifiziert werden, die die Definition des Begriffs „modallogische Theorie" bereitstellt. Allerdings ist der Einwand insofern schon berechtigt, als er uns darauf hinweist, daß wir bislang noch nicht genau gesagt haben, was wir unter dem Begriff „empirische Untersuchung" oder „empirisches Verfahren" eigentlich verstehen wollen. Bisher ist nur soviel festgelegt, daß es sich um Untersuchungen oder Verfahren handeln soll, die nicht ohne die sinnliche Wahrnehmung bestimmter Objekte, ihre theoretische Organisation in Form einzelner Beobachtungen und deren systematische Einbettung in einen kohärenten Erfahrungszusammenhang untersucht werden können.

Wir haben aber durch den eben erörterten fiktiven Einwand einen Hinweis erhalten, der uns weiterhelfen kann. Dort war nämlich die Rede von theoretischen Entitäten wie Begriffen und Theorien, und es war dadurch angedeutet, daß von ihnen eine andere Art von Entitäten zu unterscheiden ist, die allein als Untersuchungsgegenstände für empirische Untersuchungen in Frage kommen. Obwohl es naheliegend wäre, will ich mich hier nicht dem Problem der *Existenz* theoretischer Entitäten beschäftigen. Es genügt vielmehr zu sehen, daß eine Entscheidung dieses Problems vom Empirizitätsproblem unabhängig ist. Welche Ontologie wir auch immer für theoretische Entitäten ansetzen werden, es wird in keinem Falle sinnvoll sein, sie als zugänglich für empirische Untersuchungsverfahren zu beschreiben. Wir könnten uns von daher gesehen auf die Frage beschränken, welchen *Zugang* wir zu theoretischen im Vergleich zu nichttheoretischen Entitäten besitzen. Da es uns hier aber nicht um die theoretischen Entitäten geht, sondern gerade um diejenigen, die uns prinzipiell durch empirische Verfahren zugänglich sind, brauchen wir uns hier auch nur auf diese zu konzentrieren.[87]

87 Jemand könnte einwenden: der Empirizitätsstatus linguistischer Theorien ist gerade deshalb problematisch, weil sie sich auf Objekte beziehen, die nicht in Raum und Zeit sind (cf. die Argumentation von ITKONEN zu Beginn dieses Kapitels). Nicht-raum-zeitliche Objekte jedoch sind theoretische Entitäten; insofern *muß* das Problem hier diskutiert werden, welchen Zugang wir zu ihnen haben. Ich habe einem solchen Argument gegenüber schon betont, daß die Lingu-

In einem trivialen, aber mißverständlichen Sinne sind uns auch theoretische Entitäten empirisch (und zwar nur empirisch und auf keine andere Weise) zugänglich: nämlich über die Symbole, durch die wir sie sprachlich bezeichnen. So ist es durchaus vernünftig, wenn jemand sagt, er habe nach langem Suchen eine brauchbare Definition des Begriffes „Sprache" gefunden oder entdeckt, daß der Transformationsbegriff von HARRIS einige Vorteile gegenüber dem der generativen Grammatik besitzt. Aber auch in diesen Fällen meinen wir eigentlich, insofern wir hier von empirischen Verfahren reden, daß wir in wissenschaftlichen Abhandlungen nachschauen und dort Symbolkonfigurationen wahrnehmen können, die wir dann in einem nichtempirischen Verfahren als das und das interpretieren; die Begriffe „Sprache" und „Transformation" haben empirisch identifizierbare Namen – auch ich verwende sie dauernd. Es ist zwar, für sich genommen, ein interessantes Faktum, daß wir alle, auch theoretische Entitäten, durch empirisch identifizierbare Symbole darstellen können. Dies zeigt aber auch, daß wir empirische Verfahren auf theoretische Entitäten nur insofern anwenden können, als wir sie auf ihre symbolischen Darstellungen anwenden können.

Wir müssen uns, wenn wir Klarheit darüber gewinnen wollen, was bestimmte Untersuchungsverfahren eigentlich zu empirischen Untersuchungsverfahren macht, mit jenen nichttheoretischen Entitäten beschäftigen, die wir mit unseren Sinnen wahrnehmen, unter Verwendung von Begriffen beobachten und mittels theoretischer Systeme in einen Erfahrenskontext stellen können. Die Wichtigkeit dieses Bereichs von Entitäten zeigt sich z.B. daran, daß wir alle über einen Begriff verfügen, der diesen Bereich ziemlich genau eingrenzt, obwohl er selbst alles andere als leicht zu definieren ist: den Begriff der *Wirklichkeit*. In einer ersten Näherung will ich mich auf die intuitive Plausibilität dieses Begriffs verlassen und empirische Untersuchungen als Untersuchungen der Wirklichkeit bzw. Untersuchungen über Ausschnitte aus der Wirklichkeit auffassen. Wirkliches kann man wahrnehmen, aber nicht alle Wahrnehmungen sind Wahrnehmungen der Wirklichkeit. Zwischen einer Oase und ihrer Fata Morgana besteht ein Unterschied, ebenso wie ein Unterschied zwischen dem Glauben, daß sich das Deutsche gegenwärtig zu einer reinen SVO-Sprache verändert, und der Tatsache, daß dies so ist, besteht. Wenn wir etwas wahrnehmen, so ist dies noch nicht hinreichend, um es auch als wirklich anzusehen. Dies gilt desgleichen für Beobachtungen. Wenn wir Beobachtung als begrifflich strukturierte und organisierte Wahrnehmung auffassen oder, in einer etwas altmodischen Redeweise, davon sprechen, daß wir Wahrnehmung auf Begriffe bringen, dann sehen wir leicht, daß dies noch nicht ausreicht, uns vor Irrtümern zu bewahren. Auch eine ausdrücklich als Fata Morgana bestimmte Sinnestäuschung spiegelt Wirklichkeit nur vor. Erst auf der Ebene der Erfahrung ist es möglich, Wirkliches und Unwirkliches klar voneinander zu unterscheiden.

istik es durchaus nicht nur mit Objekten zu tun hat, die nicht raumzeitlich sind. Darüberhinaus hielte ich die Redeweise, daß die Linguistik theoretische Entitäten ‚zum Gegenstand habe', für ungenau und in jeder mir einleuchtenden Präzisierung für falsch. Dies hängt aber damit zusammen, daß Redeweisen wie „Eine Wissenschaft hat das und das zum Gegenstand" oder „Eine Wissenschaft untersucht das und das" zu ungenau sind, um wörtlich genommen werden zu dürfen. Die Erörterung der S-Matrix sollte zeigen, wie solche Redeweisen differenziert werden müssen.

Die für Erfahrung konstitutive Organisation von einzelnen Beobachtungen zu einem kohärenten System, zur Einheit der Erfahrung, hat eine typische *Stabilität* und *Wiederholung* von Beobachtungen zur Voraussetzung. In unseren Beobachtungen bringen wir Wahrnehmungen auf einen Begriff; wir identifizieren etwas als, sagen wir, einen englischen Satz oder die ihm zugrundeliegende Kette von Terminalsymbolen oder eine auf ihn anwendbare Strukturbeschreibung. Beobachtungen sind nichts anderes als Identifikationen, Identifikationen von etwas, das wir wahrnehmen, als etwas Bestimmtes, das unter einen hierfür von einer Umgangs- oder Fachsprache bereitgestellten Begriff fällt. Wir müssen Beobachtungen wieder und wieder machen, miteinander vergleichen, durch gewisse Veränderungen in der Anwendung der verwendeten Begriffe modifizieren und korrigieren, wenn wir in der Lage sein wollen, über Beobachtungen ein kohärentes System der Erfahrung aufzubauen. Ebenso wenig, wie auf der Grundlage einer einzelnen Beobachtung Erfahrung möglich ist, ist Erfahrung auf der Grundlage vieler, aber vollständig disjunkter Beobachtungen möglich. Erfahrung setzt voraus, daß wir etwas wiederholt als etwas Bestimmes identifizieren, es *reidentifizieren* können. Aber nicht nur die Möglichkeit, sondern auch die praktische Übung in Reidentifikation ist Voraussetzung von Erfahrung. Ein Student der Linguistik, der die Beherrschung einfacher syntaktischer Analyseverfahren, wie Segmentierung, taxonomische Klassifikation oder die Herstellung von Distributionstabellen lernen will, wird in ständiger, durch gewisse Modifikationen kontrollierter, Identifikation von geeigneten Analyseobjekten Beobachtungen wiederholen und daraus einen Erfahrungszusammenhang aufbauen.

Ebenso fundamental, wie Reidentifikation für Erfahrung ist, ist eine gewisse Stabilität der Wahrnehmungen schon für jede Identifikation. Zwar ist unsere Wirklichkeit – in einer gewiß sehr differenziert zu analysierenden Weise – Veränderungen unterworfen; so verändern sich nicht nur die physischen, etwa visuell wahrnehmbaren Gegenstände, die Ereigniskonstellationen, Handlungskontexte und gesellschaftlichen Zusammenhänge, sondern wir verändern auch aktiv unsere Wirklichkeit. Wir verändern z.B. auch unsere Sprache, um sie dem in einer Gesellschaft bestehenden Kommunikationsbedarf besser anzuschmiegen, zum Ausdruck unserer sich ebenfalls ändernden Bedürfnisse besser geeignet zu machen. Dennoch ist es offenbar sinnvoll, an oder in der sich verändernden Wirklichkeit gewisse unveränderliche oder sich kaum oder nur allmählich verändernde Strukturen zu identifizieren, Entitäten, die eine gewisse, auffällige *Beharrlichkeit* und eine dieser korrespondierende *Ähnlichkeit* unserer Wahrnehmungen charakterisiert. Wieder brauchen wir nicht nur an Beispiele wie Äpfel, Autos oder Auffahrunfälle zu denken, sondern auch an Sprachen. Was wir heute als Englisch identifizieren, können wir wahrscheinlich morgen ebenfalls noch so identifizieren; was wir heute als eine SOV-Sprache idenfizieren, verändert sich (oder verändern wir) nur langsam zu einer Sprache anderen Typs. Wir können sogar Gesetze formulieren, etwa diachrone Universalien, die Bedingungen für die Veränderung von Sprachen angeben. Eine zwar nicht notwendig vollständige, aber doch auffällige, in jedem Falle ausreichende Stabilität unserer Wahrnehmungen ist die Bedingung für die Möglichkeit jeglicher Identifikation. Sie ist damit zugleich auch die Bedingung für die Möglichkeit der Wiederholbarkeit von Identifikation, von Reidentifikation. Erfahrung ist nur auf der Grundlage von Reidentifikation möglich, nur unter der Voraussetzung einer nicht vollständigen

Instabilität der Wirklichkeit, sondern einer zwar durch Veränderungen, aber in gewissen grundlegenden Zügen unveränderlichen oder nur sehr langsam sich verändernden Wirklichkeit.[88]

Von Wirklichkeit können wir nur dort sprechen, wo Reidentifikation möglich ist. Wirklichkeit ist auf den Zusammenhang und die Einheit der Erfahrung bezogen; nur, in bezug auf was wir Erfahrungen machen und in bezug auf das die systematische Einheit eines kohärenten Erfahrungssystems überhaupt aufgebaut werden kann, nur das ist oder gehört zur Wirklichkeit. In dem Sinne sind empirische Untersuchungen *Untersuchungen der Wirklichkeit*, als sie auf der Grundlage von Wahrnehmungen und ihrer Organisation in einzelnen Beobachtungen im Prinzip jederzeit anwend- und wiederholbare Verfahren und Tätigkeiten darstellen, die uns unsere Beobachtungen in einer einheitlichen und systematischen Weise zu beschreiben und zu erklären erlauben. Der Begriff der Empirizität ist von dem der Wirklichkeit nicht zu trennen; was zur Wirklichkeit gehört, ist empirischen Verfahren zugänglich, alles andere nicht. Man spricht, um diesen Zusammenhang deutlich zu machen, deshalb bisweilen auch von der ‚Erfahrungswirklichkeit'. Ich übernehme diesen Sprachgebrauch deshalb nicht, weil er präsupponiert, daß es andere Arten von Wirklichkeit gibt. Dies scheint mir aber, mit Ausnahme einer logischen Interpretation,[89] eine ‚revisionistische Metaphysik' (STRAWSON) zu implizieren, die philosophisch – jedenfalls wissenschaftsphilosophisch – nicht rechtfertigbar sein dürfte.

Die Linguistik, so darf man auf der Grundlage der bisherigen Überlegungen wohl sagen, kann nur soweit eine empirische Wissenschaft sein, als sie sich empirischer Untersuchungsverfahren bedienen kann. Sie kann sich nur soweit empirischer Untersuchungsverfahren bedienen, als sie Aspekte oder Teile der Wirklichkeit untersucht. Nur soweit also, als *Sprachen Bestandteile unserer Wirklichkeit* sind, sind sie empirischen Untersuchungsverfahren zugänglich. Wenn wir hier weiterkommen wollen, dann dürfen wir nicht allzu sehr darauf vertrauen, daß uns die Analyse der linguistischen Untersuchungsverfahren unmittelbar weiterhilft. Sie hilft uns bei der Beantwortung der Frage, ob und in welchem Sinne linguistische Theorien eigentlich empirische Theorien sind, nur dann und insofern weiter, wie der Wirklichkeitsbegriff, der ihnen zumeist implizit und unausgesprochen zugrunde liegt, klar ist.[90] Ich möchte die Vermutung aussprechen, daß die gegenwärtige Unsicherheit, ob oder in welchem Maße linguistische Theorien empirisch genannt werden dürfen, zu einem Teil darauf zurückzuführen ist, daß man eine

---

88 Die hier geraffte vorgetragene und in Kap. Ic4 und IIc1 weitergeführte und durch Überlegungen zum Verhältnis von Sprache und Wirklichkeit ergänzte Wirklichkeitskonzeption ist stark von der Theorie STRAWSONs beeinflußt. Die Theorie ist im Zusammenhang dargestellt in STRAWSON 1959, cf. aber auch STRAWSON 1966 : 47–71, 89–111 und 118–152.

89 Gemeint ist die Theorie möglicher Welten. Allerdings wird auch dort eine bestimmte Welt als ‚wirkliche Welt' ausgezeichnet, so daß die hier vorgetragenen Überlegungen auch in diesem Kontext einschlägig sind. – Für die Diskussion philosophischer Implikationen cf. HINTIKKA 1962; HINTIKKA 1969; KRIPKE 1963; KRIPKE 1972.

90 Die Zahl der Untersuchungen zu dem Problem der Empirizität linguistischer Theorien ist ohnehin nicht groß; umso bedauerlicher ist, daß sie fast sämtlich von einem naiven oder jedenfalls nur unzureichend explizierten Wirklichkeitsbegriff ausgehen.

Auseinandersetzung mit dem schwierigen Begriff der Wirklichkeit vermieden und den ohnehin unter einem ständigen Metaphysikverdacht stehenden Philosophen überlassen hat. Das von einer wissenschaftsfernen Philosophie hier kaum Hilfe zu erwarten ist, hat die Erfahrung inzwischen gezeigt. Sie beweist auch, daß die linguistischen Methoden- und Verfahrensdiskussionen Wirklichkeitskonzeptionen implizieren, die zumeist nicht als Voraussetzung der Argumentation explizit gemacht werden. Für die Kasusgrammatik FILLMOREs habe ich derartige Implikate im Detail untersucht und explizit gemacht. Dabei zeigte es sich, daß der empirische Gehalt der Kasusgrammatik in demselben Umfange zweifelhaft ist, wie es zweifelhaft ist, welches Wirklichkeitsverständnis dieser Grammatikkonzeption zugrunde liegt. Die Kasuslisten FILLMOREs können als Hypothesen über Art und Weise, wie natürliche Sprachen die Wirklichkeit darstellbar machen, gelesen werden; der Wirklichkeitsbegriff aber bleibt implizit und undiskutiert, der Anspruch der Kasusgrammatik, eine empirische Theorie zu sein, problematisch (cf. FINKE 1974). Das Problem der Beziehung von Empirizität und Wirklichkeit wird nicht behandelt in VAN DE VELDE 1974, obwohl die empirischen linguistischen Verfahren und Methoden dort im Mittelpunkt der Analyse stehen. VAN DE VELDE argumentiert hier kenntnisreich und zumeist sehr klar, doch bleiben Redeweisen wie „diese Forschungsprozeduren sind in der Linguistik entweder direkt oder indirekt an der Empirie orientiert" (26) ebenso dunkel wie der ihnen zugrundeliegende Wirklichkeitsbegriff. Dies gilt noch mehr für ITKONEN 1975, wo die Unterscheidung zwischen einer objektiven und einer subjektiven Wirklichkeit alles andere als klar und überzeugend begründet ist. Auch die These von TER MEULEN 1976: „Transformational grammar cannot justify its claim to be an empirical theory of language" und „an empirical theory of language is conceivable, but not yet realized" (12) ist so überzeugend, wie der von ihr verwendete, aber nicht näher erläuterte Wirklichkeitsbegriff. Deutlich gesehen und auch explizit diskutiert wird die Rolle der Wirklichkeit für die Frage „Inwiefern ist Linguistik empirisch?" in BALLMER 1976, der als Hauptthese vertritt, „Daß die Linguistik (...) in ihrer geschichtlichen Entwicklung als Wissenschaft immer empirischer geworden ist, daß sie aber auch heute noch weit davon entfernt ist, empirisch zu sein." (7). Allerdings führt BALLMERs Diskussion des Wirklichkeitsbegriffs ihn zu einem Empiriebegriff, der als recht problematisch erscheint. Bezeichnend ist die Erwägung des Autors: „Es kann (...) durchaus sein, daß es heutzutage überhaupt keine empirische Wissenschaft in dem von mir explizierten Sinne gibt" (7). Ein solcher Begriff der Empirizität – man könnte ihn einen absoluten Begriff nennen, da er nicht auf tatsächlich existierende Wissenschaften bezogen ist – ist höchst problematisch. Jede empirische Wissenschaft ist approximativ. Der mögliche zukünftige Fortfall aller Idealisierungen ist sicher eine Fiktion. Entscheidend ist auch hier wieder der Wirklichkeitsbegriff. Wirklichkeit ist nicht etwas schlechthin Sprach- und Erfahrungsabhängiges; um ein neues ‚Ding' an sich kann es uns in keiner Weise gehen. Ein Empirizitätsbegriff ist nur dann praktikabel, wenn er reflektiert, daß ein sinnvolles Reden von Wirklichkeit nur möglich ist, wenn es auf den Bereich dessen, was wir prinzipiell in Erfahrung bringen können, eingegrenzt wird. Das bedeutet aber, daß wir die uns hierfür zur Verfügung stehenden Instrumente und Methoden, also Sprachen, Begriffe und Theorien, ernst nehmen und in eine gründliche Diskussion der Frage eintreten müssen, in welchem Verhältnis Sprachen, Begriffe und Theorien eigentlich zur Wirklichkeit stehen. Nur dann, wenn wir – um die Ebene der Begriffe als Beispiel zu wählen – eine grundsätzliche Unterscheidung zwischen empirischen und theoretischen Begriffen in konsistenter Weise durchhalten könnten, dürfte ein absoluter Wirklichkeitsbegriff präzisierbar sein und ein absoluter Begriff der Empirizität sinnvoll sein.

Ich wende mich deshalb einer Diskussion des Verhältnisses von Theorie und Empirie mit besonderer Berücksichtigung des Status von Begriffen zu.

2. Theoretischer Relativismus (T-Theoretizität)

Unter den Konzeptionen einer Theorie der Erfahrung gibt es zwei Extrempositionen, die in der Philosophie- und Wissenschaftsgeschichte allgemein, aber auch in der Geschichte speziell der Linguistik, immer wieder einander gegenüber gehalten worden sind. Ich meine einen reinen *Empirismus*, im Gegensatz zu einem reinen *Rationalismus*. Es dürfte nützlich sein, die Diskussion des Verhältnisses von Theorie und Empirie mit einem Blick auf die Charakteristika beider Positionen zu beginnen. Ich will, um dies möglichst knapp zu tun, lediglich etwas zu den Modellvorstellungen sagen, die für die K-Matrix des reinen Rationalismus typisch sind.

In beiden Fällen handelt es sich um Modellvorstellungen eines Erkenntnissubjekts, also um ein Modell für gewisse Eigenschaften menschlicher Individuen, insofern sie ihre Wahrnehmungen als bestimmte Beobachtungen interpretieren und in einen theoriegesteuerten, systematischen Erfahrungszusammenhang integrieren können. Das Modell des reinen Empirismus ist eine *tabula rasa*, eine leere, noch nicht mit irgendwelchen Symbolen beschriebene Tafel, die im Prozeß der Erfahrung beschrieben und in einem kumulativen Verfahren immer mehr mit wohlgeformten Zeichen und wohlgeformten Zeichenverbindungen vollgeschrieben wird. Ein einzelnes Zeichen steht in diesem Modell für eine Wahrnehmung, ein wohlgeformtes Zeichen für eine Beobachtung und eine wohlgeformte Folge von wohlgeformten Zeichen für einen Erfahrungsausschnitt. Hier tritt sogleich das Grundproblem des reinen Empirismus auf, nämlich die Frage, wie eigentlich das Zustandekommen von Begriffen und anderen theoretischen Entitäten allein auf der Grundlage von Sinneseindrücken erklärt werden kann. Schon LOCKE vertritt deshalb einen modifizierten Empirismus, in dem er von der äußeren Wahrnehmung (sensation), die uns die primären Sinneseindrücke vermittelt, eine innere Wahrnehmung (reflexion) unterscheidet, in der das Bewußtsein gleichsam seine eigene Tätigkeit beobachtet. LOCKE sagt, daß die äußere Wahrnehmung uns nur einfache Ideen vermittelt, die innere Wahrnehmung dagegen uns in Stand setzt, aus den einfachen Ideen komplexe Ideen zu bilden, nämlich theoretische Entitäten.[91]

Dem *tabula-rasa-Modell* des reinen Empirismus steht eine andere Auffassung gegenüber, die man das *tabula-inscripta-Modell* des reinen Rationalismus nennen könnte. In ihm wird das erfahrungssuchende Individuum repräsentiert durch eine von Anfang an

---

91 LOCKE 1690 (FRASER (ed.) 1959).

und vor aller Erfahrung bereits vollständig beschriebenen Tafel, über deren Symbole erfahrungsfähige Wesen bereits vor aller Wahrnehmung verfügen, die es ihnen gestatten, die einzelnen Wahrnehmungsakte als bestimmte Beobachtungen zu interpretieren und in das – in seiner Form bereits bestehende – System der Erfahrung, gleichsam als dessen Inhalt, einzubetten. Auch wird das Hauptproblem des reinen Rationalismus sofort deutlich: wie könnten wir erklären, daß das formale System aller Erfahrung bereits unabhängig von allen konkreten Einzelerfahrungen in einem erkenntnisfähigen Wesen gleichsam angelegt ist? Die klassische Antwort des Rationalismus gibt DESCARTES[92]: die These von der Existenz angeborener Ideen. Doch auch hier argumentieren Rationalisten zumeist differenzierter als im Modell des reinen Rationalismus. So entwickelt beispielsweise LEIBNIZ eine komplexe Theorie der sog. Monaden, einfache, immaterielle, lebendige und handlungsfähige Substanzen, die hierarchisch geordnet sind und erst auf den höheren Hierarchiestufen zunehmend die Eigenschaften der tabula inscripta besitzen.[93]

Die philosophische Diskussion, die sich zwischen den Polen des reinen Empirismus und des reinen Rationalismus bis in die unmittelbare Gegenwart hinein fortsetzt,[94] die Diskussion um den Empirismus, muß gut unterschieden werden von einer anderen, wenn auch zumeist im Zusammenhang mit der Empirismusdiskussion geführten Diskussion. In ihr – und nur sie interessiert hier[95] – geht es um den Begriff des Empirischen selbst, um die Frage, was wir eigentlich meinen, wenn wir einen Begriff, eine Theorie, ein Verfahren oder eine andere Entität als „empirisch" bezeichnen. Insbesondere geht es hier um das sog. *Basisproblem*. Damit ist die Frage gemeint, wie wir uns die Beziehung von Theorien zur Wirklichkeit eigentlich zu denken habe. Theorien müssen, so scheint es, ausschließlich oder zum Teil unter Verwendung von Begriffen konstruiert werden, die unmittelbar durch Wahrnehmungsdaten gerechtfertigt und nicht lediglich im Rahmen einer Theorie gebildet und gebraucht werden. (Wenn hier und im weiteren von Theorien die Rede ist, sind stets *empirische Theorien* gemeint.

Man könnte versucht sein, die Empirizität einer Theorie allein dadurch gewährleistet zu sehen, daß es für ihren Strukturkern K eine – nicht notwendig mehrelementige – Menge von faktischen Anwendungen I_f gibt. Allerdings hätte man damit nur eine *notwendige* Bedingung genannt, die tatsächlich auch für nichtempirische Theorien gilt. So gibt es auch z.B. für die lineare Algebra eine Menge von faktischen Anwendungen,

92 DESCARTES 1701 (ADAM/TANNERY (eds.) 1959).

93 LEIBNIZ 1714 (ROBINET/BUCHENAU (eds.) 1956).

94 Man denke beispielsweise an die wissenschaftstheoretischen Auseinandersetzungen, die durch die Namen CARNAP und POPPER angedeutet sein sollen. Wenngleich Etiketten wie „logischer Empirismus" und „kritischer Rationalismus" für eine differenzierte Kennzeichnung von Positionen wenig taugen, markieren sie doch Unterschiede, die – wie auch die qualifizierenden Attribute „logisch" und „empirisch" unterstreichen – in dem Bereich zwischen den beiden extremen tabula-Modellen angesiedelt sind, in dem eine für die Praxis der wissenschaftlichen Arbeit plausible und praktikable Erkenntnistheorie zu entwickeln am lohnendsten scheint.

95 Aus der reichhaltigen Literatur sei insbesondere verwiesen auf FEYERABEND 1970; für die Linguistik cf. auch WUNDERLICH (ed.) 1976; insbes. die Beiträge von FINKE, LIEB, WUNDERLICH und TER MEULEN.

nämlich alle Zahlsysteme mit einer linearen Ordnung. Auch für die Aussagenlogik gilt Ähnliches; hier dürfen wir beispielsweise an elektronische Schaltungen denken. Um eine Theorie als empirisch kennzeichnen zu können, muß noch eine *hinreichende* Bedingung erfüllt sein: die Menge der faktischen Anwendungen muß wenigstens mit einem ihrer Elemente im Bereich der Wirklichkeit liegen. Nur dann, wenn eine Theorie auf die Wirklichkeit oder auf einen Ausschnitt aus der Wirklichkeit angewendet werden kann, haben wir es mit einer empirischen Theorie zu tun. Mit Hinweis auf die Vorläufigkeit des bisher eingeführten Wirklichkeitsbegriffs lege ich daher durch eine Definition fest:

(D – empirische Theorie) T ist eine empirische Theorie *gdw.*

1. T besitzt eine S-Matrix;
2. die Theoriestruktur K von T ist in mindestens einer Weise auf die Wirklichkeit anwendbar.

Eine nichthistorische, sondern logische Rekonstruktion der wichtigsten Stationen der Diskussion über das Verhältnis von Theorie und Empirie – der *Empirizitätsdiskussion* – muß mindestens sechs Konzeptionen unterscheiden:

I. Die nicht-sprachrelative Konzeption;

II. Vier sprachrelative Konzeptionen, und zwar
  a) alle Sprachen sind Beobachtungssprachen;
  b) es gibt Beobachtungssprachen und Theoriesprachen. Die Theoriesprachen sind vollständig in die Beobachtungssprachen übersetzbar;
  c) Theoriesprachen sind nicht vollständig in Beobachtungssprachen übersetzbar. Sie müssen den Beobachtungssprachen durch Zuordnungsregeln korreliert werden;
  d) Es gibt keine starre Grenze zwischen Beobachtungssprachen und Theoriesprachen. Vielmehr gibt es in den Theoriesprachen pragmatisch relativierte Komponenten, die zur Einübung in die Theoriesprache dienen;

III. Die theorierelative Konzeption.

In historischer Interpretation ist dies die Geschichte eines Rückzugs. Es ist die Geschichte einer zunehmenden Einsicht, daß die Empirizität einer Theorie nicht auf der Grundlage eines naiven, reinen Empirismus, sondern höchstens im Rahmen einer ziemlich raffinierten Empirismuskonzeption erklärt werden kann. Dies nämlich ist eine allen sechs Konzeptionen gemeinsame Überzeugung:

> Der Begriff einer empirischen Theorie, etwa im Sinne von (D – empirische Theorie), ist sinnvoll. Insbesondere gilt, daß seine Extension nicht leer ist: wir verfügen auch jetzt bereits über empirische Theorien.[96]

---

96 Cf. BALLMER, op. cit.; im Sinne dieser Hypothese könnte man sagen, das BALLMER nur von perfekten empirischen Theorien spricht. Im Zuge der Perfektionierung von, sagen wir, linguistischen Theorien wird uns aber nur der Bereich der faktischen Anwendungen I_f einer Theorie T genauer bekannt. Auch wenn er sich als sehr klein herausstellt, ist es immer noch sinnvoll, von einer empirischen Theorie zu sprechen. Sie ist dann vielleicht nicht so leistungsfähig, wie erhofft, aber nichtsdestoweniger eine empirische Theorie. Zwar ist es nicht selbstverständlich, daß wir bereits über empirische Theorien in der Linguistik verfügen. Aber es ist auch nicht verwunderlich, ebensowenig wie zu bestreiten ist, daß sie hinsichtlich ihrer deskriptiven und explanativen Qualitäten überwiegend noch sehr verbesserungsbedürftig sind.

Die Konzeption III. allerdings, die als die letzte Etappe des Rückzuges erscheint, kann auch als eine Art Gegenangriff gedeutet werden. Wie H. PUTNAM gezeigt hat, kann die gesamte Empirizitätsdiskussion auch als *Theoretizitätsdiskussion* interpretiert werden.[97] PUTNAM weist darauf hin, daß die gesamte Diskussion von der Sorge beherrscht ist, das Empirische in unseren Theorien könnte sich verflüchtigen. So berechtigt eine solche Sorge auch sei, so sollte sie doch nicht dazu verführen, in das andere Extrem zu verfallen, und über die Natur des Theoretischen, seine genaue Struktur und die in dieser Struktur liegenden Implikate für die Anwendbarkeit von Theorien auf die Wirklichkeit, gar nicht mehr in der gebührenden Weise nachzudenken.[98] Das Theoretische ist kein „Feind" des Empirischen, nichts, was uns den Weg zur Wirklichkeit verbauen würde, im Gegenteil: erst im Lichte und mit Hilfe von Theorien eröffnen wir uns einen Zugang zu ihr, machen wir Wirklichkeit überhaupt erfahrbar. Konsistente Erfahrungssysteme sind ohne Theorien undenkbar. Deshalb sollten wir uns bemühen, die Natur des Empirischen über die Natur des einzigen Instrumentes zu klären, das als eine Bedingung der Möglichkeit von empirischen Untersuchungen gelten darf: der Theorie. Wir werden sehen, in welchem Sinne die Konzeption III. als eine Annahme der „Herausforderung von PUTNAM" (STEGMÜLLER) angesehen werden kann.

Die Konzeption I., IIa und in einem eingeschränkten Sinne auch III. können als *Einstufenkonzeptionen* der wissenschaftlichen Erfahrung bezeichnet werden. Damit ist für die Konzeption I., die eines reinen, naiven Empirismus, die These gemeint, daß alle Begriffe, die wir zur Organisation unserer Wahrnehmungen in Form von Beobachtungen und schließlich zur Einheit der Erfahrung verwenden, empirische Begriffe sind. Damit wäre, um es an linguistischen Beispielen zu demonstrieren, gemeint, daß alle in der Linguistik verwendeten Begriffe, auch solche wie „Kette", „Tiefenstruktur", „Konversationspostulat" oder „linguistische Theorie" auf unmittelbar Wahrgenommenes, nicht schon selbst theoretisch Interpretiertes bezogen sind. Diese extrem empirische Position ist so offenkundig unhaltbar (z.B. kann man Theorien nicht wahrnehmen), daß sie nicht weiter diskutiert zu werden braucht. Ähnliches gilt auch für die Position II.a. Der Unterschied zu der Konzeption I. liegt nur darin, daß in jener ein absoluter Begriff der Empirizität formuliert wird; die Rolle der Sprache bei der Konstitution von Erfahrung wird, wie auch im klassischen Empirismus, nicht reflektiert. Demgegenüber stellt IIa. einen Fortschritt dar; der gesamte moderne Empirismus ist sich der Tatsache bewußt, daß der Besitz einer Sprache eine notwendige Bedingung für die Beobachtungen ist, die wir gleichsam als Bausteine der Erfahrung ansehen können. Dennoch ist auch diese Konzeption noch zu einfach, um das Zustandekommen von theoretischen Begriffen und Theorien aus Wahrnehmungen zu erklären. Zwar brauche ich eine Sprache, um etwas, was ich wahrnehme, als eine syntaktische Strukturbeschreibung interpretieren zu können; doch ist diese Sprache ja ersichtlich nicht beliebig, sondern an ganz bestimmten Prinzipien orientiert, die keine linguistischen, sondern eben theoretische

97 PUTNAM 1962; die Arbeit trägt den bezeichnenden Titel: „What Theories are not". – Cf. auch STEGMÜLLER 1973 : 30–34.

98 Cf. meine Ausführungen auf S. 35 ff., und die Anm. 14.

Prinzipien sind: das Streben nach Widerspruchsfreiheit, explanativer Kraft, empirische Adäquatheit, etc.. Erst eine Zweistufenkonzeption der Erfahrung hat deshalb prinzipiell die Chance, eine akzeptable Theorie der Empirizität und der Theoretizität zu ermöglichen.

In ihrer einfachsten Form unterscheidet eine Zweistufenkonzeption der Erfahrung zwei Klassen von Begriffen: solche, die durch im Rahmen einer Beobachtungssprache definierte Prädikate und solche, die durch im Rahmen einer Theoriesprache definierte Prädikate repräsentiert werden. Begriffe wie „Strukturbeschreibung" oder „Tiefenstruktur" werden hier (IIb.) als Begriffe aufgefaßt, unter die nicht unmitttelbar Wahrnehmbares fällt. Sie werden daher als Abstraktionen über Wahrnehmungen verstanden, die durch die Bildung höherstufiger Begriffe konstruiert werden. Die sie repräsentierenden Prädikate und die für sie geltenden Bedeutungsregeln konstituieren die *Theoriesprache*. Auf der niedrigsten Stufe sind dagegen alle die Begriffe angesiedelt, die sich unmittelbar auf Wahrnehmungsdaten beziehen lassen. Hier müßte man an Begriffe wie „Satz" oder „Sprechakt" denken. Es ist nun die These dieser Konzeption, daß die höherstufigen Begriffe bzw. die Prädikatenprädikate vollständig auf die Begriffe der Beobachtungssprache reduzierbar bzw. die Theoriesprache in die Beobachtungssprache übersetzbar sei. Diese Konzeption ist die erste Konzeption der Empirizität, die von Vertretern des modernen Empirismus überhaupt für diskutabel gehalten worden ist. RUSSELL hat sie in seiner Philosophie des ‚logischen Atomismus' mit einer Ontologie verknüpft, nach der Sinnesdaten (sense data) die Bausteine der Wirklichkeit sind, aus denen wir die Gegenstände und Sachverhalte und damit unsere gesamte Erfahrung logisch konstruieren.[99] Das Hauptproblem dieser Konzeption, wie sie im Grundsatz z.B. auch vom frühen CAPNAP vertreten worden ist,[100] liegt in dem Reduzierbarkeitspostulat. Eine vollständige Reduzierbarkeit theoretischer auf empirische Begriffe und mithin einer Theoriesprache auf eine Beobachtungssprache setzt voraus, daß sowohl die Bedeutung der logischen Ausdrücke als die Bedeutung der Namen und Prädikate der Beobachtungssprache als *vollständig interpretiert* gelten dürfen. Dies gilt aber weder für physikalische und andere wissenschaftstheoretisch gut untersuchte Theorien, noch für die Theorien der Linguistik. Wir kennen für Begriffe wie „Satz" oder „Sprechakt" nur einen Teil ihrer möglichen Anwendungen und diese auch nur partiell und indirekt.[101] Deshalb erscheint eine andere Konzeption (IIc.) angemessener zu sein, in der nicht die vollständige Übersetzbarkeit, sondern nur eine klare Beziehung beider Sprachstufen aufeinander gefordert wird. Diese geschieht – nach der Theorie von CARNAP, der IIc. als erster in einer formalen Präzisierung dargestellt hat[102] – durch *Zuordnungsregeln*, die den Begriffen der Theoriesprache eine partielle Interpretation durch die Begriffe der Beobachtungssprache geben. Diese Konzeption hat als die klassische Konzeption des logischen Empirismus lange als akzeptabel gegolten; ihre weitere Ausarbeitung ist eng mit dem Namen von

99 RUSSELL 1912 (dt. 1967).

100 CARNAP 1928.

101 Wir können nicht *sicher* sein, daß die Satzdefinition (D-Satz) vollständig und abschließend befriedigend ist (Partialität); wir können „Satz" nicht als einen atomaren Begriff auffassen (Indirektheit).

102 CARNAP 1936/37; teilweise abgedruckt in: FEIGL/BRODBECK (eds.) 1953 : 47–92.

C.G. HEMPEL verbunden.[103] Doch auch diese Konzeption hat sich als inkonsequent erwiesen. Die entscheidende Kritik hat HEMPEL selbst vorgetragen,[104] wenn er darauf hinweist, daß die Annahme einer universalen, von ihren einzelnen Benutzern und deren individuellen Kenntnissen und Fähigkeiten unabhängigen Beobachtungssprache eine Fiktion ist, „‚Beobachtbar‘ ist nicht ein einstelliges metasprachliches Prädikat: ‚Term T ist ein Beobachtungsprädikat‘, sondern ein zweistelligen Prädikat von der Gestalt: ‚Term T ist ein Beobachtungsprädikat für die Person P‘. Der Grund für die Notwendigkeit dieser Relativierung liegt darin, daß, was im wissenschaftlichen Gespräch als beobachtbar gilt, nicht nur von biologischen Merkmalen abhängt, die ‚jeder normale, gesunde Mensch‘ besitzt, sondern in sehr hohem Maße davon abhängig ist, welche linguistischen und fachwissenschaftlichen Fähigkeiten die ‚beobachtende Person‘ in der Vergangenheit erworben hat“ (STEGMÜLLER 1973 : 29). Auch die Linguistik vermag eine solche historisch-pragmatische Relativierung des Begriffs der Beobachtungssprache mit zusätzlichen Argumenten zu stützen. Auch sie hat inzwischen die Fiktion völlig homogener Sprachgemeinschaften aufgegeben und durch eine Familie von Sprachgemeinschaften ersetzt, die durch in verschiedenem Maße voneinander abweichende Sozio- und Idiolekte gekennzeichnet werden können. Es gibt keinen Grund anzunehmen, wieso dies nicht gleichermaßen für die Beobachtungssprachen der Wissenschaft (besser: der Wissenschaftler) gelten sollte. Damit ist die Konzeption IId.) die bisher akzeptabelste Zweistufenkonzeption der Erfahrung.[105]

Bei unvoreingenommener Überlegung sehen wir jedoch, daß selbst diese diachron-pragmatische Relativierung des Begriffs der Beobachtungssprache nur eine notwendige, aber keine hinreichende Bedingung für eine adäquate Theorie der Empirizität darstellt. Das Entscheidende ist dies: was wir *wahrnehmen*, dürfte zwar unabhängig von den Sprachen sein, die wir sprechen und mit denen wir uns die Wirklichkeit aufschließen. Was wir aber *beobachten*, beobachten wir erstens im Rahmen und nach Maßgabe der uns zur Verfügung stehenden Sprache oder Sprachen, zweitens aber auch *im Lichte der uns zur Verfügung stehenden Theorien*. Dies wird für außerwissenschaftliche Bereiche insbesondere dann deutlich, wenn wir an das Konzept impliziter Theorien denken. Das Eskimo ist nicht nur keine vollständig homogene, von den Interessen seiner Benutzer unabhängige und nicht-dynamische Sprache, sondern es ist auch in dem Sinne keine reine Beobachtungssprache, als es die sprachlichen Darstellungsformen für viele implizite Theorien enthält, beispielsweise über Witterung, Schnee, das Verhalten bestimmter Tierarten, Methoden des Hausbaus und vieles andere mehr. Wir sehen dies leicht, wenn wir natür-

---

103 HEMPEL 1952; 1965.

104 HEMPEL 1970; 1971.

105 „[Es ist auf diese Weise möglich], die Dichotomie nicht vollkommen preiszugeben, sondern ihr einen neuen Sinn zu verleihen: die ‚starre‘ und ‚zeitlich invariante‘ Beobachtungssprache wäre zu ersetzen durch jene pragmatisch-historisch relativierte Teilsprache der Wissenschaftssprache, deren deskriptive Zeichen vorgängig verfügbare Terme sind. Wir nennen eine derartige Teilsprache eine empirische Grundsprache. Das Gegenstück heiße wieder theoretische Sprache. Die Grenze zwischen den beiden Sprachen ist nicht starr, sondern hängt vielmehr davon ab, auf welche Personen, Zeitpunkte und Theorien man sich mit dieser Gegenüberstellung bezieht“ (STEGMÜLLER 1973 : 30).

liche Sprachen miteinander vergleichen. In den Dialekten der deutschen Sprache können wir – wenn wir sie nicht bewußt in Richtung auf Differenzierungen, wie sie z.B. im Eskimo üblich sind, erweitern – nur eine verhältnismäßig einfache Schneetheorie ausdrücken; für das Verhalten von Robben oder Schlittenhunden stehen uns auch erst nach einer konsequenten Erweiterung unserer sprachlichen Möglichkeiten genauere Differenzierungen zu Gebote; ähnliches gilt für die anderen Beispiele.

Die These von der Theorienbeladenheit unserer natürlichen Sprachen wird umso deutlicher, je mehr wir uns ihrer wissenschaftlichen Verwendungsweise nähern; es wurde bereits darüber gesprochen, daß es hier nur einen kontinuierlichen Übergang und keine scharfe Grenze gibt. In den Wissenschaften, z.B. in der Linguistik, wo wir es mit expliziten Theorien bzw. der Notwendigkeit zur Darstellung expliziter Theorien zu tun haben, ist eine scharfe Trennung von Theoriesprache und Beobachtungssprache ebensowenig möglich, wie in der Sprache des täglichen Lebens. Ein Linguist *sieht*, wenn er in ein Buch schaut, symbolische Repräsentationen von *Sätzen*. Er *sieht*, daß das, was ein Student an die Tafel schreibt, eine *Strukturbeschreibung* ist. Freilich: was er *wahrnimmt*, ist auch nicht mehr als das, was ein Laie wahrnehmen würde: Konfigurationen von Zeichen auf einem Hintergrund. Aber interpretiert nicht auch ein Laie das, was er an symbolischen Konfigurationen in Büchern wahrnimmt, mühelos und sofort als Sätze? Sofern es sich um keinen Analphabeten handelt, gewiß; doch zeigt gerade dieses Beispiel sehr gut, daß unsere natürlichen Sprachen in verschiedenem Umfang, in unterschiedlicher Weise und und mit im Ergebnis – je nach dem Kommunikationsbedarf der Gesellschaft, die eine Sprache spricht – unterschiedlicher Differenzierung implizite oder explizite Theorien, Vorstadien von Theorien, einfache oder komplexe Theorien gleichsam in sich aufgenommen hat. Unsere Beobachtungen sind also nicht nur sprachabhängig, d.h. von pragmatisch-dynamisch relativierten Sprachen abhängig, sondern sie sind auch theorieabhängig.

Die These von der *Theorienbeladenheit aller Beobachtungen* ist in ausführlicher Weise und in einigen ihrer Konsequenzen für den Begriff der Empirizität erstmals von N.R. HANSON aufgestellt worden.[106] Sie ist danach von einer Reihe von Wissenschaftsphilosophen aufgegriffen und präzisiert worden, u.a. von S. TOULMIN, T.S. KUHN, P.K. FEYERABEND und J.D. SNEED. Es gibt keinen ‚neutralen Beobachter'; diese Meinung hatte HEMPEL bereits kritisiert. Aber es gibt auch keine Menge theorieneutraler, pragmatisch relativierter Beobachtungssprachen, wie HEMPEL später glaubte. Wir müssen das ursprüngliche Konzept einer Beobachtungssprache und damit die Zweistufentheorie der Erfahrung wohl endgültig aufgeben, wenn wir ein adäquates Verständnis des Verhältnisses von Theorie und Empirie erreichen wollen. Wir sehen uns dazu gedrängt, statt dessen eine Vielzahl von Theoriesprachen anzunehmen, die, auf einem unterschiedlichen Präzisierungsniveau und einem unterschiedlichen Explizitheitsgrad der für sie charakteristischen Theorien, für die Vielfalt der einzelnen, unterschiedlichen Zwecke zur Verfügung stehen oder gestellt werden müssen. Der in den Konzeptionen unter II. vollzogene Schritt einer Relativierung aller Beobachtungen auf eine Sprache stellt eine erste notwendige Bedingung für eine adäquate Theorie der Empi-

106 N.R. HANSON 1958 : 19 et passim. – Cf. auch POPPER 1971.

rizität/Theoretizität dar. Der in der Konzeption IIb. vollzogene Schritt der Einführung einer Theoriesprache ist eine zweite notwendige Bedingung. Aber erst die Aufgabe des Zweistufenkonzepts in der Konzeption III. kann uns – über den Zwischenschritt IId. – zu einem angemessenen Verständnis der Rolle von Theorien in der Erfahrung führen.[107]

Es sollte deutlich geworden sein, warum die Konzeption III. nicht nur als die bisher letzte Station eines Rückzugs, sondern auch als Gegenoffensive gedeutet werden kann. Zwar hat sich das bisherige *Empirieverständnis* als unhaltbar erwiesen, doch war es auch mit einem mangelhaften *Theorieverständnis* gekoppelt. Die Konzeption III. erlaubt nun, das Problem gleichsam von der anderen Seite anzugehen. Hatte man bislang die Frage: Wie ist es eigentlich möglich, daß wir eine brauchbare und testbare Erfahrung der Wirklichkeit gewinnen können? so verstanden, daß das, worauf es eigentlich ankam, die Empirie war, die unter der wissenschaftlichen Raffinesse der Theorie gleichsam zu verschwinden drohte und gewissermaßen vor dieser geschützt werden mußte, kann nun besser verstanden werden, daß Theorien (und a fortiori Sprachen) unsere einzigen Mittel und Instrumente sind, überhaupt einen Zugang zur Wirklichkeit zu finden. D.h. aber, wir müssen uns zunächst ein solides Verständnis von Theorien erarbeiten, ihren Strukturen und Funktionen, wenn wir ein angemessenes und insbesondere der tatsächlichen Arbeit der Wissenschaftler entsprechendes Verständnis von Wirklichkeit und Empirie gewinnen wollen. Es geht also gar nicht so sehr darum, zu fürchten, daß unsere Theorien keinen empirischen Gehalt besitzen könnten; dies gilt nur für Formalwissenschaften, deren Theorien ohnehin einen festumgrenzten Bereich intendierter Anwendungen besitzen. Die Theorien aller anderen Wissenschaften, und seien sie noch so dubios, unvollkommen und unpräzis sind jedenfalls in dem Sinne empirische Theorien, als eine Teilmenge ihrer intendierten Anwendungen im Bereich der Wirklichkeit liegt. Sie sind, so könnte man sagen, *intendiert empirisch*. Ob sie darüberhinaus als *faktisch empirisch* gelten können, hängt davon ab, welches Wirklichkeitsverständnis in ihnen vorausgesetzt bzw. expliziert wird.

Wir wollen uns jetzt aber, auf der Ebene der Konzeption III., mit der Frage beschäftigen, welche Konsequenzen eine Relativierung des Empirizitätsproblems auf Theorien – ich will hier von einem *theoretischen Relativismus* sprechen – für die Struktur einer Theorie selbst hat. Damit ist in meiner Argumentation der Punkt erreicht, wo ich eine der wichtigsten Differenzierungen, die ich im Kapitel über die strukturalen Eigenschaften von Theorien noch nicht vorgenommen hatte – und was es dort bisweilen

107 Nach den voraufgegangenen Überlegungen kann es so scheinen, als ob auch die natürlichen Sprachen ausnahmslos und in jeglicher Hinsicht als Theoriesprachen aufgefaßt werden müssen. Dies wäre ein Mißverständnis. Es wird nur behauptet, daß sie viele Eigenschaften von Theoriesprachen besitzen, die insbesondere dann wichtig werden, wenn natürliche Sprachen von Wissenschaftlern zum Zwecke der Darstellung ihrer Theorien verwendet werden. Aber auch bei der Darstellung von Verfahren und Untersuchungsergebnissen muß man wegen der unterschiedlichen Theoriebeladenheit der natürlichen Sprachen Vorsicht walten lassen. – Es ist aber klar, daß natürliche Sprachen noch andere als deskriptive Funktionen haben, man denke an die sonstigen vielfältigen Weisen eines performativen Sprachgebrauchs. Sowohl im deskriptiven wie im performativen Sprachgebrauch beeinflußt die Theoriebeladenheit der natürlichen Sprachen unsere Auffassung der Wirklichkeit.

schwierig machte, den Unterschied zwischen möglichen Modellen und möglichen Partialmodellen einer Theoriestruktur in einer plausiblen Weise zu erläutern – einführen kann: den Begriff der T-Theoretizität.[108]

Beschränken wir uns auf die wissenschaftliche Theoriebildung, so hat unser Gedankengang zur Folge, daß wir eine Frage wie: Was bedeutet der Begriff F? verstehen müssen als: In welcher Theorie T_i wird F wie definiert? Beispielsweise wird der Begriff „Satz“ in der Syntax definiert und nicht in der Phonologie; der Begriff „Wahrheitsbedingung eines Satzes“ wird in der Semantik definiert, und nicht in der Syntax. Dagegen wird ein Begriff wie „Phonemsystem“ in der Phonologie oder „Gelingensbedingung“ in der Pragmatik definiert. Wenn wir also auch in der Linguistik in einer präzisen Weise von Theorien sprechen wollen, dann müssen wir die Begriffe, die wir dabei verwenden, explizit auf diese Theorien beziehen. SNEED führt dafür die Redeweise von *T-theoretischen* Begriffen ein. Ich will diese Sprechweise übernehmen und folgendermaßen gebrauchen:

(T-Theoretizität) Ein Begriff F ist T_i-theoretisch, *gdw.*
1. Es gibt eine Theorie T_i;
2. F ist in T_i definiert.

Dies bedeutet, daß ein Begriff F, der in bezug auf eine Theorie T_i theoretisch ist, in bezug auf eine Theorie T_j ($i \neq j$) als nichttheoretisch, oder klarer: nicht-T_j-theoretisch angesehen werden muß. STEGMÜLLER spricht hier auch von einem T_j-nichttheoretischen Begriff. Ich möchte mich hier dem Sprachgebrauch von H. GÖTTNER anschließen,[109] die alle nicht-T_i-theoretischen Begriffe als N-theoretisch bezeichnet. Wir können dann sagen:

(N-Theoretizität) Ein Begriff F ist N-theoretisch bezüglich T_i, *gdw.*
1. Es gibt zwei Theorien T_i und T_j ($i \neq j$);
2. F ist T_j-theoretisch, aber nicht T_i-theoretisch.

In entsprechender Weise können wir auch die Theorien selbst zueinander in Beziehung setzen. Dafür ist es zweckmäßig, folgende Sprechweisen einzuführen:

(T-Theorie) Eine Theorie T_i ist eine T-Theorie bezüglich eines Begriffes F, *gdw.* F ist T_i-theoretisch.

(N-Theorie) Eine Theorie T_i ist eine N-Theorie bezüglich eines Begriffes F, *gdw.* F ist N-theoretisch bezüglich T_i.

Außerdem wollen wir die gleiche Unterscheidung für Theoriesprachen durchführen, denn ersichtlich ist nicht jede Sprache zur Darstellung jeder Theorie geeignet:

108 Die im folgenden zu erläuternde theorierelative Konzeption III steht in der philosophischen Tradition des Holismus; deshalb habe ich weiter oben gesagt, sie sei „in einem gewissen Sinne“ auch eine Einstufenkonzeption. Genauer sollte man aber von einer theorierelativen Konzeption sprechen.

109 GÖTTNER op. cit.: 8. – Ich wähle diese Bezeichnungsweise, um die Darstellung an diesem Punkte zu vereinfachen. Es ist stets zu berücksichtigen, daß auch innerhalb der Menge der nichttheoretischen, sprich: nicht T_j-theoretischen Begriffe so differenziert werden muß, daß für jeden Begriff F_i klar ist, in welcher Theorie er definiert wird.

(T-Theoriesprache) Eine Sprache L_i ist eine T-Theoriesprache, *gdw.*

L_i enthält lexikalische, grammatische und pragmatische Mittel und Strukturen, die zur Repräsentation T_i-theoretischer Begriffe geeignet sind.

(N-Theoriesprache) Eine Sprache L_i ist eine N-Theoriesprache, *gdw.*

L_i enthält lexikalische, grammatische und pragmatische Mittel und Strukturen, die zur Repräsentation N-theoretischer Begriffe geeignet sind.

Eine solche Klassifizierung von Theoriesprachen, die ich hier gegenüber den Darstellungen von SNEED und STEGMÜLLER neu einführe, ist eine Konsequenz aus der Unterscheidung von Theorien und ihren Darstellungen. Zwar ist die ‚Darstellungsfunktion von Sprachen' (BÜHLER) nur eine ihrer vielen Funktionen, doch ist diese grundlegend für jede Wissenschaft, weil sie eine notwendige Bedingung der Möglichkeit ist, das generelle Deskriptionspostulat für Theorien ($P\text{-}D_g$) überhaupt erfüllen zu können. Die Ebene der sprachlichen Repräsentationen oder Darstellungen von Theorien und damit die Ebene der Theoriesprachen wird bei SNEED und STEGMÜLLER nicht in der wünschenswerten Deutlichkeit und in allen sich aus der Theorie SNEEDs ergebenden Konsequenzen von der Theorieebene selbst abgehoben.[110]

Ich kann den Unterschied zwischen den möglichen Modellen und den möglichen Partialmodellen einer Theoriestruktur sowie den Unterschied zwischen der logischen und der empirischen Komponente einer Theorie jetzt genauer und vollständiger beschreiben. Ich mache dabei im folgenden abermals keinen Unterschied zwischen einfachen und komplexen Objekten, also Systemen. Dies ist eine pragmatische Unterscheidung, die je nach dem Differenzierungsinteresse wichtig ist oder nicht. Für textlinguistische Theorien sind z.B. alle unterhalb der Satzebene liegenden Analyseeinheiten einfache, d.h. im Rahmen dieser Theorie in ihrer Feinstruktur nicht interessierende Objekte. Ähnliches gilt für die Syntax in bezug auf die Morphemebene, für die Semantik ebenfalls, für die Sprechakttheorie in bezug auf die Ebene der Illokutionssegmente und für die Sprachspieltheorie in bezug auf die einzelnen Sprechakte. Für eine jeweilige Theorie aber sind die als Modell in Frage kommenden Objekte immer komplex, also Systeme. Ich will zunächst im Rahmen des theorierelativistischen Ansatzes die Aufgabe der Restriktionsfunktion r aus K genauer beschreiben.

Nehmen wir als Beispiel wieder das fundamentale Theorieprädikat „ist ein Satz", dessen Definition die – vielleicht sogar mathematisch repräsentierte – begriffliche Struktur S aufspannt. Es kann nun alles als ein Modell M_i von S gelten, was wir sinnlich wahrnehmen und als einen Satz interpretieren können. Wir können diesen Interpretationsvorgang jetzt genauer verstehen als noch im letzten Kapitel. Wir können nämlich sagen, daß wir etwas mit Hilfe der gesetzesartigen Regularitäten, wie sie beispielsweise in (D-Satz) eingeführt werden, als ein Modell von S identifizieren können; m.a.W.: wir führen in (D-Satz) – zum Teil – eine T-Theoriesprache ein, so daß wir nun über T-theoretische

110 Cf. z.Bsp. SNEED 1976: „M_{pp} is all possible nontheoretical descriptions (! P.F.) of phenomena that actually occur" (125).

Begriffe wie „Kette“ und „Strukturbeschreibung“ verfügen, um etwas als Satz im Sinne der T-Theorie Syntax identifizieren und beschreiben zu können. Viele andere Objekte, z.B. alle noch nicht geäußerten oder alle von einer Produktionssyntax prinzipiell erzeugbaren Sätze sind mögliche Modelle M_{p_i} von S. Zu ihrer Identifikation und Beschreibung brauchen wir die Syntax als T-Theorie und die Syntaxsprache als T-Theoriesprache in derselben Weise wie für die Modelle. Der Unterschied ist im wesentlichen ein historischer: immer mehr mögliche Modelle werden wir als Modelle identifizieren.

Nun können wir aber zur Identifikation dessen, was der Syntaktiker als Satz identifiziert, noch eine Reihe weiterer Begriffe und damit eine Reihe weiterer Theoriesprachen verwenden. Insbesondere können wir Sätze als das identifizieren, was durch bestimmte Symbolkonfigurationen dargestellt werden kann. Diese Symbolkonfigurationen beruhen auf Konventionen, die neben einer endlichen Liste konventioneller *Symbole* – man denke beispielsweise an die verschiedensten Systeme zur schriftlichen Kodifikation von Sprache – eine endliche Menge von *Konfigurationsregeln* – in unserem Beispiel Orthographieregeln – enthalten. Diese Symbolsysteme sind selbst ihrerseits Modelle von Theorien, nämlich der *Symboltheorien* oder *Kodifikationstheorien* für Sprachen. Wir können sie also als N-Theorien auffassen, wenn wir beispielsweise die Syntax als T-Theorie wählen. Bei der Identifikation und Beschreibung von Sätzen können wir uns nun aber nicht nur und ausschließlich der Syntaxsprache und ihrer T-theoretischen Begriffe bedienen. Wir müssen ja durch empirischen Untersuchungen und d.h.: dadurch, daß wir unsere Wahrnehmungen auf Begriffe bringen, etwas überhaupt als Kandidaten dafür identifizieren, als ein mögliches Modell für S, als ein Satz, in Frage zu kommen. – Ich habe Theorien als Lösungsstrategien gedeutet. Insofern für sie das generelle Deskriptionspostulat (P-D_g) gilt, können wir die durch sie aufgespannten Begriffnetze als *Identifikationsstrategien* deuten. Die Theorien der sinnlich wahrnehmbaren Kodifikation von Sprachen, die in bezug auf die linguistischen T-Theorien die Rolle von N-Theorien spielen, stellen gewissermaßen die fundamentalen Identifikationsstrategien der Linguistik bereit. Sie können in den T-Theorien ebenfalls benützt, aber nicht deshalb als nichttheoretisch abgetan werden, weil ihre Begriffe – im Vergleich zu denen der T-Theorien – als Beobachtungsbegriffe erscheinen. Begriffe wie „Punkt“, „Komma“, „Alphabet“ oder „Zwischenraum zwischen zwei Symbolen“ sind genauso theoretische Begriffe, nur eben relativ zu anderen Theorien.

Ein mögliches Partialmodell M_{pp_i} von S ist, so können wir nun genauer sagen, jedes Objekt a, zu dessen Identifikation und Beschreibung wir die T-Theoriesprache, die bei der Definition von S eingeführt wird, nicht benötigen. Wir können dies auch in umgekehrter Weise darstellen. Ein mögliches Partialmodell M_{pp_i} von S kann dann als ein mögliches Modell M_{p_i} von S identifiziert und beschrieben werden, wenn es unter Zuhilfenahme einer zusätzlichen T-Theoriesprache als ein Objekt identifiziert und beschrieben werden kann, das unter das mit T-theoretischen Begriffen definierte fundamentale Theorieprädikat fällt. Wir können diese Bedingung kurz so formulieren:

(R_1) Es gibt eine theoretische Ergänzung x von a, welche a als ein mögliches Modell von S zu identifizieren erlaubt.

Ich nenne (R_1) das *Ramseyprinzip.*[111] Es besagt, daß eine N-Theoriesprache durch T-theoriesprachliche Komponenten ergänzt werden kann. Umgekehrt kann man eine bestimmte Theoriesprache, etwa die in syntaktischen Darstellungen tatsächlich verwendete Sprache, um eine T-theoriesprachliche Komponente reduzieren. Wir können diese Operation durch eine Zuordnungsfunktion repräsentieren, und dieses genau ist die Restriktionsfunktion r. Wenn wir sie auf ein mögliches Modell M_{p_i} von S (in unserem Beispiel: einen beliebigen Satz) anwenden, streichen wir gleichsam die T-Theoriesprache und haben diese als Identifizierungsstrategie nicht mehr zur Verfügung. Wir erhalten ein mögliches Partialmodell M_{pp_i} von S (in unserem Beispiel: bestimmte akustisch, visuell oder durch Tasteindrücke wahrnehmbare Symbolkonfiguratuinen, sog. Inskriptionen), und dieses genau dürfen wir wohl mit dem identifizieren, was in der Wirklichkeit als Korrelat dem T-theoretischen Begriff „Satz" entspricht. Wir können r somit in einem bestimmten Sinne als eine *Empirizitätsfunktion* (oder Enttheoretisierungsfunktion) verstehen; sie erlaubt uns nämlich, allein mit Hilfe der fundamentalen N-theoretischen Begriffe das zu identifizieren, was uns eine zugeordnete T-Theorie von der Wirklichkeit zugänglich macht.[112]

Nun liegt eine Frage bzw. ein Einwand sehr nahe. Jemand könnte sagen, daß uns diese Verfeinerung der S-Matrix um die T-N-Distinktion einer Lösung des Empirieproblems kaum einen Schritt weiterbringe. Gefragt, was er damit meine, sind zwei Deutungen dieser Kritik möglich. Einmal könnte der Kritiker meinen, daß die Relativierung von Theorien, wie sie in der T-N-Distinktion zum Ausdruck kommt, das Problem der Theorieabhängigkeit aller Beobachtungen nicht löse, sondern nur durch eine zusätzliche Distinktion verkompliziere. Diese bewiese geradezu schlagend, daß wir zu der Wirklichkeit selbst eben gerade keinen theoriefreien Zugang haben könnten und insofern auch jede Hoffnung aufgeben müßten, eine klare Unterscheidung zwischen Theorie und Empirie und damit zwischen nichtempirischer und empirischer Erkenntnis treffen zu können. Eine solche Schlußfolgerung, so muß man hier entgegnen, kann aus den genannten Prämissen *nicht* gezogen werden. Eine vollkommen theoriefreie Erfahrung ist in der Tat eine Fiktion. Aber wer dieses zugesteht, sollte auch so konsequent sein, und Theorie und Empirie nicht länger als Gegensatz, sondern als gleichsam die beiden Seiten einer

111 Genauere Erläuterungen gebe ich im nächsten Kapitel. Dort wird auch eine Modifikation des Ramseyprinzips besprochen; – STEGMÜLLERs Darstellung von (R_1) in 1974 : 178 ist, strenggenommen, falsch: x ergänzt a nicht zu einem Modell, sondern zu einem möglichen Modell von S. Außerdem ist es zumindest mißverständlich zu sagen, daß x ein (mögliches) Modell von S *sei*; genauer ist die Formulierung, daß x es ermöglicht, a als ein (mögliches) Modell von S zu *identifizieren.*

112 Die zu r konverse Funktion könnte entsprechend „Theoretizitätsfunktion" heißen, da sie eine Theoretisierungsoperation darstellt: sie gibt an, unter welchen Bedingungen ein Objekt a als das identifiziert werden kann, auf das das fundamentale Theorieprädikat der T-Theorie anwendbar ist. – Hiervon ist die in SNEEDs modifizierter Theorie (cf. SNEED 1976; BALZER/SNEED 1977) mit $\mathcal{T}$ bezeichnete Theoretisierungsrelation gut zu unterscheiden. Bei $\mathcal{T}$ handelt es sich um eine intertheoretische Relation. Allerdings scheint die zu r konverse Funktion dasjenige zu bezeichnen, was SNEED heute „inner theoretization" (im Gegensatz zur durch $\mathcal{T}$ ausgedrückten „outer theoretization") nennt. – Die Interpretation von r als Enttheoretisierungsfunktion schlage ich hier vor.

Medaille begreifen. Es wäre unsinnig, auf einem absoluten Empiriebegriff bestehen zu wollen, der den völligen Verzicht auf jegliche Theorie voraussetzte. Nicht nur ist jede empirische Untersuchung nur im Lichte von Theorien möglich und enthält theoretische Komponenten – und seien es auch nur die ‚letzten' N-Theorien, die Meßtheorien der Physik oder die Kodifikationstheorien der Linguistik – und nicht nur ist der Empiriebegriff ohne Rekurs auf den Theoriebegriff gar nicht scharf definierbar; es gilt vielmehr und insbesondere auch, daß ein Begriff wie „die Wirklichkeit selbst", also ein absoluter Wirklichkeitsbegriff, wohl keine Chancen haben dürfte, jemals in einer wissenschaftlich befriedigenden Weise präzisiert werden zu können. Dies wäre eine Welt der Dinge an sich, die noch nicht einmal einer deskriptiven, sondern nur einer revisionistischen oder idealistischen Metaphysik zugänglich wäre. Ein Begriff wie „die Wirklichkeit selbst" ist wissenschaftlich unbrauchbar.

Unser Kritiker könnte seinen Einwand aber auch in einer anderen Weise gemeint haben. Er könnte gemeint haben, daß unsere uns auf das Ramseyprinzip (R_1) hinführende Argumentation kaum oder überhaupt nicht bei der Antwort auf die Frage weiterhelfe, ob und in welchem Sinne linguistische Theorien eigentlich empirisch genannt werden können. Hier müssen wir wohl zugeben, daß unsere bisherigen Überlegungen noch nicht ausreichend waren, um diese Frage schon in einer befriedigenden Weise beantworten zu können. Zwar glaube ich, eine *notwendige* Bedingung dafür erörtert zu haben, daß eine linguistische Theorie als empirisch gelten darf: den theoretischen Relativismus uns seine Integration in die S-Matrix, insbesondere die daraus resultierende Interpretation der Funktion r als eine Empirizitätsfunktion. Es ist aber zuzugestehen, daß damit noch nicht in einer *hinreichenden* Weise klar gesagt werden kann, was wir eigentlich meinen, wenn wir von einer *linguistischen* Theorie behaupten, sie sei empirisch. Ich denke hier daran, daß noch zwei Probleme offen sind: ersten eine genauere Diskussion des Wirklichkeitsbegriffs, der der Konzeption einer empirischen Theorie überhaupt zugrunde liegt: und zweitens eine Diskussion des Problems der linguitischen Intuition, also die Frage, wie wir eigentlich wissen können, was als Beobachtungsdatum für einen Linguisten akzeptabel ist und was nicht.

Wenden wir uns aber zunächst dem Ramseyprinzip zu.

3. Bemerkungen zum Ramseyverfahren

Das Ramseyprinzip (R_1) geht auf eine Methode zurück, die von dem englischen Philosophen F.P. RAMSEY Ende der 20iger Jahre dieses Jahrhundert entwickelt worden ist.[113] RAMSEY, der nur 26jährig im Jahre 1930 starb, hat – allerdings noch im Rahmen der im letzten Kapitel unter IIc. skizzierten Zweistufenkonzeption von Theoriesprache und Beobachtungssprache – sehr deutlich die *Kontextabhängigkeit der theoretischen Begriffe* gesehen. So bedeuten linguistiktheoretische Begriffe wie „Kette" oder „Transformation" nicht unmittelbar und theorieunabhängig tatsächlich existierende Objekte,

113 Cf. RAMSEY 1931 : 212–236 – für kritische Darstellungen cf. SCHEFFLER 1968; STEGMÜLLER 1970 : 400–437. STEGMÜLLER 1973 : 65–106.

Entitäten der Wirklichkeit, sondern sie erhalten ihre Bedeutung erst im Rahmen von linguistischen Theorien. Die Linguisten bedienen sich ihrer aus verschiedenen Gründen. Insbesondere drei sind hier zu nennen: zum Zwecke der Vereinfachung, der Verschärfung und der Verstärkung der explanativen Kraft einer Theorie. Wählen wir als Beispiel den Begriff „Transformation". Abgesehen davon, daß bei diesem Beispiel die Kontextabhängigkeit der Bedeutung von Begriffen, die in Theorien verwendet werden, besonders deutlich ist – es ist eine ganze Reihe von Transformationsbegriffen formuliert worden; sie lassen sich auf die beiden Klassen der bedeutungserhaltenden und der nicht-bedeutungserhaltenden Transformationen verteilen[114] – und der Tatsache, daß die Theorie bedeutungserhaltender Transformationen inzwischen in einer mathematisierten und im strengen Sinne axiomatisierten Gestalt vorliegt,[115] sind im Falle von „Transformation" die Leistungen eines theoretischen Begriffs besonders gut demonstrierbar. Was die Vereinfachungsleistung angeht, so handelt es sich um eine Frage der *Ökonomie* einer Theorie. Es ist nicht schlechterdings notwendig, daß eine Grammatik Transformationen enthält. Transformationen sind darstellbar durch Regeln, die aus Sätzen andere Sätze zu erzeugen gestatten. Die Vereinfachungsleistung besteht nun darin, daß es einfacher ist, wenn Sätze aus anderen, bereits abgeleiteten Sätzen abgeleitet werden können, als wenn jeder mögliche Satz einer Sprache durch die Anwendung von Formationsregeln individuell erzeugt werden muß. Technisch gesprochen: jeder Transformationsgrammatik ist eine Allgemeine Regelgrammatik, die nur aus Formationsregeln besteht (Typ-O-Grammatik) schwach äquivalent, d.h. beide Grammatiktypen erzeugen dieselben Ketten. Wenn jedoch nur Formationsregeln zur Verfügung stehen, ist das Erzeugungsverfahren für eine identische Menge von Ketten aufwendiger, als wenn auch Transformationen zulässig sind.

Die zweite Leistung der theoretischen Terme liegt in einer spezifischen *Verschärfung* dessen, was über die Wirklichkeit behauptet wird. So impliziert beispielsweise die Behauptung „Alle natürlichen Sprachen können durch Transformationsgrammatiken erzeugt werden" die Behauptung „Alle natürlichen Sprachen können durch Phrasenstrukturgrammatiken erzeugt werden", die Umkehrung aber gilt nicht. Daß alle natürlichen Sprachen durch Phrasenstrukturgrammatiken erzeugt werden können, ist eine schwächere Behauptung als die, daß sie durch Transformationsgrammatiken erzeugt werden können. Die linguistischen Universalien, die durch diese Thesen behauptet werden können, sind in unterschiedlichem Maße falsifikationsgefährdet. POPPER hat die Entdeckung gemacht, daß der empirische Gehalt einer Hypothese in demselben Grade steigt, in dem die Chance wächst, daß sie falisifiziert werden kann. Der Begriff einer Transformation kann also zur empirischen Gehaltsverschärfung einer grammatischen Theorie beitragen.

114 Für eine Darstellung der wichtigsten Unterschiede und der Rolle von Transformationsbegriffen in Syntaxtheorien cf. BARTSCH/LENERTZ/ULLMER-EHRICH 1977.

115 Cf hierzu GINSBURG 1966; GINSBURG/SPANIER 1968; GINSBURG/PARTEE 1969; MAURER 1969; PETERS/RITCHIE 1971; PETERS/RITCHIE 1973; SALOMAA 1973. Weiterführende Anwendungsperspektiven diskutiert HABEL 1975.

Als dritte Leistung theoretischer Begriffe hatte ich die *Verstärkung der erklärenden Kraft* einer Theorie genannt. Auch dies ist an unserem Beispiel leicht einzusehen. Eine einfache Phrasenstrukturgrammatik, die nicht mit dem Transformationsbegriff arbeitet, kann über das Verhältnis von Phrasen wie „die Schnelligkeit der Kunstproduktion", „die Schnelligkeit der Produktion von Kunst", „Kunst kann schnell produziert werden" oder „Es ist möglich, Kunst schnell zu produzieren" nichts aussagen. Unsere Frage, in welchem grammatischen Verhältnis diese Phrasen zueinander stehen, bleibt unbeantwortet. Ebenso sehr, wie man die Schnelligkeit der Kunstproduktion bisweilen nicht unterschätzen sollte,[116] sollte man auch die Leistungssteigerung der erklärenden Kraft einer Theorie durch die Einführung theoretischer Begriffe nicht unterschätzen. – Es gibt noch eine Reihe weiterer Leistungen theoretischer Terme, vor allem im Bereich der Systematisierung von Einzelbeobachtungen im Rahmen der Erfahrungseinheit. Ich wollte hier aber nur Beispiele geben.[117]

Die Idee RAMSEYs war es nun, in allen Sätzen, die mittels der Theoriesprache L einer Theorie T formuliert werden können, in einem *ersten* Schritt dort Variable einzusetzen, wo theoretische Begriffe vorkommen, und in einem *zweiten* Schritt diese durch Existenzquantoren zu binden. Schauen wir uns die Methode an einem einfachen Beispiel an.

Gegeben sei folgender Satz[118]:

(1) Ramsey war ein Philosoph.

Aus (1) ist, jedenfalls nach einer bestimmten Auffassung,[119] (1') ableitbar:

(1') $\bigvee x$ (x war ein Philosoph).

Die Ersetzung von *Individuenkonstanten* durch quantifizierte Variable ist in der Logik ein übliches Verfahren. Keinesfalls in gleichem Umfange üblich ist es, dies auch für *Prädikatkonstante* durchzuführen, also den Übergang von (1') auf (1'') für zulässig zu halten, wobei (1'') als mit (1') L-äquivalent behauptet wird (mit „Φ" für „Philosoph"):

(1'') $\bigvee \Phi \bigvee x (\Phi x)$.

Die Erlaubtheit dieses Übergangs ist die Voraussetzung für das Ramseyverfahren. Ich will mich nur mit diesem beschäftigen und seine vermeintliche ontologische Bedenklichkeit *nicht* diskutieren.

---

116 Hierin ist S. J. SCHMIDT uneingeschränkt zuzustimmen; cf. SCHMIDT 1975. – Dies gilt übrigens auch für die Wissenschaft.

117 Die Redeweise von ‚theoretischen Begriffen' müßte, nach dem im vorigen Kapitel Gesagten, hier eigentlich präzisiert werden durch die Redeweise von ‚T-theoretischen Begriffen'. Ich verzichte einstweilen darauf, um zunächst im ursprünglichen Rahmen der Überlegungen RAMSEYs zu argumentieren. Es ist also für diese vorläufige Darstellung zu beachten, daß hier nicht gewisse theoretische Begriffe anderen theoretischen Begriffen, sondern allgemein den theoretischen Begriffen die sog. Beobachtungsbegriffe gegenübergestellt werden.

118 Ich bediene mich hier eines ähnlichen Beispiels wie STEGMÜLLER 1970 : 405, um das Ramseyverfahren möglichst intuitiv plausibel darzustellen.

119 Ich diskutiere hier *nicht* die Existenzprobleme von Einhörnern und gewissen kahlköpfigen Königen, sondern vertrete – man mag mir vorwerfen: dogmatisch – ‚for the sake of the argument' die Position: aus Sätzen die Individuenkonstanten enthalten, sind Existenzsätze ableitbar; diese bringen keine Überbevölkerung *unserer Wirklichkeit* mit sich, sondern beziehen sich u. U. auf nichtwirkliche Welten. – Cf. die Ontologiediskussion der Modallogik.

„Φ" bezeichnet einen Begriff, und dieser ist in dem Sinne theoretisch, als man es durchaus nicht intuitiv plausibel nennen kann, was „ist ein Philosoph" bedeutet, sondern sehr viele theoretische Anstrengungen zu Klärung der Bedeutung dieses Begriffs bereits unternommen worden sind. Man kann daher (1′) als einen Satz einer Theorie T auffassen, mit „x ist ein Philosoph" als fundamentalem Theorieprädikat mit der Begriffsstruktur S und Ramsey als einzigem Modell von S. Wir nennen (1″) den *Ramseysatz von T.* (Dieser Name bezieht sich natürlich nicht darauf, daß unser Beispielsatz zufällig von RAMSEY handelt, sondern er hat sich für den an ihm illustrierten Umgang mit theoretischen Begriffen durch ihr quantorenlogischen Elimination eingebürgert).

RAMSEY hat im Rahmen einer Konzeption gearbeitet, die an der Möglichkeit einer klaren Trennung zwischen Theoriesprache und Beobachtungssprache, theoretischen und Beobachtungsbegriffen, und ihrer Korrelation durch Zuordnungsregeln festhielt. Er hat hierfür das an unserem Beispiel vorgeführte Verfahren verallgemeinert und zur *Elimination* der theoretischen Begriffe jeder axiomatisierten Theorie verwendbar gemacht.[120]

Die ‚Theoriebeladenheit der Beobachtungen' hat uns nun freilich diese Konzeption aufgeben und durch einen theoretischen Relativismus von T- und N-Theorien ersetzen lassen. Ich habe Argumente dafür genannt, die begriffliche, u.U. mathematisch darstellbare Struktur einer Theorie von ihren Interpretationen zu unterscheiden, die grundsätzlich als eine offene Menge von Anwendungen verstanden werden sollte. Wie SNEED gezeigt hat, ist es nun möglich, die Ramsey-Elimination theoretischer Begriffe[121] auch im Rahmen einer S-Matrix durchzuführen. Allerdings besteht hier der große Unterschied, daß, weil eine absolute Einteilung in theoretische und Beobachtungsbegriffe nicht länger anerkannt wird, eine solche Elimination stets nur auf die jeweils T-theoretischen Begriffe beschränkt bleibt. Die Idee der Übertragung des Verfahrens auf die S-Matrix habe ich bereits angedeutet, als ich (R_1) als *Ramseyprinzip* einer Theorie einführte. Wenn wir beispielsweise ein bestimmtes sprachliches Objekt a als einen Satz identifizieren, dann können wir im Rahmen der T-Theorie Syntax eine empirische Hypothese formulieren, nämlich

(2) „a ist ein Satz".

Hier bezeichnet „a" offensichtlich ein mittels N-theoretischer Begriffe identifizierbares Kodifikat, ein mögliches Partialmodell, und die Empirizität von „a ist ein Satz" besteht darin, daß empirische Untersuchungen dazu geeignet sind, diese Hypothese zu bestätigen

120 Kurz gesagt: Sei T^* die Konjunktion der Axiome der Theorie T und Z^* die Konjunktion der Zuordnungsregeln, dann kann T durch $T^* Z^*$ repräsentiert werden. Seien ferner $\tau_1,\ldots,\tau_n$ die theoretischen $\omega_1,\ldots,\omega_k$ die Beachtungsbegriffe, dann ist $T^* Z^* (\tau_1,\ldots,\tau_n, \omega_1,\ldots,\omega_k)$ die durch die ω_i festgelegte Interpretation von T. Man substituiert nun die τ_i durch n freie Variablen φ und bindet sie durch Existenzquantoren. Auf diese Weise erhält man R(T) als den Ramseysatz von T:
$V\varphi_n T^* Z^* (\varphi_1, \ldots, \varphi_n, \omega_1, \ldots, \omega_k)$. – Cf. STEGMÜLLER 1970 : 403f., v. KUTSCHERA 1972 : 275.

121 Ich erinnere daran, daß SNEED – wegen des einzigen von ihm diskutierten Beispiels – dies genaugenommen nur für *physikalische Funktionen* gezeigt hat. Argumente für die Übertragbarkeit gebe ich an verschiedenen Stellen.

oder zu falsifizieren. Wir können insbesondere auf empirische Weise feststellen, ob a aus einer Kette von terminalen Symbolen besteht, die durch eine bestimmte Strukturbeschreibung geordnet sind. Das heißt: wir benützen in unseren empirischen Verfahren T-theoretische Begriffe zur Identifikation von a als einen Satz. Wenn wir nun die Existenzbehauptung, die in unserer Identifikation von a als Satz implizit enthalten ist, explizit machen, dann erhalten wir

(2′) Vx (x ist ein Satz).

Nach dem Ramseyverfahren eliminieren wir nun noch die Prädikatskonstante und erhalten (mit „Σ für „Satz"):

(2″) V Σ Vx (Σx).

Was haben wir getan? Erstens haben wir eine unter Verwendung syntaxtheoretischer Begriffe empirisch überprüfbare Hypothese aufgestellt (2). Zweitens haben wir explizit gemacht, daß wir etwas über die Existenz einer sprachlichen Entität behaupten und daß dies die nur N-theoretisch bestimmte, empirische Komponente dessen ist, was wir als Satz identifizieren können (2′).[122] Drittens haben wir explizit gemacht, daß wir etwas über die Existenz einer theoretischen Entität behaupten und daß dies die T-theoretisch bestimmte Komponente dessen ist, was wir als Satz identifizieren (2″). Diese ‚T-theoretische Ergänzung' der empirischen Komponente von „Satz" läßt sich für eine beliebige Theoriestruktur S durch den folgenden Existenzsatz wiedergeben (mit „E" für „ist eine T-theoretische Ergänzung von"):

(R_1') Vx (xEa ∧ x ist ein S).

(R_1') ist eine formalisierte Darstellung von (R_1) des auf dem Relativismus von T-Theorien angewandten Ramseyprinzips. Sie muß noch in dreierlei Hinsicht modifiziert werden, um den Implikaten der S-Matrix ganz gerecht zu werden: jeder linguistischen Theorie ist eine offene Menge von intendierten Anwendungen zugeordnet, beispielsweise die Menge der natürlichen Sprachen;[123] jeder T-theoretische Begriff einer linguistischen Theorie ist in seinen Anwendungen durch allgemeine Nebenbedingungen eingeschränkt, beispielsweise daß ein Satz in allen Kontexten dieselbe Strukturbeschreibung hat; schließlich: durch Verschärfungen der fundamentalen Theoriestruktur, die durch die Einführung spezieller Gesetze vorgenommen werden können, kann eine linguistische Theorie für spezielle, gewisse zusätzliche Annahmen erfordernde Anwendungsbereiche schärfer gemacht werden, beispielsweise indem in der generativen Kasusgrammatik für bestimmte Sprachen zusätzliche Tiefenkasus in die Liste der Basiskategorien aufgenommen werden.[124]

(R_1) ist deshalb durch folgende adäquaterer Behauptung (R_2) zu ersetzen, die ich das *modifizierte Ramseyprinzip* nennen will:

---

122 Wir müssen hierbei keinesfalls stumm auf ein ‚Ding an sich' zeigen, sondern könne auch *sagen*, was wir meinen: unter Verwendung einer N-Theoriesprache.

123 Dies ist eine offene Menge, da neue natürliche Sprachen entdeckt werden oder aus bestehenden hervorgehen können. Es ist ein kontingentes (z.B. von einem Zeitfaktor abhängiges) Faktum, was als natürliche Sprache bekannt ist.

124 Cf. FINKE 1977b, wo u.a. eine adäquatere Behandlung des Vollständigkeitsproblems von Kasuslisten beschrieben wird als in FINKE 1974. – Ausführlich werden die Gründe für diese Modifikation des Ramseyprinzips erörtert in STEGMÜLLER 1973 : 75–103.

(R_2) Es gibt eine solche T-theoretische Ergänzung ξ der Menge a von N-theoretisch identifizierten Objekten zu möglichen Modellen der begrifflich-mathematischen Struktur S, daß die in ξ verwendeten T-theoretischen Begriffe die allgemeinen Nebenbedingungen C erfüllten und für gewisse $a' \subset \alpha$ gilt, daß sie Modelle einer durch Spezialgesetze verschärften Struktur S′ sind.[125]

Auch dieses können wir formal darstellen durch (R_2'), mit $\alpha^1, \ldots, \alpha^n \subset \alpha$:

$$(R_2') \quad V\xi \{\xi \subseteq \hat{S} \wedge C(\xi, \alpha, R, \rho) \wedge$$

$$\wedge V\xi^1 [\xi^1 \subseteq \xi^1 \subseteq \xi \wedge \xi^1 \subseteq \hat{S}^1 \wedge C(\xi^1, \alpha^1, R^1, \rho^1)]$$

$$\vdots$$

$$\wedge V\xi^n [\xi^n \subseteq \xi \wedge \xi^n \subseteq \hat{S}^n \wedge C(\xi^n, \alpha^n, R^n, \rho^n)]\}$$ [126]

Den RAMSEYschen Existenzpräfixen $V\xi$ {...} und $V\xi^i$ [...] entspricht in unserem einfachen linguistischen Beispiel (2″) das Ramseypräfix $V\Sigma$. Es eliminiert den einzigen T-theoretischen Begriff „Satz", der in „a ist ein Satz" vorkam. Es ist unschwer einzusehen, daß dieses Verfahren im Prinzip für alle Sätze der Form „a ist ein F" (mit F als einem linguistisch T-theoretischen Begriff) durchgeführt werden kann, beispielsweise für alle Sätze, in denen die in (D-Satz) eingeführten syntaxtheoretischen Begriffe zur Formulierung von Behauptungen über die syntaktische Struktur einer Sprache L verwendet werden können. Der Begriff „Satz" nimmt unter diesen insofern eine Sonderstellung ein, als es sich bei ihm um das fundamentale Theorieprädikat handelt; man könnte daher sagen, daß die Konjunktion aller nach dem Ramseyverfahren gebildeten Existenzsätze, in denen über die durch (D-Satz) eingeführten syntaxtheoretischen Begriffe quantifiziert wird, mit „x ist ein Satz" L-äquivalent ist, oder, einfacher gesagt: daß die Ramseygeneralisierung (2″) der *allgemeine Ramseysatz* der Syntaxtheorie ist. Aus ihm sind nämlich alle *speziellen Ramseysätze* der Syntaxtheorie („y ist eine Kette", „z ist eine Strukturbeschreibung", „w ist ein Terminalsymbol", etc.) logisch ableitbar, weil „ist ein Satz" als fundamentales Theorieprädikat der Syntaxtheorie durch diese T-theoretischen Begriffe definiert ist.

Nachdem ich das Ramseyverfahren und seine Modifikation im Rahmen der S-Matrix beschrieben habe, will ich mich der Frage zuwenden, in welchem Sinne man davon sprechen kann, daß dieses Verfahren eine Lösung des Empirizitätsproblems darstellt. Die Antwort lautet: in dem Sinne, als es uns die speziellen und den allgemeinen Ramseysatz einer Theorie T_i zu formulieren gestattet, *ohne* bei dieser Formulierung auf die T_i-Theoriesprache zurückgreifen zu müssen. Wir bedienen uns also nur der N-

---

125 Nach STEGMÜLLER 1974 : 180, modifiziert.

126 Hierbei bedeutet „$\hat{S}$" einen Klassenbegriff: $\hat{S}$ = {x/x ist ein S}; der vierstellige Relationsausdruck „C (ξ, a, R, ρ,)" eine Menge allgemeiner Nebenbedingungen, „<R, ρ>" eine allgemeine Nebenbedingung; „R" eine n-stellige Relation auf der Vereinigung Δ der Definitionsbereiche, „ρ" eine n-stellige Relation auf der Vereinigung R der Werte der theoretischen Funktion; die vierstelligen Relationsausdrücke „C (ξ^1, a^1, R^1, ρ^1)" die speziellen Nebenbedingungen. – Eine detaillierte Entwicklung von (R_2') aus (R_1'), die hier nicht gegeben werden soll, findet sich bei STEGMÜLLER 1973 : 75–102.

Theoriesprache. Wenn wir beispielsweise die Frage untersuchen, worin die Empirizität einer syntaktischen Theorie besteht, brauchen uns die syntaxtheoretischen Begriffe bei dieser Untersuchung nicht zu stören. Weil und insofern wir nämlich mit nicht-syntaxtheoretischen Begriffen dieselben Objekte identifizieren und beschreiben können, die wir vermittels der Syntaxsprache als Sätze, Ketten, etc. identifizieren und beschreiben können, können wir eine praktikable und auch für die Problemstellungen der Linguistik verwendbare Unterscheidung von Theorie und Empirie in der Weise treffen, daß wir alles, zu dessen Identifizierung und Beschreibung wir uns nicht der T-Theoriesprache bedienen, als die *empirische Komponente einer Theorie T* bezeichnen. Indem das Ramseyverfahren durch die Quantifizierung der T-theoretischen Begriffe explizit zu machen gestattet, welche T-theoretischen Entitäten wir konstruieren müssen, um gewisse Sinnesdaten als das identifizieren und beschreiben zu können, was Linguisten in ihnen sehen, können wir zugleich auch explizit machen, daß die Empirizität einer linguistischen Theorie – ebensowenig wie im Falle jeder anderen Theorie – vernünftigerweise nicht in einem absoluten Sinne konzipiert werden kann. Alle empirischen Untersuchungen bedienen sich sprachlicher Strategien, und keine dieser sprachlichen Strategien ist prinzipiell theoriefrei. Wir können geradezu sagen: die These von der Theoriebeladenheit aller Beobachtungen gilt in demselben Umfange, wie die bei diesen Beobachtungen verwendeten Sprachen theoriebeladen sind. Ein absoluter Empirizitätsbegriff würde aber die unerwünschte Folgerung implizieren, daß es überhaupt keine empirischen Wissenschaften und Theorien gibt. Damit wäre der Begriff der Empirizität überflüssig geworden, denn wir könnten mit seiner Hilfe nichts mehr unterscheiden. Das modifizierte Ramseyprinzip (R_2) relativiert demgegenüber den Begriff der Empirizität auf dasjenige, was – relativ zu einer T-Theoriesprache – vermittels solcher Untersuchungen und Beobachtungen erfaßbar und zugänglich ist, bei denen wir uns zur Darstellung nur N-theoretischer Identifizierungsstrategien, also nur einer N-Theoriesprache bedienen. Das Verfahren von RAMSEY zwingt uns also dazu, T-Theoriesprachen und N-Theoriesprachen eindeutig – wenn auch nicht in einem absoluten, sondern in einem realistivistischen Sinne – voneinander zu unterscheiden. Hier freilich entsteht für die Linguistik in ihrem gegenwärtigen Zustand ein Problem, das die vollständige Anwendbarkeit dieses Verfahrens auf die vorliegenden linguistischen Theorien noch kaum möglich macht. Bevor ich darauf zurückkomme, will ich aber den Begriff der empirischen Untersuchung präzisieren.

Ich hatte[127] empirische Untersuchungen vorläufig als solche Untersuchungen bestimmt, die sich auf die Wirklichkeit oder Ausschnitte aus der Wirklichkeit beziehen. Außerdem hatte ich gesagt, daß *eine* notwendige Bedingung solcher Untersuchungen sinnliche Wahrnehmungen sind. Mit den nun zur Verfügung stehenden Mitteln kann ich dies so präzisieren, daß als eine *zweite* notwendige Bedingung für empirische Untersuchungen eine bestimmte Klasse von Beobachtungen angesehen werden muß. Dabei handelt es sich um solche Beobachtungen, bei denen die Wahrnehmungen prinzipiell mittels N-theoretischer Begriffe interpretiert werden können. Es wäre nicht zweck-

---

127 Cf. S. 65 ff.

mäßig, die faktische Anwendung von N-theoriesprachlichen Identifizierungsstrategien für jede empirische Untersuchung zu fordern. Dies würde der wissenschaftlichen Praxis, wie sie für die Linguistik charakteristisch ist, widersprechen.[128]

Dies ist zwar ein schwaches, aber kein zu schwaches Kriterium zur Isolierung empirischer Untersuchungen. Hier geht es nur um die für empirische Untersuchungen zur Verfügung stehenden und zur Anwendung kommenden Sprachen. Der einzige Fall, der hier ausgeschlossen werden muß, ist der, daß jemand *nur eine sprachliche Strategie* zur Identifizierung und Beschreibung der Entitäten seines Interesses besitzt. Zwar kann auch dies ein durchaus kontingentes Faktum sein und nicht gewährleisten, daß Untersuchungen dieser Art nichtempirische Untersuchungen sind. Doch gibt es dann einstweilen kein Kriterium dafür, sie von solchen Untersuchungen – die sich auf sinnlich nicht wahrnehmbare, nicht wirkliche Welten beziehen – in einer intersubjektiv verbindlichen Weise zu unterscheiden. Deshalb ist es sinnvoll, die Möglichkeit der Anwendung N-theoretischer Identifizierungsstrategien als Unterscheidungskriterium zu fordern.

Diese beiden notwendigen Bedingungen für empirische Untersuchungen können also wie folgt formuliert werden:

Die Untersuchung, die eine Person p vornimmt, ist eine empirische Untersuchung, *wenn*

1. p nimmt die Sinnesdaten w_i, w_j,... wahr;
2. p kann die w_i, w_j,... mittels einer N-Theoriesprache als die Beobachtungen b_i, b_j,... interpretieen (= w_i als b_i identifizieren, mutatis mutandis).

Die beiden Kriterien sind ersichtlich nicht hinreichend für eine Definition von empirischen Untersuchungen. Sie schließen nämlich den Fall von Sinnestäuschungen, sowie die Möglichkeit nicht aus, daß sich p bewußt auf nicht existierende Entitäten, nicht zum Bereich der wirklichen Welt gehörende Objekte oder Sachverhalte bezieht. Bei-

128 In Wissenschaften, die überwiegend mit quantitativen Begriffen oder unter Verwendung meßtheoretischer Sprachen arbeiten – wie z. B. der Physik – scheint bisweilen ein anderer Sprachgebrauch üblich zu sein, nämlich der, daß als empirische Untersuchungen nur solche Untersuchungen anerkannt werden, die und insofern sie sich der zur Verfügung stehenden Meßsprachen auch tatsächlich bedienen. Auch SNEED und STEGMÜLLER scheinen diese Auffassung zu vertreten (cf. STEGMÜLLER 1973 : 68f.) Hier hätten wir dann abermals ein Beispiel dafür vor uns, das die Übertragung metatheoretischer Überlegungen auf ursprünglich nicht intendierte Wissenschaftsbereiche behutsam vorgenommen werden muß. Wenn beispielsweise im Rahmen ethnolinguistischer Feldforschungen empirische Untersuchungen zur Interdependenz zwischen Verwandtschaftsverhältnissen und ihrer sprachlichen Darstellung angestellt werden, bedient sich ein Linguist dabei selbstverständlich T-theoretischer Begriffe. Es wäre künstlich und nicht hilfreich, hier stets die Verwendung identifikations-theoretischer Begriffe zu verlangen, insofern von empirischen Untersuchungen sollte geredet werden können. Mir scheint aber, daß dies auch für andere Wissenschaften gilt. Man kann beispielsweise empirische Untersuchungen zur Mechanik anstellen, in denen die T-theoretische Kraftfunktion berechnet wird, ebenso, wie man empirische semantische Untersuchungen anstellen kann, in denen Wahrheitsfunktionen berechnet werden. Es dürfte also zweckmäßig sein, immer dann von empirischen Untersuchungen zu sprechen, wenn es *möglich* ist, auf die Verwendung einer T-Theoriesprache zu *verzichten*.

spielsweise kann p eine von ihm konstruierte Sprache untersuchen, der er auch eine phonologische Gestalt gegeben hat. Wir würden aber nicht sagen wollen, daß es sich hierbei um empirische Untersuchungen handelt. Deshalb werden wir eine notwendige Bedingung zur Abgrenzung empirischer Untersuchungen in der Tatsache sehen müssen, daß sie wirklich existierende Objekte zum Gegenstand haben. Abermals werden wir für eine befriedigende Klärung des Begriffs der Empirizität auf den Begriff der Wirklichkeit verwiesen. –

Ich komme zurück auf das Ramseyverfahren und das hier für die Linguistik angedeutete Problem. Wir können sagen, daß uns das Ramseyverfahren im Prinzip das zu isolieren gestattet, was man den *empirischen Gehalt* einer Theorie nennt. Der allgemeine Ramseysatz einer Theorie T erlaubt es, diesen empirischen Gehalt von T in einem Satz auszudrücken. Die allgemeine Form dieses Satzes ist das Ramseyprinzip (R_2), also eine Existenzbehauptung, die voraussetzt, daß zwischen den T-theoretischen und den N-theoretischen Begriffen, die in einer Theorie T Verwendung finden, klar unterschieden werden kann.

Hier sind zwei Probleme versteckt: erstens ein *Entscheidungsproblem*, und zweitens ein *Explizitheitsproblem*. Das Entscheidungsproblem besteht in der Frage, ob wir die relative Qualität linguistischer Theorien danach beurteilen sollen, wie klar sie die Unterscheidung zwischen ihren T-theoretischen und ihren N-theoretischen Begriffen machen. Nach meiner Auffassung haben wir es hier tatsächlich mit einem Entscheidungskriterium dafür zu tun, welche theoretische Qualität eine linguistische Theorie besitzt. Doch ersichtlich verlassen wir mit diesem Punkt bereits die Diskussion um die Empirizität und begeben uns in die Diskussion um die Begründbarkeit linguistischer Theorien. Deshalb will ich eine genauere Erörterung des Entscheidungsproblems noch zurückstellen. Nur soviel sei hier angemerkt, daß zu den methodologischen Werten, die von den linguistischen K-Matrizen seit CHOMSKY implizit akzeptiert werden,[129] die der Explizitheit und Entscheidbarkeit empirischer Hypothesen gehören. Es ist deshalb berechtigt, sie nach der Klarheit der in ihnen verwendeten Theoretizitäts- und Empirizitätsbegriffe zu beurteilen. Außerdem dürfte unschwer gezeigt werden können, daß diese Konzeptionen in ihrer erklärenden Kraft der vorchomskyschen Linguistik überlegen sind. Die T-theoretischen Begriffe der Sprechakttheorie beispielsweise werden von SEARLE zwar in einer nicht formalisierten, aber ansonsten grundsätzlich der Definitionsweise von mengentheoretischen Prädikaten entsprechenden Weise eingeführt. Selbst hier ist daher eine Unterscheidung von T-Theoriesprachen und N-Theoriesprachen durch eine einfache Rekonstruktion der Darstellung möglich. Umso mehr muß dies für die in

129 Ich spreche hier davon, daß methodologische Werte „implizit akzeptiert" werden, weil der Theorienrelativismus von T- und N-Theorien in der vorliegenden Arbeit zum ersten Mal explizit auf die Linguistik angewandt wird. Es ist aber unschwer zu sehen, daß die Implikate dieser metatheoretischen Konzeption, also die S-Matrix, mit allen Linguistikkonzeptionen verträglich sind, in deren K_L-Matrizen Empirizität und Theoretizität als methodologische Werte der Theoriebildung vorkommen. Ich beschreibe die drei wichtigsten K_L-Matrizen, für die dies gilt, in Kap. IIc, insbes. S. 176–187.

präziseren Formulierungen vorliegenden grammatischen Theorien der modernen Linguistik gelten.[130]

Während also zumindest für eine Teilklasse der linguistischen Theorien zwischen T-theoretischen und N-theoretischen Begriffen unschwer entschieden und insofern eine Voraussetzung für die Anwendbarkeit des Ramseyverfahrens auf die Linguistik als gegeben betrachtet werden kann, sieht dies mit dem *Explizitheitsproblem* ganz anders aus. Für die Anwendung des Ramseyverfahrens ist es nämlich nicht hinreichend, daß zwischen T-theoretischen und N-theoretischen Begriffen klar unterschieden werden kann; es ist außerdem auch erforderlich, daß die Theorie in einer formalisierten und axiomatisierten Gestalt vorliegt. Hiermit ist eine stärkere Form der Axiomatisierung gemeint, als die, die wir in der Methode der Defintion mengentheoretischer Prädikate kennengelernt haben. Vielmehr geht es hier um eine Axiomatisierung, wie sie erstmals eine systematische Gesamtdarstellung für die Geometrie gefunden hat, und zwar durch HILBERT.[131] Dieser Axiomatikbegriff hat sich heute für die Darstellung formaler Systeme oder solcher Systeme, die sich ihrerseits durch formale Systeme darstellen lassen, allgemein durchgesetzt. Bei den letzteren sind hier in erster Linie physikalische Theorie zu nennen, doch gibt es auch im Bereich der Linguistik bereits Ansätze für eine Axiomatisierung von Theorien im Sinne HILBERTs.[132] Die HILBERT-Axiomatisierung linguistischer Theorien ist eine erst in den Anfängen stehende und noch von manchen Schwierigkeiten begleitete linguistische Aufgabe. Sie setzt insbesondere voraus, daß die linguistische Grundlagendiskussion in einem Bereich einen relativen Abschluß erreicht hat. Hier ist einstweilen nur soviel interessant, daß diese Forschungslage die volle Anwendung des Ramseyverfahrens auf die Linguistik gegenwärtig nahezu unmöglich macht. Hier ist einer der Punkte, wo verständlich werden kann, weshalb SNEED *ausgereifte* physikalische Theorien untersucht hat und die Übertragbarkeit seiner Methoden, auch wenn sie umsichtig und in einer nichtschematischen Weise geschieht, einstweilen an eine Grenze stößt, wo sie erst einmal den weiteren Fortgang der linguistischen Forschung selbst abwarten muß. Wir verfügen gegenwärtig noch nicht über voll ausgereifte linguistische Theorien und müssen insofern ‚for the time being' darauf verzichten, allgemeine Ramseysätze für linguistische Theorien nach dem Muster des Prinzips (R_2') zu formulieren. Dies bedeutet aber, daß uns das einzige präzise Verfahren zur Ermittlung des empirischen

---

130 Cf zur S-Matrix der Sprechakttheorie FINKE 1977a. – Auch der Einwand, daß die meisten dieser Theorien selbst hinsichtlich ihrer Grundlagen noch nicht abgeschlossen sind, verfängt hier nicht. Das Ramseyprinzip ist nicht nur für abgeschlossene Theorien formuliert; es ist ein Schema, das uns für jede Theorie einen allgemeinen Ramseysatz aufzustellen erlaubt. Der einzige Unterschied zwischen abgeschlossenen und nichtabgeschlossenen Theorien – zum Begriff einer abgeschlossenen Theorie cf. v. WEIZSÄCKER 1970 – besteht in bezug auf das Ramseyverfahren darin, daß der allgemeine Ramseysatz einer abgeschlossenen Theorie ein für allemal akzeptiert ist, für eine nichtabgeschlossene Theorie hingegen noch modifiziert werden kann.

131 HILBERT 1899.

132 Dies gilt einstweilen nur für grammatische Theorien. Hier sind insbesondere die Arbeiten von H.-H. LIEB zu nennen (LIEB 1974; 1975). – Cf. außerdem die mathematische Theorie der Transformationen, wie sie in den in Anm. 115 genannten Arbeiten entwickelt wird. Die Theorie formaler Sprachen, beispielsweise der formalen Chomskysprachen, interessiert hier weiter nicht, da sie nicht als empirische Theorie verstanden werden kann.

Gehalts einer Theorie im allgemeinen für die heute wirklich interessanten linguistischen Theorien noch nicht im vollen Umfange zur Verfügung steht.

Hier dürfte es angezeigt sein, eine allgemeine Kritik an der Einstellung vieler Wissenschaftstheoretiker gegenüber Wissenschaften und den in ihnen entwickelten Theorien zu äußern, die — wie die Linguistik — als noch nicht ausgereift angesehen werden müssen. So schreibt z.B. v. KUTSCHERA in der Einleitung zu seiner Darstellung von Aufbau und Leistung empirischer Theorien: „[Wir wollen] im folgenden voraussetzen, daß die von uns betrachteten empirischen Theorien axiomatische Gestalt haben. Das ist zwar eine sehr starke Idealisierung der faktisch in den empirischen Wissenschaften vorliegenden Verhältnisse, aber wenn eine Theorie explizit, exakt und vollständig formuliert ist — *und nur dann kann sie Gegenstand wissenschaftstheoretischer Analysen sein* — so macht es prinzipiell keine Schwierigkeiten, ihr eine axiomatische Form zu geben, und nur auf das Prinzip der Wohlbestimmtheit empirischer Theorien kommt es uns im folgenden an" (Hervorhebung von mir).[133]

Diese wissenschaftstheoretische Position drückt zweifellos die Meinung sehr vieler analytischer Philosophen aus, die über das Problem der Empirizität wissenschaftlicher Theorien nachgedacht und gearbeitet haben. Ein Reflex dieser Ansicht ist die Tatsache, daß sich die Forschungen im Bereich der Analytischen Wissenschaftstheorie bis auf wenige Ausnahmen auf Disziplinen beschränken, in denen Formalisierung und Mathematisierung bereits weit fortgeschritten sind. Dies ist nicht nur vom Standpunkt einer in dieser Hinsicht noch nicht perfekten Disziplin wie der Linguistik bedauerlich, da sie folglich originaler, nicht von anderen Bereichen zu übertragender wissenschaftstheoretischer Analysen und Einsichten weitestgehend entraten muß; vielmehr ist dies auch von einem wissenschaftstheoretischen Standpunkt selbst aus gesehen zu beklagen, denn eine nichtdogmatische, einen Methoden- und Strategienpluralismus nicht apodiktisch ausscheidende Konzeption von Wissenschaftstheorie müßte sich die vorurteilslose Analyse gerade auch solcher Wissenschaften angelegen sein lassen, die der ordnenden und klärenden wissenschaftstheoretischen Reflexion sicher eher bedürfen als andere, in denen die ganze Arbeit bereits getan ist.[134]

Nun gibt es freilich ein sehr gutes Argument, daß die Einstellung zur Analyse empirischer Theorien, wie sie in dem Zitat von v. KUTSCHERA zum Ausdruck kommt, stützt. Es ist die Tatsache, daß das einzige bislang bekannte Verfahren, mit dem wir die Frage nach dem empirischen Gehalt einer Theorie in operationalisierbarer Weise zweifelsfrei entscheiden können, nämlich das Ramseyverfahren, in der Tat vollständig nur auf axiomatisierte Theorien angewendet werden kann — jedenfalls gilt dies dann, wenn der gesamte empirische Gehalt einer Theorie T durch einen einzigen Satz, den allgemeinen Ramseysatz von T, ausgedrückt werden soll. Wenn aber eine Theorie nicht axiomatisiert ist: wann ist sie dann axiomatisierbar? Eine befriedigende generelle Antwort kann hier nicht gegeben werden; auch hier gilt: facis et vidis. M.a.W.: die Frage: Was ist der empirische Gehalt der linguistischen Theorie T? ist *in einem strengen Sinne* nicht beantwortbar, solange T nicht in axiomatisierter Gestalt vorliegt.

---

133 v. KUTSCHERA 1972 : I, 254.

134 Eine Fortsetzung dieser Gedanken in verschiedene Richtungen enthält das Kap. Ic1, S. 102ff..

Diese Situation ist für die Linguistik in einem zweifachen Sinne unbefriedigend. Erstens deshalb, weil bislang nur sehr wenige Theorien über sehr eingeschränkte Aspekte natürlicher Sprachen in axiomatisierter Form vorliegen. Die Hauptmenge der interessanten, aktuellen, meist diskutierten Theorien ist nicht axiomatisiert. Die unbefriedigende Konsequenz ist: wir können einstweilen nicht mit der Genauigkeit des Ramseysatzes sagen, was der empirische Gehalt dieser Theorien ist. Zweitens ist diese Situation aber deshalb unbefriedigend, weil oder insofern der Begriff des empirischen Gehalts selber unklar ist. Ich habe ihn bislang nämlich nur teilweise präzisiert, nämlich im Rahmen der Konzeption der T-Theoretizität. Da aber ist er nur negativ bestimmt: das, was an T N-theoretisch ist, das ist empirisch. Damit haben wir – anscheinend – exakt die umgekehrte Situation im Vergleich zu derjenigen, die durch SNEEDs neues Theoretizitätskriterium und dessen Neuinterpretation des Ramseysatzes überwunden worden ist: jetzt ist klarer, was „theoretisch" und „Theoretizität" bedeutet, aber im Vergleich dazu weniger klar, was „empirisch" und Empirizität" bedeutet. – Aber stimmt das? Ist durch den non-statement-view nicht erstmals klar demonstrierbar, was „Empirizität" bedeutet, nämlich genau dasjenige, was für eine Theorie T durch die Anwendung der Empirizitätsfunktion r und das heißt: durch die Anwendung des modifizierten Ramseyprinzips (R_2) bzw. (R_2') ausgedrückt wird?

Aber „dasjenige, was für eine Theorie T durch die Anwendung des Ramseyprinzips ausgedrückt wird" ist eine Leerformel. Sie besagt nichts darüber, was der Begriff „Empirizität" bedeutet. Unser Begriff von Empirizität wird um keinen Deut dadurch klarer, daß wir für möglichst viele axiomatische Theorien deren allgemeine Ramseysätze formulieren. *Vielmehr müssen wir bereits einen Empirizitätsbegriff besitzen, wenn wir den Sinn des Ramseyverfahrens verstehen wollen*; es sei denn, wir begnügten uns mit jener Erläuterung „empirisch ist in bezug auf T, was N-theoretisch in bezug auf T ist". Aber diese Erläuterung ist unbefriedigend; die Frage: Was ist dies denn nun aber? wäre in dieser Situation vollständig legitim und vernünftig. M.a.W.: das Ramseyverfahren beabsichtigt überhaupt nicht uns zu sagen, was der Begriff des empirischen Gehalts *bedeutet*, sondern es beabsichtigt nur uns zu sagen, welches der empirische Gehalt – wie dieser Begriff auch immer zu verstehen sei – in einem jeweils konkreten Fall *ist*. Dies ist natürlich keine Kritik am Ramseyverfahren; es ist das einzige vorliegende Verfahren zur Bestimmung des empirischen Gehalts einer Theorie. Nur: wer uns auf die Frage nach dem *Begriff* der Empirizität einer linguistischen Theorie rät, den Ramseysatz einer bestimmten linguistischen Theorie T zu formulieren, hat unsere Frage nicht beantwortet. Seine Antwort ist aber nicht deshalb inadäquat, weil T – wahrscheinlich – nicht axiomatisiert ist; dann müßte dies eben zuvor versucht werden. Seine Antwort ist erst recht nicht deshalb inadäquat, weil das Ramseyverfahren die Formulierung des empirischen Gehalts von T nicht erlaubte;[135] nein: die Antwort ist deshalb inadäquat, weil wir nicht

135 Ich schließe mich hier nicht der Kritik SCHEFFLERs am Ramseyverfahren an (cf. insbesondere SCHEFFLER 1968); das Argument SCHEFFLERs, wonach die induktive (empirische) Leistungsfähigkeit des allgemeinen Ramseysatzes einer Theorie T der Leistungsfähigkeit von T grundsätzlich unterlegen sei, ist – wie STEGMÜLLER 1970 : 427ff überzeugend gezeigt hat – nicht schlüssig.

wissen wollten, was der empirische Gehalt von T ist oder worin die Empirizität von T besteht, sondern weil wir wissen wollten, was der Begriff „Empirizität einer linguistischen Theorie" bedeutet oder was wir unter der Aussage verstehen wollen, eine linguistische Theorie besitze einen empirischen Gehalt. Unsere Frage bezieht sich also auf etwas, was bei einer sinnvollen Anwendung des Ramseyverfahrens bereits *vorausgesetzt* werden muß. Nur wer einen klaren Begriff von Empirizität besitzt, wird dasjenige, was vermittels des Ramseysatzes einer Theorie ausgedrückt werden kann, differenzierter verstehen als so, wie es in „dasjenige, was N-theoretisch in bezug auf T ist" zu Ausdruck kommt.

Ich hatte gesagt, daß die Frage nach den empirischen Gehalt einer linguistischen Theorie T solange nicht *in einem strengen Sinne* beantwortet werden kann, als T nicht in axiomatisierter Form vorliegt, und ich hatte dies als eine unbefriedigende Situation charakterisiert. Dieser Eindruck, der sich nach Lektüre des v. KUTSCHERA-Zitats aufgedrängt hatte, vermag nun freilich sehr darüber hinwegzutäuschen, was hier das eigentliche Problem ist. Das eigentliche Problem kann *nicht* darin bestehen, daß wir in der Linguistik einstweilen den Empirizitätsstatus unserer Theorien im allgemeinen nicht in einem strengen Sinne zu entscheiden vermögen, sondern es muß darin bestehen, daß wir ihn im allgemeinen noch nicht einmal in *einem weniger strengen Sinne* klar zu entscheiden vermögen. Unser Problem kann nicht sein, daß wir kaum Ramseysätze für linguistische Theorien formulieren können, solange wir noch nicht einmal klare Vorstellungen darüber haben, was wir eigentlich meinen, wenn wir vom empirischen Gehalt einer linguistischen Theorie sprechen.

Wie viele Forderungen in der Wissenschaftstheorie, die aus deren hauptsächlicher Beschäftigung mit formalisierten und mathematisierten Theorien abgeleitet worden sind, wäre auch die Forderung nach der Bestimmung des empirischen Gehalts einer bestimmten linguistischen Theorie T *zu stark*, und dies aus zwei Gründen. Einmal aus dem erwähnten Grund, daß die Erfüllung dieser Forderung ein klares Konzept von Empirizität voraussetzt (und nicht etwa liefert), zum anderen deshalb weil es gar nicht sicher ist, daß sich die Formalisierung und Axiomatisierung von T überhaupt lohnt.[136] Umgekehrt aber ist die Forderung nach einer Klärung des Begriffs der Empirizität in der Linguistik zwar schwächer, aber *nicht zu schwach*, weil damit ein Kriterium zur Verfügung gestellt würde, das für eine erste und einfache, aber wenigstens verläßliche Theorienselektion im linguistischen Konzeptionenpluralismus brauchbar wäre. Kurz gesagt: eine linguistische Theorie T, für die nicht klar gesagt werden kann, welcher Begriff von Empirizität ihr zugrunde liegt, kann auch nicht als begründbar gelten.

Ich habe nun bislang nur von dem *allgemeinen* Ramseysatz bzw. dem *gesamten* empirischen Gehalt einer linguistischen Theorie T gesprochen. Wir können die eben genannte schwächere Forderung freilich so verstehen, daß wir zwar noch kaum für linguistische Theorien insgesamt, wohl aber – weil hier der Axiomatisierungsvorbehalt fortfällt – für eine einzelne Hypothese, also einen singulären oder universalen empirischen Satz der im Rahmen einer linguistischen Theorie T formuliert werden kann in der Lage sein sollten, anzugeben, in welchem Sinne hier eigentlich eine Behauptung

136 Beides ist in dem Maße wichtig, wie es zur Klärung von andernfalls unklar bleibenden Problemen beiträgt.

über die Wirklichkeit aufgestellt wird. Hier ist es selbstverständlich möglich, jede derartige Hypothese in ihre Ramseyform zu übersetzen, d.h. *spezielle Ramseysätze* für bestimmte Anwendungen oder Teile von Anwendungen linguistischer Theorien zu formulieren.

Dies will ich im Rahmen dieses Buches jedoch nicht mehr tun, weil es erforderlich macht, daß linguistische Theorien im Detail vorgestellt und rekonstruiert werden. Hier, wo es mehr um die grundsätzlichen *philosophischen* Fragen der linguistischen Theoriebildung geht, soll eine generelle Reflexion auf die Empirizität linguistischer Theorie, vor allem im Zusammenhang mit dem Problem der linguistischen Intuition, die Diskussion der gegenwärtigen Thematik beschließen.

4. Die Empirizität einer linguistischen Theorie

Es gibt vergleichsweise nur wenige, einigermaßen ausführliche, wissenschaftstheoretische Untersuchungen zur Linguistik. Statt dessen findet man gar nicht selten philosophische, metatheoretische Überlegungen und Bemerkungen am Rande von konkreten, linguistischen Einzeluntersuchungen. Hier nun ist bisweilen – insbesondere in jüngster Zeit – ein merkwürdiger Gegensatz zu beobachten. Während die linguistischen Praktiker fast ausnahmslos von der Empirizität ihres Tuns überzeugt sind und häufig darauf hinweisen, daß es natürlich darum gehe, empirische Theorien zu konstruieren, finden wir demgegenüber bei einer Reihe von Linguistiktheoretikern eine skeptische bis geradezu dogmatisch antiempirische Einstellung. In den Augen dieser Theoretiker muß die Zuversicht und Überzeugung derer, die selbst linguistische Theorien entwickeln und anwenden, es handele sich hierbei gewiß um empirische Wissenschaft, wie die vertrauensselige Naivität unkritischer Gemüter wirken. Wenn sie nur einmal genauer darüber nachdenken würden, insinuieren sie oder sagen es gar explizit, so würden die Linguisten einsehen müssen, daß sie den Wert der Empirizität aus ihren disziplinären Matrizen streichen und die Meinung als Selbstbetrug entlarven müssen, sie betrieben eine empirische Wissenschaft. Einige dieser Aufklärer sind vom Resultat ihrer Denkbemühungen regelmäßig betroffen; ich würde sie als diejenigen bezeichnen, die noch eine halbwegs realistische Auffassung von empirischer Wissenschaft besitzten. Die anderen scheinen zumindest von der ‚Tatsache', daß insbesondere grammatische Theorien nicht empirisch sind, seltsamerweise überhaupt nicht betroffen zu sein. Sie akzeptieren im Gestus des Philosophen die angebliche Nichtempirizität der Grammatik wie eine ganz normale Sache. Man muß eben neben der Logik und Mathematik auch noch andere nichtempirische Wissenschaften anerkennen, so behaupten sie und scheinen gar nichts Schlimmes dabei zu finden.

Ein Beispiel für diese Einstellung stellt die bereits einmal kritisierte Position von ITKONEN dar. In FINKE 1976 : 179 habe ich als eine Begründung dafür, wieso sich Linguisten eigentlich dafür interessieren, ob ihre Wissenschaft empirisch ist, ein *Sicherheitsbedürfnis* genannt, nämlich das Bedürfnis, darüber Gewißheit zu erlangen, daß sich unsere linguistischen Theorien überhaupt auf etwas Reales beziehen, uns Erkenntnisse über einen Phänomenbereich unserer Wirklichkeit liefern, und nicht etwa von bloß erfundenen oder postulierten Phantasiegebilden handeln. ITKONEN kritisierte dies folgendermaßen: „FINKE (...) claims that linguists quest for empiricalness is a quest for certainty. At the same time he is puzzled that, as he puts it, I can take the nonempiricalness of grammar so calmly. What he fails to see is that my nonempirical grammar-conception offers him a degree of certainty which he can never hope to achieve within any empirical grammar-conception" (ITKONEN 1976a : 31).

Sicher: wenn es um die Gewißheit ginge, daß die aus einer Theorie ableitbaren Sätze unter keinen Umständen falsifiziert werden können, wäre, wenn wir die Wahl hätten, eine nichtempirische Theorie jeder empirischen vorzuziehen, denn die nichtempirische Theorie – wenn sie nur konsistent wäre – würde mit Notwendigkeit und strikter Allgemeinheit gelten. Doch wir können das Angebot ITKONENs, uns doch an die Gewißheit des Nichtempirischen zu halten, nicht annehmen. Wir sind nicht frei, die *kontingenten* Strukturen unserer sprachlichen Gegenstände mit Notwendigkeit und strikter Allgemeinheit zu erklären. Wir haben nicht die Wahl, die bei der Bemühung um Wirklichkeitserfahrung stets vorhandene relative Ungewißheit durch die apodiktische Gewißheit des Nichtempirischen zu ersetzen.

Abgesehen davon, daß mir eine solche Einstellung vollständig unverständlich ist, da sie selbst die philosophische Naivität reproduziert, die zu entlarven sie angetreten war, und abgesehen außerdem davon, daß aus ihr eine unverständliche Geringschätzung des Beurteilungsvermögens und der Erfahrung vieler Linguisten spricht, halte ich eine solche Position in jeder mir vorstellbaren Präzisierung für falsch.

Erinnern wir uns an die Argumentation ITKONENs, der aus der angeblich mangelnden Raum-Zeitlichkeit der linguistischen Untersuchungsgegenstände auf die angebliche Nichtempirizität der grammatischen Theorien schließt. Die grammatische Akzeptabilität von Sätzen, die pragmatische Akzeptabilität von Sprechakten, die intendierte Bedeutung einer Nominalphrase oder das Gelingen eines illokutiven Aktes: Dies alles – so ist behauptet – bezieht sich erstens auf Entitäten, die nicht raum-zeitlich zu lokalisieren sind, und zweitens auf Eigenschaften, die durch empirische Untersuchungen nicht festgestellt werden können. In der Tat scheint der Unterschied zwischen Steinen oder Steinadlern einerseits und Tiefenstrukturen oder Fragen andererseits so offenkundig zu sein, daß die Empirizität von Geologie oder Ornithologie gesichert, im Falle der Linguistik aber nurmehr eine ungerechtfertigte Übertragung einer inadäquaten Wertvorstellung darzustellen scheint. Nun wäre es selbstverständlich vollkommen unsinnig, die deutlichen Unterschiede zwischen Steinadlern und Sätzen über Steinadlern leugnen zu wollen. Steinadler kann ich, wenn ich großes Glück habe, wahrnehmen, für Sätze über sie gilt dies nicht. Zwar kann ich visuelle Inskriptionen oder Kodifikate von Sätzen optisch warhnehmen, doch sehe ich damit nicht zugleich dasjenige, was sie kodifizieren. Ich hätte aber bereits darauf hingewiesen, daß die These von der Nichtempirizität der linguistischen Theorie in der behaupteten Allgemeinheit falsch ist, weil die Linguisten sich auch mit Kodifikationsstrategien und sinnlich wahrnehmbaren Inskriptionen beschäftigen. Dies wäre aber eine ziemlich schwache Basis, wenn darauf allein eine Verteidigung der Empirizität der Linguistik begründet werden müßte. Dies aber ist auch nicht der Fall. In den beiden vergangenen Kapiteln habe ich bereits Argumente dafür beigebracht, daß der Begriff der Empirizität in einer differenzierteren Weise verstanden werden muß, als dies in der Festsetzung „eine Wissenschaft ist empirisch, wenn sie Raum-Zeitliches untersucht" geschieht. Wir müssen einerseits einen klaren Wirklichkeitsbegriff entwickeln, der die Redeweise zu präzisieren gestattet, daß eine empirische Theorie *in mindestens einer Weise auf die Wirklichkeit anwendbar* sein muß, als die Implikate des theoretischen Relativismus ernst nehmen, der sich aus dem Zusammenbruch eines naiven Beobachtungsbegriffs ergibt. Ich will in diesem Kapitel einige der Konsequenzen und Implikate speziell für die Situation in der Linguistik genauer erörtern.

Meine Hauptthese ist diejenige, die auch von den meisten Linguisten, nicht aber einigen Theoretikern der Linguistik geteilt wird:

(Empirizitätsthese) Die Linguistik ist eine empirische Wissenschaft. Insbesondere gibt es empirische linguistische Theorien.[137]

Ich stelle also die These auf, daß der Empirizitätsanspruch, den die meisten Linguisten in bezug auf ihre Theorien erheben, von ihnen zu recht erhoben werden kann. Dabei ist es mir wichtig, daß insbesondere auch sehr abstrakte, mit vielen T-theoretischen Konstrukten (z.B. Sequenzen von surface structures, shallow structures und deep structures) arbeitende und nur indirekt durch Modelle zu interpretierende Theorien als empirische linguistische Theorien akzeptiert werden. Das entscheidende Argument dafür ist folgendes: Die Redeweisen „X untersucht Y“ oder „X hat Y zum Gegenstand“ sind viel zu *ungenau* und jedenfalls so gut präzisierbar, daß wir ihrer in einer Wissenschaftsphilosophischen bzw. linguistiktheoretischen Debatte nicht mehr bedürfen. Wenn wir sie dennoch verwenden, wie z.B. bei der Erweiterung der K-Matrix um die Komponente „Gegenstände“ und auch in verschiedenen anderen Argumentationszusammenhängen, dann sind sie stets so präzisierbar, daß sie die Differenzierungen der S-Matrix zu bewahren gestatten. M.a.W.: Hier handelt es sich um prätheoretische und wegen ihrer Kürze gelegentlich nützliche Redeweisen, die aber nicht leistungsfähig genug sind, um als Argumente in der Empirizitätsdiskussion verwendet werden zu können.

Was soll es eigentlich heißen, daß ein Linguist etwas untersucht? Was soll es dementsprechend heißen, daß, was die Linguisten untersuchen, keine raum-zeitlichen Gegenstände sind? Das mindeste, was man an solchen Redeweisen kritisieren muß, ist, daß sie *mehrdeutig* sind. Sie sind nämlich insofern mehrdeutig, als sie einen ganzen Komplex von verschiedenen Aktivitäten, die sämtlich für die Arbeit der Linguisten charakteristisch sind, umfassen. Wenn beispielsweise Sherlock Holmes eine Fall untersucht, dann umfaßt diese seine Untersuchung eine Vielzahl von bestimmten Aktivitäten und Unternehmungen, die ihm in irgendeiner Weise als für die Aufklärung des Falles nützlich erscheinen. Da werden Spuren gesichert, Daten erhoben, Zeugen befragt, Dokumentationsmaterial angefertigt, aber es werden insbesondere auch Denkspiele veranstaltet, Lösungsmöglichkeiten entworfen, Alternativen des Tathergangs formuliert und verglichen, kurz: Es werden Theorien entwickelt.[138]

137 Ich bezeichne eine Wissenschaft dann als ein empirische Wissenschaft, wenn es unter den im Rahmen ihrer K-Matrizen formulierten Theorien empirische Theorien gibt.

138 Man könnte eine amüsante Diskussion damit bestreiten, zu untersuchen, welches Verständnis von Deduktion bzw. Induktion Sherlock Holmes bzw. Arthur Conan Doyle gehabt haben. Die Methode des Meisterdetektivs wird als „the art of deduction“ vorgestellt, doch vermag ich in keinem seiner Fälle die für Detektive oder Kommissare gewiß höchst ungewöhnliche Methode

Ich sehe hier keine gravierenden Unterschiede zu Situation in der Linguistik. Wenn jemand einwendet, daß die Unterschiede erheblich seien, weil die Spuren und Daten von Sherlock Holmes sinnlich wahrnehmbar und raum-zeitlich lokalisierbar seien – erkaltete Pfeifenasche, ein Blutfleck oder ein langes Frauenhaar – und die Spuren und Daten der Linguistik nicht, so ist dies schlicht falsch. Auch den Linguisten, jedenfalls insofern sie Theorien über natürliche Sprachen formulieren, stehen *keine anderen als raum-zeitliche Daten* zur Verfügung: Lautereignisse, Verhaltensweisen von Personen und Beziehungen zwischen verschiedenen solcher Daten. Eine linguistische ‚Untersuchung' besteht im wesentlichen aus der Formulierung einer Theorie, also eines Prädikats, und der Interpretation dieses Prädikats durch dasjenige, was allein vermittels der empirischen Daten kodifizierbar und erfaßbar ist. Auch ein Detektiv interessiert sich ja bisweilen für Sprachliches. Wenn das Opfer kurz vor dem Verröcheln ihm noch ins Ohr haucht: „Achtzehn Karat!", dann muß der Detektiv empirische Semantik betreiben wie ein Linguist. Niemand käme auf die Idee, die Hypothesen, die er über die mögliche Bedeutung der letzten Worte aufstellt, für prinzipiell empirisch nicht bestätigungsfähig zu halten, doch wenn ein Linguist die Bedeutung eines Satzes anzugeben versucht, soll dies auf einmal prinzipiell in Frage stehen? Die Wirklichkeit, in bezug auf die ein Linguist Theorien formuliert, unterscheidet sich von der des Detektivs nur dadurch, daß sie eine sprachliche Wirklichkeit ist. Aber liegt hier nicht ein gravierender Unterschied im Objektbereich des Linguisten gegenüber dem des Detektivs?

Sprachen sind keine raum-zeitlichen Entitäten, Sprechereignisse oder Blutspuren sind es. Ist dies nicht das Eingeständnis, daß Lingistik keine empirische Wissenschaft ist, weil empirische Wissenschaft Raum-Zeitliches untersucht? Dies ist nicht der Fall. Der Fehler liegt wieder in der Vieldeutigkeit, die dem Wort „untersuchen" gegeben werden kann. Betrachten wir als Beispiel die Physik. Niemand käme auf die Idee, den Unterschied zwischen theoretischer Physik und Experimentalphysik mit dem Unterschied zwischen einer nichtempirischen und einer empirischen Physik gleichzusetzen. Die theoretischen Physiker formulieren – oder besser: intendieren – empirische Theorien, deren Empirizität einfach darin besteht, daß es möglich ist, für die mathematischen Strukturen dieser Theorien Modelle anzugeben, die Ausschnitte aus der Wirklichkeit darstellen. Im atomaren Bereich ist es hier z.B. nicht mehr selbstverständlich, daß die durch die einschlägigen Theorien erfaßten Wirklichkeitsausschnitte raum-zeitlich organisiert sind. Für den Sprachwissenschaftler ist die Raum-Zeitlichkeit seiner Gegenstände in ähnlicher Weise kein Problem. Er besitzt, ähnlich wie der Physiker Meßsprachen und Meßgeräte, mit denen dieser raum-zeitliche Daten identifizieren und auf seine Theorien beziehen kann, Kodifikationssysteme und Analysesprachen, mit denen er die raum-zeitlichen Inskriptionen auf linguistische Theorien beziehen kann. Die Empirizität einer linguistischen wie einer physikalischen Theorie steht und fällt mit der Möglichkeit, *mindestens ein Modell für die Theoriestruktur angeben zu können.* Die Wirklichkeit auch der natürlichen Sprachen ist jederzeit raum-zeitlich kodifizierbar.

---

der Deduktion wirklich zu entdecken; Sherlock Holmes ist ein so lupenreiner Induktivist, daß POPPER ob der traumwandlerischen Sicherheit seiner Schlußfolgerungen mit Recht die Haare zu Berge stehen müßten.

Im Zusammenhang mit der Empirizitätsdiskussion wird häufig ein anderes Problem diskutiert, das man das Problem der linguistischen Intuition nennen könnte. Es besteht darin, daß die Linguisten sich nicht gleichermaßen für alle sprachlichen Entitäten interessieren, sondern insbesondere für solche, die in einem bestimmten Sinne *wohlgebildet* sind. Insbesondere seit dem Aufkommen des Strukturalismus bemühen sich die Linguisten, Wohlgebildetheitsbedingungen für die verschiedensten sprachlichen Entitäten zu formulieren, also beispielsweise Phoneme, Wörter, Sätze, Sprechakte oder Sprechaktsequenzen. Abgesehen davon, daß dies keinesfalls die einzige oder auch nur die wichtigste linguistische Aufgabe ist,[139] gilt auch, daß die Angabe von Wohlgeformtheitsbedingungen keine rein deskriptive Tätigkeit, sondern eine *Bewertungsprozedur* ist. Nun aber lautet ein oft formulierter Einwand etwa so: Es ist schon klar, daß es sich hier um Bewertungsprozeduren handelt. Aber die Bewertung geschieht aufgrund der Intuition des Linguisten selbst, seines spezifischen Idiolekts, seiner privaten Ansichten darüber, welche linguistischen Objekte als korrekt oder wohlgebildet auszuzeichnen sind. Es kann sich aber bei Theorien, die Bewertungsprozeduren enthalten, nicht um empirische Theorien handeln.

Dieser Einwand ist aus zwei Gründen nicht stichhaltig. Erstens können Theorien unbeschadet ihrer Empirizität sehr wohl Bewertungsprozeduren einschließen, sie dürfen lediglich nicht vollständig aus Bewertungsprozeduren bestehen. Dies ist schon aufgrund des Theoriebegriffs, den wir eingeführt haben, unmöglich. Und zweitens ist es keinesfalls notwendig, daß die Intuition eines einzelnen Linguisten notwendig darüber entscheiden müsse, wie ein sprachliches Objekt zu bewerten sei. Diese Entscheidung ist vielmehr dann vollkommen objektiv und empirisch nachprüfbar, wenn die Bewertungsprozeduren explizit formuliert und selbst gerechtfertigt worden sind. An diesem Prozeß, der nichts anderes als ein linguistischer Theoriebildungsprozeß auf der Metastufe ist, sind genauso viele Individuen beteiligt oder beteiligbar, wie in jedem Theoriebildungsprozeß. Die sprachliche Kompetenz dieser Individuen ist ebenso objektivierbar und kritisierbar, wie die Entscheidungen, die sie aufgrund dieser Kompetenz fällen. Im übrigen hat die linguistische Debatte der jüngsten Zeit deutlich gezeigt, daß an die Stelle normativer Bewertungsprozeduren und Bedeutungskriterien eine deskriptiv begründetet Pluralität solcher Prozeduren und Kriterien getreten ist. –

Damit will ich die Diskussion der Empirizität linguistischer Theorien in diesem Kapitel abschließen. Allerdings ist noch eine sehr wichtige Bemerkung zu einem Thema anzufügen, das erst im Zusammenhang mit dem linguistischen *Begründungsproblem* angemessen diskutiert werden kann.

Die empirischen Theorien der Linguistik, also beispielsweise die Grammatik einer natürlichen Sprache oder die Theorie der sprachlichen Universalien, erreichen ihre de-

139 Mindestens ebenso wichtig wie die Angabe von Wohlgeformtheitsbedingungen für, beispielsweise, Sätze ist die Erklärung der Sätze durch ihre Funktion. Der funktionale Aspekt ist allerdings im Strukturalismus meist zu kurz gekommen. In CHOMSKYs Linguistikkonzeption kommt er überhaupt nicht vor. – Eine funktionale Erklärung für einen Satz S liegt z.B. dann vor, wenn ich auf die Frage „Warum verwendet p in der Situation C den Satz S und nicht S'? so antworte, daß ich ein Kommunikationsbedürfnis angebe, das p nur vermittels S, nicht aber durch S' befriedigen kann.

skriptiven und explanativen Ziele nicht im gleichen Umfange. Sonst wäre jede Theorienkonkurrenz, wie sie auf dem Felde der Linguistik üblich ist, nicht erklärbar und auch zwecklos. Dies kann uns darauf hinweisen, daß wir einen wichtigen Aspekt der Empirizität linguistischer Theorien bislang fast völlig außer acht gelassen haben, nämlich den, den man mit dem Begriff der *empirischen Adäquatheit* einer Theorie bezeichnet. Mehrere empirische Theorien sind nicht notwendig alle gleichermaßen empirisch adäquat. Wenn wir die Wahl haben, werden wir uns natürlich für die relativ adäquatesten unter ihnen entscheiden.

Hier aber treten wir in eine Diskussion des linguistischen Begründungsproblems ein.

c) Gibt es ein Begründungsproblem?

Nach den Begriffen „linguistische Theorie“ und „Empirizität“ bleibt uns noch die Aufgabe, den Begriff der Begründbarkeit einer linguistischen Theorie zu klären. Wir können deshalb nicht darauf verzichten, weil im Zusammenhang unserer Analyse der Grundlagen einer linguistischen Theorie sonst unklar bliebe, was unter dem Begründbarkeitsanspruch, den die Linguisten ausnahmslos für ihre Theorie erheben, genau verstanden werden kann.

Hier soll sofort auf zwei Punkte hingewiesen werden. Erstens könnte man fragen, warum man sich im Zusammenhang mit dem Problem der Empirizität linguistischer Theorien überhaupt mit dem Begründungsproblem auseinandersetzen sollte. Abgesehen davon, daß die Frage auch umgekehrt gestellt werden könnte (Warum sollte man sich im Zusammenhang mit dem Begründungsproblem linguistischer Theorien auch mit dem Problem ihrer Empirizität auseinandersetzen?), antworte ich darauf mit einer These: Zwischen beiden Problemen besteht eine enge Verbindung; das eine ist ohne eine Lösung des anderen nicht lösbar. Dies soll aber nicht heißen, daß eine vollständige logische Interdependenz zwischen ihnen bestünde; die These daß eine Lösung des einen eine Lösung des anderen logisch voraussetzte und umgekehrt, wäre schon aus logischen Gründen wertlos, nämlich Resultat einer zirkulären Argumentation. Ich behaupte vielmehr lediglich, daß aus einer befriedigenden Lösung des linguistischen Empirizitätsproblems bereits wesentliche Prämissen einer Lösung des linguistischen Begründungsproblems folgen, und eine befriedigende Lösung des linguistischen Begründungsproblems eine Lösung des Empirizitätsproblems impliziert.

Meine Hauptthese lautet: *Der Begriff der Begründbarkeit einer Theorie ist mehrdeutig.* Eine linguistische Theorie zu begründen kann einmal heißen, ihre theoretische Struktur durch den Aufweis eines empirischen Modells zu rechtfertigen. Es kann aber auch heißen, sie als die überlegene Theorie in der einschlägigen Theorienkonkurrenz auszuzeichnen. Ich will in den folgenden Kapiteln die Relevanz des Begründungsbegriffs in seinen beiden Bedeutungen für die Entwicklung empirischer, linguistischer Theorien erörtern.

1. Wissenschaftliche Praxis vs. Metatheorie

Von der Linguistik aus gesehen, die in diesem Buch mein Gegenstand ist, ist das vorliegende ein *metatheoretische* Untersuchung. Ich habe beispielsweise in den beiden voraufgegangenen Kapiteln über Theorie und Empirie nicht vorgehabt, die Linguistik selbst in irgendeiner Form zu *verändern*. Es scheint so, als ob diese reflektierende Einstellung auch jede Auseinandersetzung mit dem Problem der Begründung linguistischer Theorien bestimmen müßte.

Wissenschaftsnahes Philosophieren ist nun zweifellos in nahezu jeder Spielart metatheoretisch, d.h. eine Reflexion *auf* eine Wissenschaft und nicht *in* einer Wissenschaft. So unterscheiden sich beispielsweise wissenschaftsphilosophische Untersuchungen zur Linguistik von den meisten linguistischen Untersuchungen im allgemeinen darin, daß sie linguistische Theorien als bereits existent voraussetzen und auf diese reflektieren. Auch ich habe bisher diese Haltung eingenommen, wenn ich gefragt habe, was eine linguistische Theorie sei und worin eigentlich der von den Linguisten erhobene Empirizitätsanspruch bestehe. Dies mag nun von einem *philosophischen* Standpunkt aus gesehen eine ganz angemessene und vielleicht auch typische Art und Weise sein, Fragen zu stellen und Probleme anzugehen; ein Philosoph mag von Untersuchungen dieser Art, wenn sie klar und kompetent durchgeführt werden, einiges lernen über die Linguistik als Wissenschaft. Wie steht es aber mit einem Linguisten? Schauen wir einmal aus einem *linguistischen* Blickwinkel auf die beiden vorangegangenen Kapitel zurück und fragen uns, ob es eigentlich auch ein linguistische Interesse geben könnte, sich mit den dort verhandelten Problemen und metatheoretischen Lösungsstrategien zu beschäftigen.

Hier wird man zweierlei feststellen dürfen. Erstens werden Fragen der Theorie und Empirie in Bezug auf Linguistik heute nicht nur von Philosophen erörtert, deren angestammtes Metier dies ist, sondern in zunehmendem Maße auch von den Linguisten selbst, also denen, die ansonsten die Theorien *produzieren*, die wir bei unseren metatheoretischen Analysen vor Augen haben. Hier muß offenbar ein Interesse vorhanden sein, dem es nachzuspüren gilt. Zweitens aber können wir ebenfalls beobachten, daß das Interesse der meisten Linguisten an philosophisch-metatheoretischen Überlegungen *begrenzt* ist; es reicht zumeist nur soweit, wie es ihnen für ihre eigene linguistische Arbeit nützlich erscheint. Eine darüber hinausgehende Philosophie der Linguistik wird wieder vollkommen denen überlassen, die dies als ihren eigenen Forschungsgegenstand ansehen; als ein linguistischer Forschungsgegenstand wir dies jedenfalls dann nicht mehr angesehen. Auch über dieses Faktum sollten wir nachdenken und zwar, so gut es geht, als Philosophen *und* Linguisten.

Es hat, auch bestätigt durch eine solche explizite Konjunktion, den Anschein, als ob tatsächlich das philosophische Interesse an der Linguistik und das linguistische Interesse an der Sprache zwei wohlunterschiedene und auch wohlzuunterscheidende Interessen wären.[140]

---

140 Ich spreche hier bewußt nicht von einer Philosophie der Sprache, sondern von einer Philosophie der Linguistik. Es ist nämlich deutlich, daß sich die Sprachphilosophie seit einigen Jahren auf den selben Weg begeben hat, den lange vor ihr schon die Naturphilosophie in Bezug auf die

Ich möchte nun die These vertreten, daß, obwohl das metatheoretische Erkenntnisinteresse der Philosophen und das objekttheoretische Erkenntnisinteresse der Linguisten prinzipiell gut unterscheidbar sind, es doch nicht wünschenswert ist, daß sich beide zu weit auseinanderentwickeln. Genauer sollte ich wohl sagen: daß *wir* beide zu weit auseinanderentwickeln, denn es sind ja die Wissenschaftler und Philosophen selbst, die bestimmen, in welcher Richtung es weitergehen soll. Wenn wir uns an die zuerst genannte Beobachtung erinnern, so gibt es in dieser Frage überhaupt kein Problem, weil ja viele Linguisten gegenwärtig davon überzeugt sind, daß metatheoretische Untersuchungen im Bereich von Theorie und Empirie auch für ihr eigenes Forschungsinteresse wichtig sind. Ich will mich kurz der Frage zuwenden, warum dies so ist.

Der Grund dafür ist offenbar, daß in der gegenwärtigen Entwicklungssituation der Linguistik die Beschäftigung mit den Grundlagen dieser Wissenschaft und hier insbesondere mit Fragen wie den bislang verhandelten aus der Sachlage der betroffenen Probleme heraus gerechtfertigt ist. Obwohl die Entwicklung der generativen Linguistik zwar keinen vollständigen *Wechsel* der konzeptionellen K-Matrizen bedeutet hat, sondern nur eine freilich folgenreiche *Veränderung* auf einigen wichtigen Matrixebenen,[141] hat sie doch eine nachhaltige Veränderung des Wissenschaftsbildes mit sich gebracht, das die Linguistik zuvor darbot. Hier soll das Schlagwort ‚Rationalismus' genügen, um die Verunsicherung anzudeuten, die die disziplinäre Matrix der CHOMSKYschen Linguistik weithin hervorgerufen hat. Ich will hier nicht diskutieren, ob diese Verunsicherung Wissenschaftler traf, die ihrer Wissenschaft gegenüber eine *empiristische* Grundeinstellung mitbrachten; es ist aber deutlich zu sehen, daß viele in der rationalistischen Wende auch einen Verlust an *empirischer* Substanz der Sprachwissenschaft beobachten zu können glaubten. Natürlich: Hier liegt eine Verwechslung von „empiristisch" und „empirisch" vor; der Rationalismus CHOMSKYs machte Front gegen den Empirismus BLOOMFIELDs und seiner Nachfolger, nicht aber gegen die Empirizität der sprachwissenschaftlichen Theorien. Doch habe ich bereits einmal darauf hingewiesen, daß Empirie und Empirismus sehr oft in Gefahr sind, miteinander verwechselt zu werden; wie anders ist die Vehemenz zu erklären, mit der z.B. CARNAP und HEMPEL um die Begründungsmöglichkeiten eines erkenntnistheoretischen Empirismus gekämpft haben? Bei der linguistischen Entwicklung kommt außerdem hinzu, daß sich in zunehmendem Maße nicht nur Logiker, Mathematiker oder Informatiker mit der Entwicklung formaler Sprachsysteme beschäftigen, sondern auch Sprachwissenschaftler. Heute ist die Leistungsfähigkeit und problemeröffnende Kraft von formalen Analysen natürlicher Sprachen und paral-

---

physikalischen Wissenschaften gegangen ist, nämlich den Weg der Einsicht, daß es keine Konkurrenz zwischen einer philosophischen und einer wissenschaftlichen Auseinandersetzung mit einem Problemgebiet geben sollte. Ebensowenig, wie auf dem Gebiet der physikalischen Probleme und Gegenstände, kann es sich die Philosophie auf dem Gebiet der sprachlichen Probleme und Gegenstände inzwischen noch leisten, die Theorien souverän zu ignorieren, die Physiker oder Linguisten entwickeln. Die jeweiligen Frageinteressen sind nicht so grundsätzlich verschieden, daß man seine Theorien aneinander vorbei entwickeln könnte; die Sprachphilosophie wird – dies ist eine in der Sache liegende Konsequenz – mehr und mehr zur Philosophie der Linguistik. – cf. FINKE 1974 : insbes. 510.

141 Cf. Kap. IIc2, S. 176 ff..

lelen Analysen formaler Sprachen linguistisch kaum noch strittig; man darf wohl sagen, daß die moderne Entwicklung dort ihren eindrucksvollen Fortschritt besonders deutlich unter Beweis stellen kann, wo sie logische und mathematische Methoden verwendet. Der Mathematisierungsprozeß der Linguistik bringt zwar auch Schwierigkeiten mit sich, doch sind die wissenschaftlichen Perspektiven viel beeindruckender; aufzuhalten ist er ohnehin nicht.[142]

In dieser Wissenschaftssituation aber ist es nun in der Tat nicht ohne weiteres für den in der praktischen Arbeit mit den neuen Methoden beschäftigten Linguisten zu beurteilen, ob das, was er herstellt, eigentlich noch eine empirische Theorie genannt werden darf. Tatsächlich sind ja nicht alle linguistischen Theorien, in denen formale Sprachen verwendet werden, empirisch. Auch hat sich das Erscheinungsbild, die Darstellungsform, linguistischer Untersuchungen in diesem Zusammenhang so auffällig gewandelt, daß es jedenfalls nicht mehr selbstverständlich ist, ob auf die neuen Produkte der Linguistik derselbe Theoriebegriff anwendbar ist wie bisher. Insoweit scheint mir eine philosophisch-metatheoretische Beschäftigung mit den Grundlagen der Linguistik auf ein auch von linguistischer Seite aus gesehen wohlzubegründendes Interesse zu stoßen. Indem ich einen Gedanken vorwegnehme, den ich später in diesem Kapitel noch behandeln werde, möchte ich sogar soweit gehen zu sagen, daß sie eine in der Sache begründete Notwendigkeit ist. Die Entwicklung einer Wissenschaft verläuft nämlich zwar *weitgehend autonom* gegenüber wissenschaftstheoretisch-methodologischen Überlegungen, doch kaum jemals *vollständig* isoliert neben ihnen her. Ob bewußt oder unbewußt, sie wird auch von grundlagen-theoretischen Zielsetzungen und Interessen der Forscher gesteuert und deshalb ist – insbesondere bei relativ matrixinstabilen Entwicklungen, wie wir sie in der gegenwärtigen Linguistik beobachten – die kontrollierende metatheoretische Reflexion nicht nur wünschenswert, sondern auch notwendig. Notwendig allerdings nur unter der Bedingung, daß uns an einer rationalen Kontrolle dieser Entwicklung liegt.

Wenden wir uns jetzt aber der zweiten Beobachtung zu. Linguisten sind zwar gegenwärtig für metatheoretische Untersuchungen in einem gewissen Umfange aufgeschlossen, doch hält sich diese Aufgeschlossenheit in Grenzen und wird nicht selten rasch durch die Empfindung der Langeweile abgelöst. Nun kann man sich zwar auf den Standpunkt stellen, daß Menschen und mithin auch Forscher und ihre Interessen eben verschieden seien und ohnehin nie in Zweifel gestanden habe, daß ein wissenschaftsphilosophisches und ein wissenschaftliches Interesse keinesfalls identisch zu sein brauchen. Ich möchte demgegenüber aber dafür plädieren, die zweite Beobachtung genauso ernst zu nehmen wie die erste. Wenn auch ein wissenschaftsphilosophisches und ein wissenschaft-

142 Bei den Schwierigkeiten sind insbesondere didaktische Probleme zu nennen, die, wenn sie nicht überwunden werden können, die Linguistik in die Gefahr bringen, wie die moderne Physik zu einer Wissenschaft nur für Eingeweihte zu werden. Natürlich ist dieses nicht prinzipiell zu verhindern, doch scheint es mir angesichts der Wichtigkeit der linguistischen wie physikalischen Probleme für das Leben und Wirklichkeitsverständnis der Menschen äußerst wichtig zu sein, vor allem durch eine stärker anwendungsbezogene mathematische Schulausbildung eine allgemeine Ausbildung in den wichtigsten formalen Grundlagen überhaupt zu ermöglichen. – Cf. HABEL 1975.

liches Interesse nicht identisch zu sein *brauchen*, so *können* sie doch zumindest sehr ähnlich sein. Auch dies ist eine Beobachtung, an der wir nicht einfach vorbeigehen sollten. Ich möchte sogar die starke These vertreten, daß nicht nur die Wissenschaftsphilosophie, sondern die Philosophie ganz allgemein dort ‚at its best' ist, wo sie ihre Fragen und Zugangsweisen den konkreten Problemen einer Wissenschaft so eng anzukoppeln weiß, daß beide in eine fruchtbare Kooperation eintreten können. Das Schicksal der Philosophie ist, etwas pathetisch ausgedrückt, ihre Erfüllung nicht in sich selbst zu finden, sondern in der Wissenschaft. Philosophie ist ein Motor oder ein Reservoir wissenschaftlicher Phantasie; hierin liegt eine große Chance, skeptischen Fragen nach ihrer Relevanz mit einer absolut überzeugenden Antwort begegnen zu können. Philosophie kann schlicht nützlich sein, aber nicht im Hinblick auf ihre eigene Fortentwicklung – dieser Selbstzweck darf ihr nicht genügen –, sondern im Hinblick auf die Eroberung von Neuland für die Wissenschaft. Hier aber liegt der Grund, wieso wir die zweite Beobachtung so ernst nehmen sollten wie die erste: Sie weist uns nämlich daraufhin, daß wir auch nutzlose, selbstgenügsame, kurz: realitätsferne Philosophie betreiben können. Dies ist eine Gefahr, die die Philosophie sehen muß. Wenn ihre metatheoretischen Reflexionen auf Linguistik die Mehrzahl der Linguisten nicht mehr interessieren, dann zeugt dies davon, daß ihre ohnehin stets in einem gewissen Umfange vorhandenen Wissenschaftsferne zu groß geworden ist. Dort, wo Metatheorie an den Problemen der wissenschaftlichen Praxis vorbeiredet, hört sie auf, wichtig zu sein.

Wir sollten uns nun aber fragen, ob nicht die Entwicklung der wissenschaftlichen Praxis *autonom* und von metatheoretischen Untersuchungen unabhängig verläuft. Ist nicht die analytische Wissenschaftstheorie ein Beweis dafür, daß die Entwicklung der Wissenschaft selbst *vorgängig* ist und die Entwicklung ihrer Reflexion in der Metatheorie gleichsam abwarten muß, bis ein Reifegrad erreicht ist, der als Bedingung der Möglichkeit von metatheoretischer Reflexion angesehen werden muß? Hier sind wir bei einem schwierigen und für die Konzeption der Wissenschaftstheorie grundsätzlichen Problem angelangt. Es ist die Frage, ob Wissenschaftstheorie ein *deskriptives* oder ein *normatives* Unternehmen ist oder sein soll.

Es ist auffällig, daß die meisten wissenschaftstheoretischen Untersuchungen, die dem vom Logischen Empirismus und der ihn modifizierenden analytischen Philosophie vertretenen Wisseschaftsideal verpflichtet sind, an physikalischen Theorien durchgeführt werden. Dahinter steht offenbar die Auffassung, daß es sich philosophisch mehr lohnt, demonstrierbar erfolgreiche Wissenschaften einer metatheoretischen Analyse zu unterziehen als solche, deren Erfolg einstweilen noch eher zweifelhaft ist. Die Mehrzahl der analytischen Wissenschaftstheoretiker meint offenbar, die philosophische Reflexion auf das Phänomen Wissenschaft könne erstens nur dann selbst erfolgreich sein, wenn sie sich auf die Analyse ebenfalls möglichst solid im Rahmen vergleichsweise stabiler K-Matrizen fortschreitender Paradigmata von Wissenschaft beschränke, und sie könne zweitens unsere Einsicht in und unser Verständis für das Unternehmen Wissenschaft durch solche Analysen stärker mehren und vertiefen, als wenn sie sich auf eine Beschäftigung mit windigen, problematischen und unsicheren Kandidaten von Wissenschaft einließe. Der Gerechtigkeit halber muß freilich auch noch ein Minderheitsvotum genannt werden. Es besagt, daß die Wissenschaftstheorie sich *noch nicht* auf die Analyse dieser Wissenschaften einlassen sollte, aber nicht deshalb weil sie einen dubiosen Wissenschaftscharakter besäßen, sondern weil ihre interne Wissenschaftsstruktur offenbar relativ komplizierter und schwieriger zu beurteilen und daher ratsam sei, sich vorerst auf vergleichsweise einfachere und gegenwärtig schon besser durchschaubare Wissenschaften zu konzentrieren.

Ich halte alle diese Einschätzungen für *falsch*. Das Minderheitsvotum drückt zwar insofern eine richtige Haltung aus, als es empfiehlt, vor einem schwierigen Vorhaben zunächst sicherzustellen, daß man überhaupt ein einfaches bewältigt. Auch ist zuzugestehen, daß die wissenschaftstheoretische Analyse axiomatisierter Theorien einfacher ist und zu ‚härteren' Ergebnissen führt als im Falle (noch) nicht axiomatisierter Theorien. Aber in seiner Konsequenz – Hände weg von heißen Eisen! – ist es ebenso irrational wie die Ansicht der Mehrheit. Es ist schlechterdings nicht einzusehen, wieso die wissenschaftstheoretische Analyse der Quantenmechanik uns dem Verständnis des Phänomens Wissenschaft auch nur einen Deut näher bringen sollte als sorgfältige Untersuchungen über die Theorie der Grammatik oder gar der literaturwissenschaftlichen Interpretation.[143]

Die Meinung schließlich, daß solche Solidität nur unter Bezug auf Gegenstände erreichbar sei, die einen demonstrierbaren Exaktheitsanspruch erheben könnten, ist vollständig irrational. Einmal ist sie Ausdruck einer falschen Exaktheitsvorstellung,[144] nach der es grundsätzlich sinnvoll sein soll, zwischen exakten und weniger exakten Wissenschaften zu unterscheiden; zum anderen ist sie Ausdruck einer falschen Vorstellung des Verhältnisses von Objekten zu ihren möglichen Darstellungen. Ein Gedicht kann aber prinzipiell nicht minder exakt dargestellt werden als eine chemische Verbindung oder ein Ökosystem. Das Nicht-Exakte kann exakt, das Exakte nicht exakt analysiert werden. Doch es gibt noch einen weiteren Grund, der gegen die genannten Ansichten ins Feld geführt werden kann. Er ist der wichtigste von allen.

Viele Wissenschaftstheoretiker haben sich nämlich offenbar sei geraumer Zeit nicht mehr ernsthaft die Frage vorgelegt, *wozu Wissenschaftstheorie eigentlich da ist.* Es scheint geradezu ein Dogma der Wissenschaftstheorie zu sein, daß ihre Aufgabe in der Analyse und rationalen Rekonstruktion von existierenden wissenschaftlichen Theorien zu bestehen habe. Hauptziel ist dabei stets eine klare und explizite Darstellung der logischen Struktur einer Theorie. Ich bestreite nicht, daß dies ein wichtiges und schon oft erfolgreich angestrebtes Ziel der Wissenschaftstheorie ist; was ich bestreite ist, daß es das Hauptziel sein sollte. Ich möchte behaupten, daß die Frage „Wozu kann eigentlich die Wissenschaftstheorie dienen?", wenn sie ernsthaft und in Erwartung einer wohlüberlegten Antwort gestellt wird, die meisten Wissenschaftstheoretiker gegenwärtig überfordern würde. Hier herrscht das *Dogma von der rationalen Rekonstruktion*, wie es z.B. auch von STEGMÜLLER vertreten wird, fast unbeschränkt. Es gibt nur wenige namhafte Konkurrenzkonzeptionen, etwa FEYERABENDs wissenschaftstheoretischen Anarchismus oder, im deutschsprachigen Raum, den Konstruktivismus der Erlanger

143 Zu ersterem cf. LIEB 1974; 1975; zu letzterem cf. GÖTTNER 1972; FINKE/KINDT/WIRRER 1975. Beispiele werden analysiert in KINDT/SCHMIDT (eds.) 1976.

144 Eine sorgfältige Diskussion der gängigen Dichotomie zwischen exakten und nicht exakten Wissenschaften enthält HELMER/RESCHER 1969.

Schule um P. LORENZEN. FEYERABENDs extreme Konzeption, nach der logische Analysen jeglicher Rationalität entbehren, weil die Forderung stabiler wissenschaftlicher Methoden irrational sei,[145] verfehlt die berechtigte Kritik am Dogma von der rationalen Rekonstruktion aber ebenso wie LORENZENs Ansicht, jede wissenschaftliche Tätigkeit – also beispielsweise das Axiomatisieren einer Theorie – sei solange irrational, wie man die Annahme ihrer fundamentalen Sätze oder Entscheidungen nicht begründen könne. Beide Konzeptionen verkennen die wissenschaftliche Realität, denn sie legen sich mit der Wissenschaft überhaupt an: FEYERABEND *unterschätzt* die Bedeutung logischer Analysen, weil er auch für seine eigenen Argumentationen zu Recht die Schlüssigkeit der Logik wünscht. LORENZEN (wie auch z.B. sein Schüler LORENZ in LORENZ 1976; cf. hierzu meinen Kommentar in WUNDERLICH 1976 : 268) *überschätzt* den Bedarf, der an Letztbegründungen besteht; er ist deshalb ziemlich gering, weil die üblichen pragmatischen Entscheidungen in den Wissenschaften für die jeweils intendierten Zwecke vollkommen ausreichen, und dies ist ein gutes Kriterium für Rationalität. Berechtigt ist eine Kritik an der Wissenschaftstheorie aber insofern, als sie sich mit dem alleinigen Ziel einer rationalen Rekonstruktion vor Augen vielen Wissenschaften *entfremdet*, deren Analyse *für beide Partner* lehrreich sein könnte. Eine rationale Rekonstruktion ist eine überwiegend deskriptive Tätigkeit. Wir können nur rekonstruieren, was zuvor schon einmal konstruiert worden ist.[146]

Die rationalen Rekonstrukteure berufen sich zur Begründung für ihre Tätigkeit auf die *Autonomiethese*. Nach dieser These soll die Entwicklung der Wissenschaften vollständig ihren eigenen Gesetzen unterliegen, nach den jeweilig in einer Wissenschaft herrschenden Problemlagen und Diskussionszusammenhängen fortschreiten, wobei auch konkurrierende Parallelentwicklungen vorkommen können, doch soll sie jedenfalls nicht in Abhängigkeit von philosophischen und methodologischen Reflexionen vonstatten gehen. Dem ist insofern natürlich zuzustimmen, als es ein heute inadäquates Verständnis von Philosophie sein würde, wenn man ihr zutraute, alle Spezialprobleme der einzelnen Wissenschaften reflektieren und bei ihrer Verarbeitung normativ kontrollieren zu können. Doch obwohl es faktisch so ist, daß die Wissenschaftsentwicklung neben der metatheoretischen Reflexion meistens weitgehend autonom verläuft, kann daraus doch nicht geschlossen werden, daß dies so sein muß. Im Gegenteil: es gibt immer wieder Beispiele, wo die Fortentwicklung einer schwierigen und meist an sehr grundsätzliche Fragen heranreichenden wissenschaftlichen Problemlage nur durch sehr generelle Reflexionen auf die Voraussetzungen und Methoden einer Wissenschaft oder Theorie möglich ist. Hierfür finden wir auch genügend Beispiele in der Geschichte der Physik; es sind zugleich jene Stadien, in denen die Vermutung zu dämmern beginnt, daß das Erklärungspotential einer disziplinären Matrix schon oder bald ausgeschöpft ist. In solchen Phasen erfüllt die wissenschafts-

145 Bezeichnend ist z.B. der Titel von FEYERABEND 1970 : „Against Method".

146 In den rationalen Rekonstruktionen der Wissenschaftstheoretiker sind auch normative Komponenten enthalten. Es findet ja keine identische Reproduktion statt, sondern eine von bestimmten Prinzipien gesteuerte Veränderung. Ich sage aber, daß das deskriptive Element überwiegt, weil die wissenschaftliche Praxis durch eine rational rekonstruierende Metatheorie nicht oder nur in nicht substantieller Weise verändert wird.

philosophische Reflexion ihren hervorragenden Zweck, in dem sie nämlich bei der Grundsatzanalyse der Schwierigkeiten hilft und die Neubegründung einer disziplinären Matrix ermöglicht.

Es wäre zu wünschen, daß die Wissenschaftstheoretiker, die im Rahmen der analytischen Philosophie arbeiten, in größerem Maße als bisher erkennen, *daß die meisten von ihnen bislang nahezu ignorierten Wissenschaften in genau dieser Situation sind.* Eine matrixinstabile Wissenschaft wie die gegenwärtige Linguistik ist auf die Kooperation der Philosophie in ihrem eigenen Interesse angewiesen, allerdings einer nicht nur rekonstruktiv analysierenden Philosophie, sondern einer solchen, die sich *auch* für die Innovation wissenschaftlicher Phantasie interessiert. Ich argumentiere also nicht *gegen* die rekonstruktive Wissenschaftstheorie der Analytischen Philosophie; dies wäre schon deshalb irrational, weil ich mich ihrer selbst in den vergangenen Kapiteln ausführlich bedient habe. Eine Argumentation wie die hier vorgetragene soll nicht dazu dienen, die Vorurteile von Hermeneutikern und Dialektikern gegen analytische Verfahren zu bestärken. Im Gegenteil: sie möchte durch eine Kritik der *Unvollständigkeit* der gegenwärtigen analytischen Wissenschaftstheorie die von dieser vernachlässigten Wissenschaften – und zu diesen gehört immer noch die Linguistik – davor bewahren, von den hermeneutischen und dialektischen Konzeptionen als ‚ihre Domäne' vereinnahmt zu werden.

Die analytische Wissenschaftstheorie ist z.Bsp. insofern unvollständig, als sie *funktionale* und *normative* Aspekte der wissenschaftlichen Theoriebildung nahezu vollständig ausblendet.[147]

Mit dem Begriff der Unvollständigkeit meine ich nicht die *Revisionsbedürftigkeit* der deskriptiv – rekonstruktiven Wissenschaftstheorie, sondern ihre *Ergänzungsbedürftigkeit.* Dabei handelt es sich um genau den Ergänzungsbegriff, der wiederum von J.D. SNEED in einer logischen Rekonstruktion (!) KUHNscher Überlegungen präzisiert und im Rahmen seiner Konzeption der Theoriedynamik formalisiert worden ist. Ein zentraler Begriff der Theoriedynamik ist der der *Theorienreduktion.* Eine Theorie T kann, informell gesprochen, genau dann auf eine andere Theorie T' reduziert werden, wenn mit T' mindestens alles das erklärt werden kann, was auch mit T erklärt werden kann. Diese Bemerkung soll im Augenblick genügen, weil ich auf das Konzept der Theorienreduktion noch eingehen werde. Ich habe es nur hier bereits genannt, weil Erweiterungen der analytischen Wissenschaftstheorie um normative und funktionale Komponenten von vornherein als durch Reduktionsprozesse erklärbare Vervollständigungen konzipiert werden können.

STEGMÜLLER hat im Anschluß an seine Auseinandersetzung mit der KUHNschen Theoriedynamik des öfteren betont,[148] daß die KUHNsche Konzeption der Wissenschaftsentwicklungen eine teleologische Konzeption des wissenschaftlichen Fortschritts[149]

147 Es gibt noch weitere Defizitgebiet der Wissenschaftstheorie. Eines sei durch das Schlagwort ‚wissenschaftliche Kommunikation' umrissen; was damit gemeint ist, wird am Beispiel einer funktionalen Linguistik in Kap. IIa2 dargestellt. Ein anderes behandele ich kurz im Schlußteil C unter dem Stichwort ‚praktische Vernunft der Wissenschaft' oder ‚die praktischen Bedingungen der theoretischen Vernunft'. – Zu diesem Problemkomplex cf. FINKE 1977.

148 Z.B. in STEGMÜLLER 1974 : 197–201.

149 Hier ist vor allem an POPPERs Begriff der Wahrheitsnähe zu denken.

und die Konzeption von normativen Forschungsprogrammen[150] überflüssig gemacht hat. Dem kann nur zustimmen, wer die Entwicklung der Wissenschaften, die *nicht* in den Genuß detaillierter wissenschaftstheoretischer Analysen kommen, nur unzureichend kennt. Zwar entwickelt sich die wissenschaftliche Praxis auch hier teilweise autonom von philosophischen und grundlagentheoretischen Überlegungen, aber es gibt mindestens ebenso viele Gegenbeispiele. Die gesamte Entwicklung der modernen Linguistik seit CHOMSKY enthält viele solcher Gegenbeispiele. Hier haben Wissenschaftler zu Recht die Lektion zu verarbeiten gesucht, die sie aus der sprachanalytischen Philosophie, der Entwicklung der formalen Logik, der Sprachpsychologie, -soziologie und -biologie gelernt hatten. Sie standen und stehen vor der Aufgabe, die Linguistik so weit zu entwickeln, daß sie bestimmten methodologischen Standards genügt, deren bisherige Theorien und Konzeptionen nicht genügten. Sie kamen und kommen nicht umhin, die an Beispielen der physikalischen Theorienbildung gewonnenen Einsichten der Wissenschaftstheoretiker auf ihre Wissenschaft zu übertragen, indem sie diese Wissenschaft, die Linguistik, so verändern, daß sie den analytischen und methodologischen Standards genügt. Dies ist eben auch wissenschaftliche Realität, die Tatsache, daß Wissenschaftstheorie normativ und funktional verwendet wird, weil den Forschern in Problembereichen, die von dieser vernachlässigt werden, nichts anderes übrigbleibt. Die Matrixinstabilität dieser Bereiche, die die Wissenschaftstheorie davon abhält, sich genauer mit ihnen in Originalanalysen zu beschäftigen, würde sie darauf stoßen können, daß normative methodologische Strategien de facto dort angewendet werden, wo es gute Gründe für die Entwicklung neuer K-Matrizen gibt. Wissenschaften wie die Linguistik oder – noch mehr – die Literaturwissenschaft ‚verhungern', wenn sie an den Autonomieirrtum glauben und ihre Praxis *vermeintlich unabhängig* von normativen metatheoretischen Reflexionen meinen vorantreiben zu können. Die Übertragung von deskriptiv oder rekonstruktiv an anderen Wissenschaftsbereichen, beispielsweise der Physik, gewonnenen metatheoretischen Einsichten auf die Verhältnisse in der Linguistik ist kein methodologischer Leichtsinn, sondern eine Folge davon, daß sich die Wissenschaftsphilosophie bislang ein wenig zu fein gewesen ist, sich mit matrixinstabilen Wissenschaften eingehend auseinanderzusetzen.

Kehren wir zum Schluß kurz zurück zu der Beobachtung, die uns zu dieser Wissenschaftstheoriekritik geführt hatte. Ich behaupte, daß das Interesse der Linguisten an solchen philosophischen Unternehmungen über Linguistik verständlicherweise und zu Recht bald erlischt, die bewußt und prinzipiell keine Veränderung der linguistischen Problem- und Theorienlage intendieren. Die bloße Reflexion auf das Selbstverständnis und die bestehende Wissenschaftsstruktur der Linguistik ist zwar eine notwendige Bedingung methodologischer Kontrolle; sie ist aber nicht hinreichend zur Erzeugung eines Kooperationsbedürfnisses. Dort, wo die wissenschaftliche Praxis von den instabilen K-Matrizen eines Konzeptionenpluralismus beherrscht wird, ergibt sich eine Basis für kooperatives wissenschaftliches Handeln zwischen Wissenschaftlern und Philosophen. Hier ist nämlich das Forschungsinteresse sehr nahe verwandt, denn es geht um die Notwendigkeit, die disziplinären Matrizen zu stabilisieren und – vor allem – einem *Entscheidungsprozeß*

150 Gemeint ist die Idee der research programs bei LAKATOS.

zuzuführen. Die Begründbarkeit solcher Entscheidungen aber ist keineswegs ein bloß philosophisches Interesse. Hier steht die weitere Entwicklung einer Wissenschaft wie der Linguistik selbst zur Debatte. Der Philosophie der Linguistik kommt entgegen, daß sich die linguistische Praxis augenblicklich stark an philosophischen Theorien orientiert; sie muß sich aber dafür hüten, ihren Zweck aus den Augen zu verlieren, und dieser besteht darin, nicht der Metatheorie zu dienen, sondern – durch diese – der objekt-theoretischen wissenschaftlichen Praxis.

2. Begründungstypen

Die im vorigen Kapitel durchlaufenen Gedankengänge lassen erkennen, daß es, in einem gewissen Sinne, überhaupt kein Begründungsproblem gibt. Was soll das eigentlich heißen: ‚Begründungsproblem'? Ist es ohne weiteres klar, was mit einer solchen Redeweise gemeint ist?

Dies ist zweifellos nicht der Fall. Wir sehen nämlich, daß im Prozeß der linguistischen Forschung, im Prozeß der linguistischen Kommunikation, in mindestens zweierlei verschiedener Weise von ‚Begründung' geredet wird. Einmal in Zusammenhängen wie: „Die Annahme von Tiefenstrukturen in der Grammatik ist nicht zureichend begründet", oder „Wie begründet SAUMJAN eigentlich sein applikatives Modell?", oder „Eine interpretative Semantik ist besser begründbar als eine generative". Dann gibt es aber auch Kontexte, in denen in einer davon verschiedenen Weise von Begründung oder Begründbarkeit geredet wird: „Es ist nicht notwendig, bei der Begründung der Grammatik Tiefenstrukturen einzuführen", oder „Die Begründung der applikativen Kategorialgrammatik ist noch am relativ überzeugendsten", oder, in einer anderen Interpretation, „Eine interpretaive Semantik ist besser begründbar als eine generative".

In den zuerst genannten Fällen ist von Begründung im Sinne von *Fundierung* einer Theorie die Rede, in den zuletzt genannten Fällen im Sinne von *Entscheidung* für eine Theorie. Fundierungsfragen betreffen immer nur eine *einzelne* Theorie T_i, Entscheidungsfragen können nur in der Perspektive einer Alternative gestellt werden und betreffen *mehrere* Theorien T_1, T_2, ...

Die erstgenannten Aussagen könnten also folgendermaßen umformuliert werden: „Die Argumente für die Einführung von Tiefenstrukturen in die Grammatik reichen nicht aus"; „Auf welchen selbst nicht ihrerseits wiederum gerechtfertigten Annahmen (‚basic assumptions') baut SAUMJAN seinen Typ von Kategorialgrammatik auf?", Und: „Die Grundlagen einer interpretativen Semantik sind in methodologischer Hinsicht ziemlich gut bekannt und in konsistenter Weise darstellbar; das ist bei einer generativen Semantik nicht der Fall".

Die anderen Thesen könnten folgendermaßen umformuliert werden: „Wie die Montague-Grammatik zeigt, brauchen wir die Annahme von Tiefenstrukturen nicht, um eine befriedigende grammatische Theorie zu entwickeln"; „Unter den gegenwärtig angebotenen Alternativen ist die applikative Theorie von SAUMJAN am brauchbarsten und besonders erklärungsstark". Schließlich: „Eine interpretative Semantik erfüllt die Erklärungswünsche der Linguisten in Sachen Semantik besser und vollständiger, als die Theorien der generativen Semantiker".

Der Ausdruck „Begründung“ im Sinne von Fundierung bedeutet also: *Rechtfertigung der Grundlagen* einer Theorie. Hierbei geht es in erster Linie *nicht* um die spezifischen Probleme und Lösungen, für die die Theorie entwickelt worden ist, sondern um methodologische und wissenschaftstheoretische Fragen. Beispielsweise wäre die Annahme einer Unzahl theoretischer Entitäten aus sehr allgemeinen erkenntnistheoretischen und wissenschaftsphilosophischen Gründen fragwürdig und jedenfalls nur dann zu rechtfertigen, wenn gute Argumente für ein solches Vorgehen gegeben oder gefunden werden können. Wer beispielsweise in der Grammatiktheorie mit verdeckten Kategorien, abstrakten Strukturtypen oder auch in Bezug auf ihren empirischen Gehalt nur schwer überprüfbaren Postulaten arbeiten will, muß zu Recht Gründe dafür angeben, andernfalls wird man diese Voraussetzungen als (einstweilen) nicht ausreichend fundiert ansehen dürfen. Die Debatte um deep structures und shallow structures bietet gute Beispiele hierfür.[151] Solche Begründungen können ganz unterschiedliche Gestalt haben. Beispielsweise können sie darin bestehen, daß man zeigt, daß eine Theorie T, die *mit* diesen Annahmen arbeitet, *Erklärungen* für Probleme liefern kann, die andernfalls (einstweilen) unerklärbar wären.[152]

Der Ausdruck „Begründung“ im Sinne von Entscheidung bedeutet demgegenüber: *Rechtfertigung der Auswahl* einer Theorie. Hierbei geht es, im Unterschied zum anderen Fall, in erster Linie um die spezifischen Probleme und Lösungen selbst, auf die hin die miteinander in Vergleich gesetzten oder konkurrierenden Theorien entwickelt worden sind und nun überprüft werden. Erst in zweiter Hinsicht geht es auch um methodologische Fragen, etwa um sicherzustellen, daß bei einer Beurteilung einer dependenztheoretischen Behandlung der deutschen Syntax im Vergleich zu einer phrasenstrukturtheoretischen in Hinblick auf ihre relative Leistungsfähigkeit annähernd identische Vergleichsbedingungen herrschen;[153] so muß man beispielsweise darauf achten, sich möglichst alle Fragen einfallen zu lassen, die für eine solche Beurteilung von Belang sind.

151 Es soll hier hinzugefügt werden, daß die obengenannten Beispiele für Begründungsfragen nicht als Behauptungen oder Fragen des Autors dieser Untersuchung verstanden werden sollen, sondern Beispiele für Behauptungen und Fragen, wie sie in der wissenschaftlichen Kommunikation und Diskussion der Linguisten häufig vorkommen.

152 Es gibt natürlich noch ganz andere Argumente für die Rechtfertigung bestimmter theoretischer Annahmen. Ich komme auf das Thema noch in diesem Kapitel zurück.

153 Dieses Beispiel ist nicht so zu verstehen, daß es noch sinnvoll sei, die grundsätzliche Leistungsfähigkeit des dependenzgrammatischen Ansatzes mit der grundsätzlichen Leistungsfähigkeit des phrasenstrukturgrammatischen Ansatzes im Vergleich beider Ansätze zu diskutieren; hier ist durch die Untersuchung von GAIFMAN 1961 das Maß an wünschenswerter Klarheit erfüllt worden (Beweis der identischen *schwachen* generativen Kapazität). Doch es bleibt natürlich weiterhin sinnvoll, über die Vorzüge des einen oder des anderen Ansatzes zu argumentieren, etwa im Zusammenhang mit der Frage, welchen man für schulgrammatische Zwecke zugrundelegen sollte. Dies ist auch ein gutes Beispiel dafür, daß es bei einer Entscheidung zwischen zwei linguistischen Theorien u. U. nicht nur oder gar nicht auf den Parameter der wissenschaftlichen Erklärung ankommt, sondern auf ganz andere Fragen (didaktische Vorzüge, äußere Parameter der übersichtlichen Darstellbarkeit, Verfügbarkeit von wissenschaftlicher Literatur, etc.).

Ich halte zunächst fest:

1. Der Begriff der Begründung einer Theorie ist *mehrdeutig*. Mindestens zwei Bedeutungen sollten auseinandergehalten werden:
   a) Die Begründung einer Theorie T_i besteht in einer Rechtfertigung ihrer methodologisch-wissenschaftstheoretischen Grundlage (= *Fundierung* von T_i);
   b) Die Begründung einer Theorie T_i besteht in einer Rechtfertigung ihrer Auswahl aus einer Menge T von konkurrierenden Theorien $\{T_1, \ldots, T_n\}$ (= *Entscheidung* für T_i).
2. Alle Linguisten erheben im Rahmen ihrer jeweiligen Linguistikkonzeption den Anspruch, daß ihre Theorien *begründbar* sind. Dieser Anspruch besteht in Bezug auf beide Bedeutungen des Begriffs der Begründbarkeit:
   a) Der Begründbarkeitsanspruch besteht darin, daß eine Theorie T_i in Bezug auf ihre logischen und empirischen Grundlagen sowie ihre Struktur und Zielsetzung als *wohlfundiert* bzw. erklärungsadäquat angesehen wird;
   b) Der Begründbarkeitsanspruch besteht im Falle einer Theorienkonkurrenz außerdem auch darin, daß die Theorie T_i aus einer Menge T von konkurrierenden Theorien $\{T_1, \ldots, T_n\}$ als jeder Theorie $T_j \in T$ $(i \neq j)$ *überlegen* angesehen wird.

Ich möchte im Folgenden nun auf einen Aspekt hinweisen, der die Begründung von linguistischen Theorien im Sinne einer Fundierung als weniger wichtige Aufgabe der Linguistik und der Philosophie der Linguistik erweisen kann, als es die Aufgabe der Begründung einer Theorie im Sinne einer Entscheidung, mit ihr zu arbeiten oder nicht mit ihr zu arbeiten, ist. Dabei wird deutlich werden, daß es in einer gewissen Hinsicht überhaupt kein Begründungsproblem gibt.[154]

Ich erinnere an die im vorigen Kapitel vorgetragene Argumentation. Dabei ging es vor allem um das Selbstverständnis der Wissenschaftsphilosophie und der Metatheorie der Linguistik. Ich hatte Kritik am Dogma von der rationalen Rekonstruktion und der mit ihm zusammenhängenden Fixierung der Analytischen Wissenschaftstheorie auf relativ matrixstabile Wissenschaften geübt. Meine These war, daß Philosophie, Wissenschaftstheorie und Linguistik gleichermaßen davon profitieren könnten, wenn sie sich mehr Gedanken darüber machen würden, wo wirklich ein Erklärungsbedarf besteht und wo nicht oder doch nur in eingeschränktem Maße.

Man darf wohl sagen, daß es von größter Wichtigkeit ist, daß Theorien wohlfundiert sind. Eine Grammatiktheorie beispielsweise, die nur über unscharfe Begriffe und eine Theoriesprache verfügt, die mehr an die Sprache der Literatur als an den Begriff der T-Theoretizität denken läßt,[154a] ist offenbar im Grundlagenbereich mit erheblichen Mängeln behaftet. Aber – und dies ist der hier interessierende Gedanke: Es ist ein er-

154 Aus diesem Grunde heißt dieser Abschnitt auch: Gibt es ein Begründungsproblem? und nicht z. Bsp.: Worin besteht das Begründungsproblem?

154a Als abschreckendes Beispiel sei die hierzulande weitverbreitete Dudengrammatik genannt, mehr ein Erzählwerk als eine sprachwissenschaftliche Veröffentlichung; cf. die wesentlich besseren ersten Auflagen.

heblicher Unterschied, ob linguistische Theorien wohlfundiert sind, oder ob wir uns um den *Nachweis* dieser Wohlfundiertheit bemühen. Immerhin kann und soll nicht bestritten werden, daß auch dies oft eine wichtige Aufgabe ist;[155] allerdings wird ebenfalls nicht zu bestreiten sein, daß ausführliche Bemühungen um die Fundierung von linguistischen Theorien, mit den ohnehin alle oder die meisten arbeiten, an jene Maschinen erinnern, die mit einem eindrucksvollen Ketten- und Räderwerk ausgerüstet sind und sich in ständiger lautstarker Bewegung befinden, aber nicht das Geringste produzieren. In der Linguistik brauchen wir in erster Linie, wie in jeder Wissenschaft, Theorien, je mehr, desto besser; denn erst dann, wenn wir explizite Theorienvergleiche durchführen können, können wir uns wirklich leisten zu sagen: Nein, mit der Dudengrammatik arbeite ich nicht, da kenne ich etwas Besseres! Wenn es nichts Besseres gäbe, müßten wir mit der Dudengrammatik zufrieden sein, oder, möglichst etwas Besseres erfinden.

Die These lautet:

> Überall dort, wo die Begründung einer Theorie im Sinne einer Fundierung *möglich* ist, ist sie – in gewisser Hinsicht – auch *unnötig.*

Dies gilt in ähnlicher Weise *nicht* für den Begriff einer Begründung im Sinne einer Entscheidung für einen bestimmten Ansatz. Wo eine Entscheidung möglich ist, ist sie auch nötig.

In welcher Hinsicht nun ist eine Fundierung linguistischer Theorien unnötig? M.a.W.: In welcher Hinsicht gibt es überhaupt kein Begründungsproblem? Als Antwort möchte ich folgende These formulieren:

> Die Fundierung einer linguistischen Theorie ist unnötig, wenn es sich dabei um ein *deskriptiv* verstandenes Geschäft handelt.

Es sei noch einmal daran erinnert, daß hiermit keinesfalls die unsinnige Behauptung aufgestellt werden soll, linguistische Theorien brauchten nicht fundiert zu *sein.* Es ist lediglich behauptet, daß eine deskriptive Metatheorie für die Erklärungsbedürfnisse der Linguisten kaum etwas Neues bringen kann; was notwendig und wichtig ist, ist hier vom Standpunkt der objekt-theoretischen wissenschaftlichen Praxis aus gesehen und nicht von einem Aspekt aus, unter dem Metatheorie als Selbstzweck dient.[156]

Das eigentlich linguistisch Interessante ist die Konkurrenz der verschiedenen Theoriensysteme, die heute vorgeschlagen werden. Zwar entsprechen ihnen auch partiell verschiedene Fundierungssysteme, doch kann man die Fundierungsaussagen großenteils

---

155 Der II. Teil dieses Buches stellt ein Beispiel dar: die F-Matrix wird nicht nur mit anderen Linguistikmatrizen verglichen und in eine theoriendynamische Beziehung zu ihnen gesetzt, sondern es werden auch Gründe dafür beigebracht, wieso es sich bei ihr um eine gut zu fundierende K_L-Matrix handelt.

156 Nur kurz sei erwähnt, daß die Verhältnisse in der Philosophie der Erfahrung und theoretischen Vernunft andere sind. Hier haben wir überhaupt nicht die *Chance*, über eine Beschreibung unserer theoretischen Erkenntnisfähigkeiten hinaus zu einer Veränderung dieser Fähigkeiten zu gelangen. Dies meint STRAWSON, wenn er die Erforschung der „bounds of sense" als „descriptive metaphysics" im Unterschied zu einer spekulativ-idealistischen Alternative („revisionary metaphysics") kennzeichnet.

verändern, ohne auch nur ein Theorem oder ein linguistisches Gesetz der betreffenden Theorie zu tangieren.[157]

Auch dies ist mit einer erheblichen Einschränkung zu versehen. Die im II. Teil des Buches umrissene K_L-Matrix einer funktionalen Linguistik, die eine für die Linguistik neue Klasse von Sprachgesetzen in den Blick bringt – sog. Erhaltungsgesetze – ist tatsächlich von Entscheidungen im Fundierungsbereich in erheblichem Umfange abhängig. Mit der gegenwärtigen Diskussion sollte aber auch nur zum Ausdruck gebracht werden, daß um Fundierungen bemühte Metatheorie *unter einem gewissen Aspekt* überflüssig ist, nämlich vom Standpunkt des Erklärungsbedarfs in der *Linguistik*. Auch von diesem Standpunkt aus gesehen sind metatheoretische Untersuchungen wichtig, doch sollten sie sich dann nicht nur rein deskriptiv verstehen, sondern versuchen, einen Beitrag zur Fortentwicklung des linguistischen Wissens im Bereich der Theorien selbst zu liefern.

3. quaestiones facti und quaestiones iuris

Das Begründungsproblem, welches für die Linguistik als einer relativ matrixinstabilen Wissenschaft von überragender Bedeutung ist, ist das der Entscheidungsproblematik im Konzeptionenpluralismus. Wir müssen uns, ähnlich wie die Richter in einem Prozeß, zunächst Gewißheit über die Sachlage verschaffen, die in beiden Fällen eine *Problemlage* ist: Was ist aufzuklären oder zu erklären, und wie können wir dies bewerkstelligen?, so lautet die Frage.

„Die Rechtslehrer, wenn sie von Befugnissen und Anmaßungen reden, unterscheiden in einem Rechtshandel die Frage über das, was Rechtens ist, *(quid iuris)* von der, die die Tatsache angeht, *(quid facti)* und indem sie von beiden Beweis fordern, so nennen sie den ersten, der die Befugnis, oder auch den Rechtsanspruch dartun soll, die *Deduktion*.“[158]

Vielleicht ist es nützlich, ein zweites Mal im Zusammenhang dieser Untersuchungen, einige grundsätzliche Überlegungen KANTs zu bedenken, bevor wir in die Sachdiskussion selbst eintreten. KANTs Modell der Wissenschaftsphilosophie ist nämlich nicht nur wegen der sehr prägnanten – wenngleich heute auch nicht mehr vollständig überzeugenden – *Antworten*, sondern zunächst insbesondere wegen der *Fragen*, die er teilweise als erster mit Beharrlichkeit und Schärfe gestellt hat, von Interesse. Um eine kantisch gefärbte Begründung der Linguistik geht es hier in keiner Weise, wohl aber darum, einige der Fragen zu stellen und einige der Unterscheidungen zu treffen, die in der bisweilen etwas salopp geführten Diskussion über wissenschaftstheoretische Probleme der Linguistik von unmittelbarem praktischen Nutzen sind. Folgen wir daher auch noch der Erläuterung, die

157 Cf. z. Bsp. die Auseinandersetzungen mit der handlungstheoretischen Fundierungstheorie der Erlanger Schule; der Ansatz von LORENZ 1976 beispielsweise, der für sich selbst genommen sicher hochinteressant ist, tangiert die tatsächliche Problemlage und den tatsächlichen Erklärungsbedarf in der gegenwärtigen Linguistik kaum. – Cf. die einschlägigen Beiträge in WUNDERLICH 1976.

158 KANT 1787 : B 116.

KANT an seine Unterscheidung von Rechtfertigungs- und Tatsachenfragen anfügt: „Wir bedienen uns einer Menge empirischer Begriffe ohne jemandes Widerrede, und halten uns auch ohne Deduktion berechtigt, ihnen einen Sinn und eingebildete[159] Bedeutung zuzueignen, weil wir jederzeit die Erfahrung bei der Hand haben, ihre objektive Realität zu beweisen. Es gibt indessen auch usurpierte Begriffe, wie etwa *Glück, Schicksal,* die zwar mit fast allgemeiner Nachsicht herumlaufen, aber doch bisweilen durch die Frage: *quid iuris*, in Anspruch genommen werden, da man alsdann wegen der Deduktion derselben in nicht geringe Verlegenheit gerät, indem man keinen deutlichen Rechtsgrund weder aus der Erfahrung, noch der Vernunft anführen kann, dadurch die Befugnis seines Gebrauchs deutlich würde.“[160]

Quaestiones iuris hat man seither oft als die typischen Fragen der Philosophie bezeichnet, Fragen nach den *Bedingungen der Möglichkeit* von etwas, dessen Möglichkeit durch seine Existenz bewiesen ist. Mir scheint jedoch, daß eine solche Festlegung nicht zwingend ist, und zwar aus zwei Gründen. Erstens, weil auch in der wissenschaftlichen Praxis solche Fragen vorkommen, die Linguistik ist ein hervorragendes Beispiel dafür. Wer eine Syntax der Javanischen schreibt und sich überlegt, warum es eigentlich möglich ist, das System der Verwandtschaftsbeziehungen dabei durch eine Wahrscheinlichkeitsgrammatik mit bewerteten Ableitungsregeln besonders gut darzustellen und zu verstehen,[161] wird nicht mit einem Male zum Philosophen, sondern setzt seine eigene Arbeit, allerdings auf einer anderen Analyseebene, fort. Die ständige methodologische Kontrolle und der oft wiederholte Versuch, Gründe für das Funktionieren einer Erklärung zu finden, gehören zum täglichen Geschäft jeder kritischen Wissenschaft ebenso, wie zur Philosophie. Allerdings ist festzuhalten, daß die philosophische Tätigkeit von dieser Art zu fragen in besonderem Maße bestimmt werden kann.

Der zweite Grund, wieso quaestiones iuris nicht als typisches Kennzeichen philosophischer Untersuchungen anzusehen sind, ist der, daß für diese auch quaestiones facti eine sehr wichtige Rolle spielen. Solche Fragen nach der bestehenden Sachlage sind keineswegs nur auf die einzelnen Wissenschaften beschränkt; sonst wäre nur schlecht erklärbar, warum sich wissenschaftliche und philosophische Bemühungen oft in fruchtbarer Weise begegnen können. Doch kommen wir zurück zum Begründungsproblem linguistischer Theorien. In einer relativ matrixinstabilen Wissenschaft wie der Linguistik sind Fragen nach den Bedingungen der Möglichkeit einer Theorie deshalb nicht sehr häufig, weil zumeist die Möglichkeit selbst noch in Frage steht. *Das* linguistische Dogma gibt es nicht, und wir erinnern uns, daß auch KANT einiges für abschließend bewiesen hielt, was tatsächlich noch einen – aus heutigem Blickwinkel gesehen – hypothetischen und vorläufigen Charakter besaß.

Ich habe mich schon in den voraufgegangenen Kapitel auf quaestiones facti konzentriert, und will dies auch weiterhin tun. Quaestiones iuris sollen nur insofern eine

---

159 Hier soll der Kuriosität halber vermerkt werden, daß VAIHINGER offenbar mit dem typisch kantischen Ausdruck „eingebildete Bedeutung“ nichts anzufangen wußte und deshalb die wissenschaftliche Vermutung aussprach, es müsse wohl stattdessen „eine giltige Bedeutung“ heißen...

160 KANT 1787 : B 116f.

161 Cf. zu dem genannten Grammatiktypus HABEL 1975.

Rolle spielen, als im Folgenden bisweilen von den *Voraussetzungen* gesprochen werden soll, unter denen Theorien, deren Möglichkeit noch nicht abschließend erwiesen ist, als vernünftige Lösungsstrategien für linguistische Probleme erscheinen.[162]

In diesem Kapitel allerdings, wo es um die Rolle von Begründungen im Prozeß der wissenschaftlichen Theoriebildung in der Linguistik geht, müssen wir nun vor allem nach Voraussetzungen fragen. Wir müssen nämlich nach *Kriterien* suchen, die erfüllt sein müssen, damit eine linguistische Theorie eine Begründbarkeitschance hat. Dabei verwende ich den Ausdruck „Begründbarkeitschance" nicht im Sinne der methodologischen Fundierungsproblematik, sondern in dem praxisnäheren Sinne von „*Überlebenschance im Konzeptionenpluralismus*". Ein evolutionsähnliches Modell der Wissenschafts- und Theoriendynamik legt solche Begriffe nahe, die die kreative Produktion theoretischer Alternativen mit der Rolle von Mutationen und die kritische Entscheidung für bestimmte dieser Produkte – oder jedenfalls ihrer prinzipiellen Züge – mit der Rolle von Selektionsvorgängen in Vergleich setzen. Fragen wir also nach der Begründbarkeit linguistischer Theorien so, daß wir nach *Entscheidungskriterien* für unser Verhalten in der Theorienkonkurrenz fragen.

Es ist wichtig, die Analyseebene tief genug anzusetzen. Entscheidungen für linguistische Theorien setzen Entscheidungen für linguistische Konzeptionen voraus, also Entscheidungen für bestimmte K_L-Matrizen.

Hier tritt ein Problem auf, das an dieser Stelle nicht weiter erörtert werden soll, nämlich das der *Entscheidungshierarchie*.[163] Hier soll dazu nur soviel gesagt sein, daß nicht alle Entscheidungen de facto bewußt getroffen werden können, obwohl es prinzipiell möglich ist, sich seiner Entscheidungen im Vorhinein oder im Nachhinein bewußt zu werden. Entscheidungen für bestimmte Theorien werden zumeist bewußt getroffen und mit Eigenschaften der disziplinären Matrix begründet, in deren Rahmen diese Theorien formuliert worden sind. Z. Bsp. kann man oft hören, daß die auf CHOMSKY zurückgehenden Grammatiktheorien schlecht seien, weil ihnen ein völlig unrealistisches Sprechermodell inhärent sei. Oder es wird gesagt, daß diese Theorien gut seien, weil sie an methodologischen Werten wie Empirizität, Erklärungsstärke, Konsistenz und dergleichen orientiert seien.

Teilweise werde ich die Sachgründe für solche Entscheidungen später noch diskutieren,[164] hier möchte ich nur darauf hinweisen, daß sie, auch wenn sie ohne expliziten Rekurs auf tieferliegende Kriterien (Kriterien für Matrixentscheidungen) getroffen werden, den Wissenschaftsprozeß *faktisch* determinieren. Zwar ist, wie wir gesehen haben, dieser Prozeß nicht so vollständig autonom, wie bisweilen behauptet wird, doch er ist es weitgehend; die wissenschaftliche Praxis besteht aus täglichen Entscheidungen, die den weiteren Weg festlegen.

---

162 Gelegentlich, insbesondere im Schlußkapitel C., spreche ich allerdings auch von ‚Bedingungen der Möglichkeit'. Dann geht es aber darum, in die linguistische Theoriediskussion auch ein Element einer kantähnlichen Antwort auf diese Fragestellung einzubringen, wenngleich als nichtapriorische und nichtnotwendige Hypothese, also eine *erheblich* modifizierte kantische Antwort.

163 Einige Überlegungen dazu enthält das Kap. Ic5, S. 127 ff..

164 in Kap. IIc2 („Die K-Matrizen der Linguistik"), S. 176 ff..

Mir scheint, daß die Grundentscheidung zwischen K-Matrizen auf der Ebene der *Werte* fällt. Es ist dies grob gesagt die Wahl des wissenschaftstheoretischen Rahmens für die Forschung, die man betreiben will.

Zwar treten hier *dialektische* und *hermeneutische* Wissenschaftskonzeptionen grundsätzlich als Konkurrenten einer *logisch-analytischen* Wissenschaftsauffassung an, doch hat die moderne Wissenschaft, auch die Linguistik, hier ihre Entscheidung längst zugunsten der Werte der analystischen Konzeption getroffen. Hier gibt es nur noch eine Pseudokonkurrenz, denn die hermeneutischen und dialektischen Konzeptionen haben ihre Programme ausgearbeiteter Methodologien nur immer wiederholt, aber bislang nicht ausgeführt. Deshalb ist dies, wenn man so will, auch eine Pseudoentscheidung, jedenfalls eine, die leicht fällt.[165]

Von herausragender Wichtigkeit scheinen mir dabei insbesondere zwei Werte aus der Gruppe der ‚analytischen Werte' – so will ich mich kurz ausdrücken – zu sein, nämlich Empirizität und Konsistenz (= logische Konsistenz).[166]

Ich formuliere daher als Entscheidungskriterium (B-W) für K-Matrizen der Linguistik (L-Matrizen):

(B-W) Nur solche K_L-Matrizen können als begründbar gelten, die analytische Werte und daraus abgeleitete Rationalitätsnormen in ihrer Wertekomponente enthalten. Insbesondere müssen sie die Werte Empirizität und Konsistenz und, daraus abgeleitet, ein Empirizitäts- und ein Begründbarkeitspostulat enthalten.

Analytische Werte und Normen grenzen den Freiheitsraum für die Entscheidungen auf allen weiteren Matrixebenen ein.[167] Dies gilt insbesondere für die Ebene der symbolischen Verallgemeinerungen, weil auf ihr die T-Theoriesprachen festgelegt werden. – Zu

---

165 Es ist an dieser Stelle allerdings deutlich zu betonen, daß eine systematische Rechtfertigung der Tatsache, daß die moderne empirische Wissenschaft den Werten folgt, denen sie nun mal folgt und sich die Wissenschaftler an die auf diesen begründbaren methodologischen Normen halten, noch aussteht. Dies wäre Aufgabe einer Deduktion im kantischen Sinne, wenn auch nicht notwendig im Sinne seiner Lösungen. Die quaestio iuris der Analytischen Wissenschaftsauffassung muß noch beantwortet werden. – Vielleicht kann bei einem solchen Unternehmen übrigens die Linguistik Hilfsdienste leisten. Ich denke hier insbesondere an die Theorie der Kommunikationsprinzipien, die einige wichtige Eigenschaft offenbar rationalen Interaktionsverhaltens durch die Formulierung von Kommunikationsgesetzen zu rechtfertigen vermag. Cf. Kap. II a, insb. 2, S. 144 ff..

166 ‚Konsistenz' soll hier stellvertretend für eine ganze Reihe von methodologischen Werten stehen, die eine grundsätzlich an den Prinzipien der formalen Logik ausgerichtete Theorienbewertung implizieren.

167 Die Redeweise von analytischen Werten und Normen darf selbstverständlich nicht so gehört werden wie die Rede von analytischen Sätzen. Auch zwingt eine solche facon de parler nicht dazu, an die Existenz eines metaphysischen Wertehimmels im Sinne einer platonischen oder phänomenologischen Ontologie zu glauben. Die hier gemeinten Werte können sämtlich als Eigenschaften von theoretischen Konstrukten interpretiert werden. Auch von diesen kann man reden wie über physikalische Gegenstände, ohne ihnen damit eine besondere Seinsweise zuzugestehen. Ich kann über Pegasus, kahlköpfige Könige von Frankreich und andere Fabelwesen reden, ohne damit auf ‚ontological commitments' festgelegt zu sein. Deshalb ist auch eine Mögliche-Welten -Semantik ontologisch ganz unverfänglich. – Zur Ontologiediskussion cf. das nächste Kapitel („Idealisierungen").

den anderen Matrixebenen und den dort einschlägigen Entscheidungskriterien komme ich im II. Teil des Buches, insbesondere im Teil C, zurück.

Wir müssen nun noch Entscheidungskriterien für linguistische Objekttheorien nennen. Hier wird die Doppeltheit der Bedeutung des Begründungsbegriffs relevant; wir müssen daher zwei Paare von Kriterien formulieren, die ich „*Begründungspostulate*" nennen will. Dabei wird als neuer Begriff der der *empirischen Adäquatheit* eingeführt werden, der im Anschluß erklärt werden soll.

Als allgemeines Begründungspostulat gilt:

(B-T) Nur solche linguistische Theorien T_i können als begründbar gelten, die hinsichtlich ihrer Rahmenbedingungen und Eigenschaften durch genau eine K_L-Matrix *wohlbestimmt* sind. Dies gilt sowohl für die Fundierung von T_i, als auch für eine Entscheidung unter theoretischen Alternativen. (Notwendige Bedingung).

Außerdem sollen als spezielle Begründungspostulate gelten:

(F-T) Es ist eine hinreichende Bedingung für die Fundierbarkeit einer linguistischen Theorie T_i, daß T_i empirisch adäquat ist.

(E-T) Es ist eine hinreichende Bedingung für die Entscheidung einer Theorienkonkurrenz T zugunsten von $T_i \in T$, daß T_i empirisch adäquater ist als ihre Konkurrenztheorien.

Diese beiden Postulate zeigen, daß eine Fundierungsforderung für linguistische Theorien einen Begriff von *absoluter* empirischer Adäquatheit voraussetzt, während eine Entscheidbarkeitsforderung nur einen *relativen* Adäquatheitsbegriff voraussetzt. Wie ist ein solcher Adäquatheitsbegriff zu verstehen?

Ersichtlich sind nicht alle empirischen linguistischen Theorien in gleichem Umfange wissenschaftlich befriedigend. Das Maß, in dem sie die sprachliche Wirklichkeit angemessen beschreiben und erklären, ist verschieden. Sie erfüllen die funktionalen Theoriepostulate (P-D_g) und (P-E_g), also die generellen Beschreibungs- und Erklärungspostulate, keinesfalls grundsätzlich vollkommen oder auch nur in gleicher Weise. Andernfalls hätte jede Theorienkonkurrenz ihren Sinn verloren.

Es ist daher sinnvoll, einen Begriff zur Verfügung zu haben, der den Grad bezeichnet, zu dem eine linguistische Theorie die funktionalen Theoriepostulate erfüllt d.h. eine deskriptiv und explanativ befriedigende Darstellung der Wirklichkeit unserer natürlichen Sprachen liefert.

Ein solcher Begriff ist bislang noch nicht formuliert worden. Allerdings hat CHOMSKY 1965 den Versuch dazu gemacht, für eine generative Grammatik *Kriterien empirischer Adäquatheit* anzugeben;[168] seither wird der eben charakterisierte Begriff unter diesem Namen diskutiert.

Auf der Grundlage der CHOMSKYschen Kriterien lassen sich drei Adäquatheitsbegriffe definieren, die jeweils Teilaspekte des Gesamtproblems ‚empirische Adäquatheit' zum Gegenstand haben; dabei muß besonders hervorgehoben werden, daß es sich um Adäquatheitsbegriffe handelt, die *nicht* auf eine vollständige Theorie einer natürlichen Sprache L, die wir heute am ehesten als ein geordnetes Paar aus einer Grammatik

168 CHOMSKY 1965 : Kap. 1, insbes. §§4, 6, 7 und 9.

und einer Pragmatik von L verstehen würden, bezogen sind, sondern lediglich auf deren grammatischen Teil:

1. Begriff der schwachen Deskriptionsadäquatheit:
   Die grammatische Theorie G (L) ist schwach deskriptionsadäquat $=_{def.}$
   G erzeugt genau die Klasse $s_1, s_2, \ldots$ von grammatisch wohlgebildeten Sätzen in L.
2. Begriff der starken Deskriptionsadäquatheit:
   Die grammatische Theorie G (L) ist stark deskriptionsadäquat $=_{def.}$
   a) G ist schwach deskriptionsadäquat;
   b) G zählt die Klasse der möglichen Strukturbeschreibungen sb_1, $sb_2, \ldots$ auf;
   c) es existiert eine Funktion F derart, daß $sb_{F(i, G)}$ diejenige Strukturbeschreibung ist, die einem Satz $s_i \in L$ (i = 1, 2...) durch G zugeordnet wird.
3. Begriff der Explanationsadäquatheit:
   Die grammatische Theorie G (L) ist explanationsadäquat $=_{def.}$
   a) G ist stark deskriptionsadäquat;
   b) es existiert eine Bewertungsprozedur W, die G aus der Klasse aller mit G in Hinsicht auf ihre schwache Deskriptionsadäquatheit äquivalenten Grammatiken auswählt.

Es ist leicht zu sehen, daß diese Definitionen einige Probleme mit sich bringen.

Erstens sind sie, wie gesagt, auf Grammatiken beschränkt. Allerdings dürfte dies kein gravierendes Problem darstellen, da eine linguistische Pragmatik einstweilen nur in Ansätzen realisiert ist und daher das Problem zumindest dort nicht so aktuell ist, wie auf dem Felde der Grammatik. Hier lassen sich, als Arbeitsdefinitionen, parallele Festsetzungen treffen.[169]

Das Hauptproblem dieser Definitionen liegt grundsätzlicher. Es besteht darin, daß in ihnen ein *absoluter* Adäquatheitsbegriff verwendet wird und nicht ein relativer (oder komparativer), wie er in dem oben formulierten speziellen Begründungspostulat (E-T) verwendet wurde und wie er in der wissenschaftlichen Praxis tagtäglich Verwendung findet.[170]

Wir müssen uns wohl noch grundsätzlicher Gedanken darüber machen, welches die Bedingungen sind, unter denen eine linguistische Theorie empirisch adäquat (und dies heißt im Folgenden immer: relativ adäquat, relativ nämlich in Bezug auf theoretische Alternativen) genannt werden kann. Hier müssen wir in erster Linie sehen, daß eine der Voraussetzungen für jede Theoriebildung *Idealisierungen* sind. Sie müssen wir im Zusammenhang mit der Adäquatheitsproblematik betrachten.

---

169 Insoweit die Sprechakttheorie beispielsweise als eine pragmatische Theorie gelten darf, ist sogar eine vollständige Parallelisierung möglich, da es in dieser ebenfalls um die Formulierung von Wohlgeformtheitsbedingungen, freilich nicht für Sätze, sondern für Sprechakte, geht. In einer Sprechweise ausgedrückt, die im II. Teil des Buches näher erläutert werden wir: die Sprechakttheorie, so wie sie von SEARLE entwickelt worden ist, ist eine strukturale linguistische Theorie. Cf. IIc2, 3, S. 176–187.

170 Der Begriff einer schlechterdings adäquaten Theorie ist nicht wohlgeformt. Unsere Beschäftigung mit den Problemen des theoretischen Relativismus hat gezeigt, daß es *den* archimedischen Punkt theoretischer Erkenntnis nicht gibt. In der Praxis einer matrixinstabilen Wissenschaft wie der Linguistik finden darüberhinaus eo ipso nur relative Entscheidungen statt; diese aber finden statt und können auch begründet werden. Ein theoretischer Relativismus braucht keinen erkenntnistheoretischen Relativismus notwendig zur Folge zu haben.

4. Idealisierungen

Wir müssen uns fragen, von welchen Parametern die empirische Adäquatheit einer linguistischen Theorie eigentlich abhängt. Hier ist vor allem die Tatsache zu nennen, daß in *allen* wissenschaftlichen Theorien gewisse Vereinfachungsentscheidungen getroffen werden. Die Welt in ihrer Totalität, auch nur das totale Bild eines kleinen Ausschnitts der Welt, kann keine wissenschaftliche Theorie beschreiben und erklären. Deshalb ist die Entscheidung für bestimmte Problemstellungen und Lösungsstrategien auch in der Linguistik immer schon zugleich eine Entscheidung dafür, die Sprache und ihre Beziehung zur Wirklichkeit *in einer ganz bestimmten Weise zu sehen*, sie unter ganz bestimmten Aspekten zu betrachten.

Sprache und Welt, dieses sind die beiden wichtigsten Grundbegriffe bei der Fundierung einer linguistischen Theorie. Ich werde später[171] zeigen, wie eine Auffassung aussehen kann, die man als eine Erklärung der Sprachstrukturen aus einer ganz bestimmten, ziemlich allgemeinen Konzeption von Weltstrukturen bezeichnen kann (funktionale Erklärung der linguistischen Strukturen). In diesem Kapitel soll es jetzt nur darum gehen, eine genauere Vorstellung von zweierlei zu erreichen: erstens der Tatsache, daß Sprachstrukturen den Weltstrukturen in einem bestimmten Sinne *adäquat* sein müssen, und zweitens der Tatsache, daß Modellbildungen Idealisierungen sind und ihren ‚Vorbildern' in einem bestimmten Sinne *ähnlich* sein müssen.

Die Idee, die meiner Argumentation zugrunde liegt, besteht in einer entscheidenden Abwandlung des traditionellen, falschen Ontologieprinzips. Nach diesem Prinzip sollte es möglich sein, die Wirklichkeit zu erkennen, wenn man sich die Sprache anschaute, mittels derer wir sie adäquat darstellen können. Über die Unbrauchbarkeit dieses Prinzips braucht hier nichts gesagt zu werden. Schon die Tatsache, daß es oft nicht explizit formuliert, ja daß es zumeist sogar unbewußt der Argumentation zugrundegelegt wurde, spricht gegen dieses Prinzip. Wenn es auf linguistische Oberflächenstrukturen angewandt wird, scheidet Strukturisomorphie zwischen linguistischer und ontologischer Struktur allemal aus, da es so viele Systeme von Oberflächenstrukturen gibt wie natürliche Sprachen. Aber auch Homomorphie kann nicht in Frage kommen.

Dagegen ist eine verfeinerte Version des Prinzips, derzufolge der ontologischen Argumentation andere linguistische Strukturen, etwa Tiefenstrukturen zugrundegelegt werden sollten, wesentlich schwieriger zu beurteilen. Es gibt zwar verschiedene Systeme von Tiefenstrukturtypen, doch wenn sich nur ein einziges als standfest erweisen sollte, braucht dies zwar nicht eine Struktur-Isomorphie zwischen linguistischer und ontologischer Struktur zu bedeuten, eine Homomorphie wird aber zumindest bestehen. Allerdings fehlte uns dann immer noch die Abbildungsfunktion Δ, die uns allererst aus den linguistischen die ontologischen Strukturen zu erschließen erlaubt. Diese Funktion Δ könnten wir dann aber nicht erkennen; denn dazu müßten wir uns gleichsam zwischen Sprache und Wirklichkeit stellen können, und das ist unmöglich. Daher muß auf das Ontologieprinzip verzichtet werden.

---

171 Im II. Teil, Kap. c, S. 169ff. – Einige der in diesem Kapitel entwickelten Gedanken sind weiter ausgearbeitet in FINKE (im Druck).

Dies gilt jedoch nur für das Unterfangen, die Strukturen der Wirklichkeit aus den Strukturen natürlicher Sprachen erschließen zu wollen; es gilt nicht für das Verhältnis *konstruierter* Sprachen zu *konstruierten* Welten. Deshalb soll das Ontologieprinzip bei der Anwendung im folgenden in zwei entscheidenden Punkten modifiziert werden: erstens soll es nicht auf das Verhältnis der natürlichen Sprache zur Wirklichkeit angewendet werden, sondern auf das Verhältnis von *Modellsprachen* zu *Modellwelten*; zweitens soll nicht von linguistischen Strukturen auf ontologische, sondern *von ontologischen auf linguistische* geschlossen werden. Letzteres klingt ganz entsetzlich, zumal in den Ohren von Linguisten, und deren Erschrecken wäre auch allemal gerechtfertigt, wenn es sich dabei tatsächlich um Ontologie der bekannten Art handelte. Aber ein Hinweis auf den erstgenannten Punkt vermag hier zu beschwichtigen: nicht auf einer Theorie der wirklichen Welt sollten Strukturen der natürlichen Sprache begründet werden, sondern auf einer Theorie von möglichen Welten mit Modellcharakter und via entsprechenden Modellen möglicher Sprachen. Allerdings bleibt hierbei das Problem der Anwendung auf natürliche Sprachen und wirkliche Welten; und da ist nun folgende Überlegung von entscheidender Bedeutung.

Wie die Bausteine der Welt wirklich aussehen, kann – wenn das überhaupt eine beantwortbare Frage ist – dem Linguisten jedenfalls herzlich gleichgültig sein. Allerdings kann es ihm nicht gleichgültig sein, daß überhaupt die Existenz von etwas Nichtsprachlichem vorausgesetzt wird, ein reales Substrat, das den Zeichen unserer Sprache als von ihnen Bezeichnetes und zum Teil in Sachverhalte Strukturiertes zugrunde liegt. Diese ontologische Minimalannahme ist völlig unverfänglich und wird selbst von der Logik geteilt, wenn ihr Gebrauch des Existenzoperators sonnvoll sein soll. Darüberhinaus brauchen wir keine explizite, wissenschaftliche *Theorie* der Wirklichkeit, wenn der Kommunikationsprozeß funktionieren soll. Allerdings brauchen wir – und dieses ist nun der entscheidende, ontologisch aber wiederum unverfängliche Gedanke – so etwas wie eine *Common-sense-Strukturierung* dieses nichtsprachlichen Bezugssystems, wenn Kommunikation möglich sein soll. Und daraus, daß sie möglich ist, dürfen wir schließen (was im übrigen ja auch unserer alltäglichen Erfahrung entspricht), daß wir eine solche Common-sense-Strukturierung der Wirklichkeit auch besitzen. Dies ist *keine Theorie* der Wirklichkeit im Sinne der S-Matrix und insofern keine Ontologie, und es wäre auch nicht sinnvoll, daraus eine solche ableiten zu wollen. Wir könnten allenfalls sagen: es ist eine Art naiver Ontologie oder „Oberflächenontologie", welche uns unsere Erfahrung – auch unsere sprachliche Erfahrung – aufgeprägt hat.[172] Nur würde das Wort damit seinen Sinn verlieren, denn es soll ja gerade eine Theorie der Wirklichkeit bezeichnen, eine Einsicht in deren letzte Bauprinzipien, welche noch jenseits der naiven Common-sense-Auffassung den Bereich umfaßt, der in jener Sprechweise dann „Tiefenontologie" heißen müßte. Darum geht es hier in keiner Weise.

Dasjenige aber, was den Ontologen ziemlich gleichgültig ist, ja was von ihnen geradezu als hinderlich für ihre Ambitionen aufgefaßt wird, eben jene Common-sense-Strukturierung der Wirklichkeit als eine Bedingung der Möglichkeit, über sie in eine

---

172 Mit diesen Ausdrücken ist nichts anderes gemeint, als was v. KUTSCHERA sehr verkürzt „die Ontologie einer Sprache" nennt (v. KUTSCHERA 1971 : 325ff., passim).

funktionierende Kommunikation einzutreten, genau dieses hat über die Semantik Eingang in unsere natürlichen Sprachen gefunden. In ihnen ist diese Wirklichkeitserfahrung gleichsam zu linguistischen Strukturen geronnen, und auch das macht sie brauchbar zur täglichen Kommunikation über diese Wirklichkeit. Also: unsere Auffassung der Wirklichkeit, der Arten von Gegenständen, Sachverhalten und Ereignissen, spiegelt sich gleichsam in den semantischen Eigenschaften unserer natürlichen Sprachen, die mit ihren unterschiedlichen syntaktischen Repräsentationen verbunden sind.

Die im folgenden skizzierten Überlegungen gehen auf eine Idee J.L. AUSTINs zurück. AUSTIN hat in seiner Arbeit „How to talk – some simple ways"[173] etwas beschrieben, was er „Modellsituation" nennt. Davon wird hier im wesentlichen nur der Grundgedanke aufgegriffen;[174] dieser soll nur informell dargestellt werden. In diesem Zusammenhang werden für einige Begriffe Definitionsvorschläge gemacht, andere aber zunächst undefiniert eingeführt werden. Zu den letzten gehören auch die beiden Grundbegriffe Sprache und Welt.

Die Idee ist folgende: vermittels einer Zuordnungsfunktion Z werden die Elemente zweier verschiedener Mengen L und W einander umkehrbar eindeutig zugeordnet, wobei L eine endliche Menge sprachlicher Zeichen $\{l_1,\ldots, l_n\}$ und W eine endliche Menge ontologischer Objekte $\{w_1,\ldots, w_n\}$ bedeuten soll:

(1) $Z : L \rightarrow W$

$Z = \{l_1, w_1\},\ldots, \{l_m, w_m\}$ [175]

Die Menge W heiße eine *mögliche Welt*, die Menge L eine *mögliche Sprache*. Als mögliche Welten sollen alle Welten gelten, deren Sachverhalte miteinander verträglich sind. Als mögliche Sprachen sollen alle Sprachen gelten, deren Sätze Sachverhalte ausdrücken; und während mögliche Sprachen unter Rekurs aut die Sachverhalte definiert werden können, die ihre Sätze ausdrücken, kann die Verträglichkeit der Sachverhalte definiert werden unter Rekurs auf die Konsistenz der Sprache, die die wahren Sätze enthält, welche die Sachverhalte ausdrücken.

Die in (1) formulierte Zuordnungsfunktion Z soll nun allgemein für jede bestimmte mögliche Sprache und jede bestimmte mögliche Welt gelten:

(2) $Z = Z_1,\ldots, Z_n$

$(Z_1 : L_1 \rightarrow W_1),\ldots, (Z_n : L_n \rightarrow W_n)$

---

173 AUSTIN 1961 : 181–200.

174 Dazu gehört vor allem die Gegenüberstellung von Sprache-Welt-Paaren und der Ausgang von Deklarativsätzen, AUSTINs Ansatz hat – wie schon sein Ausdruck ‚model situations' zeigt, einen, in den Rahmen seiner Philosophie der sprachlichen Handlungen (die jetzt in die linguistische Sprechakttheorie Eingang gefunden hat) integrierten, viel weiteren Einzugsbereich. – Die spezifische Richtung, in die ich in meiner Argumentation gehe, folgt einigen mündlichen Anregungen STRAWSONs. Sie wurden im Zusammenhang mit Vorlesungen gegeben, die STRAWSON 1967 in Oxford über das Thema „Subject and Predicate" gehalten hat.

175 Ich stelle die Modellstrukturen hier nur informell dar; andernfalls würde ein erheblich größerer formaler Aufwand nötig. Deshalb wähle ich für die darzustellenden Strukturen eine Kurznotation, die zwar insofern unvollständig ist, als sie einige der verwendeten Begriffe nicht ausformalisiert – so wird z.B. auf die Darstellung von Quantifikationsstrukturen verzichtet –, meine Themenstellung aber nicht durch einen höheren Notationsaufwand belastet.

Für diese Sprache-Welt-Paare, welche durch die Zuordnungsfunktionen festgelegt werden, soll nun ein Adäquatheitspostulat gelten, welches besagt, daß eine bestimmte Zuordnung Z_i in einem gewissen Sinne adäquat sein soll, also, für eine Sprache formuliert, daß sie für genau eine Welt in diesem Sinne adäquat ist. Ich will hier von einer sog. *M-Adäquatheit* reden, um klarzustellen, daß ein Adäquatheitsbegriff gemeint ist, der die Beziehung von Modellsprachen zu Modellwelten betrifft. Diese M-Adäquatheit soll darin bestehen, daß eine bestimmte Sprache L alle möglichen Sachverhalte, die nach dem ontologischen Inventar der ihr zugeordneten Welt W_i möglich sind, auszudrücken soll in der Lage sein und keinen darüber hinaus (denn das endliche Inventar ontologischer Objekte $\{w_1, \ldots, w_m\}$ gewährleistet die Endlichkeit der in W_i möglichen Sachverhalte, denen die Endlichkeit des Inventars linguistischer Objekte $\{l_1, \ldots, l_m\}$ als Bausteine endlich vieler Sätze in L_i entspricht).[176]

(3) $Z_i : L_i \rightarrow W_i$ ist M_1-adäquat

$=_{def}$ Für jeden Sachverhalt in W_i gibt es genau einen Satz in L_i, der ihn ausdrückt, und es gibt keinen Satz in L_i, der keinen Sachverhalt in W_i ausdrückt.[177]

Dieses *Adäquatheitspostulat* gestattet es uns also gleichsam durchzuspielen, wie eine Welt W_i aussehen muß, die einer Sprache L_i mit einer ganz bestimmten linguistischen Struktur M-adäquat ist. Da es sich hierbei um eindeutige Zuordnungen handeln soll und außerdem nicht um natürliche Sprachen bzw. die wirkliche Welt, sondern um theoretische Konstruktionen, können wir auch den umgekehrten Weg gehen und durchspielen, wie die jeweilige Sprache L_i aussehen muß, die einer vorgegebenen Welt W_i mit festliegender ontologischer Strukturierung M-adäquat ist, d.h. welche linguistische Struktur sie aufweisen muß. Wir stellen uns also gleichsam in einem Spielzeugverfahren Sprache-Welt-Paare zusammen, von denen gilt, daß ein Austausch der Partner das Adäquatheitspostulat verletzen würde.[178]

Im folgenden betrachte ich aus der Menge aller möglichen Sprache-Welt-Paare, die M-adäquat sind, nur diejenigen, die ich derart nach dem *Komplexitätsgrad ihrer internen Struktur* anordnen kann, daß zwischen den einzelnen Zuordnungsfunktionen Inklusionsbeziehungen bestehen. Wir bilden dafür Ketten von Zuordnungsfunktionen $(Z_1, \ldots, Z_n)$ mit den Eigenschaften

a) Z_1 ist M-adäquat für jedes $i \leqslant n$

b) $Z_1 \subset Z_j$, für alle i, j mit $i \leqslant j \leqslant n$

Die Ketten sind also im Sinne aufsteigender Inklusionen gerichtet, d.h. es gilt:

$(Z_1 \subset, \ldots, \subset Z_n)$ / (Wenn $i \leqslant j$, dann $Z_i \subset Z_j$)

Auf diese Weise können wir die Sprache-Welt-Paare durch die Z_i kennzeichnen, die die Zuordnung von L_i und W_i ausdrücken. Da es wünschenswert ist, nicht nur über bestimmte Ketten und deren Glieder (Sprache-Welt-Paare im Sinne von M-adäquaten Zuord-

176 Die Sprachen vom hier beschriebenen Typ kennen also keinen unendlichen Gebrauch von endlich vielen Mitteln.

177 Es handelt sich hier also um eine bijektive Relation.

178 Es sei daran erinnert, daß mit dem Begriff Sprache-Welt-Paare Zuordnungen der erwähnten Art gemeint sind, also M-adäquate Zuordnungen.

nungen), sondern vor allem auch generell über Typen solcher Ketten und Typen ihrer Glieder sprechen zu können, führe ich den Begriff der *Sequenz* (Symbol: Σ) ein, um damit Typen und Ketten von Sprache-Welt-Paaren zu bezeichnen. Die Typen der Sprache-Welt-Paare bezeichne ich mit M. (D.h. in bezug auf Z als Objektsymbol ist Σ ein Typsymbol.):

(4) $\Sigma = (\Sigma^1, \ldots, \Sigma^n)$ /
(Wenn $i \leqslant j$, dann $\Sigma^i \subset \Sigma^j$)

Σ ist hier nichts anderes als der Typ von Ketten von Sprache-Welt-Paaren, für deren Zuordnung das Postulat der M-Adäquatheit gilt. Auf der Ebene von Σ können wir somit über allgemeine oder universale Eigenschaften der Kettenglieder von $(Z_1 \subset, \ldots, \subset Z_n)$ sprechen. Σ heiße eindimensional, weil für eine anschauliche Repräsendation dieser Sequenz nur eine räumliche Dimension, etwa die übliche horizontale Linearität, ausreicht.

Damit ist das Prinzip einer Begründung von Sprachstrukturen durch Weltstrukturen am Beispiel idealisierter Sprache-Welt-Modelle dargestellt.[179] Es wäre jetzt wünschenswert zu untersuchen, wie die beiden Grundbegriffe „Sprache" und „Welt" präzisiert werden müßten, um ein solches Begründungsverfahren wie das hier angedeutete auf die Verhältnisse in den natürlichen Sprachen und der wirklichen Welt übertragen zu können.

Dabei entsteht jedoch ein weiteres methodologisches Problem, welches ich das Ähnlichkeitsproblem nennen will. Bei seiner Behandlung, die die Einführung eines sog. *Ähnlichkeitspostulates* nötig macht, soll auch der Modellbegriff eingeführt und erläutert werden, welche Funktion Idealisierungen bei der Begründung empirischer Theorien der Linguistik haben.

Ein solches gedankliches Experimentieren mit abstrakten Sequenzen der Art Σ bliebe nämlich ein bloßes Spielzeugverfahren, wenn ihm in der Tat jeder Realistätsbezug fehlte. Linguistisch wäre es ziemlich uninteressant, insbesondere wenn es um die Erforschung der natürlichen Sprache geht. Dies schon deshalb, weil in keiner Interpretation ein L^k als eine vollständige natürliche Sprache aufgefaßt werden könnte. Das ist durch die Annahme ausgeschlossen, daß der Endlichkeit des linguistischen Inventars $\{l_1, \ldots, l_n\}$ von L^k auch nur eine endliche Anzahl von Sätzen in L^k entspricht. Demgegenüber ist es für die natürlichen Sprachen ja bekanntlich charakteristisch, daß sie Innovationsmechanismen und gewissen grammatische Operationsformen aufweisen, die – um mit HUMBOLDT und CHOMSKY zu sprechen – einen unendlichen Gebrauch ihrer endlichen Mittel, und damit die Bildung unendlich vieler Sätze, ermöglichen. Insofern erhielt die bisherige Darstellung bereits eine Restriktion über die linguistische Struktur der L-Sprachen. Gemeint ist die Zulassung von Rekursivregeln in der Syntax, beispielsweise S $\rightarrow$ S + VP. Prinzipiell kann diese Restriktion natürlich fallengelassen werden. Es handelt sich dabei dann um eine substantielle Modifikation der Modelle, deren Idealisierungsgrad dadurch herabgesetzt wird. Z.B. muß die fundamentale Bedingung fallengelassen werden, daß ein W aus endlich vielen Sachverhalten besteht.

179 Eine detaillierte Weiterführung dieser Modellstruktur durch die Einbeziehung alternativer Sprachen und Welten enthält FINKE 1974 : 81–89. – Cf. auch FINKE (im Druck).

Man wird dann ein W nicht durch die vollständige Aufzählung der *Sachverhalte* charakterisieren, die es ausmachen, sondern durch die vollständige Aufzählung der *Gesetze*, die für die (potentiell unendlich vielen) Sachverhalte in W gelten.

Was haben wir bislang? Σ ist eine erst partiell gedeutete Struktur, die dazu geeignet sein soll, die Adäquatheit von Sprachen in bezug auf ihnen zugeordnete Welten darzustellen. Diese Strukturen können einen unterschiedlichen Idealisierungsgrad besitzen, darüber ist noch nichts festgelegt.

Jetzt aber sollen diese Strukturen für ein empirisches linguistisches Interesse nutzbar gemacht werden. Deshalb soll für die Interpretation der Sequenz Σ gelten, daß die im Schlußglied figurierende Welt W_j ein *Modell*[180] *unserer tatsächlich existierenden Welt* sei.

Ein Modell der wirklichen Welt sei genau dasjenige aus einer Menge möglicher Welten, für das gilt, daß die durch die hier gegebene ontologische Maximalstruktur definierte Menge von Sachverhalten auch tatsächlich realisiert ist, daß es sich dabei also um Tatsachen handelt. Die Tatsachen – genauer: die Gesamtheit der Tatsachen – definieren ein Modell der wirklichen Welt.

Der Gesichtspunkt nun, daß es sich bei den solchermaßen charakterisierten Objekten nicht um voll durch ihre Eigenschaften spezifizierte Entitäten, sondern um *Idealisierungen* handelt, die aber gleichwohl eine gewisse Ähnlichkeit mit den Objekten der Wirklichkeit aufweisen sollen, gibt Veranlassung, von „*Modellen*" zu reden. Modelle sind immer Modelle von etwas, von Originalen, sie sind gleichsam Bilder dieser Objekte, wie sie von ihnen unter Anwendung eines konstanten oder variablen Ähnlichkeitsparameters entworfen werden können.

Hier tritt gleich die grundsätzliche Frage auf, zu welchem Zweck wir uns eigentlich mit Modellen im Sinne von idealisierten Objekten in (linguistischen) Theorien beschäftigen. Hier möchte ich eine Stelle bei AUSTIN zitieren, wo es heißt: „Possibly we never are actually in a situation like S_0 [ein Modell AUSTINs, P.F.]: more probably we sometimes are so, or, more strictly, regard ourselves for current intent and purposes as being so. But the purpose of considering the model is to elucidate some of our ordinary thougth and language about the uses of speech: and it seems hardly denyable that in such thought and language we do, for better or worse and whether consciously or unconsiciously, *make use of such models* (not, or course, necessarily only on such)".[181]

Handelt es sich nun um zu stark idealisierte Modelle, wird dieses keine vollständig empirisch adäquate Theorie sein können. Die Begründbarkeit einer solchen Theorie hängt nun davon ab, ob es gelingt zu zeigen, daß die Idealisierungen, durch welche sie gekennzeichnet sind, Voraussetzungen dafür sind, daß eine solche Theorie einstweilen überhaupt formuliert werden kann. Die Aufgabe der weiteren Theorieentwicklung wird es dann sein, diese Idealisierungen sukzessive zurückzunehmen. Diese Sukzession ist in der Σ-Sequenz linear abgebildet. Die relative empirische Inadäquatheit von Idealisierungen ist deshalb ein ganz gewöhliches Kennzeichen von Frühstadien der Theorieentwicklung

180 Diese Redeweise wird umgehend erläutert. Cf. auch Anm. 185. Ich spreche hier zunächst von den W^k; die Konsequenzen in bezug auf die L^k behandele ich weiter unten.

181 AUSTIN 1961 : 181.

und darauf abbildbar, daß idealisierte Theorien – über den Ähnlichkeitsparameter der Modelle – gleichsam mit einer gefilterten Auswahl empirischer Daten arbeiten.[182]

Hier nun liegt eine besondere Schwierigkeit von Idealisierungen. Die Selektion der empirischen Daten über den Ähnlichkeitsparameter eines Modells betrifft insofern die Begründungschancen einer Theorie, als hier bereits wichtige Vorentscheidungen über die Anwendungsmöglichkeit der Theoriestruktur auf empirische Phänomene der natürlichen Sprachen, der wirklichen Welt oder der Beziehung zwischen beiden getroffen werden. Wir brauchen eine *Auswahlfunktion*, welche uns solche Modelle zu konstruieren erlaubt, die die wesentlichen Züge der Originale aufweisen, die unwesentlichen beiseite läßt. Was aber soll hier als wesentlich, was als unwesentlich gelten? Eine generelle Antwort auf diese Frage ist unmöglich; aber drei spezielle Rahmenbedingungen sollen nachträglich genannt werden. Hier beschränke ich mich auf den Hinweis, daß es die Variabilität des Ähnlichkeitsparameters in der linearen Sukzession der Σ-Sequenz – die die Theoriendynamik in Richtung auf eine Steigerung der empirischen Adäquatheit simulieren soll – im Prinzip gestattet, jede Festlegung, die sich als empirisch inadäquat herausstellen sollte, durch eine Revision der Theorie zu modifizieren.

Analog der M-Adäquatheit führe ich nun ein *Ähnlichkeitsprinzip* ein, welches das generelle Postulat der Ähnlichkeit von Modellen auf den Spezialfall der Ähnlichkeit einschränkt, die für M-adäquate Glieder M aus Sprache-Welt-Paaren gelten soll:

(5) M^i ist M-ähnlich $=_{def}$ Es gibt ein Original O^i, das unter Anwendung der konstanten Auswahlfunktion Φ auf M^i eineindeutig abgebildet werden kann.

Eine solche Abbildung mittels der Funktion Φ heiße M-Modell. M-Modelle in diesem Sinne sind alle nach den Bedingungen (1) bis (4) zugelassenen M-adäquaten Sprache-Welt-Paare M; darüberhinaus sollen auch die einzelnen zugelassenen möglichen Sprachen und möglichen Welten als M-Modelle bezeichnet werden.

Wir können jetzt genauer sagen, daß bei Anwendung der Auswahlfunktion Φ auf die wirkliche Welt die im Schlußglied der Sequenz Σ figurierende mögliche Welt W^j der wirklichen Welt M-ähnlich, also ein M-Modell von ihr ist.

(Φ ist also der Inbegriff der Konstruktionsbedingungen der Modelle dieser Modellstruktur; es hat eine Filterfunktion).

Es soll nun für die Interpretation der Sequenz Σ gelten, daß eine bestimmte, in ihr figurierende Sprache einem Ausschnitt aus einer natürlichen Sprache M-ähnlich, also ein M-Modell von ihr sei. (Daraus folgt übrigens, daß ein M-Modell der natürlichen Sprache einem M-Modell der wirklichen Welt M-adäquat ist.) Als erste spezielle Rahmenbedingung für die Auswahlfunktion Φ der M-Ähnlichkeit gelte also:

(6) Es ist eine Rahmenbedingung für die Begründbarkeit einer teilweise idealisierten linguistischen Theorie, daß es zu einer bestimmten Modellsprache L^k einen bestimmten Ausschnitt aus der natürlichen Sprache L^i gibt, dem sie M-ähnlich ist. (M-Ähnlichkeit $_L$)

---

182 Das Postulat der Ähnlichkeit kann als Parameter aufgefaßt werden, der angibt, in welcher Beziehung Modelle zu wirklich existierenden Objekten stehen.

Dieser hier gemeinte Ausschnitt kann nun für die im Schlußglied $M^n \in \Sigma$ figurierende Modellsprache L^n insofern als „repräsentativer Ausschnitt' bezeichnet werden, als er der für Σ größtmögliche Ausschnitt aus der natürlichen Sprache ist.

Da auch unsere Modellwelten dem Ähnlichkeitsparameter unterliegen müssen, gelte für eine in Σ^n figurierende Welt W^j und ihre Beziehung zur wirklichen Welt entsprechend:

(7) Es ist eine Rahmenbedingung für die Begründbarkeit einer teilweise idealisierten linguistischen Theorie, daß es zu einer bestimmten Modellwelt $W^j \in M^n$ einen bestimmten Ausschnitt aus der wirklichen Welt WW gibt, dem sie M-ähnlich ist. (M-Ähnlichkeit $_W$)

Wiederum sei speziell die im Schlußglied $M^n \in \Sigma$ figurierende Modellwelt W^n ein repräsentativer Ausschnitt aus der wirklichen Welt.

Mit Sequenzen dieser Art können wir die theoriedynamische Idee einer Progression von linguistischen Theorien in Richtung auf ein höheres Maß empirischer Adäquatheit in ihren Grundzügen formal darstellen. Die Sequenzenrichtung (‚nach rechts') simuliert einen evolutionären wissenschaftlichen Fortschritt in der Linguistik, insofern als sie den weitgehenden – aber prinzipiell nie vollständigen – Abbau von Idealisierungen abbildet, wie er für die Evolution von Theorien charakteristisch ist. Dabei ist noch nichts darüber festgelegt, ob es sich bei den Modellen um *Objekttheorien* oder *Metatheorien* handelt; auch Linguistikkonzeptionen (also linguisitische Metatheorien) werden de facto zumeist evolutionär verändert[183]; auch sie sind metasprachliche Konstrukte, die ontologischen Konstrukten zugeordnet werden; nur sind jene ontologischen Konstrukte in diesem Fall die objektsprachlichen Konstrukte auf der Ebene der einzelnen linguistischen Theorien.

Idealisierungen, so fasse ich zusammen, sind ***notwendige*** Bedingungen der Möglichkeit von wissenschaftlicher Theoriebildung und damit auch linguistischen Wissens; ihre Veränderung durch eine – im Umfang ihrer einzelnen Schritte je nach Maßgabe des verfügbaren Problem- und Erlährungspotentials verschiedene – Zurücknahme des Idealisierungsgrades ist eine notwendige Bedingung des sprachwissenschaftlichen Fortschritts.[184] Begeben wir uns nun noch auf die Suche nach *hinreichenden* Bedingungen.

5. Rationale Entscheidung und Begründung

Hinreichende Bedingungen für die Bildung *relativ adäquater* linguistischer Theorien hängen, wie unsere wissenschaftliche Erfahrung zeigt, offenbar von tieferliegenden Voraussetzungen als denen ab, die auf der Theorieebene – sprich: der Ebene der linguistischen Objekttheorien – gegeben sind. Was ich meine ist, daß eine Theorie nur dann

183 Cf. das Beispiel der G-, P- und F-Matrizen, das ich im Kap. IIc2 und 3 erörtere (S. 176–187).

184 Ich gehe hierbei – wie zuzugeben ist – selbst von einer Idealisierung aus, nämlich der, daß am Anfang eines evolutionären Forschungsprozesses die *relativ stärksten* Idealisierungen stehen. Dies dürfte aber eine weitgehend zutreffende Annahme sein.

eine Adäquatheitschance überhaupt hat, wenn die disziplinäre Matrix, die K-Matrix, die sie steuert, bestimmte Adäquatheitsbedingungen erfüllt. Ich behaupte deshalb:

> Damit eine linguistische Theorie über eine natürliche Sprache L eine gute Adäquatheitschance besitzen kann, ist es hinreichend, daß die auf den verschiedenen Ebenen der forschungsleitenden K_L-Matrix getroffenen Entscheidungen zweckmäßig getroffen worden sind.

Was sind nun ‚zweckmäßige Entscheidungen' auf der Ebene der K_L-Matrix? Dies läßt sich in allgemeiner Weise als Frage sicherlich nicht beantworten. Zum Beispiel ist auf der Ebene der Modelle[185] eine genaue Beschäftigung mit den Erklärungsqualitäten einer spezifischen Modellwahl erforderlich, um die Frage beantworten zu können, ob diese Wahl zweckmäßig getroffen wurde oder nicht. Wir werden uns mit diesen konkreten linguistischen Entscheidungen, ihren Gründen, Folgen und methodologischen Folgeproblemen im II. Teil noch im einzelnen auseinanderzusetzen haben. In diesem Kapitel will ich mich auf zwei Fragen konzentrieren, die noch auf der metatheoretischen Problemebene liegen.

Zum einen will ich kurz erörtern, in welchem Sinne der Ausdruck „zweckmäßig" verwendet wird; das andere Problem hat die wissenschaftstheoretische Diskussion der jüngsten Zeit weithin beschäftigt. Es geht um die grundsätzliche Frage, ob nicht schon der ganze Ansatz der Problematik falsch ist. Ich nenne hier als Stichwort nur den von KUHN mit Nachdruck in die Debatte geworfenen Begriff der Inkommensurabilität.

Wenn es für eine Klärung des schwierigen und oft mißbrauchten Begriffs der *Rationalität* einen plausiblen Anhaltspunkt gibt, dann ist das der Begriff der *Zweckmäßigkeit* eines Mittels, Verfahrens oder einer Handlung. Ein stehendes Beiwort für den Begriff der Entscheidung ist der Ausdruck ‚blind'. Dahinter steht offenbar die Auffassung, Entscheidungen, jedenfalls gewisse Entscheidungen, seien – im Unterschied etwa zu Handlungen, die auf ihrer Grundlage ausgeführt werden – eben gerade dasjenige, was nicht selbst wiederum begründet oder gerechtfertigt werden kann. Handlungen werden, in dieser Sichtweise, mit den Entscheidungen begründet, die zu ihnen führen; die Entscheidungen selbst aber, so scheint impliziert zu sein, können nicht selbst wiederum begründet werden.

Eine solche Auffassung verwechselt eine richtige mit einer vermeintlichen Einsicht. Richtig ist zweifellos, das wir nicht *endlos* nach immer tiefer liegenden Begründungen fragen können; doch es ist sicher ein Irrtum zu glauben, wir könnten Entscheidungen

---

185 Ich verwende den Ausdruck „Modell" hier wieder im Sinne KUHNs und nicht AUSTINs. Allerdings sind die beiden Bedeutungen des Modellbegriffs nicht vollständig voneinander verschieden. Modelle im KUHNschen Verstande sind auch immer Modelle im Sinne von AUSTIN, denn sie sind Idealisierungen, die wir bei unserer Art und Weise, einen Gegenstand oder ein Problem zu sehen, vornehmen. Ob wir den Sprecher einer Sprache als einen Automaten oder ob wir ihn als einen Spieler sehen, wir treffen immer gewisse Vereinfachungsentscheidungen. Die Erzeugung eines neuen Erklärungspotentials, wie sie mit der Begründung neuer disziplinären Matrizen verbunden ist, ist in besonderem Maße an die Modellkomponente gebunden, und hier sind es wiederum die für die spezifischen Idealisierungen eines Modells verantwortlichen Vereinfachungsentscheidungen, die die wissenschaftliche Phantasie und damit die Bildung von theoretischen Mutanten anregen.

grundsätzlich nicht mehr begründen. Auch die schwächere Meinung ist nicht haltbar, daß es gewisse Typen von Entscheidungen gebe, die nicht mehr begründbar seien.

Es gibt auch die Gegenposition; dort wird behauptet, daß alle unsere Entscheidungen, die wir treffen, jedenfalls alle wichtigen Entscheidungen, begründet werden *müssen*; erst dann könnten wir für unser Handeln, auch für unser wissenschaftliches Handeln und gerade für dieses, Rationalität beanspruchen.

Wissenschaftstheoretisch gesehen sind beide Extrempositionen in Gefahr, zwar nicht irrationale, aber doch vollständig oder sehr weitgehend unrealistische Vorstellungen vom tatsächlichen Verlauf der wissenschaftlichen Tätigkeiten zu entwickeln, die erste einen *Dezisionismus*, mit dem fast jeder Rationalitätsanspruch für wissenschaftliche, Entscheidungen aufgegeben wird, die zweite einen *Fundamentalismus*, der zwar mit einem besonders prononcierten Rationalitätsanspruch auftritt, tatsächlich aber zu starke Forderungen stellt, und daher selbst einem Irrationalitätsvorwurf ausgesetzt ist.

Die entscheidungstheoretischen Postulate des Dezisionismus sind *zu schwach*, um einen Rationalitätsanspruch aufrechterhalten zu können, denn weder kann aus dem Umstand, daß wir gewisse unserer Entscheidungen *de facto* nicht begründen, gefolgert werden, daß wir sie prinzipiell nicht begründen könnten oder die Begründungen, die wir geben könnten, immer prinzipiell unzureichend wären, noch kann aus dem Umstand, daß wir Begründungshierarchien irgendwann einmal abbrechen, auf die grundsätzliche Unzulänglichkeit jeder Bemühung um Begründung geschlossen werden. Wenn ein Linguist sich dafür entscheidet, im Rahmen einer K_L-Matrix zu arbeiten, die analytische Werte wie erklärende Kraft oder empirische Adäquatheit enthält, dann trifft er unter der Bedingung eine vernünftige Entscheidung, daß seine Ziele nur mit methodologischen Normen zu erreichen sind, die auf diesen Wertentscheidungen begründet werden können. Rationales wissenschaftliches Verhalten können wir an dem Grad messen, zu dem für formulierte Ziele angemessene Mittel ausgewählt werden und die Ziele ihrerseits so gut wie möglich gerechtfertigt werden. Zum Beispiel kann das linguistische Ziel, eine Theorie der Sprachverschiedenheit zu entwickeln, durch Hinweis auf den in diesem Bereich faktisch in der gegenwärtigen Linguistik bestehenden *Erklärungsbedarf* ausreichend gerechtfertigt werden; in diesem Falle können auch noch soziale und politische Motivationen hinzutreten.[186]

Die entscheidungstheoretischen Postulate des Fundamentalismus sind demgegenüber *zu stark*, um erfüllbar zu sein, und deshalb unrealistisch. Es ist nicht zu sehen, wie eine ‚Letztbegründung' in irgendeinem Bereich möglich sein sollte, wenn man nicht die Zuflucht zu nichtempirischen Theorien nehmen will. Diese dürften aber nach den philosophischen Erfahrungen, die wir mit ihnen gemacht haben, für eine Fundierung im Bereich der empirischen Wissenschaften kaum mehr in Frage kommen. Jedenfalls dürfte es eine rationale Entscheidung sein, dort, wo sich andere Alternativen anbieten, diese den apriorischen Begründungen vorzuziehen bzw. stets nach empirisch prüfbaren Begründungen zu suchen. Dies dürfte deshalb eine rationale Entscheidung sein, weil

186 Cf. hierzu Kap. IIb, sowie Teil C (Schluß), S. 155 ff. resp. 198 ff..

sie uns für *Veränderungen* unserer Einsichten offenhält und weniger Gefahr läuft, in Immunisierungsstrategien zu enden.[187]

Allerdings ist nun mit dem Stichwort ‚Veränderung' eines der wichtigsten Argumente gegen die These zu diskutieren, daß wir in einer Wissenschaft, die es infolge ihrer Nichtabgeschlossenheit mit verschiedenen konkurrierenden disziplinären Matrizen zu tun hat, überhaupt keine Entscheidungen zwischen diesen Matrizen treffen können, die ‚rational' genannt zu werden verdienten. Kurz: wir müssen uns mit der *Inkommensurabilitätsthese*, wie sie am prägnantesten von KUHN vertreten worden ist, auseinandersetzen.[188]

Den Sturm der Entrüstung, den die Auffassung der Wissenschaftsentwicklung, die von KUHN vertreten worden ist, unter den Wissenschaftstheoretikern hervorrief, kann man gut nachvollziehen, wenn man sich die Zusammenstellung der verschiedenen möglichen Positionen ansieht, die STEGMÜLLER vorgenommen hat.[189] Er vergleicht die Positionen von vier Philosophen, die sich mit dem Prozeß der Wissenschaftsentwicklung auseinandergesetzt haben, und erhält dabei die folgende tabellarische Übersicht:

„(1) Hume: Die Naturwissenschaften verfahren *induktiv* und *nicht-rational.*
(2) Carnap: Die Naturwissenschaften verfahren *induktiv* und *rational.*
(3) Popper: Die Naturwissenschaften verfahren *nicht-induktiv* und *rational.*
(4) T.S. Kuhn: Die Naturwissenschaften verfahren *nicht-induktiv* und *nicht-rational.*"

Ich werde hier nicht in eine detailliertere Erörterung der KUHNschen Theorieendynamik eintreten;[190] auch auf eine kritische Kommentierung der tabellarischen Übersicht verzichte ich. Mich interessieren hier nur zwei Fragen: erstens, in welchem Sinne bietet die in diesem Buch auf die Linguistik angewandte SNEED-Matrix für Theorien eine Möglichkeit, der KUHNschen Inkommensurablilitätsthese für disziplinäre Matrizen zu entgehen?, und zweitens, in welchem Sinne kann die Linguistik einen Beitrag zur Theorie der Wissenschaftsentwicklung leisten?.

Obwohl die Theorien KUHNs und SNEEDs nicht für die Linguistik formuliert worden sind, scheinen sie für sie gut geeignet zu sein: seit CHOMSKY werden viele Theorien der Linguistik durch die strukturale Definition ihrer fundamentalen Prädi-

---

187 Zum Begriff der Immunisierungsstrategie cf. BALLMER 1976, wo auch ausführlich gezeigt wird, daß eine grundsätzlich empirische Einstellung nicht von der Gefahr der Verschanzung hinter Immunisierungsstrategien vollkommen frei ist. Allerdings gilt dies in weitaus stärkerem Maße für den Apriorismus. Einige in diesem Zusammenhang einschlägige Bemerkungen zu APELs ‚Transzendentaler Sprachpragmatik' enthält der Schlußteil C, (S. 198 ff.).

188 Es sei betont, daß das mit dieser These zusammenhängende Problem besonders für solche Wissenschaften gravierend ist, die verhältnismäßig matrixinstabil sind; zwar ist die These in der auf die KUHNsche Herausforderung folgenden Debatte fast ausschließlich am Beispiel physikalischer Paradigmata erörtert worden, doch ist es leicht zu sehen, daß matrixinstabilere Wissenschaften, wie die Linguistik, durch die Implikate der These noch weitaus stärker betroffen sind, weil sie tatsächlich vor Matrixalternativen stehen und somit noch echte Entscheidungen treffen müssen.

189 STEGMÜLLER 1975 : 490; ähnlich in 1973.

190 Cf. hierzu neben STEGMÜLLER 1973; 1974; 1975; auch KRÜGER 1974; KANNGIESSER 1976a; LAKTOS/MUSGRAVE (eds.) 1970; SNEED 1971; 1975; 1976; BALZER/SNEED 1977; KUHN 1976.

kate definiert (jedenfalls ist dies bei den am präzisesten formulierten Theorien der Fall), und seit CHOMSKY spricht man auch in der Linguistik von einer ‚wissenschaftlichen Revolution', von Phasen „außerordentlicher Forschung" (KUHN) im Unterschied zu Phasen der „normalen Entwicklung von Wissenschaft". Mir scheint, daß sie sog. CHOMSKYsche Revolution so revolutionär nicht war, wie das eine oberflächliche Betrachtung glauben könnte, da nur auf *einer* Ebene der K-Matrix eine wesentliche Veränderung gegenüber beispielsweise dem HARRISschen Strukturalismus stattfand. Hier zeigt sich, daß wir in dem Begriff der disziplären Matrix – und dem von mir daraus entwickelten Begriff der K-Matrix – ein wesentlich *differenzierteres* Analyseinstrument in Händen haben, als es der alte Paradigmabegriff war.

Das heißt: wir dürfen wohl eine wesentlich größere Konstanz der Problemstellungen, aber auch der Lösungsstrategien in der Linguistik vor und nach CHOMSKY konstatieren, als es unmittelbar nach Erscheinen der „Syntactic Structures" vielleicht den Anschein hatte. Gewiß: ich will die Radikalität, mit der CHOMSKY sich für einen Wechsel des *Modells* entschieden hat, nicht in Zweifel ziehen; ich will aber, indem ich den Begriff des Paradigmas durch den der K-Matrix ersetze, plausibel machen, daß revolutionärer Wandel noch keinesfalls gleichbedeutend sein muß mit der Unvergleichbarkeit der Konzeptionen; es ist ja nur ein teilweiser revolutionärer Wandel, eingebettet in eine überwiegende Zahl von identisch gebliebenen Entscheidungen. Dies aber macht es möglich, daß wir die K-Matrix der Linguistik *vor* und *nach* CHOMSKY sehr wohl miteinander vergleichen können; von Inkommensurabilität kann hier nicht die Rede sein. Unsere Theoriekonzeption im Sinne der S-Matrix trägt dem insofern Rechnung, als sie hinreichend abstrakt ist, um Veränderungen zuzulassen, ohne daß wir gleich von einer völlig neuen Theorie sprechen müßten. Wir können beispielsweise durch die Unterscheidung von *Theoriekern K* und seinen verschiedenen möglichen *Erweiterungen* E_1, E_2,...die Veränderungen abbilden, die *die* generative Grammatik seit den „Syntactic Structures" durchlaufen hat, wobei aber ein stabiler Bestand an Grundüberzeugungen nicht tangiert worden ist. Wir „verfügen über eine Theorie" (STEGMÜLLER) auch, indem wir sie verändern. Und diese Veränderungen können in dem Sinne durch rationale Entscheidungen gesteuert werden, als wir die der Theorie zugrundeliegende K-Matrix entweder identisch beibehalten und ebenfalls den Theoriekern, aber Modifikationen an Erweiterungen des Theoriekerns vornehmen, oder, indem wir die zugrundeliegende K-Matrix verändern, aber nicht vollständig und schlechterdings so, daß man sie nicht mehr wiedererkennt, sondern partiell und nur soweit, als man dadurch kleine, überschaubare Steuerbewegungen macht, die durch die *ständige empirische Kontrolle* der Adäquatheit der daraus resultierenden Theorievarianten (Kernerweiterungen) selbst einer rationalen Kontrolle unterliegen. Wenn wir beispielsweise feststellen können, daß eine Veränderung bei der Restriktion von zulässigen Transformationstypen in der Grammatiktheorie eine erwünschte Beschränkung der schwachen generativen Kapazität einer Grammatik zur Folge hat, dann haben wir eine Kernerweiterung vorgenommen, die eine rationale Entscheidung darstellt. Wenn wir beispielsweise feststellen, daß eine Veränderung in der Modellvorstellung die empirische Adäquatheit der Sprachtheorie steigert und neue Erklärungsbedürfnisse zu befriedigen vermag, dann ist dies ebenfalls ein Indikator für eine rationale Entscheidung.

Wie verhält es sich nun aber mit disziplinären Matrizen, die zunächst den Anschein geben, als seien sie *weiter* voneinander entfernt als in den bis jetzt betrachteten Beispielen? Wie verhält es sich zum Beispiel mit der Herausforderung, die das Auftreten der neuen Erklärungsbedürfnisse, wie sie von der Sprechakttheorie und der Pragmatik im weiteren Sinne artikuliert worden sind, für die an der Chomskymatrix orientierte Linguistik darstellte? Sind hier nicht Verschiedenheiten zu konstatieren – insbesondere auch, wenn man an die Fortentwicklung der Grammatiktheorie durch die formale Semantik denkt – die KUHN mit seiner Inkommensurabilitätsthese recht zu geben scheinen?

Dies ist in der Tat ein ernsteres Problem. Allerdings scheint mir an dieser Stelle auch der Beitrag einsetzen zu können, den die Linguistik sowohl zur Klärung der metatheoretischen Problemlage, als auch zur Verbesserung der wissenschaftlichen Kommunikation innerhalb und zwischen Wissenschaftlergemeinschaften leisten kann. Ich meine das Folgende:

In der gesamten Debatte über die KUHNsche Inkommensurabilitätsthese ist der *Wissenschaftssprache* zu wenig Aufmerksamkeit zugewendet worden.[191]

Dadurch ist auch die Möglichkeit völlig außer acht gelassen worden, die *Sprachveränderungen* mit sich bringen. Sprachen, auch Wissenschafts- und Theoriesprachen, sind *dynamische* Systeme; sie sind synchronen, aber auch *diachronen* Gesetzen unterworfen. Theoriesprachen zumal: wir stellen sie her, strukturieren sie nach unseren Beschreibungs- und Erklärungsbedürfnissen. Und hier gibt es nun unterschiedliche Sprachen, stärker und schwächer verschiedene. Ich behaupte, daß die Linguistik, indem sie eine erklärungstarke und empirisch möglichst adäquate *Theorie der Sprachverschiedenheit und der Sprachveränderung* zu formulieren lernt, einen wesentlichen Beitrag zur *Übersetzbarkeit und Vergleichbarkeit verschiedener K-Matrizen* zu leisten vermag.

Dies aber erfordert, wie ich im zweiten Teil des Buches zeigen werde, grundsätzliche Reflexionen auf die Matrixentscheidungen der gegenwärtigen Linguistik und es erfordert daß wir die Linguistik selbst in einer bestimmten Richtung *verändern*, um sie allererst in den Stand zu setzen, eine solche Theorie in adäquater Weise formulieren zu können. Wir müssen also nicht nur über die Entscheidungen anderer, ob sie rational sind oder nicht, räsonnieren, sondern selber linguistische Entscheidungen *treffen*.

---

191 Ich erinnere daran, daß auch SNEED und STEGMÜLLER für die *Sprachen*, in denen Theorien nun einmal formuliert werden (müssen), in diesem Punkte keine angemessene Darstellung geben. – In seinem Beitrag zur Diskussion über die SNEEDsche Theorie und ihre Adaptation durch STEGMÜLLER zur Präzisierung des Begriffs des wissenschaftlichen Fortschritts hat KUHN neuerdings ein ähnliches Argument wie das von mir nachfolgend vorgetragene benutzt, um seine Position zu stützen: das Übersetzbarkeitsargument. Während KUHN sich jedoch auf die bekannte QUINEsche These von der Undeterminiertheit jeder Übersetzung beruft, scheint mir das Übersetzungsproblem im Lichte einer funktionalen Theorie der Sprachveränderung und -verschiedenheit anders zu beurteilen zu sein . Cf. das Folgende (KUHN 1976).

Bemerkungen zum I. Teil

Ziehen wir kurz eine Zwischenbilanz unserer Untersuchungen zu Grundlagenproblemen der Linguistik.

Wir haben uns, nach einer ersten Orientierung über die Beziehungen zwischen Wissenschaft allgemein, Linguistik und Philosophie, der Mühe unterzogen, einige der wichtigsten Zusammenhänge zwischen der Empirizität und der Begründbarkeit einer linguistischen Theorie im Grundsatz zu klären. Dabei haben wir uns Rechenschaft darüber abzulegen versucht, was überhaupt die in diesem Problemzusammenhang verwendeten Begriffe bedeuten: Linguistische Theorie, Empirizität, Begründung.

Beim Begriff der linguistischen Theorie haben wir zunächst noch einen Schritt weiter zurückgehen müssen, denn der Begriff der Theorie selbst wird auch von denen, die ihn oft gebrauchen, keineswegs durchweg in einer klaren und praktikablen Weise verwendet. Wir haben Gründe dafür angegeben, warum Theorien als Strategien zur Lösung von Problemen verstanden werden können und im Anschluß daran eine für die Linguistik neue Theorieauffassung entwickelt, die gleichwohl das tatsächliche Vorgehen in der Linguistik besser trifft als die bisherige Auffassung.

Diese Theoriekonzeption hat uns dann einen zwanglosen Einstieg in die Empiriediskussion ermöglicht, weil sie im Prinzip sehr klar zu sagen erlaubt, was der empirische Gehalt einer Theorie ist. Wichtig war dabei vor allem die grundlegende Einsicht, daß wir von einem naiven Beobachtungsbegriff Abschied nehmen und die ‚Theorieabhängigkeit aller Beobachtung' ernst nehmen müssen. Dies hat uns dazu geführt, einen Theorierelativismus anzuerkennen, der gleichwohl kein Erkenntnisrelativismus ist. Die Empirizitätsdiskussion hat uns auch dazu gebracht, Überlegungen über das Problem der Adäquatheit, und das heißt: der empirischen Adäquatheit von Theorien anzustellen.

Dies brachte erneut das Thema der Theorienkonkurrenz auf, das wir zunächst durch prinzipielle Überlegungen zum Verhältnis von wissenschaftlicher Praxis und Metatheorie vorbereitet haben. Dabei haben wir uns für eine nicht bloß rekonstruktive Konzeption der Wissenschaftstheorie entschieden, wie überhaupt viele unserer Argumentationen und Entscheidungen von Nützlichkeitserwägungen bestimmt waren. Wir haben eine Ambiquität im Begriff der Begründung einer Theorie festgestellt, die Konsequenzen für eine Präzisierung des Begriffs der empirischen Adäquatheit hatte. Sodann haben wir Voraussetzungen für eine klare Konzeption des Adäquatheitsbegriffs erörtert, wobei die Rolle von Modellbildungen und Idealisierungen im Forschungsprozeß zu untersuchen war. Wir haben bemerkt, daß jede Theoriebildung vielfältige Entscheidungen impliziert und deshalb einige grundsätzliche Reflexionen auf die Möglichkeit rationaler Entscheidungen in Wissenschaftsprozessen angestellt.

Wenn wir, mit einer solchen Distanz, den Gedankengang des I. Teils Revue passieren lassen, so wird besonders deutlich, daß es in ihm um sehr allgemeine wissenschaftsphilosophische Themen ging; obwohl in dem Zusammenhang einige für die Linguistik neue Perspektiven darstellbar wurden, überwog insgesamt gesehen doch die Erörterung der allgemeinen metatheoretischen Konzepte eine im engeren Sinne linguistische Analyse.

Der Nutzen einer solchen allgemeinen Grundlagenforschung für eine konkrete Veränderung der Linguistik soll jetzt im II. Teil im Vordergrund stehen.

II. Grundlagen der funktionalen Linguistik

Im I. Teil des Buches haben wir uns mit allgemeinen Grundlagen der linguistischen Theorienbildung befaßt, wie sie für das metatheoretische Selbstverständnis der modernen Linguistik typisch bzw. wichtig sind. Wir haben Philosophie der Linguistik in dem Sinne betrieben, daß wir uns die Frage vorgelegt und zu beantworten versucht haben, was wir als Linguisten eigentlich meinen, wenn wir von unseren ‚Theorien' und deren ‚Empirizität' sprechen. Wir sind im Kapitel über das Begründungsproblem aber auch schon über dieses Ziel einer Klärung von grundlegenden Begriffen insofern hinausgegangen, als wir die Rolle von *Entscheidungen für* bestimmte Linguistikkonzeptionen und Theorien thematisiert und damit in den Entwicklungsprozeß der linguistischen Forschung eingegriffen haben. Wir haben uns nicht damit begnügt, gleichsam kontemplativ das Treiben der Linguisten zu beobachten, sondern haben Kriterien dafür genannt, wie das Gesicht der Linguistik selbst verändert werden kann und sollte.

Überlegungen dieser Art sollen nun im II. Teil des Buches verstärkt fortgeführt werden. Ich will im folgenden für eine ganz bestimmte Fortentwicklung der linguistischen Forschung argumentieren, die ich als „*funktionale Linguistik*" oder kurz als „*Funktionalismus*" bezeichne. Zuvor soll kurz dargelegt werden, in welchem Sinne damit das Hauptthema der Empirizität und des Begründungsproblems fortgeführt wird.

Es scheint mir unumgänglich zu sein, daß eine metatheoretische Diskussion der Grundlagen der Linguistik sich an den *tatsächlichen Problemen* orientiert, die die Entwicklung der gegenwärtigen Linguistik bestimmen. Dies bedeutet, daß sie ihre progressive, probleminnovatorische Funktion bewußt zu einem nützlichen Zweck, nämlich der *Entscheidungshilfe für eine Wissenschaft bei Innovationsprozessen* benötigt. Bloß rekonstruierende Reflexionen auf den wissenschaftlichen status quo können zwar für die Praxis der Linguistik ebenfalls nützlich sein; entscheidend voranbringen werden sie sie kaum. Die Linguistik ist aber gegenwärtig in einer Entwicklungsphase, die man als eine weitgehende Öffnung für die und Einladung zur Bildung theoretischer und konzeptioneller Alternativen charakterisieren kann. Freilich steigt damit zugleich auch die Wünschbarkeit von Entscheidungen für die relativ adäquatesten Konzeptionen.

Im Kapitel (a) behandele ich das Selbstverständnis der funktionalen Linguistik als eine Form wissenschaftlicher Kommunikation. Jedoch wird hier noch vergleichsweise rekonstruktiv argumentiert, insofern die dort verhandelten Aspekte im Prinzip auch auf andere, bereits kompletter ausgearbeitete Linguistikkonzeptionen zutreffen. Dabei soll bewußt gemacht werden, daß die Bildung, Begründung und Entscheidung von Theorien ein *kommunikativer Prozeß* ist, oder – besser – ein System von Handlungsprozessen, die in Wissenschaftlergemeinschaften ablaufen. Dabei ist der Grad der empirischen Adäquatheit der erzeugten Theorien ein Entscheidungskriterium für ihre Selektion.

Im Kapitel (b) geht es um zwei vergleichsweise spezielle Probleme, die im Zusammenhang mit der Analyse solcher Kommunikationsprozesse auftreten, das Problem der *Sprachverschiedenheit* und der *Sprachveränderung*. Es ist dies gleichsam die Einmündungsstelle, wo die allgemeine Reflexion auf das Selbstverständnis der Wissenschaft, die empirische Theorien über natürliche Sprachen entwickelt und zur kommunikativen

Entscheidung stellt, übergeht in die Erörterung der Grundlagen einer funktionalen Linguistikkonzeption selbst. Gewissermaßen das Herzstück dieser Konzeption ist die Theorie der diachronen Sprachveränderung und der Sprachverschiedenheit, für die von den im engeren Sinne strukturalen Linguistikkonzeptionen zwar wesentliche Vorarbeiten geleistet worden sind, die aber — wie zu zeigen ist — *aus prinzipiellen Gründen* — im Rahmen dieser Konzeptionen nur auf einem nicht ausreichenden Erklärungsniveau konzipiert werden kann. Die Erörterung dieses Themas ist an dieser Stelle aber deshalb von einer besonderen Wichtigkeit, weil die Möglichkeit, theoretische und konzeptionelle Alternativen der Linguistik überhaupt entscheiden zu können, deren Kommensurabilität vorausgesetzt. Ich stelle gegen die KUHNsche Inkommensurabilitätsthese die Behauptung auf, daß sie die Möglichkeit der Sprachveränderung — *und das heißt auch: der Veränderung von Theoriesprachen* — nicht genügend reflektiert.

Im Kapitel (c) wird die *funktionale K-Matrix* der Linguistik (*F-Matrix*) vorgestellt und mit den beiden wichtigsten strukturalen Matrizen verglichen. Ich behaupte, daß diese disziplinären Matrizen in einem präzisen Reduktionsverhältnis zueinander stehen, wie es in der KUHNschen Theoriendynamik dargestellt und von SNEED formal präzisiert worden ist. Damit kann die *F*-Matrix der Linguistik als die zur Zeit erklärungsstärkste Linguistikkonzeption ausgewiesen werden. Grundlegend sind dafür ein Begriff der funktionalen Erklärung und ein Begriff der funktionalen Adäquatheit einer Sprache. Bei der Beschreibung der disziplinären Matrizen der Linguistik wird besonders auf die Ebene der spezifischen *Modellvorstellungen* abgehoben, die für sie jeweils typisch sind. Für die *F*-Matrix sind dies beispielsweise Systeme mit Selbstregulation, als deren anschaulichste wahrscheinlich *Ökosysteme* gelten dürfen. Ich beschließe daher das Kapitel mit 'Talking in the new paradigm', dem Versuch, einige zentrale Begriffe der *F*-Theoriesprache durch implizite Analogiebildungen zur Theorie der Ökosysteme in informeller Sprechweise vorzustellen.

a) Was ist eigentlich und wie funktioniert Linguistik ?

Es geht mir um drei Thesen: Linguistik ist *Kommunikation*, Kommunikation zwischen solchen Individuen nämlich, die sich „Linguisten" nennen. Zweitens: Linguistik ist *wissenschaftliche* Kommunikation, nicht alltägliche, nicht ästhetische, nicht politische, sondern eine solche Kommunikation, die die Kriterien der Wissenschaftlichkeit erfüllt oder zu erfüllen sucht. Und drittens: Linguistik ist *eine Form* wissenschaftlicher Kommunikation, es gibt andere Formen wie Physik oder Biologie oder Nationalökonomie; diese sind formal charakterisierbar und aufgrund dieser formalen Charakteristika innerhalb der wissenschaftlichen Kommunikation identifizierbar.[1]

Diese drei Thesen möchte ich im folgenden näher erläutern. Es sind Thesen zu drei Aspekten der Tätigkeit, die von bestimmten Individuen, den Linguisten, ausgeübt

1 Der von mir zugrundegelegte Formbegriff wird im folgenden nur intuitiv erläutert, eine Präzisierung könnte in einer Formalisierung der K-, W- und L-Universalien (s.u.) bestehen. Diese ist in der Linguistik einstweilen nur in Ansätzen geleistet worden.

wird: (ad I) zum kommunikativen Aspekt dieser Tätigkeit; im Gegensatz oder in Ergänzung zu dem, was man einen Produktaspekt nennen könnte, also die Ansicht, wir könnten oder sollten Linguistik durch die *Ergebnisse* charakterisieren, welche die Arbeit der Linguisten hat oder haben soll. Ich schlage demgegenüber vor, Linguistik mehr vor dem Hintergrund der *Prozesse* zu verstehen, in denen sich diese Arbeit vollzieht. Allgemein gekennzeichnet handelt es sich hierbei um Kommunikationsprozesse. – Die nächste These handelt (ad II) vom wissenschaftlichen Aspekt der linguistischen Tätigkeit; im Gegensatz oder in Ergänzung zu dem, was man einen gesellschaftlichen Aspekt nennen könnte. Damit meine ich die Ansicht, man könnte oder sollte Linguistik durch die *Relevanz* charakterisieren, welche die Arbeit der Linguisten für die Gesellschaft besitzt, die sie sich leistet oder sich ihrer bedient. Ich möchte statt dessen betonen, daß diese Relevanz (oder Irrelevanz) fast nichts wäre ohne den *Rationalitätsanspruch*, den die Linguisten zu recht für die Ergebnisse ihrer Arbeit intendieren. Es geht hier also um eine erste Spezialisierung: die linguistischen Kommunikationsprozesse sind (zunächst einmal oder in erster Linie) Wissenschaftsprozesse. – Die letzte These spricht (ad III) über einen formalen Aspekt der linguistischen Tätigkeit; im Gegensatz oder in Ergänzung zu anderen ihrer formalen Aspekte, vor allem aber inhaltlichen Aspekten. Mit letzterem meine ich die Ansicht, man könnte oder sollte Linguistik durch die *Gegenstände* charakterisieren, mit denen sich die Linguisten befassen. Ich schlage demgegenüber vor, außerdem auch auf die *Art und Weise* zu achten, wie sie ihre Gegenstände behandeln, auf typische Problemstellungen und Methoden, die man als eine formal beschreibbare Spezialisierung allgemeiner Problemstellungen und Methoden auf dem Gebiete der wissenschaftlichen Kommunikation verstehen kann. Wir haben es hier also mit einer weiteren Spezialisierung kommunikativer Prozesse zu tun: die linguistischen Wissenschaftsprozesse sind bestimmte formale Prozesse.

1. Linguistik ist Kommunikation

Es lohnt sich nicht, für Pappthesen zu argumentieren. Ist es nicht eine bare Trivialität, daß Linguistik Kommunikation ist? Tatsächlich hat es den Anschein, als sei nichts selbstverständlicher als diese These. Dem ist aber nicht so. Zwar hat sich inzwischen die Ansicht mehr oder weniger durchgesetzt, daß Linguistik Kommunikation zum Thema hat oder behandelt, aber daß sie selbst Kommunikation *sei*, ist noch immer eine ungewohnte Sichtweise. Dies liegt zum einen daran, daß wissenschaftstheoretische Unternehmungen an anderen Beispielwissenschaften als der Physik noch immer Seltenheitswert besitzen. Doch auch die Physik, deren Theorienstruktur sicherlich sehr viel besser untersucht worden ist als jeder andere Bereich, ist ja nicht gerade hinsichtlich ihrer kommunikativen Funktion, sondern durch ihre Theorien, Gesetze und Erklärungen bekannt. Es bleibt nur der Schluß, daß die Analyse von Wissenschaften als Kommunikationsformen bislang offenbar kaum für nötig befunden worden ist. Es schien bislang keine Disziplin zu geben, die diesen wissenschaftlich anscheinend sekundären Aspekt von Wissenschaft bearbeiten wollte oder konnte. Zumindest schien die Wissenschaftstheorie hierfür vollständig ungeeignet, da es ihr ja um Fragen ging wie: Welche logische

Struktur hat eine Theorie? Was ist wissenschaftliche Erklärung? Wie sieht eine geeignete Theoriesprache aus? Schon die Frage nach der *Funktion* wissenschaftlicher Theorien wurde von der Frage nach ihrer *Struktur* so vollständig überdeckt, daß sie – jedenfalls von der Analytischen Wissenschaftstheorie – immer nur verstanden wurde als Frage nach ihrer deskriptiven Adäquatheit und ihrer explanativen Kraft.

Hier ist eine wirkliche Wende erst durch die Verunsicherung bewirkt worden, die die Untersuchungen von T. S. KUHN zur Folge hatten. Seither ist das Bewußtsein dafür gewachsen, daß die Geschichte der Wissenschaft nichts ist, was ihr bloß äußerlich bleiben könnte, keine ‚bloß historische', kontingente, theorieirrelevante Entwicklung, vielleicht für Wissenschaftssoziologen und -psychologen interessant, nicht aber für jemanden, den Gültigkeit, Bestätigbarkeit, Wahrheit, kurz: dasjenige interessiert, was POPPER die „Logik der Forschung" genannt hat. KUHN hat mit seiner Auffassung, daß die dynamischen Aspekte der Theoriebildung nicht nur den Wissenschaftshistoriker, sondern auch und gerade den Wissenschaftstheoretiker zu interessieren haben, die nachhaltigste Neuorientierung in der Geschichte der Analytischen Wissenschaftstheorie hervorgerufen, die allem Anschein nach zu einer entscheidenden Modifikation und Erweiterung ihrer Konzeption führen wird. Ähnlich wie die seit DE SAUSSURE herrschende Synchroniekonzeption der Linguistik in den letzten Jahren in eine neue, theoretisch bewußtere Diachroniekonzeption eingebettet und durch sie relativiert worden ist, wird heute sichtbar, daß eine adäquate Wissenschaftstheorie nur im Rahmen einer theoretisch allgemeineren Wissenschaftsentwicklungstheorie, die auch die Theoriendynamik darzustellen gestattet, formuliert werden kann.[2]

Eine solche wissenschaftsdynamische Konzeption muß verschiedene, für die Wissenschaftstheorie *neue* Faktoren in Rechnung stellen. Einer der wichtigsten ist die Tatsache, daß Theoriebildung ein kommunikatives Unternehmen ist. Jede Wissenschaft, jede Form der Theoriebildung, also zum Beispiel auch die Linguistik, ist eine bestimmte Form von Kommunikation.

Wenn ich darauf hinweise, daß Linguistik Kommunikation ist, dann entsteht die Frage, was eigentlich *Kommunikation* ist. Ohne einen substantiellen Ausflug in die moderne Kommunikationstheorie würden wir diese Frage wohl kaum befriedigend beantworten können, doch ist sie auch wieder nicht so zentral für mein Unternehmen, als daß es nicht ausreichte, wenn ich mich auf einige notwendige Bedingungen von Kommunikation beschränke. Hinreichend für ein befriedigendes Explikat sind diese nicht.

Eine bekannte „Einführung in die moderne Linguistik" definiert in ihrem Stichwortverzeichnis „Kommunikation" als „Austausch von Gedanken mittels Sprache, allgemein auch: mittels Sprache funktionierender sozialer Verkehr".[3] Einmal davon abgesehen, daß hier offenbar nicht „Kommunikation", sondern „sprachliche Kommunikation" als Definiendum genommen wurde, ist das Definiens auch in der Sache völlig unzureichend. Es ist ein Exempel für nachlässiges Definieren, und das in vielerlei Hin-

---

2 Einige Überlegungen zur Wissenschaftstheorie, die die Unvollständigkeit der Analytischen Philosophie der Wissenschaft in zwei weiteren Hinsichten beleuchten, enthalten das Kap. Ic1 und der Teil C (Schluß), S. 102 ff. resp. 198 ff..

3 Funk-Kolleg Sprache, Bd. I, 431.

sicht. Die Unklarheit der Ausdrücke „Austausch von Gedanken" oder „sozialer Verkehr" ist nur ein Beispiel dafür. Für unsere Zwecke ist eine solche ‚Definition' zu allgemein und zu ungenau.

Auf der anderen Seite sind die uns von den Kommunikationstheoretikern und manchen Informatikern angebotenen Definitionen des Kommunikationsbegriffs für eine adäquate Formulierung der in meiner Fragestellung implizierten Zielsetzungen ebenfalls kaum brauchbar, diesmal aus eher entgegengesetzten Gründen: eine Definition wie „Kommunikation ist der Austausch von Information zwischen einem Sender und einem Empfänger auf dem Wege eines Kommunikationskanals und mittels eines Kommunikationscodes" ist zu allgemein und – jedenfalls in einer bestimmten Hinsicht – zu genau.[4] Die Begriffe Sender, Empfänger, Kanal und Code sind im Rahmen der SHANNONschen Informationstheorie wohldefiniert,[5] doch haben sie derart weite Extensionen, daß wir mit ihrer Hilfe die Implikate der These, daß Linguistik Kommunikation sei, ebenfalls nicht darstellen können. Allerdings sind sie zur Formulierung von Rahmenbedingungen dieser These und ihrer Implikate brauchbar. In welche Richtung muß ein durch diese Rahmenbedingungen begrenztes Kommunikationsmodell, das wir durch das Quadrupel $K = \langle S, E, K, C \rangle$ wiedergeben können, spezialisiert werden, um für den hier interessierenden Problembereich adäquater zu sein?

Das allgemeine Kommunikationsmodell K der Informationstheorie intendiert den im Hinblick auf den Kommunikationsbegriff höchstmöglichen Allgemeinheitsgrad der verwendeten Modellstruktur. Alle Modelle sind Idealisierungen und können relativ zu ihren Originalen durch die Idealisierungsgrade charakterisiert werden, welche die sie erzeugenden Abbildungsfunktionen kennzeichnen. Die in meinem Zusammenhang interessierenden Originale sind nun nicht alle möglichen Kommunikationssysteme, sondern nur solche Systeme, bei denen *Menschen* die Sender- und Empfängerrollen spielen. Sie gehören immer bestimmten sozialen Kommunikationsgemeinschaften an. Diese Gemeinschaften besitzen eine komplexe Struktur, und diese Struktur wird in erster Linie durch verschiedene Typen von *Konventionen* aufgespannt. Hier darf man z.B. an Gesetze und Normen jeglicher Art denken, die die Angehörigen der Gemeinschaft selber wählen und etablieren, sei es explizit in Form von Rechtsnormen, oder implizit, wie beispielsweise im Falle moralischer Normen. Zu dieser Klasse der Konventionen gehören aber auch solche, die in den menschlichen Kommunikationssystemen auf einem weniger hohen Idealisierungsniveau das repräsentieren, was in den abstrakten Kommunikationssystemen, wie sie von der Kommunikationstheorie untersucht werden, unter den Begriff des Kanals fällt: gewisse konventionelle, systemimmanente Voraussetzungen dafür, daß es überhaupt zu einem Kommunikationsprozeß kommen kann. Konventionen haben also, wie insbesondere LEWIS 1969 in einer vorbildlichen Analyse gezeigt hat, Gesetzescharakter. Zwar *sind* nicht alle Gesetze Konventionen, wohl aber beruht ihre *Gültigkeit* in vielen Fällen auf Konventionen.[6] Umgekehrt aber sind alle Konventionen Gesetze, nämlich

4 op. cit. 36 (modifiziert).

5 Cf. SHANNON/WEAVER 1964.

6 Der physikalische Konventionalismus (POINCARE, DUHEM) behauptet, daß dies in allen Fällen gelte. – Cf. DIEDERICH 1974.

solche Gesetze, die Prognosen über das Verhalten der Objekte zu formulieren gestatten, für die sie gelten oder die sie akzeptieren. Im Falle von Kommunikationssystemen handelt es sich hierbei um konstitutive Bedingungen der Prozesse, die in diesen Systemen ablaufen können, um Gesetze der Kommunikation also. Im Falle von menschlichen Kommunikationssystemen, die nicht durchgängig deterministisch organisiert sind, ist dieser Gesetzescharakter der konventionellen Kommunikationsbedingungen ebenfalls grundsätzlich gegeben. Ich werde darauf noch zurückkommen. Spezialisieren wir zunächst den Begriff des Codes.

Codes, die Kommunikationsmittel, sind hier die verschiedenen *Sprachen*, derer sich Menschen bei ihrer Kommunikation bedienen. Dabei ist es unerheblich, ob es sich um natürliche oder formale Sprachen handelt, wichtig ist allein, daß es Zeichensysteme sind, mit denen Menschen sprachlich zu handeln und einen Interaktionszusammenhang aufzubauen vermögen. Die Sprachverschiedenheit ist dabei in gewissem Sinne ein kritischer Parameter. Einerseits hat sie einen erheblichen Einfluß auf die Ausprägung der Spezifika der soziokulturellen Systeme, die sie mitkonstituiert; es gibt ebensoviele Interaktions- und Kommunikationssysteme, wie es verschiedene Sprachen gibt, und diese sind in einem ähnlichen Umfang wie jene voneinander verschieden.[7] Andererseits ist die Sprachverschiedenheit offenbar belanglos für die Kommunikation; die Gültigkeit der grundsätzlichen Kommunikationskonventionen wird offenbar durch sie nicht eingeschränkt.[8]

Fragen wir uns, ob diese einfache Interpretation des allgemeinen durch ein spezielleres Kommunikationsmodell, das wir durch das mit K isomorphe Quadrupel K_S = <Sprecher, Hörer, Konventionen, Sprache> wiedergeben können, ausreicht, um eine klare Vorstellung von sprachlicher Kommunikation zu gewinnen. Offensichtlich ist es zumindest noch zu allgemein, um wichtige Eigenschaften menschlicher Kommunikation darstellen zu können. Wir müssen es dadurch empirisch adäquater machen, daß wir ihm interne Strukturen hinzufügen, die seinen Idealisierungsgrad weiter herabsetzen. Wichtig ist offenbar die Berücksichtigung der situativen Strukturen, die durch sprachliche Interaktion hergestellt bzw. verändert werden. Sprachliche Interaktion schafft und verändert *Situationen*, dieser situative Kontext ist z.B. ein wichtiger Parameter bei der Entscheidung über die Wahl oder Beurteilung der Adäquatheit kommunikativer Strategien. Die Existenz solcher Strategien zur Situationsveränderung vermag unsere Aufmerksamkeit auf die zentralen Parameter zu lenken, die menschliche Kommunikation steuern und in dem Modell K_S nicht spezifiert sind.

Menschen haben Bedürfnisse, die ihre Handlungen motivieren, und sie haben Ziele, die sie durch sie zu erreichen suchen. Aber reicht die Einführung von *Kommunikationsbedürfnissen* und *Kommunikationszielen* als Parameter eines Kommunikationsmodells aus, um dessen Idealisierungsgrad in hinreichendem Maße zu senken, damit es den charakteristischen Eigenschaften menschlicher Kommunikation so weit approximiert

7 Cf. Kap IIb, sowie FINKE 1975.

8 Im folgenden werde ich nicht immer zwischen Kommunikation und sprachlicher Kommunikation explizit unterscheiden, weil nur noch sprachliche Kommunikation interessieren soll. Ich verwende dabei einen extensional umfangreichen Sprachbegriff, der neben den natürlichen Sprachen insbesondere auch Fachsprachen und gewisse formale Systeme von Kommunikationscodes umfaßt.

werden kann, daß es für eine wissenschaftliche Theoriebildung über sie brauchbar wird? Phylogenetische und ontogenetische Untersuchungen[9] und Untersuchungen des tierischen Kommunikationsverhaltens lassen die Annahme gut begründet erscheinen, daß elementare Bedürfnisse der Lebenssicherung bei allen Lebewesen die primären Ursachen für die Ausbildung von Kommunikationssystemen sind; darüberhinaus können insbesondere Untersuchungen an staatenbildenden oder in wohlstrukturierten Gruppen lebenden Tieren so interpretiert werden, daß selbst ein Verhalten, das der Erreichung gewisser elementarer *Ziele* dient, schon im nicht-menschlichen Bereich festgestellt werden kann.[10] Ziel ist jedesmal die Befriedigung von elementaren Lebensbedürfnissen: Nahrungsbeschaffung, Fortpflanzung, Schutz vor Feinden, allgemeine Vorsorgehandlungen, etc.. Dabei muß ein solches Verhalten oft nicht final interpretiert, sondern es kann zumindest weitgehend kausal erklärt werden.

Nun ist die menschliche Kommunikation von tierischer sicherlich insofern unterschieden, als sie in der Aufschichtung der Kommunikationsbedürfnisse von den elementarsten bis hin zu sehr komplexen weit fortgeschritten ist, auch gilt, daß der Anteil und die Bedeutung finaler Kommunikation („Handlungen") hier sehr stark gewachsen ist. Doch beide Umstände markieren wohl nur einen graduellen Unterschied zu tierischen Kommunikationssystemen. Selbst die Einführung eines weiteren Parameters, eines *Objektbereichs* der Kommunikation, reicht nicht aus, um einen qualitativen Unterschied zwischen tierischer und menschlicher Kommunikation zu begründen. Zwar impliziert der Parameter Objektbereich eine ganz spezifische Weise der Sprachverwendung, nämlich einen – wie ich ihn kurz nennen will – *deskriptiven* Sprachgebrauch; doch es ist weithin bekannt, daß z.B. Bienen die lokale Situierung von Nahrungsquellen relativ zum Sonnenstand so *darzustellen* vermögen, daß kein entscheidender Unterschied zu genuinen Beschreibungen erkennbar ist. Wir werden daher dazu gedrängt, auf dieser Analysestufe nur einen graduellen, aber keinen grundsätzlichen Unterschied zwischen tierischer und menschlicher Kommunikation anzuerkennen. Als Parameter eines hinreichend adäquaten Modells genügen uns die Kommunikanden, in Sprecher- und Hörerrollen, ihre Kommunikationsbedürfnisse und -ziele, die verwendeten Sprachen als Kommunikationscodes, die Kommunikationskonventionen als die gesetzesartigen Kanäle der Kommunikation, die Kommunikationssituationen und die Objekte der Kommunikation. Ich gehe daher im folgenden von einem Modell kommunikativer Interaktion in menschlichen Sozialsystemen aus, das durch das Oktupel

$K_K = \langle$Sprecher, Hörer, Bedürfnisse, Ziele, Sprache, Konventionen, Situation, Objekte$\rangle$

dargestellt sein soll. Ich möchte mich nun auf die Komponente der Konventionen konzentrieren.

Konventionen sind deshalb eine Komponente von K_K, weil jede sprachliche Kommunikation unmöglich wäre, wenn nicht gewisse Bedingungen erfüllt wären, die wir bei jeder unserer sprachlichen Handlungen als selbstverständlich akzeptieren. Wer überhaupt

---

9 Cf. LENNEBERG 1967; MARSHALL 1970.
10 Cf. v. FRISCH 1965; WICKLER 1968.

etwas sagt, verändert die Welt, könnte man zugespitzt formulieren. Ob er nun erwartet, daß seine Mitmenschen auf diese Handlung reagieren, ob er es befürchtet oder sich in diesem Punkte vollkommen indifferent verhält, ist zunächst gleichgültig. Interessant ist vielmehr die *Tatsache, daß* er seiner Umwelt allererst die *Möglichkeit* zu einer Reaktion verschafft hat, erst eine Voraussetzung dafür geschaffen hat, daß sprachliche Kommunikation und Interaktion in Gang kommen kann. Und so, wie Kommunikation insgesamt eine Initialhandlung voraussetzt, setzt auch jeder einzelne Interaktionsprozeß, sowie jede Veränderung im Stetigkeitsverlauf eines solchen Prozesses, die nicht auf externe Störungen seiner Konstitutionsbedingungen, sondern auf ihre interne Veränderung zurückgeht, Initialhandlungen voraus. Jede sprachliche Handlung aber kann die Rolle einer solchen Initialhandlung übernehmen; die Tatsache, daß sie sich ereignet, ist die fundamentale Bedingung der Möglichkeit kommunikativer Prozesse. Da es sich hier um eine Konstitutionsbedingung von Kommunikation handelt, will ich sprachliche Handlungen als kommunikationskonstitutiv oder kurz K-konstitutiv bezeichnen. Jede sprachliche Handlung h ist K-konstitutiv. Man könnte dies das Fundamentalgesetz der Kommunikation nennen.

Es gibt aber auch andere Kommunikationsgesetze; ich möchte zwei weitere kurz charakterisieren. Jede sprachliche Handlung führt eine eigentümliche *Verbindlichkeit* mit sich, eine Verbindlichkeit, die sich schlicht daraus ergibt, daß jemand sie vollzogen und damit eine Situation C in eine andere C′ transformiert hat. Die Verbindlichkeit, von der ich gesprochen habe, wird deutlich, wenn man sich der Tatsache bewußt wird, daß es keine Möglichkeit gibt, den Übergang von C zu C′ wieder aus der Welt zu schaffen. Es handelt sich also nicht etwa um die Arten von Verbindlichkeit, die bewußte Äußerungen, wahre Aussagen, gültige Gesetze oder überzeugende Argumentationen schaffen, sondern um eine gewissermaßen historische Verbindlichkeit, die darin besteht, für die Existenz einer Tatsache verantwortlich zu sein. Deshalb will ich auch kurz von T-Verbindlichkeit sprechen. Die Zeitrichtung ist nicht umkehrbar: einmal geschehene Handlungen können nicht nachträglich ungeschehen gemacht werden. Kommunikation als ein Prozeß ist nicht nur eine Abfolge bloßer Ereignisse, sondern ein System von Handlungen, die Tatsachen konstituieren: Jede sprachliche Handlung ist T-verbindlich.

Kommunikation ist keine Veranstaltung eines Individuums; auch Robinson spricht nicht bloß, sondern er spricht mit sich selbst oder mit Freitag oder zu uns. Kommunikation ist aber auch keine Veranstaltung mehrerer isolierter Individuen, sondern nur solcher, die und insofern sie einer *Gemeinschaft* angehören. Die Sozialstruktur von Kommunikationsgemeinschaften kann in vielfältiger Weise determiniert sein; hier interessiert besonders die Tatsache, daß das allgemeinste Abgrenzungskriterium von Kommunikationsgemeinschaften G untereinander eine gemeinsame Sprache ist. Man darf hier nicht nur an die Einheiten der natürlichen Sprachen denken, sondern auch an schwächere Formen der Sprachverschiedenheit wie Dialekte und Soziolekte. Diese Gemeinschaftsbezogenheit der Kommunikation, die sich in der Verwendung der jeweils G-bezogenen Sprache äußert, gilt ebenfalls schon für die Elementareinheiten, die Sprechakte; wir können daher formulieren: Jede sprachliche Handlung h ist G-sozial.

Kommunikationsgesetze wie das der K-Konstitutivität, der T-Verbindlichkeit und der G-Sozialität haben mit Naturgesetzen eine größere Ähnlichkeit als mit juristischen Gesetzen oder moralischen Normen. Dennoch besitzen sie in höherem Grade als jene einen konventionellen Aspekt. Ich meine damit ihre Sprachbezogenheit, die Tatsache also, daß ihre Gültigkeit auf in einem hohen Grade konventionellen Regeln folgende und durch konventionelle Normen stabilisierte Systeme, nämlich Sprache eingeschränkt ist. K-konstitutiv, T-verbindlich oder G-sozial sind immer sprachliche Handlungen h *in einer bestimmten Sprache* L_i; zwar würde – was ein wichtiges Faktum ist – ein Wechsel der Sprache nach L_j $(i \neq j)$ an ihrer Gültigkeit nichts ändern, doch ist ihre *genaue Formulierung*, obwohl es sich um linguistische Universalien handelt, auf die Menge möglicher Sprachen, die zu kommunikativen Zwecken taugen – und damit auf kontingente und konventionelle Systeme – bezogen.

Die drei genannten Gesetze sind nur Beispiele aus einer größeren Menge allgemeiner Kommunikationsgesetze. Ich habe sie für die Elementareinheiten der sprachlichen Interaktionskomplexe, der Sprachspiele, wie WITTGENSTEIN sie genannt hat, formuliert: für die einzelnen sprachlichen Handlungen oder Sprechakte. Ihre Gültigkeit erstreckt sich – bei entsprechend modifizierter Formulierung natürlich gleichermaßen auf jene komplexeren Einheiten, die Sprechaktsequenzen und Sprachspiele. Wie aber wird diese ihre Gültigkeit in der faktischen Kommunikation realisiert? Naturgesetze gelten unabhängig von der Kommunikation der Physiker, Chemiker oder Biologen; diese Kommunikation gehorcht nicht den Gesetzen, die in ihrem Vollzug formuliert werden. Wenn Linguistik als Kommunikationsform verstanden werden kann, so ist sie die einzige, für die einige der Gesetze, die sie untersucht, auch selbst gelten. Das liegt offenbar daran, daß die Linguisten Normen befolgen, die sich aus allgemeinsten Kommunikationsgesetzen wie den drei genannten herleiten. Doch gilt dies nicht nur für Linguisten, sondern für jeden, der sich in irgendeiner Form an den sprachlichen Kommunikationsprozessen in einer Gesellschaft beteiligt: Sag' überhaupt etwas! Sei dir bewußt, daß sein Kommunikationsbeitrag K-konstitutiv, T-verbindlich und G-sozial ist! Formuliere deine Sprechakte in der Sprache deiner Kommunikationsgemeinschaft! Stelle dich auf die Innovation von Kommunikationssituationen ein! Nimm Kommunikationsbedürfnisse zur Kenntnis! etc. Normen wie diese gehen auf Entscheidungen zurück, allgemeine Gesetze der Kommunikation für das eigene Verhalten zu akzeptieren; sie haben insofern einen konventionellen Charakter. Ich will daher von Kommunikationsgesetzen wie diesen zumeist als von kommunikativen Universalien oder kurz *K-Universalien* sprechen – um ihre, im Vergleich zu den Gesetzen, wie sie von Physik oder Astronomie formuliert werden – relativ größere Konventionenabhängigkeit zu betonen.

Wozu breite ich dies in so allgemeiner Form hier aus? Um zu zeigen, wie die Linguistik ihren Gegenstandsbereich auffassen, beschreiben und erklären sollte? Darum geht es nicht. Ich möchte vielmehr die Aufmerksamkeit darauf lenken, daß die Linguistik, als eine kommunikative Tätigkeit denselben allgemeinen interaktionssteuernden Gesetzen unterliegt, wie die Prozesse, deren Struktur und Funktion sie untersucht. *Linguistik ist Kommunikation,* nicht mehr und nicht weniger als Physik oder eine Konferenz, Zeitungslesen, Literatur oder Beten. Sie unterliegt denselben allgemeinen für konventionelle Systeme formulierten Gesetzen wie jene, nämlich den K-Universalien, in gleichem Umfange und mit gleicher Verbindlichkeit, nämlich vollständig und ausnahmslos.

Mit der Einsicht, daß die K-Universalien allgemeine Kommunikationsgesetze sind und insofern auch für die Linguistik gelten, erfahren wir über die Linguistik noch vergleichsweise wenig. Immerhin betrachten wir damit aber die Linguistik aus einem Blickwinkel, aus dem wir zumeist nur gewohnt sind, ihren Gegenstandsbereich anzusehen. Dies klingt zirkulär: die Linguistik ist ihr eigenes Forschungsobjekt, scheint behauptet zu sein. Das ist aber nicht der Fall. Denn erstens spreche ich hier von der Linguistik nur als von einer menschlichen Tätigkeit, einem Komplex von Handlungen, und nicht auch von dem sehr wichtigten Aspekt der Resultate dieser Handlungen, also den linguistischen Theorien und ihrer Anwendung.[11] Zweitens behaupte ich nur, daß die linguistische Tätigkeit in einigen ihrer Eigenschaften und keineswegs in allen mit ihren Objekten identisch ist. Und drittens hat meine Betrachtungsweise selbst zwei Seiten: insofern sie linguistisch ist, beschäftigt sie sich mit genuin linguistischen Gegenständen; insofern sie sich aber mit der Linguistik als Wissenschaft beschäftigt, ist sie nicht linguistisch, sondern ein Beitrag zur philosophischen Reflexion auf diese Wissenschaft.

Bevor ich mich aber der Linguistik als Wissenschaft zuwende, möchte ich noch einige Worte darüber sagen, welches eigentlich die genuin linguistischen Gegenstände sind und begründen, inwiefern dies als eine Frage nach formalen Aspekten der Linguistik angesehen werden kann. Das Selbstverständnis, das viele heutige Linguisten von ihrer Tätigkeit haben, dürfte eher mit folgender Festsetzung getroffen sein: Die adäquaten Untersuchungsgegenstände der Linguistik sind die Voraussetzungen, Methoden und Folgen sprachlicher Kommunikation, und zwar hinsichtlich ihrer Randbedingungen, Strukturen und Funktionen. Dies ist eine Eingrenzung des Untersuchungsbereichs, die weit über den Bereich der K-Universalien hinausreicht, doch zeigt die Geschichte der Linguistik, daß zu enge Eingrenzungen stets auch zur Ausformulierung empirisch inadäquater Theorien geführt haben. Der Grund ist leicht zu sehen: die Arbeit des Linguisten beginnt, wie die jedes anderen Wissenschaftlers, mit Problemen, und sie besteht, wie die eines jeden anderen Wissenschaftlers, aus dem Entwerfen von Lösungsstrategien für diese Probleme. Gegenstände, Probleme und Lösungsstrategien aber können nicht ad libitum zusammengestellt, nicht in freier Auswahl miteinander kombiniert werden. Ich will dieses Thema im folgenden wieder aufgreifen und deshalb hier nur soviel sagen, daß zwischen den Gegenständen und Problemen und Lösungsstrategien, die die Arbeit eines Wissenschaftlers kennzeichnen, gewisse *Adäquatheitsrelationen* bestehen müssen, die die Einheit der wissenschaftlichen Tätigkeit gewährleisten. Insbesondere muß die Bestimmung des Gegenstandsbereichs den Problemen empirisch adäquat sein, die in dem jeweiligen Bereich auftreten; ich will diese Adäquatheit P_G*-Adäquatheit* nennen, um zum Ausdruck zu bringen, daß eine Adäquatheit der Abgrenzung des Gegenstandsbereichs hinsichtlich der bestehenden Problemstellungen gemeint ist. Später werde ich zeigen, daß wir auch die Lösungsstrategien danach beurteilen müssen, ob sie eine solche Adäquatheitsbedingung erfüllen oder nicht.

Noch eine Sprachregelung will ich einführen. Die K-Universalien sind – so hatte ich gesagt – allgemeingültig für jede sprachliche Kommunikation in menschlichen So-

11 Einige Überlegungen zum Begriff der „angewandten Wissenschaft" in bezug auf einen Schulunterricht in Linguistik finden sich in FINKE 1976a.

zialsystemen. Da in biologischen, technischen und fiktiven Systemen andere Formen der Kommunikation möglich sind, die eine partielle oder vollständige Reformulierung der K-Universalien erfordern würden, will ich die Systeme, die hier allein interessieren, *Systeme der K-Kommunikation* nennen bzw. sagen, daß die K-Universalien *Gesetze* der K-Kommunikation darstellen. Die Nützlichkeit dieser Sprachregelung wird in den beiden folgenden Kapiteln deutlich werden.

Jetzt sollte auch deutlich sein, inwiefern man die Frage nach dem Gegenstandsbereich der Linguistik als Frage nach einem *formalen* Aspekt dieser Wissenschaft betrachten kann: nämlich insofern, als jede Antwort auf diese Frage die Bedingung der P_G-Adäquatheit erfüllen muß und einen Anwendungsfall der K-Universalien darstellt. Eine solche Antwort enthält ein Vollständigkeitskriterium für eine P_G-adäquate Linguistikkonzeption und damit eine implizite Linguistikdefinition. Unser Ziel wird eine explizite Definition sein, die als eine wichtige Voraussetzung für die Begründung empirischer linguistischer Theorien die Tatsache betont, daß die sie formulierenden und diskutierenden Wissenschaftlergruppen verschiedene Typen von Gesetzen der Kommunikation für ihre Tätigkeit akzeptieren.

2. Linguistik ist wissenschaftliche Kommunikation

Worin unterscheidet sich die These: Linguistik ist wissenschaftliche Kommunikation, von der These: Linguistik ist Wissenschaft? Sicher nicht darin, daß man zwei verschiedene Dinge meinte, die beide den gleichen Namen tragen. Wohl aber darin, daß im Fall meiner These der Tätigkeits- und Prozeßcharakter von Wissenschaft explizit gemacht ist. Darüberhinaus ist auch explizit gemacht, daß Wissenschaft aus kommunikativen Tätigkeiten bzw. Kommunikationsprozessen besteht. Nachdem wir über dem kommunikativen Charakter der Linguistik nachgedacht haben, wollen wir uns nun ihrem *Wissenschaftscharakter* zuwenden.

Unsere Reflexion auf den kommunikativen Charakter der Linguistik hat gezeigt, daß Linguistik K-Kommunikation ist und damit eine ganz gewöhnliche, von vielen prima facie sehr differenzierten menschlichen Tätigkeiten überhaupt nicht verschiedene, gewissermaßen ganz normale Sache. Ist Linguistik als Wissenschaft ebenfalls eine ganz normale Sache oder sehen wir sie jetzt, wo wir sie von einer bestimmten Seite genauer betrachten wollen, als spezielle, eigentümliche, nicht-alltägliche Tätigkeit? Ich will, indem ich einige der in den Anfangskapiteln etwas ausführlicher entwickelten Gedankengänge rekapituliere, zu zeigen versuchen, daß beide Aspekte möglich sind; besonderen Nachdruck will ich dabei aber auch diesmal auf das Vertraute, Gewöhnliche und Alltägliche im Charakter einer wissenschaftlichen Tätigkeit legen.

Jede Wissenschaft beginnt mit *Problemen.* Nicht Beobachtungen, Tatsachen oder Feststellungen erzeugen die menschlichen Aktivitäten, die wir als Wissenschaftler bezeichnen, sondern Probleme, die Menschen haben. Doch was sind Probleme? Abermals können wir den Umstand nicht ernst genug nehmen, daß es nicht um abstrakte, von menschlichen Interessen isolierte Entitäten geht, sondern um Eigenschaften von Personen oder Personengruppen. ‚Probleme an sich' gibt es nicht. Und ebenfalls sollten wir zum zweiten Male beachten, daß wir es im Prinzip mit Dingen zu tun haben, die aus dem täglichen Leben wohlbekannt, in ihm fundamental wichtig, nach seinen Vorbildern elaboriert und darum nur scheinbar ziemlich andersartig sind. Ich will dies hier nur knapp erläutern.[12] Jede Wissenschaft erwächst aus Bedürfnissen, den Bedürfnissen einzelner Personen. Zu den elementarsten Bedürfnissen der Menschen gehören solche, die ich *Kommunikationsbedürfnisse* genannt habe. Etwas-sagen-dürfen, Fragen-stellen-wollen, eine-Antwort-geben-können, um-eine-Auskunft-bitten, etwas-mitteilen-müssen: dies sind Beispiele für elementare menschliche Bedürfnisse, die zu befriedigen der primäre Zweck aller kommunikativen Handlungen ist. Eine Teilklasse der Kommunikationsbedürfnisse kann man als *Erklärungsbedürfnisse* bezeichnen; sie werden als Probleme formuliert. Die Normalform eines Problems ist eine Frage, die Normalform seiner Lösung eine Antwort. Nun gibt es viele Typen von Fragen, unter ihnen aber zwei, die für die Ausprägung wissenschaftlicher Erklärungsbedürfnisse von besonderer Bedeutung sind. Ich will ihre Normalformen als die Warum-Frage und die Wie- oder Was-Frage bezeichnen.

Warum-Fragen sind eine ganz gewöhnliche Sache. Kleine Kinder und wir alle stellen – ob ausdrücklich oder nicht, spielt keine Rolle – tattäglich Warum-Fragen. Wir fragen so, wenn wir etwas nicht verstehen, wenn eine gewöhnliche Erfahrung plötzlich unterbrochen ist oder scheint, wenn etwas eine unvermutete Entwicklung nimmt. Wir möchten eine *Erklärung* haben, eine befriedigende Antwort auf eine Warum-Frage. Um aber Warum-Fragen stellen zu können, genügt es nicht, daß wir die Gegenstände, die unsere Erklärungsbedürfnisse hervorrufen, benennen können; wir müssen sie auch *beschreiben* können.

So kann ich, beispielsweise, die Frage: Warum ist Linguistik eine Wissenschaft? nicht befriedigend beantworten, wenn ich nur Beispiele dafür nenne oder sogar alles aufzähle, was Linguisten tun. Ich muß vielmehr in der Lage sein, die Tätigkeiten und Produkte der Linguisten systematisch zu beschreiben, um überhaupt zu wissen, *was* dasjenige ist bzw. wie es aufgebaut ist und verwendet wird, was ich in seinem Wissenschaftscharakter erklärt haben möchte. In diesem Sinne setzen Erklärungen Beschreibungen voraus, sind aber auch Erklärungen das eigentliche Ziel jeder Wissenschaft. Der einzige gravierende Unterschied zu unserem Verhalten im täglichen Leben besteht lediglich darin, daß wir uns in den Wissenschaften auf bestimmte Erklärungsbedürfnisse spezialisieren und die Art und Weise, sie zu befriedigen, zu ziemlich raffinierten Strategien ausgebaut haben. Prinzipiell jedoch können sich auch diese keiner anderen Mittel bedienen als im Falle der einfachsten Warum-Fragen des Alltags.[13]

Solche Lösungsstrategien für die Erklärungsbedürfnisse in den Wissenschaften nennen wir *Theorien.* Mit dem Theoriebegriff haben wir uns sehr ausführlich auseinandergesetzt. Ich wähle für den jetzigen Diskussionszusammenhang eine vereinfachte Darstellung, da hier vor allem die Beziehungen zwischen den Gegenständen und Problemen

12 Eine ausführliche Darstellung enthält die Einleitung zu diesem Buch (Teil A, S. 1 ff.).

13 Jede Eingrenzung der Wissenschaft innerhalb des Gesamtbereichs rationalen Verhaltens tangiert nicht die allgemeine Struktur der Kommunikation; diese ist generell identisch. Eine Grenzziehung ist immer kontingent und lediglich möglich aufgrund der Funktion der Kommunikation. Aber auch hier ist nicht die Erklärungsfunktion charakteristisch für Wissenschaft, sondern ein durch zumeist externe Faktoren gesteuertes Interesse an der Ausbildung bestimmter expliziter Theorien.

einerseits, sowie den Problemen und Lösungen andererseits interessieren. Wir können auf dieser Grundlage eine einzelne *Wissenschaft* mit dem Komplex aus Gegenstandsbereich G, Problemstellungen P und Lösungsstrategien L identifizieren. Nun ist, wie erwähnt, P keine abstrakte Größe oder Entität, sondern bezogen auf Personen oder Personengruppen. Deshalb gilt dies auch für G und L. Es ist der Entscheidung des Wissenschaftlers überlassen, welche $P_{i,j}$... er systematisch bearbeiten will; doch mit dieser Entscheidung entscheidet er zugleich auch, welche $G_{i,j}$... er als Gegenstände seiner Wissenschaft und welche $L_{i,j}$... er als Lösungsstrategien akzeptieren will. Am Ende des vorigen Kapitels hatte ich argumentiert, daß die $G_{i,j}$... P_G-adäquat sein müssen. Ich will jetzt eine weitere Adäquatheitsrelation einführen und sagen, daß auch die $L_{i,j}$... den Problemstellungen des Wissenschaftlers adäquat sein müssen. Diese Adäquatheit soll *P_L-Adäquatheit* heißen. Mit den bisher zur Verfügung stehenden Begriffen können wir eine Wissenschaft vorläufig durch das Tripel $W = \langle G, P, L \rangle$ und die beiden Adäquatheitspostulate der P_G- und der P_L-Adäquatheit kennzeichnen.[14]

Um diese Überlegungen ein wenig der wissenschaftlichen Realität zu approximieren, ist es wichtig, sich klarzumachen, daß verschiedene Personen sich über ihre Erklärungsbedürfnisse verständigen können. Jede Wissenschaft setzt dies voraus. Wir können dann sagen, daß analog zu einem aus gemeinsamen Kommunikationsbedürfnissen von einzelnen Personen entstehenden *Kommunikationsbedarf* einer Gesellschaft aus gemeinsamen Erklärungsbedürfnissen von Wissenschaftlern ein *Erklärungsbedarf* in bezug auf Wissenschaftlergruppen entstehen kann.[15] Nun sind Wissenschaften aber insofern keine homogenen Bereiche, als sie im Normalfall von mehreren oder vielen Wissenschaftlergruppen entwickelt werden, die sich untereinander hinsichtlich der Konkretisierung des Tripels W mehr oder weniger unterscheiden. Eine bestimmte Wissenschaft W_L – etwa die Linguistik – besteht aus einer Mehrzahl von *Konzeptionen* $W_{L_{i,j}}$ ... $(i \neq j)$. So ist zum Beispiel die Einheit einer Linguistikkonzeption W_{L_i} durch die Einheit einer Linguistengruppe gewährleistet, die die gemeinsame Sichtweise $\langle G_i, P_i, L_i \rangle$ teilt; ihre Kommunikationsfähigkeit untereinander ist also dadurch gewährleistet, daß die *Kommunikationsbedingungen* gleich (oder sehr ähnlich) sind: man hat gemeinsame Kommunikationsbedürfnisse und -ziele, spricht eine gemeinsame Wissenschaftssprache, teilt die Beurteilung der linguistischen Problemlage usf.. Wir können demnach für einen

---

14 Die genaue Definition beider Adäquatheitspostulate ist befriedigend nur im Rahmen einer S-Matrix möglich. Für die gegenwärtigen Zwecke müssen folgende Erläuterungen genügen:

i) Ein Gegenstand G_i ist dann P_G-adäquat, wenn zu seiner Beschreibung die Verwendung solcher begrifflicher Identifizierungsstrategien ausreichend ist, die zur Formulierung eines Problems $P_i \in P / G, P \in (G, P, L)$ benutzt werden.

ii) Eine Lösungsstrategie L_i ist dann P_L-adäquat, wenn es möglich ist, die zur Formulierung des ihr zugeordneten Problems $P_i \in P / P, L \in (G, P, L)$ verwendeten begrifflichen Identifizierungsstrategien derart als Elemente der L_i-Theoriesprache zu rekonstruieren, daß L_i struktural und funktional adäquate Erklärungen liefern kann (s.u.).

15 Die Frage, wie ein intersubjektiver Erklärungsbedarf aus den subjektiven Erklärungsbedürfnissen einzelner Individuen resultieren kann, ist noch nicht in allen Einzelheiten untersucht. Wichtig ist a) die gruppenexterne Problemlage, b) das System der Konventionen wissenschaftlicher Kommunikation sowie c) die gruppeninterne Diskussion der Erklärungsbedürfnisse der Gruppenmitglieder.

solchen Fall der gruppeninternen wissenschaftlichen Kommunikation unser einfaches Kommunikationsmodell K_K derart durch ein Spezialmodell K_W spezifizieren, daß wir als Sprecher/Hörer die Angehörigen der einer gemeinsamen Konzeption $W_i = \langle G_i, P_i, L_i \rangle$ verpflichteten Wissenschaftlergemeinschaft auffassen; als Kommunikationsbedürfnisse den in W_i bestehenden Erklärungsbedarf, der auf die Problemlage P_i abgebildet werden kann; als Kommunikationsziele die Menge der P_i-adäquaten Lösungsstrategien L_i, die auf die in W_i möglichen Theorien abgebildet werden kann; und als die Gegenstände der Kommunikation den Bereich der Modelle, dessen Extension die Menge der P_i-adäquaten Gegenstände G_i ist. Die *Empirizität* einer linguistischen Theorie ist dann gewährleistet, wenn in bezug auf die Gegenstände, auf die die Theoriestruktur angewendet werden soll, also Sprachen, bereits struktural und funktional adäquate Fragen formuliert werden. Die Identifikation der sprachlichen Wirklichkeit mit den Mitteln einer linguistischen Theoriesprache geschieht bereits bei den Problemstellungen; die P_G-Adäquatheit entscheidet über die Empirizität einer Theorie. Die *Begründbarkeit* einer linguistischen Theorie erfordert zusätzlich P_i-adäquate Lösungsstrategien. Diese Adäquatheit – die P_L-Adäquatheit – bedeutet, daß die Theorie in bezug auf die Probleme struktural und funktional adäquate Erklärungen liefern muß.[16]

Ich will nun noch in einer allgemeinen Weise die Rollen der drei Komponenten von K_K charakterisieren, die ich bei der Spezialisierung dieses Modells durch K_W bislang ausgespart habe: die Kommunikationssituation, die verwendete Sprache und die befolgten Gesetze. Diese drei Komponenten bestimmen nämlich mit über den Adäquatheitsraum bezüglich G, P und L. Als Adäquatheitsraum bezeichne ich dabei die Menge der Gegenstände und Lösungsstrategien, die bezüglich eines gegebenen Problembereichs P_i P_G- bzw. P_L-adäquat sind.

Die Kommunikationssituation, in der sich eine Wissenschaftlergruppe befindet, ist durch interne und externe Parameter definiert. Zu den internen Parametern zählt das Tripel $\langle G_i, P_i, L_i \rangle$, insbesondere die vorgefundenen bzw. gemeinsam erzeugte Problemlage. Zu den externen Parametern gehören vor allem die psychischen, sozialen und politischen Arbeitsbedingungen. Sie sind gleichsam die äußersten Randbedingungen jeglicher wissenschaftlicher Tätigkeit. Wenn ich über sie dennoch hier weiter nichts sage, so deshalb, weil ihre angemessene Erörterung viel Raum beanspruchen würde, ohne unmittelbar für das Verständnis der Linguistik als wissenschaftlicher Kommunikation hilfreich zu sein. Ich gehe dafür das Risiko ein, daß alles Folgende falsch wird, wenn diese These nicht stimmen sollte.

Welches nun sind die in K_W auftretenden Codes? Eine voreilige Überlegung möchte sie vielleicht mit spezifischen Wissenschafts- oder Fachsprachen identifizieren, also einer *echten* Teilmenge der in K_K auftretenden Sprachkomponente. Es ist leicht zu sehen, daß dies schon für den Fall der gruppeninternen wissenschaftlichen Kommunikation eine zu starke Beschränkung darstellen würde. Es ist nämlich nicht auszuschließen, sondern im Gegenteil sogar der wissenschaftliche Normalfall, daß Problemstellungen in einer Weise verändert (z.B. erweitert) werden, die eine Modifikation der verwendeten Beschreibungssprache erforderlich macht; als Beispiel mag man an die Diskussionen

16 Zur Erläuterung dieser Erklärungstypen cf. Kap. IIc, S. 169 ff..

denken, die innerhalb der Chomskyschule um die Rolle der Semantik in der Grammatik geführt worden sind. Nur Situationen einer wissenschaftlichen Dogmatik, also bei Voraussetzung sog. abgeschlossener Theorien,[17] erlauben die Verwendung einer vollständig stabilen Sprache, weil bei ihnen keine Adjustierung ihrer Problemstellungen an neue Erfahrungen erforderlich ist. Der Normalfall ist das Gegenteil: die theoretische Innovation verschiedenen Umfangs und Inhaltes, erzeugt durch die wissenschaftliche Phantasie der Fachleute, nur unvollkommen kalkulierbar, und nur unter Voraussetzung prinzipiell instabiler Kommunikationssysteme möglich. Um es bewußt zugespitzt mit den Worten von P. K. FEYERABEND zu sagen: „Semantische Strenge führt zu Dogmatismus und geistiger Verkalkung, Beweglichkeit und Schlamperei in Fragen der Semantik sind aber eine wichtige Voraussetzung des wissenschaftlichen Fortschritts – und auch des Fortschritts der Zivilisation"[18]

Wir werden deshalb die in der wissenschaftlichen Kommunikation zulässigen Sprachen zwar als Teilmenge, aber nicht als echte Teilmenge der in der allgemeinen Kommunikation zulässigen Sprachen bestimmen können, und da in K_K *prinzipiell* jede Sprache zulässig ist, muß dies auch für K_W gelten. Inwiefern dies für die beiden Postulate der P-Adäquatheit relevant ist, wird nun erkennbar: es gibt keine Adäquatkeitskriterien für die Beurteilung eines spezifischen Mengenpaares $\langle G_i, L_i \rangle$, die *nicht* P-relativ wären.[19]

Aber Überlegungen wie diese können uns bei dem Bemühen, den kommunikativen Charakter der oder einer Wissenschaft zu verstehen, noch wesentlich weiterführen. Was gemeint ist, wird umgehend deutlich werden, wenn wir uns jetzt der letzten noch nicht für K_W einschlägig spezialisierten Komponente als K_K zuwenden, den Kommunikationskanälen, als die wir – in einer unkonventionellen Interpretation – dort die allgemeinen Kommunikationsgesetze oder K-Universalien spezifiziert haben.

Hier gilt zunächst ebenfalls, daß sich die Allgemeinheit der K-Universalien – wie im Falle der zulässigen Sprachen – auch auf alle Spezialisierungen von K_K, also auch K_W, erstreckt; dies ist trivial. Doch nun wird es in höchstem Maße interessant. Bei keiner der bisher betrachteten Komponenten von K_W haben wir eine Spezifizierung vorgenommen, die man als eine Art *Wissenschaftskriterium* oder Wissenschaftlichkeitskriterium verwenden könnte. Am ehesten war dies noch bei den Kommunikationszielen der Fall; ich hatte sie mit Lösungsstrategien für Probleme identifiziert und als diese die wissenschaftlichen Theorien interpretiert. Aber dies ist nur ein gradueller Unterschied zur gewöhnlichen Kommunikation. Auch dort suchen wir nach Erklärungen, nur bleibt ihr theoretischer Charakter stärker implizit und ad-hoc-Strategien ausgeliefert, während sich Wissenschaftler um Explizität und systematische Begründungen für ihre Theorien bemühen.

17 Cf. v. WEIZSÄCKER 1970: 372–388. Der Begriff geht auf HEISENBERG zurück.

18 FEYERABEND 1970: 322. – Nach meiner Auffassung betont FEYERABEND hier – freilich in der bei ihm üblichen markigen Ausdrucksweise – die positive Funktion, die die Instabilität der wissenschaftlichen Kommunikationssysteme für den wissenschaftlichen Fortschritt hat. Die Entrüstung STEGMÜLLERs (1973: 322) ist übertrieben.

19 Die Ursache hierfür ist erst von der nachempiristischen Wissenschaftstheorie angemessen diskutiert worden und unter dem Schlagwort der „Theorieabhängigkeit aller Erfahrung" bekannt geworden. – Cf. Kap. Ib 1, S. 57 ff..

Im Falle der Kommunikationsgesetze ist es nun ersichtlich ebenfalls notwendig, die K-Universalien so zu spezialisieren, daß sie für *wissenschaftliche* Sprechakte und Sprachspiele reformuliert werden, aber es bleibt die Frage: Was sind eigentlich wissenschaftliche Kommunikationshandlungen im Gegensatz zu anderen? Wenn wissenschaftliche Kommunikation in bezug auf die Kommunikanden, ihre Bedürfnisse und Ziele, die Sprachen, Gegenstände und Situationen *nicht scharf* von allgemeiner Kommunikation unterscheidbar ist: ist sie es vielleicht im Hinblick auf die Gesetze, die für sie gelten? Dies wäre jedenfalls die einzige uns verbleibende Möglichkeit. Die Frage lautet also in Kurzform: Gibt es W-Universalien?

Wenn wir die verschiedensten Typen allgemeiner Kommunikation Revue passieren lassen, für die die K-Universalien Gültigkeit besitzen, scheint die Antwort einfach: ja, es muß sie geben. Eine Grammatiktheorie formulieren, einen Roman lesen, predigen, eine politische Rede halten sind Aktivitäten solch verschiedener Art, daß sie nicht nach ausnahmslos den gleichen Kommunikationsgesetzen ablaufen können. Fragen wir also genauer: Wie muß die Klasse der K-Universalien ergänzt werden, um wissenschaftliche Kommunikation durch die Gesetze charakterisieren zu können, die für sie gelten?

Doch was wir auch ausprobieren: die Suche nach Wissenschaftlichkeitskriterien auf diesem Wege scheint erfolglos zu bleiben. Wissenschaftliche Sprechakte und Sprachspiele *müssen nicht* explizit sein, widerspruchsfrei, kohärent, desambiguiert, vollständig, wahr, sinnvoll, geordnet, um nur einiges aus dem wissenschaftstheoretischen Allerheiligsten zu nennen. Zwar wäre es vielleicht schön, wenn sie einige oder alle diese Attribute besäßen, aber es gibt unzählige Gegenbeispiele. Tatsächlich sind die meisten wissenschaftlichen Theorien wahrscheinlich falsch, nur approximativ gültig und unvollständig, die meisten wissenschaftlichen Auseinandersetzungen unordentlich und in einzelnen Punkten ambig oder unsachlich.[20] Ein Kriterium wissenschaftlicher Kommunikation kann auf diese Weise nicht gewonnen werden.

Sind deshalb Attribute wie die genannten wissenschaftlich irrelevant? Dies folgt keinesfalls. Es gilt lediglich, daß nicht jede wissenschaftliche Kommunikation sie besitzen *muß*, nicht, daß sie sie nicht besitzen *sollte*. Dies kann unsere Aufmerksamkeit abermals darauf lenken, daß Wissenschaft eine Veranstaltung von Menschen ist, von Personen und Gruppen, die sich über Objekte und Probleme ihres Interesses durch das Entwerfen gemeinsamer Lösungsstrategien *verständigen wollen*. Wissenschaft ist kein Unternehmen in vollständiger Einsamkeit, ebensowenig wie in vollständiger Freiheit.

Wenn wir aber das prinzipielle Verständigungsinteresse als Voraussetzung jeglicher wissenschaftlichen Kommunikation ernst nehmen, bemerken wir, daß wir die Gesetze der W-Kommunikation in der *Tätigkeit* der Kommunikanden, der Wissenschaftler, und nicht in den *Produkten* dieser Tätigkeit suchen sollten. Denn offenbar wird diese Tätigkeit von Normen gesteuert, die für viele sonstige Kommunikationstypen nicht gelten. Einige Beispiele:

Versuche, möglichst klar zu reden! Behandle nichts als falsch, solange es nicht falsifiziert worden ist! Bemühe dich um Widerspruchsfreiheit! Verwende keine

---

20 Cf. hierzu MOULINES 1976.

falschen Sätze! Laß dir zu dem ungelösten Problem P etwas einfallen! Rede möglichst zur Sache! Nimm nach Möglichkeit die Arbeit deiner Kollegen zur Kenntnis! usf..

Imperative wie diese sind von H. P. GRICE untersucht und als Konversationsmaximen oder Konversationspostulate in die linguistische Pragmatikdiskussion eingeführt worden.[21]

Meine These ist, daß sie nicht nur das Spezialinteresse von Linguisten, sondern insbesondere auch das von Wissenschaftstheoretikern erregen sollten, da in ihren Anwendungsbereich als zentraler Kommunikationstyp der der wissenschaftlichen Kommunikation fällt.[22] Ich will sie daher hier mit den gesuchten W-Universalien identifizieren.

Wenn aber die W-Universalien zwar einen Gesetzescharakter besitzen, der das Verhalten von Wissenschaftlern tatsächlich steuert, so erheben sie doch einen über den Bereich *faktischer* Wissenschaft hinausreichenden Gültigkeitsanspruch. Sie stecken in ihrer Gesamtheit die Grenzen ab, die den Bereich *möglicher* Wissenschaft umschließen, und sind insofern de facto auch für viele Formen der alltäglichen Kommunikation gültig (z.T. in einer modifizierten Formulierung). In einer über die Möglichkeiten dessen, was in diesem Buch dargestellt werden kann, hinausgreifenden Formulierung könnte man sagen, daß die W-Universalien *Normen rationaler Kommunikation* sind, oder genauer: das Bemühen, sein Verhalten nach ihnen einzurichten, auf die Erfüllung von Bedingungen der Möglichkeit rationaler Kommunikation gerichtet ist. Die Nähe zu moralischen Normen ist offenkundig; dennoch wäre es wahrscheinlich ein Fehler, die W-Universalien kurzerhand mit solchen zu identifizieren.[23]

Halten wir einen Augenblick inne. Wo stehen wir bei unserem Vorhaben, die Linguistik als eine Form wissenschaftlicher Kommunikation darzustellen? *Über* Linguistik habe ich noch wenig gesagt, statt dessen mehr Linguistik *betrieben*: im Sinne des im vorigen Kapitel eingegrenzten weiten Untersuchungsbereichs und in sehr genereller, sprachunspezifischer Weise. Aber man kann nicht verstehen, was Linguistik ist, wenn man nicht in allgemeiner Form angeben kann, was Linguisten tun. Deshalb will ich an dieser Stelle die im vorigen Kapitel durch Angabe eines Gegenstandsbereichs implizit gegebene Linguistikdefinition um eine unvollständige implizite Definition durch Angabe des Bereichs möglicher linguistischer Lösungsstrategien ergänzen: Die adäquaten Lösungsstrategien der Linguistik sind solche, die die Erfüllung der Bedingung rationaler Kommunikation, wie sie von der Klasse der W-Universalien formuliert werden, in nach den gegebenen Umständen bestmöglicher Weise approximieren.

Diese ‚Definition' hat zwei Nachteile: erstens enthält sie im letzten Teil eine vage Bestimmung. Sie betrifft das Begründungsproblem linguistischer Theorien, wie ich es im Kap. Ic genauer diskutiert habe. Zweitens nennt der obige Satz nur eine notwendige,

---

21 GRICE 1968; Diskussionen finden sich u.a. in WUNDERLICH 1971, KANNGIESSER 1975a: passim, und PARRET 1975: 190–190.

22 Für detailliertere Argumente cf. FINKE 1973, sowie Teil C (Schluß), S. 198 ff..

23 Eine Äquivokation ähnlicher Art ist kennzeichnend für die Ethik P. LORENZENs (cf. LORENZEN 1970, sowie LORENZ 1969: „Die Ethik der Logik").

aber keine hinreichende Bedingung für eine Adäquatheit von Lösungsstrategien als solcher der Linguistik. Hinreichend sind diese Bedingungen nur für Wissenschaft insgesamt; daher wäre diese Definition von Lösungsstrategien vollständig, wenn statt von Linguistik von Wissenschaft allgemein geredet würde. Da es mir aber um *eine bestimmte Form* von Wissenschaft geht, soll diese Unvollständigkeit erst im folgenden dritten Kapitel durch die Angabe von spezifischen Universalien der linguistischen Kommunikation (L-Universalien) beseitigt werden.

3. Linguistik ist eine Form wissenschaftlicher Kommunikation

Nicht jede Form von Kommunikation ist wissenschaftliche Kommunikation, nicht jede Form von wissenschaftlicher Kommunikation ist Linguistik. Diese Argumentationsweise führt mich zwangsläufig zu zwei Fragen. Erstens: Wie können wir linguistische Kommunikation unterscheiden? Zweitens: Dürfen wir die Redeweise, daß Linguistik eine *Form* wissenschaftlicher Kommunikation ist, wörtlich nehmen? Ich will versuchen, meine Antwort auf diese Fragen zunächst durch eine anschauliche Analogie vorzubereiten.[24]

Angenommen, wir sollten eine Maschine K konstruieren, von der lediglich erwartet wird, daß sie irgendwelche nützlichen Gegenstände produziert.[25] Mehr sei nicht verlangt. Offensichtlich gibt es sehr viele Möglichkeiten, dieser Forderung nachzukommen; die konstruktiven Varianten sind sehr zahlreich. Wenn nicht näher spezifiziert ist, was als nützlich zählen soll und was nicht, dann könnte es so scheinen, als sei jede Maschinenkonstruktion, bei der sichergestellt ist, daß überhaupt etwas produziert wird, eine Lösung der Aufgabe. Denn ersichtlich hängt es einzig davon ab, ob für das Produkt eine Funktion in irgendeinem Verwendungszusammenhang gefunden werden kann, um es als nützlich bezeichnen zu können. Hier möchte man vielleicht, auf den ersten Blick, kein noch so sonderbar geformtes Produkt grundsätzlich ausschließen. Nun ist aber eine Funktion des Produkts im Hinblick auf seine interne Struktur gemeint, und das zeigt, daß wir uns bei der Konstruktion von K von funktionalen Überlegungen werden leiten lassen: offenbar sind nur solche Maschinen als Lösungen akzeptabel, die Produkte mit einer Struktur erzeugen, für die irgendeine nützliche Funktion definiert werden kann.[26]

Verstärken wir die Forderung. Es sei eine Maschine W zu konstruieren, die nicht irgendwelche, sondern eine ganz bestimmte Gruppe nützlicher Produkte herstellt, sagen wir Textilien. Hier ist also die Nützlichkeitsfunktion stärker eingegrenzt als bei K. Er-

24 Diese Analogie hat für die hier vorgetragene Auffassung von Linguistik die Funktion einer Modellvorstellung im Sinne der KUHN-Matrix.

25 Die von mir bezweckte Analogisierung erstreckt sich nicht auch auf den Nützlichkeitsaspekt; ich will nicht behaupten, daß alle Kommunikation nützlich sei.

26 Indem ich für eine funktionale Kommunikationstheorie (und Linguistikkonzeption) plädiere, argumentiere ich nicht etwa antistrukturalistisch. Wissenschaftlich brauchbare Funktionsbeschreibungen setzen wissenschaftlich brauchbare Strukturbeschreibungen voraus; mutatis mutandis für Erklärungen. Die These ist, daß strukturale Theorien in einem präzisen Sinne auf funktionale reduziert werden können.

sichtlich werden hier nicht mehr alle konstruktiven Strategien erfolgreich sein, die dort noch erfolgreich waren. Aber es ist ebenso klar, daß alle W-Maschinen auch K-Maschinen sind. Wenn wir genügend K-Maschinen gebaut haben, werden einige davon bereits Textilien produzieren, also auch W-Maschinen sein. Andere werden zu solchen ausgebaut werden können, indem wir ein zusätzliches Bauteil einbauen; beispielsweise solche, die Wollstoffe oder bestimmte Kunstfasern produzieren. Wieder andere sind als Basis für einen solchen Ausbau ungeeignet, etwa solche, die Telefone oder Bücher produzieren.

Noch einmal werden wir die Konstruktionsforderung verschärfen. Gewünscht sei nun eine Maschine L, die eine ganz bestimmte Gruppe von Textilien produziert, etwa Kleidungsstücke. Wieder gilt, daß unter unseren W-Maschinen bereits einige vorhanden sein könnten, die die neue Forderung schon erfüllen, andere zu L-Maschinen ausgebaut werden können, indem ihre Produktionsstrukturen durch Zusatzteile spezialisiert und komplexer gestaltet werden, wieder andere für einen solchen Ausbau nicht in Frage kommen, weil sie schon auf die Herstellung von Tischdecken oder Stofftieren spezialisiert sind. Es ist klar, daß wir die Komplexität der Konstruktionsforderung noch mehrfach weiter erhöhen könnten, beispielsweise Anzüge-, Anzugsjacken-, Gürtel- oder Gürtelschlaufen-herstellende L-Maschinenkonstruktionen entwerfen könnten.

Ich will die Übertragung dieser Analogie auf meinen eigentlichen Untersuchungsgegenstand hier nicht explizit durchführen; sie ist offensichtlich genug. Nur auf zweierlei möchte ich hinweisen: erstens darauf, daß sie verhältnismäßig weit getrieben werden kann. Zwei Aspekte davon werde ich im folgenden noch behandeln; ein anderer ist z.B. in der Tatsache zu sehen, daß hochspezialisierte L-Maschinen Strukturähnlichkeiten mit gewissen anderen W-Maschinen aufweisen können, die auf einem niedrigeren Spezialisierungsniveau noch nicht vorhanden sind. So wird etwa eine L-Maschine, die farb- oder strukturgemusterte Kleider erzeugt, gewisse konstruktive Ähnlichkeiten mit einer W-Maschine besitzen, die Teppiche herstellt. Analog werden in der Kommunikation der Linguisten Lösungsstrategien für linguistische Probleme formuliert, die größere strukturale Ähnlichkeiten mit gewissen physikalischen oder biologischen, als mit anderen linguistischen Theorien aufweisen können. Diese Betrachtungsweise ist bei Zugrundelegung eines hinreichend abstrakten Theoriebegriffs, wie ich ihn im Kap. Ia dieser Arbeit in Anlehnung an die Konzeption von J. D. SNEED entwickelt habe, unmittelbar einleuchtend. – Zweitens kann die Analogie nicht nur auf die Bereiche Kommunikation, wissenschaftliche Kommunikation und linguistische wissenschaftliche Kommunikation übertragen werden. Wir können die Familie der K-Maschinen auch mit der Familie der Erzeugungssysteme (im Sinne POSTs)[27] für mögliche Sprachen vergleichen; entsprechend die Familie der W-Maschinen mit den Erzeugungssystemen für, beispielsweise, natürliche Sprachen; und schließlich die Familie der L-Maschinen etwa mit Erzeugungssystemen für Soziolekte des heutigen Deutsch. Auch hier wäre die zuvor genannte strukturale Argumentation möglich. Ich will aber diese Analogie hier nicht weiter verfolgen.

27 Eine Einführung in die Struktur und Funktion solcher Systeme, die auch unter dem Namen „Semi – Thue – Systeme" bekanntgeworden sind, gibt für den Rahmen der Sprachtheorie v. KUTSCHERA 1971: 89ff..

Ich möchte nun, das Bild verlassend, fragen: Wie muß ein Bauteil aussehen, das, in eine W-Maschine eingebaut, diese zu einer L-Maschine werden läßt? Direkt gefragt: Was macht wissenschaftliche Kommunikation zur Linguistik?

Die Suche nach L-Universalien, Gesetzen also, die die Kommunikation der Linguisten regulieren, scheint zunächst erfolglos verlaufen zu müssen. Tatsächlich können wir nicht erwarten, daß Linguistik als Kommunikationsform irgendwelchen *anderen* Kommunikationsgesetzen unterliegt als jede andere rationale Kommunikation auch. Wenn wir aber unsere Aufmerksamkeit darauf richten, ob es nicht *zusätzliche* Normen für das wissenschaftliche Verhalten der Linguisten gibt, können wir fündig werden. Dazu ist es aber zunächst wichtig, sich klarzumachen, daß unsere Maschinenanalogie leicht falsch verstanden werden kann. Sie suggeriert, daß es neben den verschiedensten allgemeinen Kommunikationsformen und neben den verschiedensten wissenschaftlichen Kommunikationsformen auch noch ein intermediäres Stadium gäbe: *die* allgemeine wissenschaftliche Kommunikation. Sie führt in die Irre, wenn sie die Vorstellung nahelegt, es gäbe neben Linguistik, Mathematik, Chemie, Psychologie oder Geschichtswissenschaft auch noch *die* Wissenschaft im Allgemeinen. Dies ist natürlich Unsinn.[28] Der Fehler liegt hier aber nicht in einem Nachteil der Analogie, sondern in einer falschen Auffassung der W-Kommunikation. Damit war ja nicht *faktische*, sondern *mögliche* Wissenschaft gemeint; genauer: der Bereich rationalen Kommunikationsverhaltens, ermöglicht und stabilisiert durch die Menge der sog. W-Universalien, die solche Formen von Kommunikation aus der allgemeinen Klasse möglicher Kommunikationsformen seligieren, welche prinzipiell dazu geeignet sind, Tripel der Form $W = \langle G, P, L \rangle$ zu erzeugen. Ich will hier zur Verdeutlichung wieder auf den Theoriebegriff zurückgreifen. Nicht alle Lösungsstrategien sind Theorien. Aber solche Lösungsstrategien L, die in Tripeln der Form $\langle G, P, L \rangle$ figurieren, sind prinzipiell theoriefähig. Im Bereich der W-Kommunikation wird es sich bei den L_i oft um *implizite* Theorien oder Vorstadien von Theorien handeln. Wir treten dann in den Bereich der L-Kommunikation ein, wenn wir den ernsthaften Versuch machen, hieraus *explizite* Theorien zu entwickeln, die geeignet sind, unseren linguistischen Erklärungsbedarf zu decken.

Damit ist die Unsicherheit, ob es neben den K-Universalien und den W-Universalien auch noch eine weiter spezialisierte Form von Universalien geben kann, die als Normen für die Kommunikation der Linguisten gelten, beseitigt: die Klasse der L-Universalien umfaßt solche Kommunikationsgesetze, die die explizite linguistische Theoriebildung steuern. Nun steht außer Zweifel, daß dies zunächst eine inhaltliche Eingrenzung des Untersuchungsbereichs verlangt, etwa so, wie ich sie im ersten Kapitel vorgeschlagen habe. *Rein* formal können wir Linguistik von anderen Wissenschaften nicht unterscheiden. Wenn wir aber an die Postulate der P-Adäquatheit denken, wird auch deutlich, daß die spezifische Interrelation von Gegenständen, Problemen und Lösungen, die beispielsweise für die Linguistik typisch ist, auch ein Verständnis der Linguistik ermöglicht, das auf formale Aspekte der Tätigkeit der Linguisten rekurriert: auf typische Weisen, ihren Gegenstand zu sehen, ihre Probleme zu stellen und ihre Lösungen zu entwickeln.

28 Man muß hier an RYLEsche Späße wie den denken, wo jemand, dem man die Universität Oxford zeigen sollte, sagt "All right, now I have seen Queens, Merton, Pembroke, St. Catherine's and the other colleges, but where's the university?"

Wie sehen diese aus? Wiederum kann ich nur Beispiele geben. Zentral wichtig als Problemstellungen sind Beschreibungen und Erklärungen von Sprachen hinsichtlich ihrer Struktur und Funktion vermittels expliziter Theorien. Zu diesem Zweck werden von einzelnen Linguisten oder Linguistengruppen Theoriesprachen entwickelt und, in gruppeninterner wie -externer Kommunikation, verändert. Typisch für diese Theoriesprachen ist vor allem die Modellkonzeption, die charakteristisch für die Sichtweise des Gegenstandsbereichs Sprache ist, die eine Linguistengruppe in ihren Theorien explizieren will. Ob dies das ἐνέργεια-Modell HUMBOLDTs ist, das Stimulus-Response-Modell BLOOMFIELDs, das Automatenmodell CHOMSKYs, oder das Ökosystem-Modell einer funktionalen Linguistik: diese vortheoretischen Modellvorstellungen (im Sinne von KUHN), die sich die Linguisten von ihrem Gegenstandsbereich machen, prägen entscheidend die Form ihrer Problemstellungen und ihrer Lösungsstrategien. So sind beispielsweise funktionale Auffassungen von Sprachen und ihnen entsprechende Erklärungstypen im Rahmen der BLOOMFIELD- und CHOMSKY-Modell P-inadäquat und insofern unzulässig; die Verwendbarkeit mathematischer Strukturen in der linguistischen Theoriebildung ist modellrelativ; auch können mit beliebigen Modellen nicht beliebige wissenschaftstheoretische Rahmenvorstellungen realisiert werden.

Solche Überlegungen zeigen, daß das Kommunikationsverhalten der Linguisten tatsächlich von Normen gesteuert wird, die L-Kommunikation von anderen Formen wissenschaftlicher Kommunikation unterscheidbar machen, beispielsweise die folgenden: Definiere das mengentheoretische Prädikat „Grammatik von S“! Setze dich mit der Grammatiktheorie von N. N. auseinander! Akzeptiere sie solange als ernsthafte Alternative, bis ihre Inadäquatheit erweisbar ist! Reproduziere die Sprechakttheorie nicht nur, sondern verbessere sie! Werde dir über die Modellvorstellung klar, die deinen Spracherklärungen zugrundeliegt! Formuliere eine linguistische Lösungsstrategie P_i-adäquat! etc..

Normen wie diese, die hier nur informell formuliert worden sind, steuern und regulieren in einer jeweils passenden Auswahl L-Kommunikation, als eine Form der W-Kommunikation, als eine Form von Wissenschaft. Diese L-Universalien, wie ich sie nennen will, sind linguistikspezifische Spezialisierungen der W-Universalien, aber man würde es sich zu einfach machen, wenn man sie einfach als *inhaltliche* Spezialisierungen abtäte. Sie können insofern als *formale* Spezialisierungen der W-Universalien aufgefaßt werden, als ihre genaue Bedeutung *strukturabhängig von linguistischen Theorien* ist. Wenn wir linguistische Theorien im Sinne von SNEED nicht als Aussagensysteme, sondern als abstrakte Struktursysteme ansehen, die über der Definition eines mengentheoretischen Prädikats der Theorie aufgespannt werden können, dann ist die Spezifizierung etwa des W-Universals Formuliere deinen Transformationsbegriff so klar wie nötig! strukturabhängig von der Definition des mengentheoretischen Prädikats „... ist eine Transformation“, und damit selbst abhängig von einer mathematischen Struktur. Daher würde eine explizite Formulierung der einzelnen L-Universalien zeigen, daß sie nicht nur inhaltlich von Universalien der physikalischen oder archäologischen Kommunikation unterschieden sind (eine Trivialität), sondern in einem wörtlichen Sinne auch in formaler Hinsicht.

Wir können auf dem Hintergrund dieser Überlegungen sagen: Linguistik ist die Form wissenschaftlicher Kommunikation, welche von Personen ausgeübt wird, die die K-, W- und L-Universalien als Gesetze ihrer Interaktion akzeptieren.

Ich möchte zum Schluß noch einige Bemerkungen darüber machen, was es bedeutet, daß diese Universalien kommunikations- oder interaktionssteuernde Gesetze sind. Ein *konkretes* Modell für diese Auffassung einer Wissenschaft als Kommunikationsform habe ich durch das Maschinenanalogon am Beginn dieses Kapitels angegeben. Im Sinne der dortigen Sprechweise können wir die L-Universalien als ein zusätzliches Bauteil verstehen, welches eine W-Maschine in eine L-Maschine transformiert. Die Maschinenanalogie trägt aber noch weiter. In der Automatentheorie operiert man mit *abstrakten* Maschinenmodellen, deren bekanntestes vielleicht das Modell der Turingmaschine ist. In ähnlicher Weise lassen sich die K-, W- und L-Maschinen als abstrakte Maschinen eines bestimmten Typs auffassen. Typisch für sie ist nämlich, daß sie Bauteile enthalten, welche die jeweilig charakteristische Funktionsweise der Maschine allererst möglich machen, eben jene Universalien. Dabei haben diese Universalien offenbar die Funktion, die gewisse *Erhaltungsmechanismen* in kybernetischen Systemen ausüben. Solche Systeme, die unter verschiedenen Namen bekanntgeworden sind,[29] können einen bestimmten internen Soll-Zustand durch automatische Anwendung ihrer Erhaltungsmechanismen auch dann immer wieder einstellen, wenn er durch externe Einflüsse verändert wird. Das eingebaute Subsystem muß nur komplex genug sein, um bei Abweichung des Ist-Zustandes vom Soll-Zustand automatisch eingeschaltet zu werden und einen Kompensationsmechanismus in Gang zu setzen, bis der Soll-Zustand wieder erreicht ist. Es gibt viele technische und natürliche Beispiele für solche Systeme mit Selbstregulation. Ich möchte zum Schluß nur darauf hinweisen, daß auch die K-, W- und L-Kommunikation als solche Systeme aufgefaßt werden können und die K-, W- und L-Universalien in dem Sinne als Gesetze, als sie Erhaltungsgesetze dieser Systeme sind.

b) Sprachverschiedenheit und Sprachveränderung

Die Verschiedenheit der natürlichen Sprachen voneinander, aber auch die Verschiedenheit der Sprachen, die für die wissenschaftliche und damit auch linguistische Theorienbildung ausgebildet und entwickelt werden, ist eine wichtige Tatsache unserer Wirklichkeit. Unsere alltägliche Kommunikation, wie auch die Kommunikation der Wissenschaftler untereinander, sei es innerhalb einer Wissenschaftlergemeinschaft oder zwischen Wissenschaftlergemeinschaften, ist geprägt durch das Faktum unterschiedlich starker Sprachverschiedenheiten. Auf den ersten Blick will dies lediglich und in jedem Falle als eine *Erschwernis der Kommunikation* erscheinen, als babylonische Sprachverwirrung.

29 Systeme mit zielgerichteter Organisation, ZO-Systeme, Systeme mit Selbstregulation, Erhaltungssysteme; einige Autoren sprechen auch von teleologischen Systemen. – Aspekte des ZO-Systems „Kommunikation mittels der Sprache S" erörtert KÖNIG 1975. – Ich komme hierauf zurück, wenn ich die funktionale Matrix der Linguistik erläutere.

Wenn wir aber genauer über das Phänomen der Sprachverschiedenheiten nachdenken und uns zu erklären suchen, warum eigentlich verschiedene Sprachen existieren, in welcher Weise sie verschieden voneinander sind und welche Veränderungsstrategien bestehen, dann bemerken wir, daß Sprachverschiedenheiten Kommunikation nicht nur erschweren, sondern auch verbessern können: auf der Grundlage diachroner Prinzipien des Sprachenwandels, teils gleichsam ‚von selbst' wirksam, in einem langen und stetigen funktionalen Anpassungsprozeß einer Sprache an sich verändernde Kommunikationsbedürfnisse, teils aber auch bewußt verändert, geplant und durch explizite praktische oder theoretische Interessen und Ziele gesteuert. KUHNs *Inkommensurabilitätsthese*, seine Behauptung, K-Matrix-verschiedene Theorien bzw. Konzeptionen könnten prinzipiell nicht auf einer rationalen Vergleichsebene miteinander konfrontiert und in bezug auf ihre Leistungsfähigkeit aneinander gemessen werden,[30] ist Ausdruck eines Verständnisses von wissenschaftlicher Kommunikation, das nur die eine Seite der Medaille sieht, die Sprachverschiedenheit, die andere aber vollständig übersieht: Sprachveränderung. Sprachverschiedenheit ist aber ohne Sprachveränderung nicht befriedigend erklärbar und verliert durch dieselben Prinzipien der Sprachveränderung auch den Schrecken vollständiger Relativität und Inkommensurabilität.

Wenn wir uns mit der Begründung linguistischer Theorien im Sinne einer rationalen Entscheidung zwischen konkurrierenden Theorien ernsthaft befassen wollen, dann müssen wir uns mit den *Prinzipien der Sprachverschiedenheit und Sprachveränderung* beschäftigen, einem Teilgebiet der linguistischen Theorienbildung selbst. Nur wenn wir verstehen, wie Sprachen generell verschieden sein und verändert werden können, können wir erklären, wieso die KUHNsche Inkommensurabilitätsthese in der Praxis der wissenschaftlichen Kommunikation nicht gilt.

Man darf wohl sagen, daß die Annahme universaler linguistischer Strukturen, nachdem sie durch die im 19. Jahrhundert einsetzende einzelsprachliche Detailanalyse ganz in den Bereich spekulativer Philosopheme entschwunden schien, durch CHOMSKY wieder gleichsam linguistisch salonfähig gemacht worden ist. Dabei ist an die Stelle des rationalistischen Konzepts der einen universalen Grammatik für alle natürlichen Sprachen eine andere Universalien-Konzeption getreten, die bezüglich gewisser allgemeiner formaler und substantieller Eigenschaften von Sprachen empirisch bestätig – bzw. widerlegbare Hypothesen zu diskutieren gestattet.[31]

Diese neue Forschungsperspektive läßt es vielleicht verständlich erscheinen, daß der Aspekt der Verschiedenheit von Sprachen, der die vorgenerative Sprachwissenschaft beherrscht hatte, demgegenüber eher vernachlässigt wurde. Sprachverschiedenheit erschien nun bisweilen als jener kaum theoriefähige, bunte Rest, der übrigbleibt, wenn man von den universalen Aspekten der Sprachen absieht. Eine durch metatheoretische Restriktionen kaum eingeschränkte Freiheit zur Bildung von Transformationsregeln unterschiedlichsten Typs entsprach dieser Fehleinschätzung der Sprachverschiedenheit.

Heute erscheint es demgegenüber als notwendig, der *Theorie* sprachlicher Universalien auch eine *Theorie* der Sprachverschiedenheit an die Seite zu stellen, oder, besser,

30 KUHN 1970, 1976. – Cf. hierzu KRÜGER 1974; KANNGIESSER 1975.
31 Vgl. CHOMSKY 1965: 27–30.

eine integrierte Theorie der universellen und kontingenten Eigenschaften natürlicher Sprachen zu entwickeln. Als erster wesentlicher Schritt auf dem Wege zu einer solchen Theorie sind für den Bereich der Syntax die Arbeiten von PETERS/RITCHIE, GINSBURG/PARTEE u.a.[32] zu werten, in denen Rahmenbedingungen für die Etablierung sinnvoller Restriktionen für Transformationsregeln formuliert werden. Mein Ziel ist wesentlich bescheidener. Ich möchte einige Prinzipien erörtern, die als Rahmenbedingungen für eine Theorie der Sprachverschiedenheit gelten können und einige Konsequenzen vorstellen, die sich aus dieser Problemsicht für sozio- bzw. ethnolinguistische Fragestellungen, insbesondere aber für die wissenschaftliche Kommunikation, ergeben. Dabei wird auch ein Relevanzaspekt zu diskutieren sein, unter dem der Begriff der Herrschaft für eine Theorie der Sprachverschiedenheit einschlägig wird.

1. Toleranzprinzip und Innovationsprinzip

Unter Obertiteln wie „kommunikationsorientierte Linguistik", „Pragmatik", „Linguistische Handlungstheorie" erfolgt gegenwärtig eine von verschiedenen Seiten aus unternommene Neuformulierung linguistischer Erkenntnisinteressen und hierfür geeigneter Darstellungsmodelle. Gemeinsam ist diesen Bemühungen die Absicht, das hohe Abstraktionsniveau theoretischer Begriffe, das durch eine weitgehende Formalisierung vor allem im syntaktischen und semantischen Problemfeld erreicht werden konnte, durch eine konkreter an den Funktionen von Sprache und Sprechen im Kontext menschlicher Interaktion orientierte Theorie sprachlich-sozialen Handelns zu ergänzen. Noch deutlicher ist das Bemühen, die Fragen des Verhältnisses von Kommunikationsbedürfnissen und Sprachsystemen durch eine neue K-Matrix für linguistische Theorien in einen adäquateren Konzeptionrahmen zu stellen, den einer *funktionalen Matrix*. Sprachliche Kommunikationssysteme werden in ihr synchron und diachron funktional erklärt, d. h. als Struktursysteme, die auszubilden ein Erfordernis der in einer Gesellschaft bestehenden Koordinationszwänge ist. Diese Kommunikationssysteme unterliegen nun sowohl spezifischen wie universellen Gesetzen, die sicherstellen, daß sie ihren Zweck der Deckung des Kommunikationsbedarfs einer Gesellschaft erfüllen.

H. P. GRICE hat in diesem Zusammenhang als erster den Versuch unternommen, universelle, d. h. prinzipiell auf jede funktionierende Form sprachlicher Kommunikation anwendbare Bedingungen anzugeben, die erfüllt sein müssen, wenn sprachliche Interaktion überhaupt gelingen soll. Ich will seine „conversational postulates" hier nicht diskutieren, sondern mich exemplatisch mit zwei Prinzipien beschäftigen, die – den GRICEschen Postulaten zwar verwandt, aber mit keinem von ihnen identisch – in einem ziemlich fundamentalen Sinne Bedingungen der Möglichkeit kommunikativer Interaktion zu sein scheinen. Anders als bei GRICE aber folgen aus dem Akzeptieren dieser Bedingungen unmittelbare Konsequenzen für eine diskriptions- und explanationsadäquate Theorie der Sprachverschiedenheit. Die beiden Prinzipien nenne ich das Toleranz- und das Innovationsprinzip.

32 GINSBURG/PARTEE 1969; PETERS/RITCHIE 1973.

Das Prinzip der sprachlichen Toleranz, kurz *Toleranzprinzip* (T), kann näherungsweise wie folgt umgangssprachlich formuliert werden:

(T): Jeder kompetente Sprecher/Hörer p_i aus der Sprachgemeinschaft P(L) besitzt eine Fähigkeit zur sprachlichen Toleranz in dem Sinne, daß es ihm – innerhalb eines gewissen Rahmens – möglich ist, sprachliche Handlungen h anderer kompetenter Sprecher/Hörer $p_j \in P(L)$, $P'(L')$ ($p_i \neq p_j$; $P(L) \neq P'(L')$) zu verstehen, obwohl sie mit den Mitteln unterschiedlicher Sprachsysteme $S_1, \ldots, S_n$ ausgedrückt werden: $\langle h_i, S_i \rangle, \langle h_j, S_j \rangle$ ($i \neq j$).

Diese Formulierung von (T) ist noch relativ vage. Es entstehen insbesondere Fragen nach der Unterschiedlichkeit der S_i und nach dem Rahmen, innerhalb dessen p_i eine Toleranzkompetenz besitzen soll. Davon wird es auch abhängen, welcher Umfang dieser Toleranzkompetenz zugeschrieben werden kann. Diese Fragen sind, soweit ich sehe, im gegenwärtigen Stadium der Forschungen zur Sprachverschiedenheit noch kaum in quantitativen Begriffen beantwortbar.[33] Ich werde später, allerdings noch informell, hierzu einen Vorschlag machen (Begriff der kommunikativen Kapazität einer Sprache). Einstweilen müssen einige erläuternde Bemerkungen zur spezifischen Toleranzleistung und zur Toleranzbreite ausreichen.

Die *Toleranzleistung* von p_i liegt offenbar in seiner besonderen Einstellung zu sprachlichen Abweichungen. p_i hat selbst mit der Sprache L ein System S_i internalisiert, das seine spezifische Sprachkompetenz definiert. Offenbar gehört zu diesen Fähigkeiten auch das Wissen, daß die Abweichungen im Sprachverhalten der p_j, p_k ... von seinem eigenen Sprachverhalten durch spezifische Regelsysteme S_j, S_k ... gerechtfertigt sein können, die nicht unbedingt mit dem von ihm selbst internalisierten System S_i identisch zu sein brauchen. Jede Begegnung von Kommunikationspratnern, die verschiedenen Sprachgemeinschaften P_i, P_j ... $P_i \neq P_j$ ... angehören, ist ein Beispiel hierfür. Aber auch innerhalb einer Sprachgemeinschaft P_i gibt es Variationen unterschiedlichen Umfangs in bezug auf die von den $p \in P_i(L_i)$ internalisierten Systeme S. Beispiele hierfür sind idiolektale und soziolektale Differenzierungen. Während im ersteren Fall die Kenntnis verschiedener natürlicher Sprachen L erforderlich ist, um die in Rede stehende Toleranzleistung erbringen zu können, genügt im zweiten Falle die Kenntnis einer Sprache L_i und der innerhalb dieser zulässigen Variationen. Die *Toleranzbreite*, zu der ein p_i fähig ist, muß daher in Abhängigkeit von seinen spezifischen Sprachkenntnissen bestimmt werden.[34] Mit kommt es hier nur auf die allgemeine Einsicht an, daß *ohne* eine solche Fähigkeit und Bereitschaft zu sprachlicher Toleranz Kommunikation nur innerhalb vollständig homogener Sprachgemeinschaften möglich wäre, also z.B. innerhalb einer Wissenschaftlergemeinschaft, die über vollständig identische K-Matrizen für ihre Theorien verfügen. Dies heißt, daß alle Kommunikanden über das gleiche System S sprachlicher Regeln verfügen müßten, wenn sie einander zu verstehen in der Lage sein sollten. Dies ist eine

---

33 Eine gute Übersicht über einige quantitative Methoden der Klassifikation verschiedener Sprachen und hierfür geeignete Meßverfahren geben ALTMANN/LEHFELDT 1973.

34 Wesentliche Parameter zur Bestimmung der Toleranzbreite, die p_i verfügbar ist, werden allerdings von der Struktur der Sprache L_i determiniert, über die p_i verfügt. Eine dieser ‚objektiven' Parameter ist die kommunikative Kapazität von L_i (s. u.).

Fiktion; linguistisch interessant ist gerade die Tatsache, daß die Verschiedenheit der Systeme S Kommunikation, obwohl sie sie erschweren kann, nicht unbedingt unmöglich macht. Dort, wo sie jedenfalls trotz einer Verschiedenheit der involvierten Systeme S möglich ist, ist sie offenbar deshalb möglich, weil ein Toleranzprinzip nach Art von (T) gilt, das die eigene Sprachkompetenz nicht für allgemeinverbindlich erklärt, sondern als eine kontingente Alternative aus einer Menge von Alternativen, die gleiche Inhalte in verschiedener Form auszudrücken gestatten.

Wenn aber (T) ein Kommunikationsprinzip in dem Sinne ist, daß es trotz alternativer Systeme des sprachlichen Handelns Kommunikation prinzipiell möglich macht, darf es sich nicht um stabile, sondern muß sich um dynamische Systeme handeln, um veränderbare Systeme also. Ersichtlich setzt das Prinzip einer Toleranzkompetenz – neben anderen – das einer Innovationskompetenz voraus;[35] wir brauchen das Faktum der Innovationsfähigkeit zur Erklärung des Faktums der Toleranzfähigkeit. Denn nur, wenn $p_i \in P(L)$ Abweichungen von seinem eigenen Sprachverhalten prinzipiell *erzeugen* kann, kann er sie auch *respektieren.*

Dieses Prinzip der sprachlichen Innovation, kurz *Innovationsprinzip* (I), kann näherungsweise wie folgt umgangssprachlich formuliert werden:

(I): Jeder kompetente Sprecher/Hörer p_i aus der Sprachgemeinschaft P(L) besitzt eine Fähigkeit zur sprachlichen Innovation in dem Sinne, daß es ihm – innerhalb eines gewissen Rahmens – möglich ist, das von ihm internalisierte Sprachsystem S_i so zu verändern, daß es sprachliche Handlungen h zu vollziehen bzw. zu verstehen gestattet, die mit den Mitteln eines anderen Systems S_j ($S_i \neq S_j$) ausgedrückt werden: $\langle h_i, S_i \rangle$, $\langle h_j, S_j \rangle$, $(i \neq j)$.

Erläuternd kann man feststellen, daß die spezifische *Innovationsleistung* von p_i offenbar darin besteht, eine systematische Eigenschaft von S_i auszunützen, nämlich seine Instabilität. Prinzipiell sind nur instabile Systeme für natürliche Sprachen L beschreibung- und erklärungsadäquat, d. h. (I) ist essentiell ein linguistisches Diachronieprinzip. Das Erlernen neuer Sprachen, seien es nun natürliche oder formale Sprachen, alltägliche oder wissenschaftliche Theoriesprachen, kann als ein besonderer Typ der Erweiterung der eigenen Sprachkompetenz verstanden werden.[36] Das Übersetzen aus einer Sprache in eine andere setzt oft Innovationsleistungen der Art voraus, daß ein Zustand z des Regelsystems S_i der Zielsprache in einen Zustand z' ($z \neq z'$) überführt wird. Ganz ähnlich ist die faktische Kommunikation innerhalb einer Sprachgemeinschaft P_i nur dann gesichert, wenn die $p \in P(L)$ beispielsweise idiolektale oder soziolektale Differenzierungen innerhalb S_i (L_i) durch geeignete systemkonforme Innovationen ausgleichen können.[37]

35 Es sollen hier nicht – einer linguistischen Seuche folgend – neue Kompetenzen postuliert, sondern die Auffassung vertreten werden, daß das CHOMSKYsche Kompetenzkonzept mindestens durch einen (ad (T)) Inhomogenitätsparameter und einen (ad (I)) Diachronieparameter modifiziert werden muß, um empirisch adäquat zu sein.

36 Es handelt sich um Nichtkonservative Erweiterungen im Sinne von LORENZEN 1963.

37 Unter systemkonformen Innovationen sind solche Veränderungen einer Sprache L zu verstehen, die durch eine konservative Erweiterung der Menge der grammatischen oder pragmatischen Regeln von L erzeugt werden können. – Vgl. LORENZEN 1963.

Die ***Innovationsbreite***, zu der ein p_i fähig ist, wird dabei von seinen spezifischen Sprachkenntnissen abhängig sein.[38] Wiederum ist zunächst nur die allgemeine Einsicht wichtig, daß jede Kommunikation mittels natürlicher Sprachen ***ohne*** eine solche Fähigkeit zu sprachlicher Innovation nur in idealisierten Situationen möglich wäre. Dies aber heißt nichts anderes, als daß die faktische Kommunikation eine häufige und vielfältige Anwendung des Innovationsprinzips (I) erfordert. Faktische Kommunikation geschieht nicht mittels starrer, unveränderlicher Systeme, sondern mittels solcher Systeme, die prinzipiell innovierbar sind. Sie geschieht ebensowenig mittels eines universalen Systems, sondern mittels einer Menge in unterschiedlichem Maße voneinander abweichender Systeme, deren Verschiedenheit eine kontigente und keine notwendige Tatsache ist. Das aber bedeutet, daß es das Funktionieren der Kommunikation oft erfordert, daß die Kommunikanden die Verschiedenheit der verwendeten Systeme tolerieren. Kommunikationsprinzipien wie (T) und (I) erhalten Bedingunge aufrecht, unter denen Kommunikation trotz sprachlicher Abweichungen möglich ist. Daher können wir ihnen entsprechende Konversationsmaximen à la GRICE formulieren, die etwa lauten würden: „Be L-tolerant!“ oder „Be L-innovative!“. Etwas ausführlicher müßte man sagen: „If there is a need or wish for communication in L in spite of linguistic deviations, be as L-tolerant as possible (as L-innovative as necessary)!“[39]

2. Schwache und starke Sprachverschiedenheit

Ich möchte im folgenden zwei Mehrdeutigkeiten, die die angegebenen Formulierungen von (T) bzw. (I) aufweisen, zunächst begrifflich voneinander unterscheiden. Dazu ist erforderlich, die noch vage Redeweise von sprachlichen Regelsystemen S zu präzisieren. Es dürfte eine gegenwärtig sinnvolle Hypothese sein, daß es sich bei den S_i vor allem um zwei Typen von linguistischen Systemen handelt, die das Sprachverhalten eines $p_i \in P(L)$ determinieren: ein grammatisches System G, das die (phonologische, syntaktische und semantische) ***Struktur*** von L aufspannt, und ein pragmatisches System P, das die ***Verwendung*** von L (genauer: der von G erzeugten Ketten) in Handlungskontexten regelt. Der genaue Aufbau von P, aber auch manche Aspekte von G, vor allem auch die zwischen P und G bestehenden Beziehungen sind einstweilen noch weithin unerforscht bzw. kontrovers; dennoch dürfte es sinnvoll sein, eine linguistische Theorie über L als ein geordnetes Paar $\langle G,P\rangle_L$ zu begreifen. $\langle G,P\rangle_L$ soll also die interne Struktur von S(L) repräsentieren. Sprachliche Innovationen können nun sowohl in bezug auf G, als in bezug auf P stattfinden. Veränderungen etwa am Kasussystem einer Sprache sind Beispiele für grammatische, die Einführung bestimmter modischer Redeweisen in typischen Situationskontexten Beispiele für pragmatische Innovationen. Entsprechend kann sprachliche Toleranz sowohl als grammatische, wie als pragmatische Toleranz auftreten. Wenn ich eine Äußerung wie „Das habe ich mich gewünscht“ verstehe, respektiere ich sie

38 Vgl. Anm. 34, mutatis mutandis.

39 Das vorgesetzte „L“ soll zum Ausdruck bringen, daß Toleranz und Innovation nur in bezug auf eine bestimmte Sprache L geübt bzw. durchgeführt werden kann.

im Sinne von grammatischer Toleranz; wenn ich verstehe, daß eine sprachliche Handlung, die ich als Beleidigung auffassen würde, in einem anderen Sozialsystem ganz andere kommunikative Konsequenzen hat als diejenigen, die mit dem juristischen Tatbestand der Beleidigung verbunden sind, dann respektiere ich sie im Sinne von pragmatischer Toleranz. Eine erste Mehrdeutigkeit von (T) und (I) liegt also darin, daß sie sprachliche Toleranz bzw. Innovation als Konjunktionen von grammatischer und pragmatischer Toleranz bzw. Innovation darstellen. Eine zweite Mehrdeutigkeit liegt darin, daß (T) und (I) sowohl in bezug auf die verschiedenen $p_i \in P(L)$, als auch in bezug auf die verschiedenen $P_i(L_i)$ Gültigkeit beanspruchen. M.a.W.: sprachliche Toleranz wird in (T) – neben den durch $\langle G,P \rangle$ angedeuteten zwei Aspekten – noch in einer anderen Hinsicht doppelt interpretiert: als sprachinterne und als sprachübergreifende Toleranz. Wendet jemand den Akkusativ dort an, wie ich den Dativ verwenden würde, übe ich, wenn ich ihn verstehe, sprachinterne Toleranz; verwendet er eine andere Sprache mit einem ganz anderen Kasussystem bzw. Darstellungsmitteln, die ein Kasussystem in jener Sprache ersetzen, kann ich dies als Alternative nur respektieren unter der Voraussetzung einer sprachübergreifenden Toleranz. Es wäre deshalb für eine befriedigende Präzisierung notwendig, (T) in Form zweier Prinzipienpaare zu reformulieren, nämlich erstens als grammatische (Tg) und pragmatische Toleranz (Tp), und zweitens – gleichsam quer zu dieser Differenzierung – als sprachinterne (Tw) und sprachexterne oder sprachübergreifende Toleranz (Ts).

Entsprechendes gilt für das Innovationsprinzip. Jeder Akt sprachinterner Toleranz setzt einen Akt sprachinterner Innovation (Iw) in bezug auf G oder P aus S(L) voraus; im ersteren Falle handelt es sich um grammatische Innovation (Ig), im letzteren um pragmatische Innovation (Ip). Aber auch ein Akt sprachexterner Toleranz ist nur auf der Basis eines Innovationsaktes möglich, der in diesem Falle das System (S(L)) um Teile des Systems (S'(L') erweitert ((S(L) $\neq$ S'(L'). Dies heißt, daß ein Kommunikationsprinzip sprachexterner oder sprachübergreifender Innovation (Is) angewandt wird.

Diese Überlegungen bauen grundsätzlich auf der Hypothese auf, daß es sich bei natürlichen Sprachen L, wenn man sie – wie das üblich und sinnvoll ist – durch die Sprachgemeinschaften P, in denen sie gesprochen werden, gegeneinander abgegrenzt, nicht um homogene Systeme handelt, deren grammatische Struktur etwa durch eine einzige Grammatik G_i abbildbar wäre. Es erscheint demgegenüber plausibler, die grammatische Struktur von L(P) durch eine Menge koexistierender Grammatiken $\langle G_1, \ldots, G_n \rangle$ $(n \geqslant 2)$ abzubilden; d.h. L wird aufgefaßt als eine Klasse von Sozio- und Idiolekten $l_1, \ldots, l_n$ $(n \geqslant 2)$, deren Klassenidentität durch eine hinreichende Anzahl von definierenden Bedingungen gesichert ist. „P(L)“ bedeutet dann, daß den $l_1, \ldots, l_n$ eine *inhomogene* Sprachgemeinschaft P mit nichtidentischen, aber auch nicht vollständig ist. Idiolektgrammatiken sind dabei durch geordnete Paare $\langle l_i, p_i \rangle$, Soziolektgrammatiken durch geordnete n-tupel $\langle l_j, p_1, \ldots, p_n \rangle$ definiert. Ein solches linguistisches *Koexistenzmodell*, das nach ohne Zweifel die Sprachrealität besser trifft, als das durch mehrfache Idealisierungen gekennzeichnete Chomskymodell homogener Sprachgemeinschaften, ist z.B. von KANNGIESSER systematisch beschrieben worden. Er hat gezeigt, daß es nicht nur im Format einer generativen TG formulierbar, sondern auch imstande ist, eine akzeptable

Präzisierung der Synchronie-Diachronie-Distinktion und damit die Abbildung diachroner Prozesse im generativ-transformationellen Rahmen zu ermöglichen.[40]

In ganz ähnlicher Weise können wir auch die Variabilität der innerhalb einzelner Wissenschaftlergemeinschaften verwendeten Wissenschaftssprachen prinzipiell durch ein System koexistierender Grammatiken darstellen. Die Begründung einer linguistischen Theorie in der Diskussion der an der Entwicklung der Theorie beteiligten Wissenschaftler geschieht de facto keinesfalls unter ausschließlicher Verwendung einer semantisch stabilisierten, homogenen Sprache – wie manche idealisierenden Darstellung von Wissenschaftstheoretikern suggerieren – und innerhalb von Wissenschaftlergruppen, die vollkommenen homogene Erklärungsbedürfnisse und sprachliche Darstellungsfähigkeiten besitzen, sondern die den gleichen (oder jedenfalls sehr ähnlichen) Inhomogenitätsbedingungen unterliegen wie andere Gruppen und soziale Subsysteme einer Gesellschaft. Deshalb ist es gerechtfertigt, auf die Kommunikationssysteme von Linguistengruppen grundsätzlich die gleichen Beschreibungsverfahren anzuwenden, die im Rahmen der theoretischen Soziolinguistik für inhomogene Sprachgemeinschaften generell entwickelt worden sind.

Hiermit ist eine gewichtige theoretische Vorentscheidung gefallen, die, nach meiner Auffassung, Adäquatheitskriterien für die grammatik- und pragmatiktheoretische Beurteilung einer Theorie der sprachlichen Variation und Verschiedenheit *innerhalb einer Sprache* L zu formulieren gestattet. Im übrigen dürften diese Kriterien generell für die Soziolinguistik in dem Sinne gelten, daß jede soziolinguistische Beschreibung und Erklärung nur dann als empirisch adäquat angesehen werden kann, wenn sie diesen Kriterien genügt. Man könnte in diesem Sinne sagen, (Iw) und (Tw) sind Rahmenbedingungen einer beschreibungs- und erklärungsadäquaten Soziolinguistik, weil sie *schwache Sprachverschiedenheit* (Sprachverschiedenheit$_w$) abzubilden gestatten. Schwache Sprachverschiedenheit bzw. Sprachverschiedenheit$_w$ sei dabei als die innerhalb der Klasse L auftretende Variation $l_1, \ldots, l_n$ (= interne Variation) definiert).

Wenn man nun versuchen will, (T) und (I) durch Einbeziehung dieser Überlegungen zu präzisieren, macht sich insbesondere der Mangel einer einheitlichen und adäquaten Pragmatiktheorie deutlich bemerkbar. Ich kann deshalb hier nur die Richtung andeuten, in der eine Präzisierung gesucht werden kann. Dabei soll der G-P-Distinktion nicht durch die Formulierung von Prinzipienpaaren, sondern durch eine explizite Konjunktion beider Parameter in den Formulierungen (Tw/g,p) und (Iw/g,p) Rechnung getragen werden:

(Tw/g, p): Für alle $p \in P(L)$: die Sprachkompetenz lk_i eines p_i enthält einen Parameter der sprachinternen grammatischen Toleranz Tg und einen Parameter der sprachinternen pragmatischen Toleranz T_p, die p_i prinzipiell

40 In diesem Zusammenhang ist auch der Begriff der grammatischen Toleranz (mein Tw/g) über den Begriff der Semigrammatizität von Sätzen eingeführt worden; für die hierfür vorwendigen Innovationen lassen sich grammatische Extensionssysteme angeben, die ein essentiell instabiles Deskriptions- und Explanationsmodell natürlicher Sprachen repräsentieren (vgl. KANNGIESSER 1973a). – Handlungs- und pragmatiktheoretische Konsequenzen des Koexistenzmodells werden in KANNGIESSER 1973b erörtert. Hier wird auch das Innovationsprinzip formuliert, das ich als Tw/g beschreibe.

befähigen, die sprachlichen Handlungen h eines $p_i \in P(L)$ $(i \neq j)$, derart daß $\langle p_i, l_i, h_i, a\rangle$ und $\langle p_j, l_j, h_j, a\rangle$, zu verstehen.

(Iw/g, p): Für alle $p \in P(L)$: die Sprachkompetenz lk_i eines p_i enthält einen Parameter der sprachinternen grammatischen Innovation Ig und einen Parameter der sprachinternen pragmatischen Innovation Ig, die p_i prinzipiell befähigen, die lk_i zugrundeliegende Sprache $l_i \in L$ so zu erweitern, daß er die sprachlichen Handlungen h eines $p_j \in P(L)$ $(i \neq j)$ derart daß $\langle p_j, l_j, h_j, a\rangle$, ebenfalls vollziehen kann: $\langle p_i, l_i, h_i, a\rangle$.

Die Quadrupel $\langle p, l, h, a\rangle$ sind hierbei zu lesen als: p drückt auf der Basis der Sprache l mittels der Handlung h a aus. Man könnte, um einen handlichen Begriff zu haben, sagen: l_i und l_j sind kontingente Alternativen voneinander. Das soll heißen: Die Sprachzustände z_i (l_i) bzw. z_j (l_j) gestatten es entweder, sprachliche Handlungen h_i bzw. h_j zu vollziehen, die dasselbe auf unterschiedliche Weise auszudrücken erlauben, oder es ist möglich, l_i bzw. l_j so zu erweitern, daß sie a mit derselben sprachlichen Handlung $h_i = h_j$ auszudrücken gestatten. In diesem Sinne sind alle Subsprachen natürlicher Sprachen kontingente Alternativen voneinander.

Ich schlage nun vor, diese Konzeption insofern zu verallgemeinern bzw. zu radikalisieren, als das ihr inhärente sprachliche Koexistenzmodell auf von L verschiedene, aber in einem bestimmten Sinne mit L gleichrangige Sprachen übertragen soll.

Dabei ist ein Hauptziel die Difinition eines linguistisch fruchtbaren Begriffs externer sprachlicher Variation oder echter Sprachverschiedenheit. Ich will hier auch von *starker Sprachverschiedenheit* sprechen ($\text{Sprachverschiedenheit}_s$). Wenn wir als die L_i natürliche Sprachen wählen, können wir einen solchen Begriff der starken oder echten Sprachverschiedenheit als (vereinfachte) Abbildung der Verschiedenheit auffassen, die zwischen den Elementen $L_1, \ldots, L_n$, als den natürlichen Sprachen, besteht. Und während eine Theorie der $\text{Sprachverschiedenheit}_w$ Prinzipien der Soziolinguistik formuliert, formuliert eine Theorie der $\text{Sprachverschiedenheit}_s$ Prinzipien der Ethnolinguistik. Zugleich aber sind dies auch Randbedingungen für das Gelingen wissenschaftlicher Kommunikation, die ebenfalls innerhalb und zwischen inhomogenen Gruppen stattfindet. Bevor ich dies, am Beispiel von (I_s) und (T_s), etwas näher ausführe, will ich einen Relevanzaspekt diskutieren, der es möglich macht, beide Arten der Sprachverschiedenheit auf einen Macht- oder Herrschaftsbegriff zu beziehen, der eine theoretische Voraussetzung für eine auch praktisch rechtfertigbare Einstellung zur Sprachverschiedenheit in der kommunikativen Interaktion darstellt. Ich möchte dies zunächst für den soziolinguistischen Rahmen darstellen.

Es ist eine alltägliche Erfahrung, daß $\text{Sprachverschiedenheit}_w$, also sprachinterne Variation, als Unterlegenheits- bzw. Überlegenheitsverhältnis gedeutet und zur Legitimation *sozialer Herrschaft* einer gesellschaftlichen Gruppe oder Klasse über eine andere herangezogen wird. Dies geschieht meist durch die Etablierung von Normen. Lehrer beispielsweise reklamierten für ihre eigene Sprachkompetenz bzw. die der sog. Mittel- oder Oberschicht oft den Status einer Norm, nach der das abweichende Sprachverhalten mancher Schüler zu bewerten und zu verändern ist. Arbeiter belegen die ihnen z.T. fremde Sprache von Professoren und Politikern mit einem Überlegenheitswert, und Entsprechendes geschieht umgekehrt, was soziale Chanchengleichheit einstweilen schon aus sprachlichen Gründen unmöglich macht und bestehende Herrschaftsverhältnisse stabilisiert.[41]

Nun gilt, wenn eine Sprachgemeinschaft P(L) im Sinne interner Sprachvariation inhomogen ist, daß keine zwei Sprachkompetenzen $LK_i(p_i)$ und $LK_j(p_j)$, derart daß $p_i, p_j \in P(L)$ vollständig miteinander identisch sind: Für beliebige i, j: $LK_i(p_i) \neq LK_j(p_j)$. Zu den die Klassenidentität definierenden Bedingungen von L gehört freilich, daß bestimmte nicht-beliebige Teilbereiche $lk_d(p_i)$ und $lk_e(p_j)$, derart daß $lk_d \subset LK_i$ und $lk_e \subset LK_j$ allerdings identisch sind: Für nicht-beliebige d, e: $lk_d(p_i) = lk_e(p_j)$.[42] Die Gültigkeit dieser Annahme sichert eine gewisse fundamentale Kommunikationsmöglichkeit innerhalb von P(L). Dabei sind die d und e durch die Grenzen limitiert, die durch die für die gesamte Sprachgemeinschaft P(L) verbindliche Bedarfslage in bezug auf sprachliche Koordination gezogen werden.

Die in $LK_i(p_i) \neq LK_j(p_j)$ ausgedrückte Verschiedenheit ist zunächst einmal die von Sprachkompetenzen, nicht eo ipso von Sprachen. Nur unter der empirisch kaum adäquaten Hypothese, daß den verschiedenen Sprachkompetenzen innerhalb P eine einheitliche und identische Sprache L gegenübersteht (Homogenitätsannahme), ist eine Hierarchie sprachlicher Über- bzw. Unterlegenheit (Defizithypothese) überhaupt sinnvoll. Eine solchermaßen linguistisch vermeintlich rechtfertigbare Hypothese bekommt somit, offenbar, faktisch in der sozialen Interaktion eine *herrschaftsstabilisierende Funktion*, indem sie die angeblich Überlegenen zu legitimieren scheint, ihre eigene Sprachkompetenz zur Norm für alle zu machen. Dies ist auch in der Anwendung auf wissenschaftliche Kommunikation ein bekanntes Verhalten. Die Sprache einer Wissenschaftlergemeinschaft wird oft durch den Idiolekt einer dominierenden Person mitgeprägt. Wenn aber demgegenüber die Wirklichkeit von P durch eine Inhomogenitätsannahme und ein darüber entwickeltes linguistisches Koexistenzmodell adäquater beschrieben und erklärt werden kann, sind die unterschiedlichen Sprachkompetenzen von p_i und p_j tatsächlich auch Abbildungen verschiedener, wenn auch nicht vollständig verschiedener Sprachen l_i und l_j. Daraus folgt, daß sich zum Beispiel eine Toleranzforderung prinzipiell zu jedes $p_i \in P(L)$ richten kann. Die Sprachverschiedenheit$_w$ ist also, genau genommen, die schwache Verschiedenheit zweier kontingent alternativer Subsprachen von L, die von zwei instabilen Grammatiken G_i respektive G_j mit gemeinsamen Durchschnitt $l_a = l_b$ erzeugt werden: $l_a = l_b = l_i(G_i) \cap l_j(G_j)$. (Diese Subsprachen sind, wie die Gesamtsprache L, echte dynamische Systeme und dürfen nicht mit Sprachzuständen verwechselt werden, die als sta-

41 Genauer müßte man sagen, daß die hier gemeinte Verfestigung von Chancengleichheit und sozialen Herrschaftsstrukturen aus dem Mißverständnis einer (falschen) Sprachtheorie genährt wird, über die die an diesem Sozialsystem beteiligten Person implizit und wohl oft unbewußt verfügen.

42 Formal müssen, wenn Identität vorliegen soll, u.a. zwei Bedingungen erfüllt sein, die SOMMERS in 1963 am Beispiel einstelliger Prädikate als „connectedness condition" formuliert hat:
(i) $U(X, Y) \wedge U(X, Z \rightarrow con(Y, U)$
(ii) $con(Y, Z) \wedge con(W, Z) \rightarrow con(Y, W)$
Hierbei bedeuten „W", „X", „Z" Ausdrücke in L, und „U" eine Signifikanzrelation, die besagt, daß zwei Ausdrücke A, B ∈ L als Prädikats- bzw. Argumentsausdruck in einem sinnvollen Satz von L auftreten können („we are assuming that every natural language is connected through use"; a.a.O., 154).

tische Systeme, erzeugt von stabilen Grammatiken, aufgefaßt werden können. Sie besitzen, anders als diese, eigene linguistische Innovationsmöglichkeiten, wenn auch, wahrscheinlich, unterschiedliche.) Wissenschaftlergemeinschaften unterscheiden sich nun allerdings in ihren Kommunikationsbedürfnissen von den anderen Sprachgemeinschaften zumeist darin, daß sie als Ziel eine gemeinsame und identische Sprache zu erreichen suchen. Hier ist aber entscheidend, daß sie den gleichen Ausgangsbedingungen wie alle normalen Sprachgemeinschaften, nämlich einer differenzierten Inhomogenität ihrer Kommunikationsbedürfnisse und -mittel, unterliegen und deshalb die gleichen Prinzipien der Kommunikation trotz Sprachverschiedenheit anwenden müssen wie jene. Allerdings werden diese Prinzipien von Wissenschaftlergruppen bewußter zweckgerichtet angewandt und zu *Strategien der Sprachveränderung* („Wissenschaftliche Diskussionen") ausgebaut.

Die Ergänzung des Modells der w-Koexistenz um ein Modell der s-Koexistenz ist eine noch kaum in Angriff genommene und erhebliche sprachtheoretische Vorarbeit erfordernde Aufgabe.[43]

3. s-Koexistenz und kommunikative Kapazität

Ebenso, wie die Iw- und Tw-Prinzipien Rahmenbedingungen der Kommunikation auf der Basis der w-Koexistenz darstellen, müssen im Hinblick auf s-Koexistenz Prinzipien formuliert werden, die die verschiedenen natürlichen Sprachen als alternative Kommunikationssysteme zu beschreiben gestatten, die zwar prinzipiell ineinander übersetzbar sind, de facto aber nichtidentische Sozialsysteme mitkonstituieren. Sprachen legen nicht nur Rahmen für kognitive Prozesse fest, sie etablieren auch soziale und kulturelle Strukturen.[44] Die Verbindlichkeit, welche sprachliche Handlungen schaffen, ist ein konstitutives Element gesellschaftlicher Interaktion. Eine Theorie der Sprachverschiedenheit$_s$ muß vermeiden, Herrschaftsverteilungen linguistisch zu rechtfertigen; vielmehr muß sie den Anteil, den Sprachverschiedenheit$_s$ bei der Konstitution von Herrschaftsstrukturen faktisch hat, beschreiben und erklären können.

Wenn (Tw) und (Iw) Kriterien einer deskriptions- und explanationsadäquaten *Soziolinguistik* sind, wird die Erweiterung des ihnen inhärenten Koexistenzmodells$_w$ um ein Koexistenzmodell$_s$ Rahmenbedingungen einer Theorie der starken Sprachverschiedenheit zu formulieren gestatten, die als Kriterien einer deskriptions- und explanationsadäquaten *Ethnolinguistik* gelten dürfen. Mit anderen Worten: diese Theorie kann nur dann als empirisch adäquat gelten, wenn sie alle natürlichen Sprachen als kontingente Alternativen voneinander darzustellen erlaubt.

---

43 Eine ausführliche Theorieskizze wird enthalten: FINKE/KANNGIESSER, Prolegomena zu einer Theorie der Sprachverschiedenheit (in Vorbereitung). Hier kann es nur darum gehen, einige Überlegungen zu Randbedingungen und Grundbegriffen eines solchen Unternehmens vorzutragen.

44 Einen guten Überblick über Forschungsansätze und Problemzusammenhänge vermittelt SCHÜTZE et al. 1973 („Arbeitsgruppe Bielefelder Soziologen").

Wenden wir diese Theoriestrukturen aber auf die Kommunikation in und zwischen Wissenschaftlergruppen an, so erhalten wir Modelle schwacher wie starker Sprachverschiedenheit, die sowohl die Notwendigkeit, wie die Möglichkeit von Sprachveränderungsstrategien zur Begründung von Theorien im Rahmen verschiedener Konzeptionen plausibel machen. Wissenschaftler und Wissenschaftlergruppen unterliegen keinen anderen Kommunikationsprinzipien wie jeder Angehörige einer Sprachgemeinschaft, und ihnen stehen dieselben Sprachveränderungsstrategien zur Verfügung wie jenen. *Zwei konkurrierende Theorien sind so wenig inkommensurabel wie zwei natürliche Sprachen.*

Ähnlich wie im Falle von (Tw/g, p) und (Iw/g, p) möchte ich nun zwei Formulierungen vorschlagen, die Prinzipien eines Modells der s-Koexistenz darstellen können. Dabei ist in diesem Falle der Vorbehalt, daß es sich hierbei nur um tentative Formulierungen handeln kann, umso stärker zu betonen, als es noch kein ausgearbeitetes linguistisches Modell der s-Koexistenz gibt:

(Ts/g, p): Für alle $p \in P(L)$ und für alle $p' \in P'(L')$: die Sprachkompetenz lk_i eines $p_i \in P(L)$ enthält einen Parameter der sprachexternen grammatischen Toleranz Tg_s und einen Parameter der sprachexternen pragmatischen Toleranz Tp_s, die ihn prinzipiell befähigen, die sprachlichen Handlungen h eines $p'_j \in P'(L')$ ($p \neq p'$, $P \neq P'$, $L \neq L'$), derart, daß $\langle p_i, L, h_i, a\rangle$, zu verstehen.

(Is/g, p): Für alle $p \in P(L)$ und für alle $p' \in P'(L')$: die Sprachkompetenz lk_i eines $p_i \in P(L)$ enthält einen Parameter der sprachexternen grammatischen Innovation Ig_s und einen Parameter der sprachexternen pragmatischen Innovation Ip_s, die ihn prinzipiell befähigen, lk_i so zu erweitern, daß er die sprachlichen Handlungen h eines $p_j' \in P'(L')$ ($p \neq p'$, $P \neq P'$, $L \neq L'$), derart daß $\langle p_j', L', h_j, a\rangle$ ebenfalls vollziehen kann: $\langle p_i, L, h_i, a\rangle$ ($h_i = h_j$).

Worin besteht die Toleranzleistung, beispielsweise, $p \in P(L)$? Offenbar darin, die natürliche Sprache L und L' als zwar verschiedene, aber insofern gleichrangige Kommunikationssysteme aufzufassen, als sie es prinzipiell gestatten, mittels unterschiedlicher sprachlicher Handlungen h_i und h_j einen beliebigen Sachverhalt a darzustellen bzw. zu konstituieren. Dies hat als Voraussetzung eine Innovationsleistung, nämlich eine Nicht-konservative Erweiterung der eigenen Sprachkompetenz durch Erlernen (von Teilen) einer fremden Sprache. Die Toleranzbreite, zu der $p \in P(L)$ hierbei prinzipiell fähig ist, ist dabei insofern abhängig von der Innovationsbreite, als die Klasse der möglichen sprachexternen Innovation durch die Extension der Klasse der natürlichen Sprachen definiert ist; da aber niemand alle natürlichen Sprachen lernen, wohl aber sprachexterne grammatische und pragmatische Toleranz auch gegenüber fremden Sprachgemeinschaften üben kann, ist die Toleranzbreite de facto offenbar eine Funktion expliziter oder impliziter Hypothesen, die sich $p \in P(L)$ über starke Sprachverschiedenheit macht; wer nicht *alle* natürlichen Sprachen als kontingente Alternativen voneinander versteht, die aufgrund ihrer diachronen Systeminstabilität im Prinzip vollständig ineinander übersetzbar sind, wird in seiner geringeren Toleranzbreite durch eine auf einen Objektbereich entsprechend geringeren Umfangs eingeschränkte Hypothese gesteuert. Hier kann deutlich werden, wie falsche sprachtheoretische Hypothesen Überlegenheitsansprüche zu sanktionieren scheinen.[45]

Eine nicht als Kuriositätenkabinett verstandene Ethnolinguistik bedarf, als ihrer linguistischen Basis, einer Theorie der Sprachverschiedenheit$_S$. Wenn (Ts/g, p) und (Ts/g, p) Rahmenbedingungen einer solchen Theorie darstellen, dann in dem Sinne, daß eine Theorie der Sprachverschiedenheit$_S$ die unterschiedliche Sprachkompetenz von Angehörigen verschiedener Sprachgemeinschaften auf die Sprachen selbst beziehen muß. Und die Begründung einer linguistischen Theorie, isoliert im Rahmen einer Konzeption, ist überall dort, wo konzeptionelle Alternativen angeboten werden, ebenfalls nicht ohne Rekurs auf die Prinzipien einer Theorie der Sprachverschiedenheit möglich.

In Kommunikationsprinzipien wie dem sprachexternen Toleranz- und Innovationsprinzip wird vorausgesetzt, daß die grammatischen und pragmatischen Systempaare $\langle G, P\rangle_L$ 1, ..., $\langle G, P\rangle_L$ n der natürlichen Sprachen, die die Ausdrucksfähigkeit der Sprecher/Hörer limitieren, auf identische Ausdrückbarkeit hin erweitert werden können. Es fehlt bislang ein Begriff, der das Maß dessen bezeichnen könnte, was in einer Sprache ausdrückbar ist.[46]

Ausdrückbarkeit ist nicht identisch mit Ausdrucksfähigkeit. Letzteres ist ein subjektiver Parameter in dem Sinne, daß er die Sprach- bzw. die *kommunikative Kompetenz* eines Sprecher/Höreres $p \in P(L)$ angibt; sie wird im Normalfall bei den verschiedenen p_i, p_j ... verschieden sein, obwohl sie der gleichen Sprachgemeinschaft P (L) angehören. Wir benötigen für eine Theorie der Sprachverschiedenheit jedoch in erster Linie objektive Parameter, die faktische Verschiedenheit von Sprachen bzw. Sprachzuständen möglichst mit quantitativen Verfahren abzubilden. Quadrupel des Typs $\langle p, l, h, a\rangle$ oder des Typs $\langle p, L, h, a\rangle$ zeigen an, daß es so etwas wie eine Ausdrückbarkeitskapazität einer Sprache l bzw. L gibt. Sie muß für natürliche Sprachen als prinzipiell veränderbar angesehen werden. Ich möchte, parallel zum subjektiven Parameter der kommunikativen Kompetenz eines Sprecher/Hörers, von einem objektiven Parameter der *kommunikativen Kapazität* einer Sprache sprechen. Die kommunikative Kapazität einer Sprache L (bzw. eines Sprachzustandes z (L) ist dann ein Maß für dasjenige, was mittels L als Handlung vollziehbar oder als Sachverhalt konstituierbar ist. Vereinfacht könnte man auch sagen: was mittels L darstellbar, in L ausdrückbar ist (bzw. z (L), mutatis mutandis). Was gemeint ist, kann am einfacheren Beispiel formaler Sprachen leicht eingesehen werden: die Sprache der Aussagenlogik (AL) erlaubt es uns, gewisse logische Sachverhalte darzustellen, jedoch keinesfalls alle und nichts darüberhinaus. Ergänzen wir sie um die sprachlichen Mittel der Prädikatenlogik (PL), so gewinnen wir einen wichtigen Darstellungsbereich logischer Sachverhalte hinzu; die Sprache AL $\cup$ PL besitzt eine erheblich

45 Man braucht hier nicht nur an die Verweisgerberung der deutschen Ethnolinguistik zu denken, sondern auch an jenen Philosophen, der die Universalität seiner Theorie des Elementarsatzes durch „einige Wilde in Afrika, die in ihrer Sprache noch immer keine Kopula besitzen", nicht gefährdet sah.

46 In einer Kritik an den Grundlagen der sog. Case Grammar habe ich ein formales System von Sprache-Welt-Modellen entwickelt, welches es gestattet, die Ausdrückbarkeitskapazität einer einfachen Modellsprache über den Umfang einer Modellwelt zu messen, die ihr M-adäquat ist (FINKE 1974: 81 ff., insbes. 117 f.).

größere kommunikative Kapazität als AL. Erweitern wir sie noch um die Sprache der Modallogik (ML) können wir diese abermals entscheidend vergrößern. Dennoch ist die kommunikative Kapazität von AL ∪ PL ∪ ML sehr klein im Vergleich zu der kommunikativen Kapazität natürlicher Sprachen, nicht unbedingt im Vergleich mit Zuständen natürlicher Sprachen. Formale Sprachen sind daher Sprachzuständen ähnlicher als natürlichen Sprachen, denn sie sind zumeist stabile und nicht dynamische Systeme.

Faktisch besitzen daher natürliche Sprachen in dem Sinne eine unterschiedliche kommunikative Kapazität, als sie sich in einem diachron kontingenten Zustand befinden; prinzipiell ist die kommunikative Kapazität aller natürlichen Sprachen identisch. Nichts anderes besagt das sog. *Ausdrückbarkeitsprinzip*, das SEARLE 1969 formuliert hat: ich kann prinzipiell jeden Gedanken, den ich in L_i ausdrücken kann, auch in L_j ausdrücken. Allerdings setzt dies linguistische Innovationsoperationen voraus, wie sie in (I) postuliert werden. Wenn die natürlichen Sprachen jedoch in historisch kontingenten Zuständen realisiert sind, deren Veränderung in Richtung auf eine Nivellierung der unterschiedlichen kommunikativen Kapazitäten zwar prinzipiell möglich, aber von vielfältigen kommunikativen, kulturellen, sozialen und politischen Faktoren abhängig ist, spiegeln sie damit *auch* Züge von Herrschaftverteilungen wider, die faktische politische Chancenungleichheit *auch* mit angeblichen Gesetzen der Sprachverschiedenheit zu bemänteln verführen.[47]

Mit Sprachen können wir Theorien fomulieren, aber wie können auch Sozialstrukturen etablieren, mit verschiedenen Sprachen unterschiedliche Sozialstrukturen. Auf diese Weise wird Verantwortung erzeugt, aber auch Macht und Ohnmacht geschaffen. Die größere faktische kommunikative Kapazität einer Sprache, die linguistisch gesehen nur die eines Sprachzustandes ist, macht sie nicht nur kommunikationstheoretisch einer anderen überlegen, sondern auch praktisch und politisch. Die soziolinguistische Defizithypothese ist falsch, weil sie von der Hypostasierung der einen idealen Grammatik einer Sprache ausgeht. Es gibt auch eine falsche ethnolinguistische Defizithypothese, welche die prinzipielle wechselseitige Überlegenheit bzw. Unterlegenheit der natürlichen Sprachen in bezug auf ihre kommunikative Kapazität hypostasiert.[48] Ich habe plausibel zu machen versucht, daß diese Irrtümer in der Nichtanerkennung einiger wahrscheinlich ziemlich fundamentaler Prinzipien der Sprachverschiedenheit begründet sind und daß aus diesen anscheinend harmlosen theoretischen Fehlern schwerwiegende praktische Kosenquenzen erwachsen können.

Für den in diesem Buch interessierenden Argumentationszusammenhang ist aber vor allem folgendes wichtig: Auch die konzeptionellen Unterschiede zwischen (linguistischen) Theorien sind von unterschiedlicher Tragweite; es gibt auch hier schwächere und stärkere Differenzen. Die Linguistik vermag durch die Ausarbeitung einer funktionalen Theorie der Sprachveränderung und Sprachverschiedenheit in dieser Sache einen substantiellen Beitrag zur Wissenschaftstheorie im allgemeinen, aber damit auch zu ihrer eigenen Metatheorie im besonderen zu leisten. Es sollte klar geworden sein, daß die Begründung

---

47 Zur Verschiedenheit sozial-kultureller Systeme und Prozessen ihrer evolutionären Veränderung vgl. PARSONS 1966, insbes. Kap. II: The Concept of Society.

48 Die ethnolinguistische Relativismusdebatte enthält eine Fülle von Belegen. Eine unter soziologisch-anthropologischem Aspekt zusammengestellte Auswahl von Materialien enthält LEPENIES 1971.

einer linguistischen Theorie im Sinne einer rationalen Entscheidung zwischen konzeptionellen Alternativen hier auf einen linguistischen Fortschritt auf objekttheoretischer Stufe angewiesen ist. Sehen wir uns darum genauer an, wie die Konzeption einer hierfür geeigneten K_L-Matrix aussieht.

c) Umriß der F-Matrix

Wir haben gesehen, daß die kommunikative Struktur der linguistischen Theoriebildung die Verschiedenheit von Theoriesprachen impliziert und diese Verschiedenheit nach Stärkegraden differenziert werden muß. Die Begründung einer linguistischen Theorie als die relativ empirisch adäquateste wäre prinzipiell unmöglich, wenn KUHNs These stimmen sollte, daß die im Rahmen verschiedener disziplinärer Matrizen entwickelten Theorien *inkommensurabel,* d.h. prinzipiell nicht vergleichbar seien. Wir haben aber gesehen, daß es Strategien der Veränderung von Sprachen, auch von Theoriesprachen, gibt, die auf fundamentale Strukturgesetze des Sprachbaues zurückgeführt werden können. In welchem konzeptionellen Rahmen ist nun die Theorie der Sprachverschiedenheit und der Sprachveränderung so entwickelbar, daß sie nicht von vornherein eine nicht ausreichende empirische Adäquatheit besitzt?

Ich zeige im folgenden, daß dies – nach unserer gegenwärtigen linguistischen und methodologischen Einsicht – nur unter den Rahmenbedingungen einer funktionalen Linguistik geschehen kann. Wir müssen uns daher mit den diversen Ebenen einer funktionalen Matrix der Linguistik beschäftigen, und hier – wie zu zeigen ist – insbesondere mit der Ebene der Modelle.

Eine funktionale Linguistik versteht Sprachen im Sinne WITTGENSTEINs als *Lebensformen* und erklärt ihre Strukturen als Resultate des Zwanges, die verschiedensten Koordinationsprobleme zu lösen, die eine Gesellschaft hinsichtlich des in ihr bestehenden Kommunikationsbedarfs lösen muß. Eine plastische und das Potential der innovatorischen wissenschaftlichen Phantasie der Linguisten anregende Modellvorstellung ist hierbei die eines *Ökosystems*, das ein Beispiel für ein System mit Selbstregulation darstellt. Wir werden daher von einem Studium der systeminternen Organisation von Ökosystemen wahrscheinlich für unser Verständnis von Sprachen als Kommunikationssystemen erheblich profitieren. Das entscheidende Bindeglied zwischen beiden Arten von Systemen stellt dabei eine Klasse von Gesetzen dar, die erst bei einer funktionalen Betrachtung sprachlicher Systeme und Strukturen überhaupt in den Blick kommen: Gesetze, die, bestimmte erhaltenswerte Eigenschaften der Systeme – etwas das biologische Gleichgewicht eines Ökosystems oder die funktionale Vollständigkeit einer natürlichen Sprache – zu *erhalten* gestatten, kurz: *Erhaltungsgesetze*.

Vier Fragen sind speziell von Interesse. *Erstens*: Wodurch ist eine funktionale K_L-Matrix insbesondere gekennzeichnet? Hier ist neben der neuen Modellvorstellung besonders eine typische Klasse von wissenschaftlichen Erklärungen zu nennen, sog. Damit-Erklärungen, die auch *„funktionale Erklärungen"* heißen sollen. Sie müssen in ihrem methodologischen Status evaluiert und mit den aus der Philosophiegeschichte bekannten teleologischen Erklärungen verglichen werden. Ich erwähne eine auf E. NAGEL zurückgehende Argumentation, nach der sie auf kausale Erklärungen zurückgeführt werden können.

Zweitens: Wie kann – jedenfalls im Umriß – ein Adäquatheitsbegriff definiert werden, der die verschiedenen natürlichen Sprachen als relativ ausdrucksadäquat zu beschreiben und funktional zu erklären gestattet, warum sie so strukturiert sind, wie sie es sind? Ich formuliere deshalb einen Begriff der *F-Adäquatheit* (und vergleiche ihn mit zwei strukturalen Adäquatheitsbegriffen), der als Vorschlag hierfür zu verstehen ist.

Drittens: Wie verhält sich die funktionale Matrix zu anderen K-Matrizen der gegenwärtigen Linguistik? In diesem Punkte kann gezeigt werden, daß sie als die relativ erklärungsstärkste Konzeption zwei andere K_L-Matrizen partiell impliziert, nämlich hinsichtlich der Leistungsfähigkeit ihrer Erklärungen. Diese Beziehung kann durch einen exakten *Reduktionsbegriff* aus der KUHN-SNEEDschen Theoriendynamik präzisiert werden.

Viertens schließlich: Welchen Veränderungen und Erweiterungen sind die Theoriesprachen der Linguistik auszusetzen, wenn eine funktionale Sprachtheorie, die einigen Anspruch auf Vollständigkeit soll erheben können, darstellbar sein soll? Ersichtliche müssen wir nämlich als Linguisten teilweise eine ***neue Wissenschaftssprache hinzulernen***, wenn wir Begriffe wie „F-Adäquatheit" oder „Erhaltungsgesetz" überhaupt sollen sprachlich ausdrücken können. Wir sollten daher den Mut haben, auch ohne daß wir bereits über explizite Definitionen und Theorien verfügen, unsere eigene Ausdrucksfähigkeit in der neuen Zunge zu üben. Zwar findet wissenschaftliche Innovation auf ***begrifflicher*** Ebene statt und ist an die ständige empirische Kontrolle gebunden; doch begriffliche Innovationen gehen mit ***sprachlichen*** stets einher.

1. Sprachen als Lebensformen (WITTGENSTEIN)

Bei seiner konsequenten Abkehr von den im „Tractatus-logico-philosophicus" vorgestellten Thesen zum Verhältnis von Sprache, Logik und Wirklichkeit, die WITTGENSTEIN über die Station der „Philosophischen Grammatik" zu den „Philosophischen Untersuchungen" führte, hat er auch seine Vorstellungen darüber revidiert, was eigentlich eine *Sprache* ist.[49] Zusammenfassend könnte man sagen, daß er ein volles Verständnis der Sprache und ihrer Rolle beim Prozess der Erfahrung zunehmend weniger durch einen genauen Einblick in die *logische Form ihres Aufbaus* meinte gewinnen zu können, sondern eher durch ein genaues Einzelstudium der vielen ***verschiedenen Realisationsformen und Verwendungsweisen***, die die de facto von den Menschen in den verschiedensten Lebenszusammenhängen gebrauchten Sprachen kennzeichnen. Vereinfacht gesagt: sein Interesse wandte sich von der Analyse der ***Strukturen*** von Sprachen mehr der Analyse ihrer ***Funktionen*** zu, die sie für die unterschiedlichsten Zwecke brauchbar oder – bei einer funk-

---

49 WITTGENSTEIN 1921; 1953; 1969.

tionalen falschen Verwendung – auch unbrauchbar machen.[50] In diesem Kontext führt er einen Begriff ein, der sich seither als sehr fruchtbar erwiesen hat: den Begriff des *Sprachspiels.*

Sehen wir uns zunächst an, wie WITTGENSTEIN diesen Begriff erläutert. Im Paragraphen (2) der „Philosophischen Untersuchungen" beschreibt er eine einfache Sprache, wie sie von zwei Menschen gebraucht werden könnte, die gemeinsam irgendeinen Bau errichten wollen. Er sagt: „Die Sprache soll der Verständigung eines Bauenden A mit einem Gehilfen B dienen. A führt einen Bau auf aus Bausteinen; es sind Würfel, Säulen, Platten und Balken vorhanden. B hat ihm die Bausteine zuzureichen, und zwar nach der Reihe, wie A sie braucht. Zu dem Zweck bedienen sie sich einer Sprache, bestehend aus den Wörtern: „Würfel", „Säule", „Platte", „Balken". A ruft sie aus; – B bringt den Stein, den er gelernt hat, auf diesen Ruf zu bringen. – Fasse dies als vollständige primitive Sprache auf."[51]

WITTGENSTEIN will mit diesem einfachen Beispiel einer Sprache zeigen, daß ein angemessenes Verständnis von Sprachen die Einsicht voraussetzt, daß sie ***von Menschen zum Zwecke von Handlungen verwendet*** werden. Ein wichtiger Aspekt ist in diesem Zusammenhang ohne Zweifel der der ***Bedeutung.*** Doch, so sagt WITTGENSTEIN in diesen ersten Paragraphen der „Philosophischen Untersuchungen" – auch selbstkritisch gegen den „Verfasser der logisch-philosophischen Abhandlung" gewandt – ein angemessenes Verständnis dessen, was eine Sprache ist, verlangt eine wesentlich komplexere Analyse des Zustandekommens und der Funktion von Bedeutungen der sprachlichen Zeichen, als Philosophen das bisher angenommen hatten. Er nennt hier AUGUSTINUS als Repräsentanten solcher zu sehr vereinfachter Vorstellungen, nach denen die Bedeutung einer Sprache dann erklärt ist, wenn jedem ihrer Zeichen ein Gegenstand zugeordnet worden ist; daß dies möglich sei, hatte AUGUSTINUS behauptet.[52]

In solch extremer Form hatte aber schon der WITTGENSTEIN das „Tractatus" die Bedeutungstheorie nicht mehr konzipiert und dort beispielsweise als seinen „Grundgedanken" bezeichnet, daß die logischen Ausdrücke der Sprache keine Gegenstände der Wirklichkeit als ihre Bedeutungen haben.[53] Dies hatten die genauen semantischen Grundüberlegungen FREGEs ein für alle Mal bewiesen. In einer abgeschwächten Form aber hatte WITTGENSTEIN im „Tractatus" die Auffassung vertreten, daß uns erstens die Bedeutungstheorie ein zureichendes Verständnis von Sprachen und ihrer Funktion im Erkenntnisprozeß ermögliche, und zweitens die Bedeutung zwar nicht der gesamten, aber doch von Teilen einer Sprache in befriedigender Weise durch den Hinweis auf die – nicht-

---

50 Eine solche Kurzformel ist in verschiedener Hinsicht vereinfacht. Ich möchte hier nur davor warnen, die Begriffe „Struktur" und „Funktion" als Gegensatzpaar zu verstehen. Auch Funktionen besitzen ihrerseits Strukturen, die allerdings auf einer anderen Analyseebene angesiedelt sind. Dies wird noch genauer erläutert.

51 WITTGENSTEIN 1953: 3.

52 AUGUSTINUS "Confessiones" I. 8; WITTGENSTEIN zitiert aus diesem Kapitel zu Beginn der „Philosophischen Untersuchungen".

53 „Mein Grundgedanke ist, daß die ‚logischen Konstanten' nicht vertreten. Daß sich die *Logik* der Tatsachen nicht vertreten läßt" (Satz Nr. 4.0312).

sprachlichen – Gegenstände erklärt sei, die sie entweder durch ***Eigennamen*** bzw. ähnliche Sprachmittel bezeichnen oder – auf der Grundlage einer anderen logischen Struktur – durch *Begriffe*.

In den „Philosophischen Untersuchungen" ist WITTGENSTEIN nun zu der Einsicht gelangt, daß eine solche Auffassung nur unter einem sehr eingeschränkten und idealisierten Analysegesichtspunkt adäquat ist; wir würden ihn heute *deskriptive Semantik* nennen. Keinesfalls aber ist dieser Analyseaspekt ausreichend für ein Verständnis von Sprachen als grammatischen Systemen, die in einer noch sehr viel komplexeren Weise organisiert sind. Und erst recht nicht ausreichend ist er für das Bemühen, die Verschiedenheit dieser Systeme in Abhängigkeit von den ebenfalls sehr unterschiedlichen Handlungen zu erklären, die Menschen erst durch sie und mit ihnen vollziehen können. Damit hat WITTGENSTEIN für die Sprachtheorie die *Pragmatik* wiederentdeckt, wie sie auch von Ch. MORRIS[54] in dessen Entwurf einer allgemeinen Zeichentheorie oder Semiotik vorgesehen und umrissen, aber dann fürs erste von den Logikern und Linguisten mehr oder weniger vergessen worden war.

Wir können, so sagt WITTGENSTEIN, nicht richtig verstehen, was wir eigentlich meinen, wenn wir etwas als eine „Sprache" bezeichnen, wenn wir lediglich ihre Struktur systematisch beschreiben; wir müssen auch den Zusammenhang der Handlungen in unsere Analyse miteinbeziehen, für die wir die Strukturen benützen, auch – wenn nötig – verändern. Ich will zitieren, wie er diesen Gedanken für die im Paragraphen (2) knapp beschriebene Sprache erläutert:

„In der Praxis des Gebrauchs der Sprache (2) ruft der eine Teil die Wörter, der andere handelt nach ihnen; im Unterricht der Sprache aber wird sich *dieser* Vorgang finden: Der Lernende *benennt* die Gegenstände. D.h. er spricht das Wort, wenn der Lehrer auf den Stein zeigt. – Ja, es wird sich hier die noch einfachere Übung finden: der Schüler spricht die Worte nach, die der Lehrer ihm vorsagt – beides sprachähnliche Vorgänge."

„Wir können uns auch denken, daß der ganze Vorgang des Gebrauchs der Worte in (2) eines jener Spiele ist, mittels derer Kinder ihre Muttersprache erlernen. Ich will diese Spiele *‚Sprachspiele'* nennen, und von einer primitiven Sprache manchmal als einem Sprachspiel reden." „Und man könnte die Vorgänge des Benennens der Steine und des Nachsprechend des vorgesagten Wortes auch Sprachspiele nennen. Denke an manchen Gebrauch, der von Worten in Reigenspielen gemacht wird."

„Ich werde auch das Ganze: der Sprache und der Tätigkeiten, mit denen sie verwoben ist, das ‚Sprachspiel' nennen."[55]

Es könnte bislang so scheinen, als ob ich mich – nach einer Reihe von sehr allgemeinen und sodann ziemlich speziellen Überlegungen zu theoretischen Detailfragen der aktuellen Linguistik – gegenwärtig auf einem Ausflug, wenn nicht in die Steinzeit, so doch in die Bronzezeit der modernen Linguistik aufhalte. Deshalb betone ich, daß ich die gegenwärtige Beschäftigung mit WITTGENSTEINs prinzipiellen Argumenten für eine Ein-

---

54 MORRIS 1955.
55 WITTGENSTEIN 1953: 5.

beziehung pragmatischer und funktionaler Gesichtspunkte in die Sprachtheorie nicht als historischen Exkurs auffasse, sondern mit der Absicht verbinde zu zeigen, daß wir von den vielzitierten und *anscheinend* bereits linguistisch voll ausgeschöpften Überlegungen WITTGENSTEINs noch einiges lernen können, was die moderne Linguistik in einigen aktuellen Problemen weiterbringen kann. Was ich meine wird hoffentlich umgehend deutlich werden.

Der Begriff des Sprachspiels ist dem Vorbild von *Spielen* nachgebildet, die – ebenso wie Sprachsysteme und Sprachfunktionen – höchst verschiedene Formen besitzen und sehr unterschiedliche Spielzwecke verfolgen können; sie bilden ‚Familien', wie WITTGENSTEIN plastisch sagt, ein Begriff, der inzwischen in der Linguistik vor allem in der Grammatiktheorie Verwendung gefunden hat. WITTGENSTEIN liefert in den „Philosophischen Untersuchungen" vielfältige Vorüberlegungen und insgesamt eine Skizze zu einer *Theorie der Sprachspiele*, die heute im Bereich der linguistischen Pragmatik und Sprachverschiedenheitstheorie als ein sehr wünschenswertes Desiderat erscheint. Die Fruchtbarkeit des Grundbegriffs seiner Theorieskizze beruht auf der Kreativität der *Modellvorstellung* des Spiels hier im Sinne von KUHNs Theorie der Disziplinären Matrizen, wie ich sie als K-Matrizen im I. Teil des Buches detailliert behandelt habe. Spiele sind die Modelle der WITTGENSTEINschen K-Matrix einer Theorie der Sprache. Ähnlich wie die naiven physikalischen Atommodelle, das tabula-rase-Modell des reinen Empirismus oder das Organismus-Modell der Sprachtheorie HUMBOLDTs haben Spielmodelle im 20. Jahrhundert die wissenschaftliche Phantasie der Linguisten angeregt, zuerst das Schachspielmodell DE SAUSSUREs[56], heute das verallgemeinerte Spielmodell WITTGENSTEINs.

Ich möchte nun aber die These vertreten, daß die Linguistik gegenwärtig erst *einen Teil* der fruchtbaren Implikate erkannt und für ihre Theorienbildung ausgenützt hat, die WITTGENSTEIN mit seinem Spielmodell der Sprache gemeint und betont hat. Es sind dies die Aspekte, die J. L. AUSTIN aufgenommen und J. R. SEARLE schließlich in seiner Theorie der Sprechakte systematisch fortentwickelt haben.[57]

Ich werde hierauf im nächsten Kapitel noch genauer eingehen; jetzt will ich mich jenen Implikaten des Spielmodells zuwenden, die von der modernen Linguistik bislang erst rudimentär in ihrer Bedeutung erkannt, jedenfalls kaum durch eine einheitliche, methodologisch in befriedigender Weise mit den bestehenden Konzeptionen und Theorien korrelierte Konzeption abgedeckt worden sind. Ich meine hiermit bestimmte *funktionale Aspekte* von Sprachen und ihrer Verwendung, die uns zu einigen grundsätzlichen und neuen Reflexionen auf eine empirisch adäquate Linguistikkonzeption und auf die Natur von Erklärungen in der Linguistik hinführen werden.

Diese Aspekte sind – so behaupte ich – u.a. deshalb bislang von der Linguistik nicht zureichend analysiert worden, weil sie einer Erläuterung zu wenig nachgegangen ist, die WITTGENSTEIN selbst zum Begriff des Sprachspiels gegeben hat. Es heißt da:

„Wieviele Arten der Sätze gibt es (...)? Etwa Behauptung, Frage und Befehl? – Es gibt *unzählige* solcher Arten: unzählige verschiedene Arten der Verwendung alles dessen, was wir ‚Zeichen', ‚Worte', ‚Sätze', nennen. Und diese Mannigfaltigkeit ist nichts

56 DE SAUSSURE 1916.
57 Cf. AUSTIN 1961, 1962; SEARLE 1968.

Festes, ein für allemal Gegebenes; sondern neue Typen der Sprache, neue Sprachspiele, wie wir sagen können, entstehen und andere veralten und werden vergessen. (Ein *ungefähres Bild* davon können uns die Wandlungen der Mathematik geben)."

„Das Wort ‚Sprach*spiel*' soll hier hervorheben, daß das *Sprechen* der Sprache ein Teil ist einer Tätigkeit, oder einer Lebensform."[58]

Später heißt es: „Es bricht kein Streit darüber aus (etwa zwischen Mathematikern) ob der Regel gemäß vorgegangen wurde, oder nicht. Er kommt z. B. nicht zu Tätlichkeiten. Das gehört zu dem Gerüst, von welchem aus unsere Sprache wirkt (z. B. eine Beschreibung gibt)". „So sagst du also, daß die Übereinstimmung der Menschen entscheide, was richtig und was falsch ist?" – Richtig und falsch ist, was Menschen *sagen*; und in der *Sprache* stimmen die Menschen überein. Dies ist keine Übereinstimmung der Meinungen, sondern der Lebensform."[59]

Im II. Teil der „Philosophischen Untersuchungen" sagt WITTGENSTEIN einmal: „Das Hinzunehmende, Gegebene – könnte man sagen – seien Lebensformen."[60]

Leider erläutert WITTGENSTEIN seinen *Begriff der Lebensform* an keiner Stelle unmittelbar, sondern nur indirekt durch die Erläuterungen seiner Sprachkonzeption. Dies mag ein Grund dafür sein, daß er bislang nicht gebührend beachtet worden ist. Ein anderer Grund dafür dürfte in dem Umstand liegen, daß wir kaum eine philosophische Veranlassung haben, uns auf das nicht mehr ausreichende Niveau der sog. Lebensphilosophie zurückzubegeben; der WITTGENSTEINsche Begriff der Sprache als Lebensform hat mit dieser philosophischen Richtung kaum etwas gemein. Mir scheint vielmehr, daß er für die Linguistik eine Perspektive eröffnet, die eine weitere Verbesserung der linguistischen Theorien ermöglicht. Was meint WITTGENSTEIN, wenn er sagt, Sprachen seien Lebensformen?

Erstens, daß die Bestimmung von Sprachen als *Zeichensysteme* völlig unzureichend ist. Sprachen sind Zeichensysteme, aber solche, die zum Zwecke und für die jeweils spezifischen Ziele der Kommunikation ausgebildet worden sind, kurz: *Kommunikationssysteme*. Zweitens, daß diese Systeme von Menschen für ihre kommunikativen Zwecke verwendet werden, also von *Lebewesen*, deren Leben bestimmten Lebensbedingungen unterliegt, darunter auch solchen, die Bedingungen für die Erreichung ihrer kommunikativen Zwecke sind. Drittens, daß ein Hauptproblem bei der Ausbildung von geeigneten Lebensbedingungen der Menschen ihr Angewiesensein auf die Abstimmung unterschiedlicher *Bedürfnisse* aufeinander und die daraus resultierende Interaktion der Individuen in einen sozialen Kontext darstellt. Dies macht eine weitgehende Koordination der Bedürfnisse im Rahmen eines für ein bestimmtes Sozialystem typischen und spezifischen Bedarfs notwendig, auch des Bedarfs an Kommunikation. Viertens, daß die Befriedigung dieses Bedarfs die Beachtung von *Regeln der Kommunikation* erfordert, die als ein komplexes Netz von Gesetzen der Kommunikation dargestellt werden können, unter wissenschaftlichem Aspekt und theoretisch als *formales System* kommunikativer Strukturen.

---

58 WITTGENSTEIN 1953: 11.
59 WITTGENSTEIN 1953: 88.
60 WITTGENSTEIN 1953: 226.

Fünftens, daß es eine sehr ***komplexe Familie*** solcher Systeme gibt, die auf die Befriedigung eines zwar teilweise, aber keinesfalls in jeglicher Hinsicht universalen und für alle Sozialsysteme gleichermaßen bestehenden Kommunikationsbedarfs hin ausgebildet worden sind, ein System der ***differenzierten Verschiedenheit*** der Kommunikationssysteme also, gleichsam angeschmiegt an die differenzierte Verschiedenheit der Systeme unterschiedlicher sozialer Zwecke und Bedarfslagen. Schließlich, daß diese Kommunikationssysteme das Leben der Menschen in starkem Maße beeinflussen und prägen, indem sie – je nach den gegebenen Bedarfslagen – spezifische Möglichkeiten der Beeinflussung, Konstitution und Erfahrung von Wirklichkeit darstellen, ein differenziertes System von ***Alternativen, die Welt zu sehen, zu strukturieren, zu verändern.***

Unsere natürlichen Sprachen sind keine Privatsprachen – um einen weiteren Begriff von WITTGENSTEIN aufzunehmen. Vielmehr handelt es sich um Systeme, die geeignet sind, den kommunikativen Interessen vieler Individuen zu dienen. Diese Individuen *müssen* Strategien zur Befriedigung ihrer privaten Interessen entwickeln, doch dies ist in weiten Bereichen nicht möglich ohne die Abstimmung dieser Strategien untereinander. Es entsteht auf diese Weise etwas, was man ein *allgemeines Interesse* nennen könnte, und damit die Notwendigkeit, auch Methoden und Strategien zu entwickeln, die überhaupt dafür geeignet sind, daß das allgemeine Interesse wahrgenommen werden kann. Der Bedarf einer Kommunikationsgemeinschaft, eine Sprache auszubilden, die eine optimale Wahrnehmung ihrer privaten und öffentlichen kommunikativen Interessen gewährleistet, ist die Ursache für die Entstehung der natürlichen Sprachen, für ihren Wandel und ihre Verschiedenheit.

Die natürlichen Sprachen sind Lebensformen in dem Sinne, daß sie als Struktursysteme aufgefaßt und dargestellt werden können, die insgesamt auf ihnen *korrespondierende Bedarfssysteme* abgebildet werden können; Systeme eines Lebensbedarfs, der durch soziale, kulturelle und ethnische Differenzierungen gekennzeichnet ist. Es sind alternative Systeme in dem Sinne, daß keines unter ihnen durch eine besondere Leistungsfähigkeit im Hinblick auf seine spezifische kommunikative Funktion ausgezeichnet ist; WITTGENSTEIN weist verschiedentlich auf die Anpassungsfähigkeit und Veränderbarkeit hin. Natürliche Sprachen sind Lebensformen auch in dem Sinne, daß sie unsere Art und Weise, die Wirklichkeit in Tatsachen zu gliedern, ganz entscheidend beeinflussen. Die naive Vorstellung, daß Tatsachen etwas Sprachunabhängiges seien wie Dinge oder Ereignisse, ist – wie in einer Reihe von Untersuchungen vor allem von AUSTIN, STRAWSON und QUINE gezeigt worden ist – falsch. Ohne Sprachen gibt es keine Tatsachen, denn eine Tatsache ist immer *die Tatsache, daß* ....

PATZIG hat in einer Analyse des Verhältnisses von Satz und Tatsache[61] eine Tatsache als das definiert, was dasselbe ist, wenn zwei Sätze p und q wahr und einander logisch äquivalent sind. Hiermit ist nichts anderes gemeint, als daß die Wahrheitsbedingungen, also dasjenige, was vorausgesetzt werden muß, damit p oder q überhaupt eine Wahrheitschance haben kann, erfüllt sind. PATZIG identifiziert deshalb Tatsachen mit erfüllten Wahrheitsbedingungen. Um diesen Begriff der (erfüllten) *Wahrheitsbedingungen*

---

61 PATZIG 1970: 39–76.

zu erläutern, vergleicht er ihn mit dem Begriff der (erfüllten) *Lebensbedingungen* eines Organismus:

„Jeder Organismus schneidet aus der gesamten Wirklichkeit einen Teilbereich heraus, den wir als seine Lebenbedingungen definieren können. Auf das Vorliegen dieser Verhältnisse ist der Organismus zu einer Existenz schlechterdings angewiesen (deshalb heißen sie ja seine Lebensbedingungen) (...). In gewissen Grenzen der Analogie steht es so nun auch mit den erfüllten Wahrheitsbedingungen oder Tatsachen. Man möchte geradezu empfehlen, den Ausdruck ‚Wahrheitsbedingungen' möglichst so zu hören wie den Ausdruck ‚Lebensbedingungen'. So wie ein Organismus leben kann nur in einem Bereich, in dem seine Lebensbedingungen erfüllt sind, und sofort abstirbt, wenn diese Lebensbedingungen sich wesentlich ändern, so kann ein Satz nur wahr sein, solange die Wahrheitsbedingungen für ihn erfüllt sind. Der Inbegriff dieser Wahrheitsbedingungen ist dann die Tatsache, die er beschreibt oder ausdrückt".[62]

Diese Analogie trägt – nach ihrer Verallgemeinerung auf die Beziehung von Sprachsystemen und ihnen korrespondierenden Bedarfslagen – noch wesentlich *weiter* als nur zum Zwecke einer Erläuterung des Begriffs der Wahrheitsbedingungen. Ich entwickele im abschließenden Kapitel „ ‚Talking in the new paradigm' " die Analogie von Sprachsystemen und Ökosystemen zu einem Modell im Sinne einer K-Matrix für eine funktionale Linguistik.

Im gegenwärtigen Zusammenhang aber möchte ich darauf aufmerksam machen, daß der PATZIGsche Vergleich von Tatsachen mit erfüllten Lebensbedingungen für Organismen auch deshalb eine geeignete Analogie darstellt, weil Tatsachen immer sprachabhängig ausgedrückt und insofern strukturabhängig von den spezifischen Kommunikationssystemen sind, derer wir uns bei der Aufschlüsselung der Wirklichkeit bedienen. Bereits diejenigen sprachlichen Handlungen also, die wir zur deskriptiven Strukturierung der Welt ausgebildet haben und verwenden, sind ein Teil unserer Lebensbedingungen; hier entsprechen verschiedene Systeme von Lebensbedingungen den verschiedenen Sprachen. Sprachen als Lebensformen sind Struktursysteme, die wir auf die Befriedigung unserer Kommunikationsbedürfnisse hin, so wie sie sind, entwickelt haben, gleichsam formale Netze unserer Existenz.

2. Die K-Matrizen der Linguistik

Ich behaupte, daß eine Linguistikkonzeption, die es gestattet, Theorien zu entwickeln, die empirisch adäquat und in ihrer erklärenden Kraft konkurrierenden Theorien überlegen sind, Sprachen als Lebensformen beschreiben und erklären muß. Ich will deshalb die Geschichte der neuesten Linguistik in knapper Weise daraufhin untersuchen, ob sie eine solche Konzeption hervorgebracht hat und welche Randbedingungen zusätzlich erfüllt sein müssen, damit eine begründbare Entscheidung für sie getroffen werden kann.

Disziplinäre Matrizen im Sinne KUHNs habe ich als Systeme beschrieben, die spezifische Voraussetzungen für Wissenschaftsprozesse festlegen, und ich habe vorge-

62 PATZIG 1970: 72f.

schlagen, eine disziplinäre Matrix, welche die Rahmenbedingungen für wissenschaftliche Theorien fixiert, als KUHN-Matrix oder kurz K-Matrix zu bezeichnen. Nun ist jede Wissenschaft, dann, wenn sie sich gegenüber ihren Grundlagen noch in der Entwicklung befindet, nicht durch eine einzige K-Matrix, sondern durch mehrere, teilweise miteinander konkurrierende K-Matrizen gekennzeichnet. Aber auch die einzelnen K-Matrizen selbst sind keine stabilen, unveränderlichen Größen, sondern im Forschungsprozeß veränderliche und veränderte Systeme. Der Forschungsprozeß selber ist in aller Regel durch eine *Abfolge* oder *Konkurrenz* von K-Matrizen gekennzeichnet, die einander ablösen, weil eine neue Matrixalternative besser begründbar erscheint als die bisherige.

KUHN hat nun die Aufmerksamkeit der Wissenschaftsphilosophen und -soziologen darauf gelenkt, daß es neben normalen Veränderungen in den Rahmenbedingungen der Forschung auch einen solchen Typus gibt, der sich durch ungewöhnlich umfassende oder gravierende Veränderungen auszeichnet; er hat hier von *‚Paradigmawechsel'* gesprochen, und wir dürfen dies wohl auf den Begriff der disziplinären Matrix übertragen und von *‚Matrixwechseln'* sprechen. Nicht alle Matrixveränderungen sind Matrixwechsel, doch hat KUHN leider für diesen Begriff die genauen Bedingungen bisher nicht angegeben, die erfüllt sein müssen, damit von einem Matrixwechsel gesprochen werden kann. Die wissenschaftliche Kritik scheint darauf hinzudeuten, daß eine scharfe Unterscheidung von normaler und außerordentlicher Forschung, wie KUHN sie ursprünglich zur Einführung des Begriffs der wissenschaftlichen *Revolution* getroffen hatte, kaum aufrechtzuerhalten ist und statt dessen eine *evolutionäre* Konzeption der Wissenschaftsentwicklung, die durch Vorgänge gesteuert wird, welche den Faktoren Mutation und Selektion in der biologischen Evolution ähneln, angemessener sein dürfte.[63]

Die neueste Linguistik wird oft so beschrieben, daß sie mit der ‚CHOMSKYschen Revolution' beginnt. Dies ist aber nur bei oberflächlichem Hinsehen eine zutreffende Darstellung. Eine oberflächliche Analyse vergleicht nämlich die Entscheidungen, die CHOMSKY auf den verschiedenen Ebenen seiner K_L-Matrix trifft mit denjenigen, die in Linguistikkonzeptionen getroffen worden sind, welche bereits 1957 als längst überholt gelten mußten. Wer CHOMSKYs generative Linguistik mit WEISGERBERs inhaltsbezogener Sprachwissenschaft[64] vergleicht oder mit anderen vorstrukturalistischen Konzeptionen, kommt natürlich zu dem Ergebnis, daß hier ein *vollständiger* Matrixwechsel vorliegt, mit neuen Entscheidungen auf allen Ebenen der disziplinären Matrix. Wer aber die historische Entwicklung sorgfältiger nachzeichnet, bemerkt schnell, daß die K_L-Matrix des vorgenerativen Strukturalismus bereits auf den Ebenen der methodologischen *Werte* und der *Standardbeispiele* die gleichen Festlegungen getroffen hatte.

Auf der Ebene der *Werte* sind Linguisten wie WELLS und HARRIS demselben Wissenschaftsideal verpflichtet wie CHOMSKY, nämlich der Auffassung von Wissenschaft, wie sie — mit zwar unterschiedlichen Details, jedoch in der Gesamtintention einheitlich —

63 Die biologische Evolutionsvorstellung spielt hier für die Theorie der Wissenschaftsentwicklung die Rolle eines Modells im Sinne der K-Matrix: Mutation und Selektion — im biologischen Verstande — sind Faktoren einer Modellvorstellung, die hinter einer evolutionären Wissenschaftstheorie steht. — Cf. TOULMIN 1974.

64 WEISGERBERs Sprachwissenschaft in von H.-H. Baumann 1970 zu Recht als ‚Sprachwesenschaft' glossiert worden.

der im Rahmen der Analytischen Philosophie entwickelten Wissenschaftstheorie zugrundeliegt; ein Wissenschaftsideal, das am Erfolg der physikalischen Theorien orientiert ist und Werte wie Empirizität, erklärende Kraft, Beschreibungsadäquatheit, Prognosefähigkeit, Widerspruchsfreiheit, Vollständigkeit, Klarheit, etc. als wissenschaftlich verbindlich akzeptiert.[65]

Auf der Ebene der *Beispiele* sind es syntaktisch-semantische Desambiguierungen, die die Leistungen der grammatischen Theorien von HARRIS wie CHOMSKY unter Beweis stellen sollen, z. B. als geeignete Methoden zur Desambiguierung von Sätzen wie „Time flies like an arrow" oder „Reinhard kauft das Auto von Franz". – Schon dies zeigt, daß die CHOMSKYsche Revolution mehr eine Evolution war, keine vollständiger Matrixwechsel, sondern nur eine – allerdings gravierende – Matrixveränderung.

Modifikationen fanden in erster Linie auf der Ebene der *symbolischen Verallgemeinerungen* und der *Modelle* statt. Im Bereich der *symbolischen Verallgemeinerungen* werden in der generativen Linguistik zwar die Analyse- und Theoriesprachen des HARRISschen Strukturalismus weitgehend übernommen, doch es kommen wesentliche neue Strukturbeschreibungen, die vorher nicht üblich waren, hinzu. Vor allem sind neue Formen der Strukturveränderung zugelassen, so beispielsweise in dem 1965 veröffentlichten Syntaxmodell. CHOMSKY, der selbst wesentliche Beiträge zur Theorie der rekursiven Funktionen geliefert hat, entwickelt auf dieser Grundlage ein neues Syntax- und Grammatikmodell, das sich bereits in der Darstellungsweise grammatischer Prozesse von Modellen des früheren Strukturalismus unterscheidet.

Die gravierendste Veränderung an der strukturalistischen K_L-Matrix findet jedoch auf der Ebene der *Modellvorstellungen* statt. Man kann die Theorie der generativen Grammatik treffend durch das wichtigste dieser Modelle charakterisieren, das Modell des kompetenten Sprecher-Hörers einer Sprache. Dieses Modell nämlich bildet ein *Automat*, genauer: eine abstrakte Maschine, von denen CHOMSKY in den „Syntactic Structures" mehrere auf ihre Adäquatheit für die Erzeugung von syntaktischen Prozessen hin untersucht hat, z.B. Turingmaschinen. Ein Sprecher-Hörer wird in diesem Sinne als ein Erzeugungssystem für wohlgebildete Zeichenketten verstanden, dessen generative Kapazität durch geeignete rekursive Systeme, die abstrakte Automaten darstellen, simuliert werden kann. Eine Sprache wird dabei definiert durch die Menge der Sätze, die ein solches System aus einer vorgegebenen endlichen Menge sprachlicher Elementarzeichen erzeugen kann. Nun sind natürliche Sprachen potentiell unendliche Systeme, insofern als die für sie empirisch adäquaten Erzeugungssysteme in jedem einzelnen Falle potentiell unendlich viele Sätze erzeugen können. Man kann daher die Linguistikkonzeption der generativen Gramatik durch die *Erklärung* charakterisieren, die sie auf die Frage: Warum sind natürlich Sprachen potentiell unendlich? gibt:

---

65 Es geht mit hier nicht um eine möglichst vollständige Liste der einschlägigen methodologsichen Werte und Normen, die sicherlich in einzelnen Positionen Differenzierungen erforderte – man denke nur an die erheblichen Unterschiede in den Wissenschaftskonzeptionen etwa CARNAPs und POPPERs – und schwer zu liefern wäre, sondern um eine Betonung der generellen Ausrichtung der Wissenschaftskonzeption im Gegensatz zu dialektischen oder hermeneutischen Konzeptionen.

(G) Natürliche Sprachen sind potentiell unendlich, weil es möglich ist, jeden Satz aus L mit einem anderen Satz aus L zu verknüpfen (bzw. in jeden Satz einen anderen Satz einzubetten), so daß kein Satz entstehen kann, der als der längste Satz der Sprache L angesehen werden kann.

Die CHOMSKYsche K_L-Matrix, die ich durch diese Spracherklärung (G), die sie ermöglicht, sowohl ihrem Inhalt, als auch ihrer Form[66] nach kennzeichne, will ich hinfort als *G-Matrix* bezeichnen. Damit ist gemeint, daß sie die Rahmenbedingungen für *grammatische* Erklärungen festsetzt, wobei die genaue Ordnung der grammatikinternen Komponenten Phonologie, Syntax und Semantik hier nicht erörtere. Wesentlich ist hier nur die Tatsache, daß in dieser Linguistikkonzeption eine Sprache grammatisch erklärt wird und damit weit entfernt ist von ihrer Erklärung als Kommunikationssystem oder gar als Lebensform. Bei grammatischen Erklärungen geht es ausschließlich um die *Struktur* des Sprachsystems, weshalb ich auch von ***strukturalen Erklärungen*** sprechen will. Die Form der grammatischen Erklärungen ist die einer Strukturerklärung.

Die weitere Entwicklung der Linguistik hat diesen Typus der Erklärung, den ich auch kurz als *S-Erklärung* bezeichnen will, keinesfalls grundsätzlich infrage gestellt, sondern – wie man wohl sagen darf – gezeigt, daß er für den Bereich der Grammatik Erklärungen von einer besonders hohen explanativen Adäquatheit zu liefern vermag. Die S-Erklärungen, die im Rahmen der G-Matrix geliefert werden, bezeichne ich hinfort als S_G*-Erklärungen.*

Neben der G-Matrix-internen wissenschaftlichen Kritik, bei der vor allem Performanzaspekte, das genaue Verhältnis von Syntax und Semantik, sowie das erfolgreiche Bemühen im Vorgrund standen, den hohen Idealisierungsgrad im Begriff einer vollständigen homogenen Sprachgemeinschaft abzuschwächen, wurde parallel dazu eine andere disziplinäre Matrix für linguistische Forschung entwickelt, die insbesondere mit dem Namen J. SEARLE verbunden ist. Es ist aber wichtig zu sehen, daß diese Entwicklung auch aus einer Kritik an Teilen der G-Matrix genährt wurde, insbesondere auf der Ebene der Modelle.[67]

Die neue linguistische K-Matrix ist dadurch gekennzeichnet, daß sie Sprachen nicht nur als grammatisch organisierte *Zeichensysteme,* sondern als *Kommunikationssysteme* versteht.

Ersichtlich ist die Antwort, die im Rahmen der G-Matrix auf die Frage: Was bedeutet es eigentlich, ein kompetenter Sprecher/Hörer einer natürlichen Sprache L zu sein? gegeben wird, empirisch inadäquat, nämlich: Dies bedeutet, beliebig viele und immer neue Sätze in L erzeugen zu können. Eine solche Antwort läßt völlig außer acht, was im Rahmen vor allem der sog. odinary-language-philosophy an wichtigen neuen Einsichten in das Funktionieren natürlicher Sprachen gewonnen wurde. Vor allem WITTGENSTEIN,

---

66 Dies wird umgehend deutlich werden, wenn der Begriff der Strukturerklärung eingeführt wird.

67 Man kann wohl ganz generell feststellen, daß die Ebene der Modelle in den K-Matrizen der Wissenschaften fast überall die instabilste und variabelste darstellt. Eine Erklärung hierfür kenne ich nicht, doch dürfte es mit der kreativen Produktivität von Bildnern, Metaphern und Analogiebildungen zusammenhängen, die viele Modellvorstellungen kennzeichnet.

AUSTIN und STRAWSON[68] hatten der Sprachphilosophie einen neuen, adäquaten Zugang zu einem Verständnis der natürlichen Sprachen eröffnet, indem sie die *verschiedenen Verwendungsmöglichkeiten* von Sprache genauer erforscht hatten. Die im Rahmen der G-Matrix arbeitende Linguistik hatte alle diese Aspekte in den großen Papierkorb *Performanz* abgeschoben und für sich selbst als Forschungsgegenstand der Zukunft aufgespart. Dabei wurde aber übersehen, daß es nicht nur sinnvoll, sondern unerläßlich ist, bereits in eine Theorie der sprachlichen Kompetenz wesentlich mehr Aspekte aufzunehmen als nur solche der Syntax und Semantik. Die grammatische Kompetenz eines Sprecher/Hörers p aus der Sprachgemeinschaft P(L) erklärt noch nicht – jedenfalls keineswegs in ausreichendem Maße – warum p (in der Regel) in der Lage ist, *sprachlich zu handeln*, also in vielen, sehr unterschiedlichen Kommunikationssituationen, die in seiner Sprachgemeinschaft P auftreten können, in situationsadäquater Weise vermittels seiner Sprache L zu agieren und zu reagieren. Beispielsweise kann im Rahmen der G-Matrix nur erklärt werden, warum Sherlock Holmes, wenn er gerade eine chiffrierte Botschaft mit der Post erhalten hat, „Singularly interesting!" sagt und nicht „Interesting singularly!" oder „Interestingly singular!". Aber wir interessieren uns auch für Antworten auf Fragen wie diese: Warum sagt Holmes „Singularly interesting!" und nicht „Oh, what a wonderful morning!"? Warum reagiert Dr. Watson mit „What is it, Holmes?" und nicht mit „Be quiet!"? Warum sagt Sherlock Holmes überhaupt etwas?, usw. – Sprachliche Kompetenz ist mehr als grammatische Kompetenz, nämlich eine spezifische Handlungskompetenz, oder – um den von HABERMAS vorgeschlagenen Begriff aufzunehmen: *kommunikative Kompetenz*.[69] Eine Sprache L sprechen können bedeutet: fähig zu sein, in Kommunikation mit den anderen Angehörigen der Sprachgemeinschaft P (L) treten zu können, kurz: *kommunikativ handeln zu können.*

Hier zeigte sich, daß eine Modellierung des kompetenten Sprecher/Hörers als grammatisches Automatensystem die Erklärungsbedürfnisse der Linguisten nicht mehr befriedigte. Deshalb wurde der von SEARLE entwickelten Sprechakttheorie implizit eine neue Linguistikmatrix unterlegt, die sich von der G-Matrix vor allem dadurch unterschied, daß das Sprechermodell der starken Idealisierungen und Aspektbeschränkungen entkleidet wurde, die es in der G-Matrix kennzeichnen. Ich will diese neue K-Matrix der Linguistik *P-Matrix* nennen, um anzudeuten, daß es in ihr vorwiegend um Fragen der Pragmatik, also des sprachlichen Handelns, geht. Das Sprechermodell der P-Matrix ist das eines *Spielers*, der – indem er gewisse Regeln befolgt, nicht befolgt oder abändert – Situationen schafft, sich ihnen gemäß oder nicht gemäß verhält, sie in andere verwandelt, Gewinnstrategien verfolgen, gewinnen, aber auch verlieren kann. Hier wird WITTGENSTEINs Idee der Sprachspiele – erstmals und teilweise – von der Linguistik aufgenommen und als Phantasiepotential zur Entwicklung neuer Erklärungsbedürfnisse und Lösungsstrategien benutzt. Entsprechend wir auch die Modellvorstellung von *Sprache als Gesamtsystem* verändert.[70] Sprachen können nun in einer weitgehenden Analogie

68 Zusätzlich zu den bereits genannten Arbeiten von WITTGENSTEIN und AUSTIN nenne ich besonders STRAWSON 1950; 1959; 1964.

69 HABERMAS 1969.

70 Hier ist zweierlei anzumerken. Erstens ist daran zu erinnern, daß eine K-Matrix keinesfalls nur durch ein einziges Modell charakterisiert zu sein braucht; in der Regel werden es mehrere Modelle sein, die an verschiedenen Teilstücken einer Theorieskizze, zumeist den entscheidenden Grundbe-

wie Spiele gesehen werden: als Regelsysteme, die Handlungen von Menschen ermöglichen, Kommunikationshandlungen nämlich, und damit soziale Interaktion. Spiele sind nach *Regeln* zu spielen, die festlegen, welche Spielzüge erlaubt oder zulässig, und welche demgegenüber verboten oder unzulässig sind.[71] Ganz entsprechend können wir im Rahmen der P-Matrix die natürlichen Sprachen nicht nur als Regelsysteme verstehen, die *Sätze* zu erzeugen gestatten, sondern auch als solche, die *sprachliche Handlungen* zu erzeugen gestatten.[72]

Wir können auch diese Linguistikkonzeption – denn mit der Einführung von pragmatischen Überlegungen und Erklärungsbedürfnissen in die Linguistik wurde nicht nur die Sprechakttheorie und Pragmatik als Theorie konzipiert, sondern eine Modifikation des linguistischen Gesamtansatzes zu Recht verbunden – durch die *Erklärung* charakterisieren, die sie als Antwort auf die Frage: Warum sind Sprachen potentiell unendlich? gibt:

(P) Natürliche Sprachen sind potentiell unendlich, weil es möglich ist, jede sprachliche Handlung mit einer anderen sprachlichen Handlung zu verknüpfen (bzw. in jedes Sprachspiel (komplexes System sprachlicher Handlungen) ein anderes Sprachspiel so einzubetten), daß kein Sprachspiel entstehen kann, das als das komplexeste der Sprache angesehen werden kann.

Die SEARLEsche K_L-Matrix, die P-Matrix, die diese Spracherklärungen ermöglicht, setzt damit Rahmenbedingungen für *pragmatische* Erklärungen natürlicher Sprachen.[73] Aus der weitgehenden Parallelisierung des Erklärungstypus können wir zugleich ersehen, daß es sich hier wiederum um eine S-Erklärung handelt; ich bezeichne die S-Erklärungen, die im Rahmen der P-Matrix möglich werden, als *Sp-Erklärungen*.

Eine genauere linguistische Reflexion auf solche Erklärungen im Vergleich mit unseren Erklärungsansprüchen zeigt nun aber, daß auch dieser Rahmen nicht voll befriedigend

---

griffen, Potentiale der wissenschaftlichen Phantasie bereitstellen. Mir scheint allerdings jetzt – vor allem aufgrund der überragenden Bedeutung der WITTGENSTEINschen Spätphilosophie für die Entwicklung der Sprachphilosophie und linguistischen Pragmatik – das Sprechermodell des *Spielers* plastischer und vollständiger zu sein, als das in FINKE/KANNGIESSER (im Druck) genannte, etwas farblose Modell eines *homo actionis*. – Zweitens: Der – vor allem zur Frühzeit der Pragmatikrezeption in Deutschland - bisweilen geäußerten Auffassung, es ginge nun nicht mehr darum, die Sprache als ein *System* zu betrachten, sondern als Instrumentarium für Handlungen, vermag ich keinen Sinn abzugewinnen. Das einzige, was man sagen kann, ist, daß es in der Pragmatik nicht mehr (nur!) um diejenigen Aspekte des Sprachsystems geht, die wir aufgrund der G-Matrix allein in den Blick bekommen, sondern (darüberhinaus noch) um andere, zudem sehr wichtige.

71 Ein gutes Beispiel ist an dieser Stelle des Fußballspiel, weil es zu den Spielen gehört, für die explizite *Sanktionen* für *Regelverstöße* gelten. Auch im System der Interaktion und dem ihm strukturinhärenten System der *sprachlichen* Interaktion gelten Sanktionen für ‚Fouls', beispielsweise ist Kritik erlaubt, wenn jemand etwas verspricht, aber nicht hält, oder sich nicht zu dem kohärent verhält, was er bereits sprachlich in die Welt gesetzt hat. Ein hier erlaubtes kohärentes Verhalten wäre z. B. auch eine explizite Distanzierung von früher Gesagtem, zumindest ein irgendwie geartetes Eingehen darauf.

72 Das „nicht nur" darf wörtlich genommen werden. Cf. dazu das folgende Kapitel.

73 Es sei ausdrücklich betont, daß es sich hierbei um einen sprachtheoretischen Pragmatikbegriff und nicht um einen aus der Entscheidungstheorie handelt. Die ist einer der Kritikpunkte beim Übergang zur F-Matrix.

ist. Wir können zum Beispiel in ihm nicht oder nicht befriedigend erklären, warum sich Sprachen verändern, ja warum es überhaupt voneinander in differenzierter Weise unterschiedene Sprachen gibt. Auch das Sprechermodell des Spielers enthält noch Idealisierungen, die es, jedenfalls partiell, empirisch inadäquat machen. Es gibt zum Beispiel nur wenige Spiele, bei denen die Spieler im Verlauf des Spiels die Regeln verändern können, nach denen sie spielen wollen,[74] und es gibt in den natürlichen Sprachen die sehr charakteristische Möglichkeit, nicht nur *in* ihnen, sondern auch *über sie* sprachlich zu handeln. Das Spielmodell erfaßt zwar einen Teil der Eigenschaften natürlicher Sprachen, aber als Lebensformen vermag es sie nicht zu erklären.

Nun gibt es aber in der Linguistik auch Spracherklärungen anderer Art, sog. *funktionale* Spracherklärungen, die hier eine ganz neue Perspektive eröffnen. Wir wollen uns mit den Bedingungen, die Inadäquatheiten der P-Matrix durch die Einführung einer neuen linguistischen K-Matrix, der *F-Matrix*, zu überwinden, im nächsten Kapitel deshalb genauer beschäftigen.[75]

3. Strukturalismus vs. Funktionalismus?

Das Verhältnis strukturaler linguistischer Theorien zu funktionalen linguistischen Theorien ist bisweilen als das eines vollständigen Gegensatzes gesehen worden, bisweilen als das eines partiellen Gegensatzes, oder auch als ein Ergänzungsverhältnis. Ich will zunächst noch ein wenig ausführlicher als im vorigen Kapitel meine These begründen, daß nur von einem *Ergänzungsverhältnis* gesprochen werden kann.

Was heißt das eigentlich: ‚vollständiger Gegensatz', ‚partieller Gegensatz', ‚Ergänzungsverhältnis'? Diese Begriffe sind so vage, daß auf ihnen - wenn sie nicht präzisiert werden — keine überzeugende Theoriendynamik der neuesten Linguistik begründet werden kann. Der Begriff des Gegensatzes ist logisch unbefriedigend, der der Ergänzung nicht minder.

Wir müssen als erstes sehen, daß die in den respektiven K_L-Matrizen formulierten wissenschaftlichen Probleme *verschieden* voneinander sind. Wohl deshalb, weil in der aktuellen Kommunikation der Linguisten oft auf die vagen Begriffe des Gegensatzes und der Ergänzung abgestellt worden ist in der Annahme, sie würden klar genug sein, um eine klare Vorstellung vom Verhältnis verschiedener Theorien und Konzeptionen untereinander zu gewährleisten, konnten einige die These plausibel finden, daß beispielsweise Grammatik und Pragmatik Konkurrenztheorien seien, die miteinander um den Preis für die empirisch adäquateste linguistische Theorie streiten würden. Die Frage nach *Sprechakten* und ihren formalen Eigenschaften ist jedoch keine emprisch adäquatere Frage als die nach *Sätzen* und deren formalen Eigenschaften. Das Problem, unter welchen Bedingungen der Sprechakt „Vor Bielefeld kann ich dich nur warnen!" gelingt und unter welchen nicht, ist kein empirisch adäquateres linguistisches Problem als das, unter welchen

74 Hierauf hat WITTGENSTEIN deutlich hingewiesen. Seine Auffassung von Sprachen als Lebensformen enthält bewußt diese Möglichkeit.

75 Cf. auch KANNGIESSER 1976, 1976a, FINKE/KANNGIESSER (im Druck).

Bedingungen der Satz „Bielefeld liegt am Teutoburger Wald" wahr ist.[76] Die Erklärung schließlich, daß es z. B. eine Frau namens Renate gibt, die in Amsterdam wohnt und offenbar in der ganzen Stadt keine Torte bekommen kann, ist für ein *pragmatisches Verständnis* meiner Mitteilung „Immer, wenn Renate mal nach Bielefeld kommt, deckt sie sich im Café Block mit Torte ein" genauso empirisch adäquat, wie die Erklärung, daß in dem Satz „Wilhelm hat Siegfried gesagt, er habe es nicht im Kopf, sondern in der Hand" die Referenz des Personalpronomens nicht durch grammatische Referenzindices eindeutig bestimmt ist, für ein *grammatisches Verständnis* der semantischen Ambiguität dieses Satzes empirisch adäquat ist.

Eine andere Situation haben wir aber vor uns, wenn wir nicht nach Grammatik und Pragmatik als *Theorien,* sondern nach den K_L*-Matrizen* fragen, in deren Rahmen sie entwickelt worden sind. Die Frage nach der empirischen Adäquatheit der Matrizen bezieht sich auf den gesamten Erklärungsanspruch einer Konzeption, und hier muß unsere Antwort allerdings anders ausfallen. Dieser Unterschied zwischen Theorien und den Matrizen der Theorien ist in der linguistischen Diskussion nicht gebührend beachtet worden.

Schauen wir uns zunächst an, in welcher Hinsicht eine *funktionale* Matrix linguistischer Theorien, also eine F-Matrix, sich von den bereits behandelten linguistischen K-Matrizen unterscheidet.

Ich hatte einige Beispiele für den Erklärungsbedarf, der von den strukturalen Matrizen nicht befriedigend erfüllt werden kann, bereits genannt. Es ist vor allem die Theorie der Sprachverschiedenheit und die Sprachveränderung, die uns veranlassen, uns nach einem in einigen grundsätzlichen Hinsichten modifizierten Erklärungsrahmen umzusehen.

Erklärungen werden umgangssprachlich in verschiedener Weise formuliert. Die am meisten verwendete Konjunktion ist dabei die Konjunktion „weil". Wenn zum Beispiel jemand die aufsehenerregende Behauptung aufstellt, daß die Kopie das Original der Wirklichkeit sei – beispielsweise, um Reaktionen auf eine solche ungewöhnliche Behauptung zu sammeln – wird er wahrscheinlich unter diesen Reaktionen solche des Erstaunens, des Kopfschüttelns, aber auch solche finden, die hier gern eine nähere Erklärung haben möchten. Warum sagst du das denn? wird vielleicht gefragt werden, und diese Frage gestattet uns vorzüglich zu demonstrieren, daß Warum-Fragen ganz allgemein gesehen *mehrdeutig* sind. Wir können dies sehen, wenn wir die Antworten betrachten, die auf unsere Beispielfrage möglich sind. Ich greife zwei heraus, die den zwei Typen von Antworten entsprechen, die auf Warum-Fragen gegeben werden können:

1. Deshalb, *weil* ich davon überzeugt bin; und
2. Deshalb, *damit* du etwas zum Nachdenken hast.

Im zweiten Falle könnten wir die Frage auch mit dem Fragewort „Wozu" einleiten, dann wäre es eindeutig, daß nur der damit – Antworttyp erwünscht ist. Doch das ist nicht notwendig; wir können auch viele Warum-Fragen so verstehen, daß wir auf sie in angemessener Weise mit einer damit-Antwort antworten können. – Ich will nun zeigen, daß auch in der Linguistik solche damit-Antworten auf linguistische Erklärungsbedürfnisse ge-

76 Dies ist übrigens ein gutes Beispiel für das weiter unten präzisierte Reduktionsverhältnis der K_L-Matrizen: Wahrheitsbedingungen könne auf Gelingensbedingungen in dem Sinne reduziert werden, als sie eine echte Teilmenge der Gelingensbedingungen darstellen. – Cf. das folgende.

geben werden können und mit ihnen empirisch adäquatere Lösungsstrategien formulierbar sind, als bei alleiniger Verwendung von weil – Antworten. Allerdings muß diese Dichotomie auch selbst noch problematisiert werden, denn bis jetzt habe ich eine zu stark vereinfachte Darstellung gewählt.[77]

Auch tritt hier ein philosophisches Problem mit großer und teilweise in metaphysische Spekulationen hineinreichender Tradition auf den Plan. Es ist nämlich zu fragen, in welchem Verhältnis damit – Antworten zu den sog. *Teleologieproblemen*, vor allem den teleologischen Erklärungen, stehen.[78]

Zunächst will ich als Sprachregelung einführen, daß Antworten des Weil – Typus, die im Rahmen systematischer wissenschaftlicher Lösungsstrategien auf Warum-Fragen gegeben werden als *Strukturale Erklärungen erster Ordnung* (S-Erklärungen) bezeichnet werden, während Antworten des damit – Typus *Strukturale Erklärungen zweiter Ordnung* heißen sollen. Mit diesen will ich das *identifizieren*, was man auch *Funktionale Erklärungen* nennen kann (F-Erklärungen). Damit ist bereits eine Hypothese über das Verhältnis von Strukturalismus und Funktionalismus impliziert, nämlich, daß beide wissenschaftliche Einstellungen nicht grundverschieden und inkommensurabel sind, sondern in *systematischer* Weise aufeinander bezogen. Die These ist nun:

Wir kommen in der Linguistik weiter und können eine befriedigende Lösungsstrategie für die Probleme der Sprachverschiedenheit und der Sprachveränderung entwickeln, wenn wir unsere P-Matrix so modifizieren, daß sie strukturale Erklärungen zweiter Ordnung zuläßt. Dies geschieht in der F-Matrix.

Wir brauchen Antworten nicht nur auf Fragen wie:
Worin unterscheiden sich zwei natürliche Sprachen L_i und L_j? oder: Wie verändert sich die Sprache L_i im Verlaufe ihrer diachronen Entwicklung? oder: Warum versteht man mich wenn ich „Im Winter gibt es am Dümmer Kornweihen" sage, *anders*, als wenn ich sage „Gibt es im Winter am Dümmer Kornweihen"? Wir brauchen auch Antworten auf Fragen wie: Warum gibt es überhaupt verschiedene Sprachen? Wozu ist es gut, daß Sprachen dynamische Systeme sind und nach welchen Kriterien verändern *wir* sie? Und schließlich: Warum sind in vielen Sprachen Wortstellungsunterschiede überhaupt von Bedeutung?

Auf Fragen wie diese können wir mit S-Erklärungen zweiter Ordnung, also F-Erklärungen, antworten: Weil unterschiedliche Kommunikationsgesellschaften einen unterschiedlichen Kommunikationsbedarf kennen, der unterschiedliche Systeme zu seiner Abdeckung erforderlich macht; Weil sich die Kommunikationsbedürfnisse der Menschen ändern, und eine parallele Änderung der Kommunikationssysteme erforderlich ist, wenn sie weiterhin in einer vollständigen Weise sollen befriedigt werden können;[79] und: Weil

77 Die Frage ist, ob der Unterschied zwischen weil- und damit – Antworten ein echter Unterschied im Erklärungstyp ist oder nur ein scheinbarer, der durch die unterschiedliche sprachliche Formulierung nahegelegt wird. Wir werden sehen, daß hier eine differenzierte Antwort gegeben werden muß. Die Darstellung, die z. B. in FINKE/KANNGIESSER (im Druck) gegeben wird, ist hier noch teilweise zu stark vereinfacht.

78 Auch in diesem Punkt weiche ich von der in FINKE/KANNGIESSER (im Druck) gegebenen Darstellung ab. Dazu s. u.

79 Der hier verwendete Vollständigkeitsbegriff wird im nächsten Kapitel näher erläutert.

in vielen Sprachen mit Wortstellungsunterschieden in einer für die Struktur des Sprachsystems ökonomischen Weise die verschiedenen sprachlichen Handlungen markiert werden können, die wir brauchen, wenn wir am Interaktionsystem der Sprachgemeinschaft sollen erfolgreich teilnehmen können.

Es wird aufgefallen sein, daß ich bei den gegebenen Beispielen das Wort „damit" nicht verwendet habe. Stattdessen habe ich Wendungen gebraucht wie „weil es erforderlich ist" oder „weil es strukturökonomisch ist". Dies deutet darauf hin, daß die Unterscheidung von Erklärungen nach der Konjunktion, mit der sie eingeleitet werden, nur eine oberflächliche und zufällige ist. Wir brauchen sie nicht unbedingt, um den Unterschied zwischen S-Erklärungen und F-Erklärungen darstellen zu können.[80] Es wäre aber vollständig falsch, daraus zu schließen, daß der mit diesen sprachlichen Mitteln formulierbare Unterschied überhaupt nicht bestünde. Auch unsere zuletzt gegebenen Beispielerklärungen – die natürlich ebenso mit damit – Sätzen hätten ausgedrückt werden können –, wie viele andere funktionale Spracherklärungen, *beweisen*, daß es diesen prinzipiellen Unterschied gibt; zwar war für uns die vom Unterschied ‚weil vs. damit' ausgehende Überlegung nur gleichsam das *Vehikel*, auf dem wir diesen Unterschied allererst *bemerkt* haben, doch geht es hier um einen sachlichen und keinen bloß sprachlich – oberflächlichen Unterschied.[81]

Ich spreche nun deshalb von ‚Strukturalen Erklärungen zweiter Odnung', weil es Erklärungen sind, die die Strukturen erster Ordnung erklären sollen, also dasjenige, was der Strukturalismus als die einzigen sprachlichen Strukturen in den Blick bekommt. Sprachliche Funktionen aber haben selbst eine bestimmte Struktur; deshalb ist der linguistische Funktionalismus nur ein *Strukturalismus höherer Ordnung*.[82]

Wir können einen linguistischen Strukturalismus daher in einem präzisen Sinne auf einen linguistischen Funktionalismus *reduzieren*, wobei der Reduktionsbegriff Anwendung findet, den SNEED im Anschluß an die KUHNsche Theoriendynamik präzisiert hat;[83] er soll hier nur kurz informell eingeführt werden.

Eine Theorie T' ist auf eine andere Theorie T reduzierbar *gdw.*

1. Jeder Anwendung von T' entspricht mindestens eine Anwendung von T;
2. Wenn X entspricht X' und T auf X erfolgreich ist, dann ist T' erfolgreich auf X';
3. T ist erklärungsstärker als T'.[84]

Darüberhinaus soll für das Verhältnis der drei vorgestellten Linguistikmatrizen generell gelten, daß sie in Reduktionsbeziehungen zueinander stehen. Ersichtlich nämlich ist eine sprachliche Handlung h dann und nur dann pragmatisch erklärt, wenn der beim Vollzug von h geäußerte Satz s grammatisch erklärt ist und der Handlungsvollzug im Sinne des folgenden Schemas erklärt werden kann: Bei der sprachlichen Handlung h

80 In dieser Hinsicht ist die in KANNGIESSER 1976 gegebene Darstellung inadäquat.

81 M.a.W.: funktionale Erklärungen können nicht auf strukturale Erklärungen erster Ordnung zurückgeführt werden, wohl aber ist das Umgekehrte möglich.

82 Dies ist sehr klar gesehen z. B. vom Prager Strukturalismus und von der englischen Firth-Schule.

83 Eine knappe Darstellung enthält SNEED 1975; ausführlich in BALZER/SNEED 1977; cf. auch die verschiedenen angeführten Arbeiten von STEGMÜLLER.

84 Nach SNEED 1975, modifiziert.

handelt es sich um eine Handlung vom Typ a, weil beim Vollzug von h eine Menge B_i von Handlungsbedingungen erfüllt wurde.[85]

Eine sprachliche Handlung h ist demgegenüber dann und nur dann funktional erklärt, wenn sie pragmatisch erklärt ist und der Handlungsvollzug nach folgendem Schema erklärt werden kann: Es gibt ein Kommunikationsbedürfnis b_i, das eine Eigenschaft dessen ist, der die Handlung h ausführt, und h ist geeignet, b_i zu erfüllen.

Die G-Matrix ist in diesem Sinne auf die P-Matrix, und diese ist auf die F-Matrix reduzierbar. Anders ausgedrückt: Ein linguistischer Funktionalismus ist eine *Erweiterung* einer grundsätzlich strukturalistischen linguistischen Theorienstruktur, wobei der Begriff der Erweiterung hier im präzisen Sinne einer theoriedynamischen Reduktion einer K-Matrix zu verstehen ist. Der linguistische Funktionalismus ist, so verstanden, ein erweiterter Strukturalismus; die Erweiterung bezieht sich auf eine neu ins Blickfeld kommende Klasse sprachlicher Strukturen („Funktionen"). In dieser Hinsicht wird man sagen dürfen, daß es für unser linguistisches Wissen keine Alternative zu den grundsätzlichen Matrixentscheidungen des Strukturalismus gibt, sondern nur Erweiterungen. Es ist sinnvoll, an den G -und P-Matrizen festzuhalten, aber es ist auch sinnvoll, sie zu erweitern.

Funktionale Erklärungen sind das wichtigste Kennzeichen der F-Matrix. Fragen wir uns daher, ob sie nicht philosophisch bedenklich sind.

Hier kann gut gezeigt werden, daß dies nicht der Fall ist. Zwar ähneln sie in mancherlei Hinsicht den aus der Philosophiegeschichte bekannten *teleologischen* Erklärungen, die als Gegentyp zu kausalen Erklärungen beschrieben worden sind. STEGMÜLLER hat 1961 in einer sorgfältigen Analyse verschiedene Arten von kausalen, wie von teleologischen Erklärungen unterschieden (z. B. teleologische Erklärungen der 1., 2. und 3. Schicht)[86] und gezeigt, daß es möglich ist, die meisten teleologischen Erklärungen durch Kausalerklärungen zu ersetzen. Dies ist auch das Resultat der Untersuchungen von E. NAGEL 1968, der zeigt, daß Phänomene wie die Erhaltung bestimmter Eigenschaften dynamischer Systeme – man spricht in diesem Zusammenhang heute gern von ‚Fließgleichgewichten' – grundsätzlich kausal erklärt werden können, auch wenn wir in der Alltagssprache hierfür oft eine Sprache der Zwecke und Ziele in Anspruch nehmen.

Hier darf nicht der mißverständliche Eindruck aufkommen, als sei der Begriff der Kausalerklärung schlechterdings klar und philosophisch unbedenklich. Dies ist keineswegs der Fall, wie eine reichhaltige Literatur, speziell zu metatheoretischen Problemen der klassischen und der Quantenmechanik, beweist. Trotz der hierbei ans Licht gebrach-

85 Nach FINKE/KANNGIESSER (im Druck).

86 Als teleologische Erklärungen der untersten Schicht bezeichnet STEGMÜLLER solche Erklärungen, „in denen über Zwecke, Funktionen oder Aufgaben von Objekten (...) gesprochen wird, ohne daß dabei gleichzeitig die Existenz eines mit Bewußtsein versehenen zwecksetzenden Wesens angenommen würde" (STEGMÜLLER 1961: 15); ihre Übersetzung in nichtteleologische Aussagen ist leicht möglich. Auf der zweiten Schicht geht es um Systeme mit zielgerichtete Organisation (ZO-Systeme), auch Systeme mit Selbstregulation genannt. Hier ist nicht so leicht zu sehen, wie teleologische Erklärungen vermieden werden sollen, doch ist auch dies möglich, wie NAGEL 1968 gezeigt hat. Lediglich teleologische Erklärungen der dritten Schicht, die Antworten auf Fragen nach dem Ursprung der ZO-Systeme darstellen, machen in diesem Zusammenhang größere Schwierigkeiten. Cf. STEGMÜLLER 1961: 33 ff.

ten Probleme können wir de facto für weite Bereiche unserer Wirklichkeit auf die Formulierung von Kausalerklärungen nicht verzichten. Die Probleme liegen mehr im Umkreis der Frage, wie sie eigentlich möglich sind, als in ihrem Gültigkeitsanspruch. – Für die Linguistik würde es aber zunächst genügen, alle von ihr formulierten Erklärungen als strukturale Erklärungen (erster und zweiter Ordnung, wobei letztere dann auch ‚funktionale Erklärungen' heißen) zu verstehen. Ich behaupte also nur: wenn es möglich ist, den Typus der Kausalerklärung wissenschaftsphilosophisch zu rechtfertigen, dann sind auch alle linguistischen Strukturerklärungen – also die strukturalen und die funktionalen Spracherklärungen – in solche Kausalerklärungen übersetzbar.

Die F-Matrix, die erstmals erkennen läßt, daß es sich auch bei den natürlichen Sprachen um Systeme handelt, die in Hinblick auf die Beziehungen zwischen Kommunikationsbedürfnissen und ihrer adäquaten sprachlichen Befriedigung Gesetzen der Erhaltung von Fließgleichgewichten unterliegen, darf sich nun zwar insofern problemlos einer Sprache der Zwecke und Ziele bedienen, als Sprachen von Lebewesen benutzt und entwickelt werden, die tatsächlich dazu fähig sind, Zwecke und Ziele – auch kommunikative Zwecke und Ziele – zu verfolgen, sie muß aber grundsätzlich ebenfalls bestrebt sein, für nicht bewußt gesteuerte Sprachveränderungen eine teleologische Sprache zu *vermeiden*. Daß: dies aber grundsätzlich möglich ist, dürften gerade die Untersuchungen von NAGEL bewiesen haben.[87]

Fragen wir uns zum Schluß: Wie sieht nun eigentlich die linguistische F-Matrix über die Tatsache hinaus aus, daß auf der Ebene der Werte und Normen funktionale Spracherklärungen (im Sinne von S-Erklärungen der zweiten Ordnung) zugelassen werden? Ändert sich z. B. wiederum die Modellvorstellung von Sprache und Sprecher? Zweifellos ist dies notwendig, wenn wir WITTGENSTEINs Aufforderung, Sprachen als Lebensformen zu sehen, besser gerecht werden wollen als bisher.

Was das Sprechermodell anbelangt, so gibt es zwar im Modell des *Spielers*, wie es der P-Matrix zugrundeliegt, bereits einige wichtige Komponenten, die wir benötigen, aber wir können mit ihm nicht so gut die Möglichkeit ausdrücken, Sprachen zum Zwecke der Befriedigung von Kommunikationsbedürfnissen einzusetzen und so zu verändern, daß sie hierfür tauglich werden oder bleiben. Deshalb dürfte das *Modell des Erfinders* oder *des technisch kreativen Planers* eine noch angemessenere Modellvorstellung sein. Ein Erfinder ist auch nicht vollständig frei, sondern durch vielfältige Bedingungen in seiner planerischen Phantasie gesteuert und begrenzt; dies gilt ebenso für die kompetenten Sprecher einer natürlichen Sprache. Aber wir können in dieser Modellvorstellung doch besser ausdrücken, warum die Antwort des linguistischen Funktionalismus auf die Frage nach den Gründen für die potentielle Unendlichkeit der natürlichen Sprachen, die hier noch nachzutragen ist, so ausfällt, wie sie ausfällt.

---

87 Ich kritisiere hiermit zugleich die in KANNGIESSER 1976a gegebene Darstellung, die funktionale Erklärungen in eine relativ große Nähe zu teleologischen Erklärungen rückt, wenngleich auch die Implikate des Teleologismus dort bewußt vermieden werden sollen. Sattdessen wäre zu zeigen, daß der Funktionalismus mit reinen Kausalerklärungen darstellbar ist, wie das nach den Untersuchungen von NAGEL vermutet werden darf.

(F) Natürliche Sprachen sind potentiell unendlich, damit die potentielle Unendlichkeit der menschlichen Kommunikationsbedürfnisse, die in ihrer Veränderbarkeit und Verschiedenheit begründet ist, prinzipiell in adäquater Weise abgedeckt werden kann.

Das Modell des Sprachsystems als eines Spieles wird damit ebenfalls unzureichend. Hier bieten sich nun alle solche Objekte an, die durch Fließgleichgewichte gekennzeichnet werden können, darunter als das wohl plastischste und die weitreichendste Parallelisierung ermöglichende Modell des *Ökosystems*. Ökosysteme sind Systeme von Lebensbedingungen, die durch ein differenziertes Netz von Fließgleichgewichten gekennzeichnet sind. Sie sind Erhaltungsbedingungen unterworfen und enthalten selbst wiederum Subsysteme gleicher Art. Sie repräsentieren den adäquaten Lebensraum für bestimmte Organismen, aber es gibt auch sehr verschiedene Typen von Ökosystemen.

Auch Sprachen sind adäquate Formen verschiedenartiger Lebensweisen, die aber dennoch prinzipiell veränderbar und ineinander überführbar sind.

4. F-Adäquatheit

Überlegungen wie diese geben Veranlassung, einen Begriff einzuführen, der neben dem der funktionalen Erklärung, eindeutig nur im Rahmen einer linguistischen F-Matrix expliziert werden kann, den *Begriff einer funktionalen Sprachäquatheit oder F-Adäquatheit*.

Ersichtlich ist für die im Rahmen einer G-Matrix formulierbare strukturale Semantik ebenfalls ein Adäquatheitsbegriff grundlegend, der hier *„strukturale Adäquatheit“* oder *„S_G-Adäquatheit“* genannt werden soll.[88] Damit ist, allgemein gesagt, der Grad gemeint, zu dem eine Sprache L (bzw. die Ausdrucksmittel dieser Sprache) zur Darstellung einer Welt W (bzw. der Sachverhalte dieser Welt) geeignet oder angemesen ist. – Um zunächst ein intuitives Verständnis des Begriffs der S_G-Adäquatheit zu erleichtern, mag man an die überschaubaren Verhältnisse in gewissen einfachen formalen Sprachen denken.

Die Sprache der Aussagenlogik ist beispielsweise S_G-adäquat für die Darstellung gewisser logischer Sachverhalte, aber bereits zur Darstellung vieler anderer logischer Sachverhalte S_G-inadäquat; hier mag man z. B. an quantifizierte Gesetze denken. Hierfür ist die Sprache der Prädikatenlogik S_G-adäquat, die aber ihrerseits wieder S_G-inadäquat zur Darstellung von Gesetzen ist, die in möglichen Welten gelten. Abermals ist eine Erweiterung der Logiksprache, jetzt zur Sprache der Modallogik, möglich; mit ihr können wir mögliche Welten S_G-adäquat beschreiben, aber sie ist S_G-inadäquat, wenn beispielsweise die Zeitstruktur von Prozessen dargestellt werden soll, etc..[89]

---

88 Der Begriff der S_G-Adäquatheit ist verwandt mit dem Begriff der M-Adäquatheit, wie ich ihn im I. Teil (Kap. c4) diskutiert und in FINKE 1974 detailliert entwickelt habe. Auch der Begriff der M-Adäquatheit ist ein strukturaler Adäquatheitsbegriff; hingegen sind die Begriffe der S_G-Adäquatheit und der S_P-Adäquatheit nicht für idealisierte Objekte (Modelle) formuliert.

89 Dieses Beispiel habe ich auch in IIb3 zur Erläuterung des Begriffs der kommunikativen Kapazität verwendet. Man mag daraus ersehen, daß der funktionale Begriff der kommunikativen Kapazität den strukturalen der S_G-Adäquatheit impliziert: eine Sprache, deren kommunikative Kapazität zur Befriedigung der bestehenden Kommunikationsbedürfnisse ausreicht, ist S_G-adäquat; aber nicht alle S_G-adäquaten Sprachen müssen auch eine in jeder Kommunikationssituation ausreichende kommunikative Kapazität besitzen.

Ganz entsprechend können wir die grammatischen, insbesondere semantischen Strukturen natürlicher Sprachen im Hinblick auf ihre S_G-Adäquatheit beurteilen. Sei Sem_D die semantische Struktur eines deutschen Satzes, etwa von „Letztes Jahr waren mindestens drei Kornweihen da". Dann ist die Struktur Sem_D genau dann S_G-adäquat, wenn sie den Sachverhalt, daß letztes Jahr mindestens drei Kornweihen da waren, vollständig und eindeutig allein aufgrund strukturaler Kriterien abzubilden gestattet. M. a. W.: S_G-Adäquatheit ist eine zweistellige Relation zwischen einer Sprache L und einer Welt W:

S_G-Adäquatheit: Eine Sprache L ist unter den Rahmenbedingungen der G-Matrix S_G-adäquat genau dann, wenn jeder Satz s, der in L wohlgeformt ist, einen Sachverhalt w ausdrückt, der in W möglich ist und es keinen Satz s' gibt, der in L wohlgeformt ist, aber einen Sachverhalt w' ausdrückt, der in W unmöglich ist.

Für den Begriff der S_G-Adäquatheit ist also zweierlei charakteristisch: erstens handelt es sich um die Zuordnungsrelation zwischen den zwei Komponenten L und W eines geordneten Paares $\langle L, W, \rangle$; zweitens ist das Prädikat „S_G-adäquat" nur für einen deklarativen Sprachgebrauch definiert, d.h. „S_G-adäquat" ist nicht erklärungsstark genug für natürliche Sprachen und ihre Verwendung in Kommunikationsgemeinschaften.

Hier kann es zunächst so scheinen, als sei von der Erweiterung der G-Matrix zur P-Matrix auch eine entscheidende Modifikation für den Begriff der Sprachadäquatheit zu erwarten. Dies ist jedoch nicht der Fall. Zwar muß ein Adäquatheitsbegriff für Sprechakte und Sprachspiele anders definiert werden als für (einfache und komplexe) Sätze, insbesondere deshalb, weil außer L und W zusätzlich handelnde Personen in der Definition der Sprachadäquatheit berücksichtigt werden müssen; doch erinnere ich daran, daß es auch innerhalb der P-Matrix ausschließlich um strukturale Beschreibungen und Erklärungen ging, nur diesmal nicht von Sätzen, sondern von Sprechakten und Sprechaktsequenzen. Wir können die Sprechakttheorie in diesem Sinne als eine Theorie über die Wohlgeformtheitsbedingungen von Sprechakten auffassen und der ihr zugrundeliegende Sprachadäquatheitsbegriff, den ich als *„S_P-Adäquatheit"* bezeichne, ist damit essentiell ebenfalls ein strukturaler Adäquatheitsbegriff:

S_P-Adäquatheit: Eine Sprache L ist – unter den Rahmenbedingungen der P-Matrix – S_P-adäquat genau dann, wenn jeder Sprechakt a, der in L wohlgeformt ist, für die Sprecher/Hörer $p_i \in P(L)$ eine Handlung h zu vollziehen gestattet, die in W möglich ist, und es keinen Sprechakt a' gibt, der in L wohlgeformt ist, aber eine Handlung h' zu vollziehen gestattet, die in W nicht möglich ist.

Auch dieser Begriff der S_P-Adäquatheit ist ersichtlich zu erklärungsschwach für natürliche Sprachen und ihre tatsächliche Verwendung in Kommunikationsgemeinschaften.

Die Adäquatheit einer natürlichen Sprache ist nicht nur eine Frage der Wohlgeformtheit von Sätzen und Sprechakten, sondern in erster Linie eine *Funktion ihrer Eignung als Kommunikationssystem.* Wir müssen (und können offenbar auch) von einer natürlichen Sprache, die als Kommunikationssystem für eine Interessengemeinschaft ohne Einschränkung geeignet sein soll, verlangen, daß die Individuen der Kommunikationsgemeinschaft in ihr alle Methoden und Strategien bereitgestellt finden, die sie zur Befriedigung ihrer Kommunikationsbedürfnisse brauchen, die die Gesellschaft zum Ausdruck ihres Kommunikationsbedarfs benötigt. Die S_G-Adäquatheit und die S_P-Adäquatheit sind *zu starken* Idealisierungen unterworfene Adäquatheitsbegriffe, da sie die spezifischen Charakteristika menschlicher Kommunikationsgemeinschaften nur in Form von zu stark vereinfachten Modellen erfassen. Ein Kommunikationsmodell aber, das an die tatsächlichen Kommunikationssituationen besser approximiert ist, muß die in jeder Kommunikationsgemeinschaft bestehenden Koordinationszwänge in Rechnung stellen und damit den Parameter des Kommunikationsbedarfs der Gemeinschaft. Daher ist erst von der Erweiterung der P-Matrix zu einer F-Matrix eine entscheidende Verbesserung des Begriffs der Sprachadäquatheit zu erwarten.

Im Rahmen einer solchen F-Matrix ist ein Begriff der *F-Adäquatheit* formulierbar,[90] der nicht nur die *strukturale* Adäquatheit eines Kommunikationssystems im Hinblick auf seine Wohlgeformtheitsbedingungen bedeutet, sondern die *funktionale* Adäquatheit dieses Systems im Hinblick auf die spezifische Bedarfslage, die abzudecken der eigentliche Sinn für die Existenz des Systems ist. Ich erinnere daran, daß jedes System, das funktional adäquat ist, auch struktural adäquat sein muß, andererseits aber nicht jedes struktural adäquate System für alle kommunikativen Zwecke funktional adäquat sein muß:

F-Adäquatheit: Eine Sprache L ist – unter den Rahmenbedingungen der F-Matrix – F-adäquat, genau dann, wenn die Kommunikationsbedürfnisse aller Sprecher/Hörer $p_i \in P(L)$ durch L vollständig befriedigt werden können, also der Kommunikationsbedarf in P (L) vollständig gedeckt werden kann.

Der Begriff der F-Adäquatheit von Sprachen setzt damit einen *Vollständigkeitsbegriff* voraus; nur Sprachen, die – in einem gewissen Sinne – vollständig genannt werden können, können als F-adäquat angesehen werden. Nun ist verhältnismäßig leicht zu sehen, daß und wie ein solcher Vollständigkeitsbegriff für eine Teilmenge der formalen Sprachen definiert werden kann, nämlich solche, bei denen es sich um endliche, relativ unkomplizierte, vor allem aber in ihren Konstruktionsbedingungen (ihrer ‚Struktur') prinzipiell bekannte Sprachen handelt. Natürliche Sprachen hingegen sind relativ komplizierte, in ihren Konstruktionsbedingungen heute erst zu einem Teil bekannte, vor allem aber – jedenfalls in einer gewissen Hinsicht – *potentiell unendliche* Systeme. Ist es angesichts dieser Problemlage nicht eine verlorene Mühe, für natürliche Sprachen einen Adäquatheitsbegriff formulieren zu wollen, der – wie es scheint – nur für endliche Systeme präzis formulierbar ist? Ich will zeigen, daß dies eine falsche Einschätzung darstellt. Sie impliziert nämlich ein Sprachverständnis, daß natürliche Sprachen als stabile, nichtveränderbare Systeme versteht, also keine oder eine vollständig unzureichende Konzeption des *diachronen Aspekts* natürlicher Sprachen inkorporiert.

Damit eine natürliche Sprache funktionale vollständig sein kann, muß ihre Struktur bestimmeten Bedingungen genügen. Ersichtlich setzt nämlich die *bedürfnisadäquate Organisation* einer Sprache – und nichts anderes ist mit ihrer funktionalen Adäquatheit gemeint – voraus, daß die strukturale Eigenschaften besitzt, die z.B. stabile Kalkülsysteme nicht besitzen, nämlich Eigenschaften der *diachronen Anpassungsfähigkeit an sich verändernde Bedarfslagen*.

90 Die heute teilweise vergessene funktionalistische Linguistiktradition hat immer mit einem ähnlichen Adäquatheitsbegriff gearbeitet, ohne ihn aber explizit zu thematisieren.

Ich erinnere hier an meine Diskussion der Sprachverschiedenheit und Sprachveränderung. In diesem Zusammenhang hatte ich mehrere *Innovationsprinzipien* formuliert, die hier einschlägig sind. Ich will die Diskussion um diese Innovationsprinzipien hier nicht im einzelnen aufnehmen, da es dabei um z.T. schwierige und technisch anspruchsvolle linguistische Details geht.[91]

Statt dessen will ich mich auf die methodologischen Überlegungen beschränken, die eine Begründung der Konzeption einer funktional vollständigen Sprache erfordert.

Hier könnte man zunächst daran denken, die *unbegrenzte* Innovationsfähigkeit einer natürlichen Sprache anzunehmen, also als ein empirisch überprüfbares Postulat für die Gültigkeit von Innovationsprinzipien für natürliche Sprachen (1) zu fordern:

(1) Jede natürliche Srache ist beliebig veränderbar.

Es ist deutlich, daß (1) leicht falsifiziert werden kann: Beispielsweise ist das Deutsche strukturell nicht so organisiert, daß ich einfach beschließen kann, die Relationsrichtung in „Hans küßt die Frau von Fritz" so umzukehren, daß *derselbe* Satz unmehr bedeutet „Fritz küßt die Frau von Hans"; ich kann keine Innovation derart ausführen, daß ich die Nomina allesamt voranstelle: *„Hans, die Frau, Fritz, küßt von". Ich kann zwar – in gewissen Grenzen – Wortstellungsabweichungen *tolerieren* („Hans küßt Frau die von Fritz„), doch markiert diese Toleranzbreite zugleich Grenzen der Innovationsbreite. Und ich kann – in gewissen Grenzen – Teile einer fremden Sprache in das Deutsche inkorporieren („Das Image von Hans ist angekratzt"); eine beliebige Vereinigung verschiedener Sprachen ist jedoch ausgeschlossen (*„Das Image of Hans ist angekratzt").

Es gibt also Restriktionen für die Sprachinnovation. Hierbei handelt es sich um die Gesetze der Sprachveränderung – um die *diachronen Universalien* (D-Universalien).[92] Wir müssen daher statt (1) (2) fordern:

(2) Jede natürliche Sprache ist im Rahmen der durch das System der D-Universalien gezogenen strukturalen Restriktionen veränderbar.

(2) ist hier bislang so formuliert, wie es als Postulat im Rahmen der strukturalen Matrizen formulierbar (und formuliert worden) ist. Im Rahmen der F-Matrix müssen wir aber auch noch angeben, warum eigentlich sprachliche Innovation stattfindet: deshalb, damit die Kommunikationsbedürfnisse, die eine gewandelte Bedarfslage kennzeichnen, auch weiterhin befriedigt werden können. D.h. eine funktionale Linguistik, die durch eine F-Matrix gesteuert wird, ist konzeptionell in der Lage, die folgende funktionale Verschärfung des strukturalen Innovationspostulats (2) zu formulieren:

(3) Jede natürliche Sprache L kann im Rahmen der durch das System der D-Universalien gezogenen strukturalen Restriktionen so verändert werden, daß sie in jedem ihrer Zustände z_i (L) die Mittel bereitstellt, damit prinzipiell alle Kommunikationsbedürfnisse der Sprecher/Hörer p, $q \in P(L)$ befriedigt werden können.

91 Cf. KANNGIESSER 1973; FINKE/KANNGIESSER (im Druck).
92 Cf. KANNGIESSER 1973: 60 ff.

Wir können (3) als eine empirische Hypothese ansehen, die nur im Rahmen eines linguistischen Funktionalismus überhaupt formulierbar ist. Sie stellt einen Erklärungszusammenhang zwischen einem außersprachlichen System von Tatsachen her – einer durch eine spezifische Bedarfslage und Bedürfniskonstellation definierten *Welt* – und einem System sprachlicher Strukturen und Gesetzmäßigkeiten – einer natürlichen *Sprache*. Die Veränderungen der Welt sind primär; sie steuern die Veränderungen der Sprache. Aber diese selbst *sind* auch Veränderungen der Welt, denn unsere Sprachen sind ein Teil unserer Wirklichkeit. Deshalb sind Kommunikationssysteme *zugleich* Eigenschaften der Welt der Kommunikanden und können Veränderungen erfahren, die nur als Wirkungen von schon zuvor erfolgten Sprachänderungen erklärbar sind.[93]

Die funktionale Hypothese (3) stellt eine wesentliche Voraussetzung dafür dar, daß die Behauptung der F-Adäquatheit natürlicher Sprachen sinnvoll ist. Mit (3) kann nämlich jener Begriff einer funktionalen Vollständigkeit einer Sprache L begründet werden, der die Voraussetzung für ihre F-Adäquatheit ist. Sprachen sind nämlich dann funktional vollständig, wenn sie in jedem ihrer Zustände den Sprecher/Hörern gestatten, ihre Kommunikationsbedürfnisse zu befriedigen; daher kann (3) auch durch (3′) ersetzt werden:

(3′) Jede natürliche Sprache L kann im Rahmen der durch das System der D-Universalien gezogenen strukturalen Restriktionen so verändert werden, daß sie in jedem ihrer Zustände z_i (L) funktional vollständig ist.

oder, noch kürzer formuliert:

(3″) Jede natürliche Sprache ist in jeder Phase ihrer Entwicklung funktional vollständig.[94]

Damit ist die wesentliche Voraussetzung für eine befriedigende Explikation des Begriffs der funktionalen Sprachadäquatheit oder F-Adäquatheit angegeben.

Die Fortentwicklung der Linguistik im Rahmen der F-Matrix erscheint umso wichtiger, als hiermit auch ein Ansatz für eine *Theorie der Sprachverschiedenheit*, insbesondere auch der starken Sprachverschiedenheit, bereitgestellt ist. Eine Theorie der starken Sprachverschiedenheit aber erscheint aus verschiedenen Gründen als ein dringendes Desiderat. Einmal ist sie der Ort, an dem die methodologisch – metatheoretischen Rahmenbedingungen des gesamten *Übersetzungsproblems* vorentschieden werden. Zum zweiten relativiert und ergänzt sie den soziolinguistischen Ansatz in wesentlichen As-

93 Die zuletzt geäußerten Gedanken, die hier nur angedeutet werden konnten, sollen darauf aufmerksam machen, daß Metakommunikation im Prinzip genauso erklärt werden kann wie Kommunikation über nichtsprachliche Tatsachen. Eine genauere Analyse findet sich in FINKE (im Druck).

94 Wem dies suspekt erscheint, der möge zweierlei bedenken: erstens ist nur eine Veränderbarkeit *der Sprache* behauptet, nichts auch darüber, daß die Sprecher/Hörer dieser Sprache in jedem Falle auch (individuell) in der Lage sind, diese Veränderungen durchzuführen. Es ist also eine Hypothese über die *kommunikative Kapazität* von L und nicht über die *Kommunikative Kompetenz* der $p_i \in P(L)$. Zweitens ist nicht notwendig die Homogenität von L impliziert, vielmehr ist die Hypothese der funktionalen Vollständigkeit mit der gut bestätigten soziolinguistischen Inhomogenitätsthese konsistent: es gibt dort auch keine homogenen Bedürfnisse, sondern ein inhomogenes System von Bedarflagen, denen jeweils durchaus unterschiedliche funktionale Sprachstrategien im Rahmen von Subsprachen entsprechen.

pekten: sie relativiert ihn zum Beispiel insofern, als sie explizit machen muß, daß dem soziolinguistischen Ansatz – welcher Ausprägung auch immer – ein Begriff der Sprachverschiedenheit inhärent ist, der aber nicht scharf als solcher formuliert wird; deshalb ***kann*** eine Präzisierung dieses Grundbegriffs zumindest die Beurteilung und Bewertung der Ergebnisse der empirischen Soziolinguistik verändern, wenn nicht diese selbst. Sie ergänzt den Ansatz der Soziolinguistik aber um eine sowohl sprachwissenschaftlich, aber darüberhinaus auch in wichtigen anderen Erkenntnis- und Lebensbereichen interessante und dringliche Problemdimension, nämlich um eine auch theoretisch befriedigende Aufarbeitung der Gruppe von Problemen, die dann auftreten können, wenn die Grenzen zwischen den natürlichen Sprachen überschritten werden. Daß sich dann nicht nur Sprachen begegnen, sondern mit diesen und über sie hinaus verschieden organisierte, komplexe Interaktionsmuster, soziale Systeme und Kulturen, kurz: ***Lebensformen***, ist keine neue Einsicht. Es erscheint aber möglich, heute den Beiträg der Sprachwissenschaft zu diesem Problemkomplex, die ***Ethnolinguistik***, präziser zu fundieren und vollständiger auszuarbeiten, als das bislang geschehen ist. Diese Arbeit erfordert aber als Prolegomenon die Bereitstellung des gleichsam ‚harten' linguistischen Kerns der Ethnolinguistik: einer Theorie der starken Sprachverschiedenheit. Diese Vorarbeit kann hier nicht mehr in Angriff genommen werden.[95]

5. ‚Talking in the new paradigm'

Ich habe zu zeigen versucht, daß für eine linguistische Konzeption die Modellkomponente im Sinne KUHNs von besonderer Wichtigkeit ist. Außerdem sollte plausibel geworden sein, daß die Komponenten einer K-Matrix nicht in beliebiger Kombination auftreten können, sondern die Wahl einer bestimmten Modellvorstellung zum Beispiel auch Konsequenzen für die zulässigen und geeigneten symbolischen Verallgemeinerungen, also die Theoriesprachen, nach sich zieht. Ich will mich im abschließenden Kapitel auf genau diesen Zusammenhang konzentrieren und, gewissermaßen im Vorgriff auf ausgearbeitete Theorien im Rahmen der F-Matrix, wie einer Theorie der schwachen und starken Sprachverschiedenheit, die funktionale Theoriesprache einer Linguistikkonzeption, die natürliche Sprachen nach dem Modell von ***Ökosystemen*** als Lebensformen zu verstehen sucht, in Ausschnitten zu beschreiben. Eine solche Darstellung hat einen stark hypothetischen Charakter; wer den Ausdruck möglichst unbefangen hört, mag auch sagen, ihr wohnt ein spekulatives Moment inne. Aber der Fortschritt in einer empirischen Wissenschaft wie der Linguistik hängt in starkem Maße von der Fruchtbarkeit ab, die die auf der Grundlage einer geeigneten Modellvorstellung möglich werdenden Begriffsbildungen zu entfalten vermögen. Wegen der Empirizität der Linguistik braucht man dabei nicht besorgt zu sein; nicht die einstweilige Suggestivität eines neuen Begriffs entscheidet über den Wert einer sprachwissenschaftlichen Theorie, sondern allein die verschiedenen Formen und Ebenen, in bzw. auf denen sie sich später bei ihrer Anwendung bewähren

95 Dies geschieht in: FINKE/KANNGIESSER, Prolegomena zu einer Theorie der Sprachverschiedenheit (in Vorbereitung).

oder nicht bewähren kann. Im gegenwärtigen Zusammenhang ist es nur wichtig zu sehen, daß eine Modellvorstellung ein theoriesprachliches Korrelat benötigt, ein *Paradigma* wissenschaftlichen Redens, das interessant, weil fruchtbar, *erscheint*. Denn bevor wir testen können, ob es auch fruchtbar *ist*, müssen wir es entwerfen und gleichsam als Angebot zur Debatte stellen. In einer solchen theoretischen Embryonalphase geht es zunächst nicht um den höchstmöglichen Exaktheitsgrad; den anzustreben ist der späteren Theorie vorbehalten. Zunächst geht es um anderes: das Interesse an neuen Fragestellungen zu wecken, die Aufmerksamkeit auf neue Probleme zu lenken, die Möglichkeit neuer Lösungsstrategien unvoreingenommen zu erproben. Ich will daher versuchen, im neuen Paradigma zu sprechen,[96] ohne es zunächst systematisch durch Definitionen aufzubauen. Dies widerspricht nach Meinung der meisten analytisch orientierten Wissenschaftstheoretiker einem ‚sauberen' methodischen Vorgehen. Doch hier darf kein Mißverständnis aufkommen: wir befinden uns einstweilen noch nicht in der Phase der Konstruktion einer linguistischen Theorie, sondern in deren Vorphase, gleichsam auf einem Erkundungsspaziergang auf wenig bekanntem Gelände, das interessant genug erscheint, erschlossen zu werden. Da wird man sich – im Bilde gesprochen – in aller Regel schmutzig machen.[97]

Sprachen sind Kommunikationssysteme, die wir in manchen Aspekten ihrer systematischen Organisation mit Ökosystemen vergleichen können. Solche Systeme sind durch eine Vielzahl von Parametern und Beziehungen zwischen ihnen gekennzeichnet. Insbesondere gilt, daß die in Ökosystemen ablaufenden Prozesse durch die Tatsache beherrscht werden, daß Lebensgemeinschaften verschiedener oder auch verschiedenartiger Organismen bestehen, die es in einem bestimmten Grade aufrechtzuerhalten gilt. Die Erhaltung einer Lebensgemeinschaft ist nämlich im allgemeinen aus verschiedenen Gründen gefährdet, da es sich bei den biotischen, aber auch bei den abiotischen Faktoren, die das Gesamtsystem konstituieren, nicht um vollständig stabile, sondern um – in unterschiedlichem Maße – dynamische Faktoren handelt. Für jedes Ökosystem ist daher der Grad, zu dem es ein bestimmtes Gleichgewicht dieser Faktoren zu sichern vermag, sowie das Niveau, das es dabei ansteuert, ein charakteristisches Maß. Nehmen wir beispielsweise die biotischen Faktoren, so ergeben sich Probleme der Symbiose. Das Verhältnis von Produzenten, Konsumenten und Reduzenten ist für ein solches System zunächst einmal ein Bündel von Symbioseproblemen, und der Grad oder Umfang, zu dem sie gelöst werden, bestimmt entscheidend das biologische Gleichgewicht des gesamten Systems. Wir sprechen hier von der Dynamik des Systems, vom Grad seiner Stabilität (oder Instabilität). Davon müssen wir das Niveau unterscheiden, auf dem sich die das Gleichgewicht störenden bzw. erhaltenden Prozesse abspielen. Der Erhaltungsgrad eines Gleichgewichts kann auf den verschiedensten Niveaus hoch oder weniger hoch sein. Ist er hoch, also das System sehr stabil, können wir darauf schließen, daß sehr wirkungsvolle Erhaltungsmechanismen vorhanden sind, die die interne Dynamik der Systemstruktur

96 Ich variiere mit meiner Kapitelüberschrift den Titel von BAILEY 1971, der ebenfalls KUHNsche Konzepte an die Linguistik heranträgt, allerdings weitgehend mit inhaltlich anderen Konsequenzen.

97 Es sei an dieser Stelle der Wunsch wiederholt, daß sich die Wissenschaftstheorie mehr und ernsthafter als bisher mit solchen Vorphasen der Theoriebildung beschäftigen möge. Sie mindern nicht deren wissenschaftliche Exaktheit, sondern vertiefen das Verständnis von Wissenschaft.

regulieren und effektiv kompensieren; ist er niedrig, also das System in schneller Veränderung begriffen, fehlen solche Erhaltungsmechanismen — aus bestimmten Gründen — ganz oder teilweise. Die Höhe des Gleichgewichtsniveaus ist dagegen von der biologischen Kapazität des Systems abhängig. Sind beispielsweise die Symbioseprobleme zahlreich und schwierig, spielt sich die Gleichgewichtsdynamik auf einem relativ höheren (oder komplexeren) Niveau ab als dann, wenn nur wenige oder einfachere Symbioseprobleme zu lösen sind. Wir können die Tatsache, daß in einem Ökosystem ein biologisches Gleichgewicht zu einem gewissen Grade und auf einem bestimmten Niveau erhalten wird, das *ökologische Grundgesetz* nennen.[98]

Für Sprachen, gesehen als Kommunikationssysteme, gilt in ähnlicher Weise ein *linguistisches Erhaltungsgesetz*. Ich meine hiermit die Tatsache, daß die Leistungen eines Sprachsystems zu einem gewissen Grade und auf einem bestimmten Niveau erhalten werden. Die Eignung einer Sprache für kommunikative Funktionen ist darstellbar durch den Grad und das Niveau, zu dem die strukturellen Bedingungen kommunikativer Interaktion in einer Gesellschaft (der ‚Biozönose' des Systems) aufrechterhalten werden und den Kommunikanden verfügbar sind. Beide Parameter kennzeichnen ein Kommunikationsgleichgewicht, dessen durch diachrone Sprachprinzipien gesteuerte Instabilität die sprachliche Anpassung an Veränderungen der Problemlage im Kommunikationsbereich grundsätzlich sichert. Vordringlich ist dabei die Lösung von Koordinationsproblemen. Der Erhaltungsgrad des Kommunikationgleichgewichts kann als ein Maß für Sprachveränderungen benutzt werden, das Gleichgewichtsniveau als ein Maß der kommunikativen Kapazität einer Sprache.[99] Ähnlich, wie Organismen in Ökosystemen eine unterschiedliche Anpassungsfähigkeit an Veränderungen im Milieu besitzen, ist die kommunikative Kompetenz ein Parameter, der über seine Komponenten Innovationskompetenz und Toleranzkompetenz Eigenschaften der einzelnen Kommunikanden im sich verändernden *Kommunikationsmilieu* bezeichnet. Wie ein ökologisches Milieu stets auf der Grundlage eines Biotops errichtet ist, das seinerseits durch Subsysteme ökologischer Nischen gegliedert ist, ist ein Kommunikationsmilieu auf der Grundlage von Determinanten des Kommunikationsbedarfs errichtet, unter denen insbesondere soziale Determinanten auffallen. Wiederum ist das Gesamtsystem der Kommunikation, also beispielsweise die Einheit einer natürlichen Sprache, ein Komplex aus Subsystemen: den Minimalumwelten der ökologischen Nischen entsprechen linguistisch Minimalsprachen, Soziolekte und Idiolekte.

---

98 Die hier gegebene Darstellung ist stark vereinfacht; insbesondere ist der Begriff des biologischen Gleichgewichts präzisierungsbedürftig. Dies geschieht in der Ökotheorie dadurch, daß für die verschiedenen biotischen (biologischen) und abiotischen (chemisch-physikalischen) Faktorensubsysteme eines Ökosystems separate Gleichgewichtsbegriffe definiert und einander korreliert werden, beispielsweise das Reduktions-Oxydationsgleichgewicht, das Kalk-Kohlesäuregleichgewicht, das Produzenten-Konsumenten-Destruentengleichgewicht u. a.. — Ich sehe hier von solchen Differenzierungen und weitergehenden Erläuterungen, die in jedem Handbuch der Ökologie nachzulesen sind, ab, da es mir nur um das Prinzip einer Modellvorstellung für Sprachen als Kommunikationssysteme geht.

99 Ich erinnere daran, daß ich — in Kap. IIb3 — die kommunikative Kapazität einer Sprache als ein Maß für Sprachverschiedenheit im Ausdrückbarkeitsbereich eingeführt hatte; die jetzige Bestimmung kann als Hinweise auf eine Möglichkeit verstanden werden, den Begriff der kommunikativen Kapazität zu präzisieren.

Und der ökologischen Systemadäquatheit in Bezug auf die Umweltansprüche der Organismen steht die Sprachadäquatheit (F-Adäquatheit) der funktional verstandenen Sprachstrukturen gegenüber. Das Vorhandensein und das Eindringen von Störfaktoren und anderssprechlichen Interferenzen zwingt die Kommunikanden dazu, je nach Maßgabe der ihnen verfügbaren ‚stenöken' oder ‚euryöken' Potenz sprachlicher Veränderungsstrategien zu reagieren, um sich möglichst optimale Kommunikationschancen zu erhalten. Da aber mit dem Ende der eigentlichen Sprachlernphase im Kindesalter auch der kommunikative Aktionsraum (home range) weitgehend festgelegt sein dürfte, der einer Person oder auch einer sozialen Gruppe offensteht, sind die Grenzen sprachlich innovativen Verhaltens insbesondere in der Möglichkeit, sekundäre Sprachen zu erlernen, zum Teil wahrscheinlich biologisch determiniert, zum Teil aber auch durch das zur Zeit der primären Sprachlernphase herrschende Kommunikationsmilieu festgeschrieben: als Optimalmilieu kann hier dasjenige angesehen werden, das ein hohes Niveau des Kommunikationsgleichgewichts bereitgestellt (= eine sprachliche Umwelt mit vielen und differenzierten sprachlichen Strategien), während der Erhaltungsgrad des Gleichgewichts wahrscheinlich nach Alter und Entwicklungsstand variabel sein sollte.[100] Hierfür sprechen Erfahrungen wie die, daß Kinder aus einem sprachlich differenzierten Milieu eine Vorgabe besserer Kommunikationschancen besitzen als solche, die in einem Milieu mit geringer kommunikativer Valenz (Variationsbreite) aufwachsen; außerdem ist oft beschrieben worden, daß die Aufnahmebereitschaft und Aufnahmefähigkeit für sprachliche Variationen der verschiedensten Art (Sprachspielereien, aktive Erweiterung des Wortschatzes, Erlernung einer Fremdsprache etc.) altersspezifisch und umgebungsspezifisch verschieden stark ausgeprägt ist.[101]

100 Die hier formulierten Hypothesen können nicht alle als bislang schon in gleichem Maße bestätigt angesehen werden. Sie werden allerdings durch die neuere Literatur zur Spracherwerbsforschung und zur Sprachlerntheorie zumindest nahegelegt. Ich formuliere sie hier als Hypothesen, die in funktionallinguistischen Theorien präzisiert und anschließend empirischen Testverfahren unterworfen werden müssen.

101 Eine Hypothese ist in diesem Zusammenhang besonders interessant: die bislang nur unzureichend untersuchte Vermutung, daß zwar ein möglichst stabil hohes Gleichgewichtsniveau der Kommunikation für die Erlernung möglichst reichhaltiger Sprachstrategien vonnutzen ist, nicht unbedingt aber die Einhaltung eines möglichst stabilen Erhaltungsgrades der Kommunikation, also eine zwar reichhaltige, aber kaum diachronen Anpassungszwängen ausgesetzten Sprache. Es erscheint aber plausibel, daß eine sprachliche Umwelt, die zwar synchron strukturell differenziert ist, nicht jedoch zu geeigneten Entwicklungsphasen ein Kind auch in seiner sprachinnovatorischen Bereitschaft und Fähigkeit *fordert*, nicht optimal ist. Soziolinguistisch sind hier beispielsweise Gruppen interessant, die in starker Abkapselung von gesellschaftlichen Entwicklungen leben, intern jedoch ein durchaus reichhaltiges, wenngleich starres Kommunikationsverhalten ausüben; ethnolinguistisch sind Völker und Kulturen interessant, die sich eine starke Eigenständigkeit und Tradition bewahrt haben. Auf den Fehler, dies mit einer Dürftigkeit kommunikativer Kapazität zu verwechseln, habe ich bereits verschiedentlich hingewiesen. Das Gleichgewichtsniveau der Kommunikation ist wahrscheinlich in den meisten Fällen ganz unerwartet hoch. Eine funktionale Ethnolinguistik sollte es uns ermöglichen dies besser als bisher beurteilen zu können. – Unsere mangelnde Klarheit über die hier genannte Hypothese beruht wohl in erster Linie darauf, daß sie bislang – mangels geeigneter Begriffe – nicht adäquat *formuliert* werden konnte.

Ich breche die Einübung ins neue Paradigma hier ab. Es hat den Anschein, als könnte sich das Ökosystemmodell einer funktionalen Linguistik als fruchtbar erweisen, insofern als es neue Fragen zu stellen und neue Hypothesen als Antworten auf sie zu formulieren erlaubt. Dies wird aber eine genauere und vor allem eine systematische Entwicklung der neuen Theoriesprache(n) erfordern, als es in diesem Buch möglich und zur Illustration der Probleme und Lösungsstrategien nötig war, die die methodologischen Fragen nach der Emprizität und dem Begründungsproblem einer linguistischen Theorie zu formulieren uns nahegelegt haben.

Bemerkungen zum II. Teil.

Nachdem wir uns im I. Teil dieser Untersuchungen mit prinzipiellen Fragen der Empirizität und Begründbarkeit einer linguistischen Theorie auseinandergesetzt hatte, war dieser II. Teil einer Erörterung der Perspektive vorbehalten, die eine ganz bestimmte Veränderung der linguistischen Problemstellungen und Lösungsstrategien in Richtung auf eine empirisch adäquatere Linguistikkonzeption eröffnet. Es scheint so, als sei ein linguistischer Funktionalismus, der sich als eine Erweiterung des Strukturalismus im engeren Sinne versteht, gut geeignet, in der Konkurrenz des linguistischen Konzeptionenpluralismus bestehen zu können.

Der linguistische Funktionalismus bewahrt nämlich einerseits wesentliche Züge der Linguistik, wie sie in der Nachfolge und auf der Grundlage der Sprachwissenschaftskonzeption DE SAUSSUREs entwickelt worden sind, erweitert aber die Grenzen dieser Konzeption ähnlich, wie die Nichteuklidische Geometrie als eine Erweiterung der Euklidischen verstehbar ist. In diesem Sinne ist der Funktionalismus zugleich die Konzeption einer Nichtsaussureschen Linguistik.

Es soll am Schluß aber darauf hingewiesen werden, daß dies mehr eine wissenschaftsphilosophische Perspektive ist, als eine bereits ausgearbeite wissenschaftliche Realität. Wenn uns aber eine wissenschaftsnahe Philosophie auch in einer konkreten wissenschaftlichen Entscheidungssituation weiterzuhelfen vermag, ist das ein guter Beweis für die Zweckmäßigkeit solcher Untersuchungen zu den Grundlagen der Linguistik.

C. Schluß: Linguistik, Ethik, Politik

Die philosophisch-methodologische Reflexion auf Grundlagen der linguistischen Forschung hat uns mitten in einige der schwierigsten Problemgebiete hineingeführt, in denen Linguistik, Philosophie und Wissenschaftstheorie aneinander angrenzen. Unter den beiden Leitfragen nach der Empirizität und Begründbarkeit einer linguistischen Theorie, die mich im I. Teil genötigt hatten, ausführlich die dabei verwendeten Begriffe zu diskutieren und zu klären, habe ich mich im II. Teil dann darauf konzentriert, in einigen Schwerpunktaspekten die Umrisse einer linguistischen Konzeption zu entwickeln, die gute Begründungschancen haben dürfte, obwohl sie einstweilen in wichtigen Teilen des von ihr aufzuspannenden Theorienetzes noch unvollständig ist. An diesen Stellen wird das Netz vorerst, gleichsam provisorisch, von philosophischen Überlegungen zusammengehalten; doch die Bahnen sind damit vorgezeichnet, auf denen das Provisorium der Philosophie durch das fertige Produkt Wissenschaft ersetzt werden kann.

Doch auf diese Weise sind nicht nur *neue Lösungsstrategien* und Perspektiven für solche in den Blick genommen, sondern insbesondere auch eine Fülle von *neuen Problemen*. Insbesondere die Skizze einer funktionalen Linguistik hat an verschiedenen Stellen zu der Gewißheit geführt, daß die theoretischen Problemstellungen im Fundierungsbereich einer empirischen Wissenschaft wie der Linguistik nicht unabhängig von praktischen Problemstellungen gesehen und gelöst werden können. Ich habe mich zwar bewußt – mit KANT zu sprechen – im Bereich der *theoretischen Vernunft von Wissenschaft*, hier am Beispiel der Linguistik, bewegt, doch ist durch die Probleme selbst und die Lösungsstrategien, die sich hier anbieten, zumindest sichtbar geworden, daß es auch einen Bereich der *praktischen Vernunft von Wissenschaft* gibt, der bei einer sorgfältigen und nicht oberflächlichen Analyse des Bereichs der theoretischen Vernunft bereits mit manchen Problemstellungen dieses Bereichs eng verbunden ist. Ich will mich zum Schluß hiermit befassen.

Ich möchte als These folgendes behaupten:

> Untersuchungen wie die hier vorgelegte zeigen, daß die philosophischen Theorien der empirischen Wissenschaft – wie sie im Zeichen des logischen Empirismus aufgebaut und von den Vertretern der Analytischen Philosophie fortentwickelt worden sind – in grundsätzlicher Hinsicht unvollständig sind. Die analytische Wissenschaftstheorie ist in genau dem Grade unvollständig, wie sie lediglich die Struktur der theoretischen Vernunft, nicht aber die praktischen Bedingungen der Möglichkeit von theoretischer Vernunft, und damit ihre Funktion, überhaupt thematisiert.

Wenn diese These richtig ist, dann ist es notwendig, die analytische Wissenschaftstheorie dadurch zu vervollständigen, daß man sie durch eine Kritik der praktischen wissenschaftlichen Vernunft *ergänzt*. Ich spreche bewußt von „ergänzen" und „vervollständigen", da durch die zu entwickelnde Kritik der praktischen Vernunft der Wissenschaft – und also auch der Linguistik – die im theoretischen Bereich erzielten Resultate (über die erklärende Kraft von Theorien, ihren Approximationsgrad, ihre Bestätigungsfähigkeit, ihre Empirizität etc.) *nicht* außer Kraft gesetzt werden dürfen, sondern erhalten bleiben müssen. Eine Kritik der praktischen Vernunft der Wissenschaft, so schreibt Milvus M. MIGRANS, „kann und muß *ein neues Verständnis der Möglichkeit des Zustandekommens dieser Resultate* ermöglichen, aber sie kann und darf nicht das Vehikel sein, vermittels dessen eine Skepsis gegenüber der Konsistenz der theoretischen Vernunft in die wissenschaftsphilosophische Debatte eingeführt wird, deren Nährboden eher die Hoffnung auf eine idealistische Wende in der Wissenschaftstheorie einschließlich einer erneuten Auszeichnung der sog. hermeneutischen Disziplinen gegenüber den sog. empirischen und formalen Wissenschaften, als eine konsequente Widerlegung der genannten Resultate ist."[1]

Ich will mit den folgenden Schlußbetrachtungen[2] einen Beitrag zu dieser Forschungsaufgabe leisten, beschränke mich dabei aber auf sehr informelle und bewußt allgemein gehaltene Überlegungen. Am Schluß dieses Buches kommt es mir dabei darauf an zu zeigen, daß wissenschaftsphilosophische Untersuchungen zu den Grundlagen der Linguistik, die das Problem der rationalen Entscheidung für eine empirische Sprachtheorie in der Theorienkonkurrenz dieser noch keinesfalls abgeschlossenen Wissenschaft in einer vollständigen Weise ernst nehmen, im besonderen Maße auch auf Probleme der praktischen Vernunft, des moralischen und politischen Handlens, stoßen; ich nehme damit einige Sachzusammenhänge vor allem aus der Einleitung des Buches wieder auf und führe sie, nach dem Durchgang durch die wichtigsten theoretischen Sachfragen, ein Stück weiter.

Drei Bereiche praktischer Vernunft sind zu untersuchen: Linguistik, Ethik, Politik. Linguistik ist eine Wissenschaft, Ethik eine philosophische Disziplin, Politik gesellschaftssteuerndes Handeln. Haben diese drei Bereiche etwas miteinander zu tun?

In der zum Teil emotionalisiert geführten Debatte über die Beziehungen zwischen Politik und Wissenschaft – und damit auch Linguistik – ist manches nicht so differenziert worden, wie es das wissenschaftliche Bedürfnis nach Klarheit einerseits und das moralische Interesse an für eine Gemeinschaft nützlichen Handlungen andererseits verdient. So stand im Vordergrund zumeist die Konzeption einer *Politisierung von Wissenschaft*, wie sie in einer Ausrichtung von Erkenntnisinteressen auf gesellschaftlich wirklich wichtige Problemgebiete zum Ausdruck kommt.[3] In der Linguistik zeigte sich dies insbesondere in der verstärkten Hinwendung zu Fragen des schichtenspezifischen Sprachverhaltens, der kompensatorischen Spracherziehung, oft auch nur durch die Wahl besonders aufreizender Beispielsätze. Ein ganzer Zweig linguistischer Forschung, die Soziolin-

---

1 MIGRANS 1973: 1.

2 Eine erste Version dieser Gedankengänge enthält FINKE 1973, hier wesentlich überarbeitet und modifiziert.

3 Dies ist eine Version der Finalisierung von Wissenschaft, bei der die Möglichkeit des Mißbrauchs in erheblichem Umfange besteht; linguistische Beispiele werden weiter unten gegeben. Ich möchte aber betonen, daß eine politische Zweckbestimmung wissenschaftlicher Forschung keinesfalls notwendig problematisch sein muß; man denke z. B. an aktuelle Probleme der Sprachplanung in Afrika und Lateinamerika.

guistik, verdankt seine Konzeption und relativ rasche Entwicklung einem moralisch motivierten politischen Interesse. Demgegenüber haben es andere Gebiete, vornehmlich angesiedelt im Interessenfeld der traditionellen Sprachwissenschaft, aber auch im Kernbebereich der modernen theoretischen Linguistik, plötzlich schwerer gefunden, sich angesichts der drängenden Relevanzfragen zu behaupten.

Aber was ist eigentlich diese Relevanz? Sicherlich dasjenige, was die Beschäftigung mit Fragenkomplexen, die die Organisation einer Gesellschaft betreffen, für diese und die ihr angehörenden Menschen *wichtig* macht. In diesem Sinne sind ohne Zweifel die Fragestellungen etwa der Soziolinguistik von einem über die linguistikinternen Erkenntnisziele hinausreichenden Interesse. Es ist ein Interesse, das näher begründet werden muß und kann. Aber ist damit der Rahmen schon abgesteckt, der das Verhältnis von Linguistik und Politik eingrenzt? Ist nur dasjenige an der Linguistik von politischer Relevanz, was seiner *Thematik* nach einen expliziten Bezug auf politische Probleme der Gesellschaft hat?

Die nachfolgenden Gedanken versuchen plausibel zu machen, daß sich die politische Relevanz der Linguistik nicht in einer auf gesellschaftliche Fragen ausgerichteten Themenstellung erschöpft, sondern ihre Wurzeln in tieferliegenden und auf dem ersten Blick kaum für einschlägig erkannten Rollen hat, die Sprachen, ihre Gesetzmäßigkeiten und Verwendungsfunktionen für die Konstitution und Beurteilung gesellschaftlicher Strukturen spielen. Diese *‚implizite Politizität‘* der Linguistik[4] ist ein besonders interessanter Beispielfall einer für alle Wissenschaften grundsätzlich gleichen Situation. Deshalb soll das Allgemeingültige zunächst relativ ausführlich an allgemeinen Gesetzmäßigkeiten der kommunikativen Interaktion in Wissenschaftlergemeinschaften dargestellt werden, bevor der spezifische Beitrag erörtert wird, den die Linguistik qua Wissenschaft von der Sprache für die Klärung der Rollen leisten kann, die sprachliche Strukturen in diesem Kommunikationsprozeß spielen.

Ich will sagen, daß der Typus der wissenschaftlichen Kommunikation einen *Modellfall vernünftiger Interaktion* darstellt, der als solcher Modellcharakter auch für andere Bereiche besitzt. Hierin zeigt sich seine implizite Politizität. Das Bindeglied stellen einige Prinzipien dar, die, von der üblichen Wissenschaftstheorie gewöhnlich nicht ins Blickfeld genommen, von den Kommunikanden offenbar anerkannt werden, wenn sie sich auf die Spielregeln sozialer Interaktion einlassen. Ich werde die These vertreten, daß diese Prinzipien es ermöglichen zu zeigen, warum gewisse moralische Forderungen für theoretische wie praktische Zwecke nützlich sind und wie sie begründet werden können.[5]

Das Verhältnis von Wissenschaft und Politik ist seit alters Gegenstand nicht nur wissenschaftlicher Debatten. Dabei ist es eine sehr verbreitete Ansicht, daß Wissenschaft

---

4 Gelegentlich werde ich auch einfach von ‚Politizität‘ sprechen.

5 Die hier vorgestellte Auffassung besitzt nur in oberflächlicher Hinsicht einige Ähnlichkeiten mit der HABERMASschen Konzeption von Universalpragmatik und APELs Konzeption einer idealen Kommunikationsgemeinschaft (cf. HABERMAS 1971; APEL 1972, 1973). Ich werde mich mit diesen Konzeptionen nicht systematisch auseinandersetzen, aber an einigen Stellen auf die gravierenden Unterschiede zur hier vorgestellten Auffassung hinweisen. – Zur Klärung meiner Position haben wesentlich Diskussionen mit S. KANNGIESSER und S.J. SCHMIDT beigetragen. Cf. auch KANNGIESSER 1975: passim; SCHMIDT 1975: 191–247.

mit Politik möglichst wenig zu tun haben soll. Dahinter scheint die Auffassung zu stehen, daß das Wissenschaftliche und das Politische einander geradezu ausschlössen. Wissenschaft erscheint in dieser Auffassung als ein aller Tagesaktualität entrücktes Geschäft, und die Qualität ihrer theoretischen Erörterungen umso größer, je besser es den Forschern gelingt, von ihrem eigenen politischen Standort, der Subjektivität ihrer persönlichen Meinung und auch der beengenden Frage zu abstrahieren, zu was ihr Treiben womöglich nütze ist.

In den letzten Jahren ist demgegenüber wieder eine andere Tendenz stärker geworden, die ein solches Idealbild zweckfreier Wissenschaft als Illusion und auch gar nicht wünschenswerte menschliche Einstellung ablehnt. Diese, vornehmlich unter dem Schlagwort der politischen Relevanz von Wissenschaft eröffnete Diskussion hat dazu geführt, daß die Grundsatzdiskussion über das Verhältnis von Wissenschaft und Politik sowohl in der allgemeinen Wissenschaftstheorie, als auch unter den spezifischen Gesichtspunkten der einzelnen Wissenschaften neu geführt wird.[6]

Man darf wohl heute sagen, daß diese Diskussion bis jetzt mindestens zwei wichtige Ergebnisse gehabt hat. *Erstens* hat sie denen, die die These von der Unvereinbarkeit von Wissenschaft und Politik vertreten haben, insoweit Recht gegeben, als sie zweifelsfrei ausschloß, daß die Parameter irgendeines externen Zweckzusammenhanges der wissenschaftlichen Tätigkeit entscheidend oder auch nur mitentscheidend über den Wahrheitswert der Sätze mitbestimmen können, die gleichsam als Resultat der Wissenschaftsprozesse formuliert werden.

Alle prima facie als Gegenbeispiele angeführten Fälle – und die sind Legion – beweisen nur, daß diejenigen, die sie für Gegenbeispiele halten, für diese ihre Meinung denselben Wahrheitsanspruch[7] erheben, den sie gerade zu relativieren sich anschicken.

Das *zweite* Ergebnis jener Diskussion ist ebenfalls sehr wichtig und besagt, wo die die Unvereinbarkeitsthese falsch wird. Sie ist dort falsch, wo sie für die Wissenschaft einen gesellschaftsfernen politikfreien Raum reklamiert. Wenn auch der Wahrheitswert eines Satzes nicht zur politischen Disposition stehen kann, so ist es doch eine im höchsten Grade politischen Frage, auf die Erforschung welcher Teilbereiche des Lebens die beschränkten Mittel der Gesellschaft konzentriert werden sollen. Sicherlich gibt es hier für jeden betroffenen Interessenbereich auch eine wissenschaftsinterne Antwort, aber da wir leider nicht alle Interessenbereiche berücksichtigen können, müssen wir auch nach der Frage gehen, die Erforschung welcher Gebiete für eine Gesellschaft wirklich wichtig und welche anderen demgegenüber von geringerem gesellschaftlichen Interesse sind.

Dies letztere ist *eine* Bedeutung des Schlagworts von der politischen Relevanz von Wissenschaft. Es hat demgegenüber aber auch noch eine andere, kaum bemerkte, die durch die vorhin erwähnte Nichtrelativität des Wahrheitsbegriffs keinesfalls – wie oft

6 Hier denke ich vor allem an soziologische Abhandlungen zur Wissenschaftsorganisation und -entwicklung; cf. beispielsweise WEINGART (ed.) 1974. In diesem Zusammenhang sei auch auf die Dokumente des sog. Positivismusstreits der deutschen Soziologen verwiesen, als deren Protagonisten POPPER und ADORNO, sowie H. ALBERT und J. HABERMAS zu nennen sind.

7 Dieser Wahrheitsanspruch ist nicht nur eine Forderung nach Konsens der am Wissenschaftsprozeß Beteiligten, sondern eine Voraussetzung für die Möglichkeit eines solchen Konsens. – Die Wahrheitstheorie ist eines der schwächsten Teilstücke der APEL/HABERMASschen Konzeption von praxisrelevanter Wissenschaft (s. u.).

kurzsichtig angenommen wird – ausgeschlossen ist. Ich meine hiermit das Implizit-Politische der wissenschaftlichen Einstellung oder ihre Politizität . Auf sie will ich mich hier vorwiegend konzentrieren. Wenn man nämlich die Entwicklung einer wissenschaftlichen Diskussion unvoreingenommen analysiert, wird man zu der Auffassung gelangen, daß die übliche Wissenschaftstheorie nur einen Teil der Prinzipien formuliert, die die tatsächliche Organisation der von Wissenschaflergemeinschaften gesteuerten Theoriendynamik und damit des wissenschaftlichen Fortschritts regulieren. Hier seien drei Prinzipien herausgegriffen, die nicht die Wahrheit der wissenschaftlichen Sätze, sondern die Rolle betreffen, die sie im Kontext der wissenschaftlichen Forschung spielen.

Wissenschaft betreiben heißt: In eine gewissen methodologischen Grundsätzen verpflichtete Kommunikationsgemeinschaft eintreten. Da kann nicht jeder machen, was er will, sondern er muß sich den Regeln der wissenschaftlichen Kommunikation fügen. Und genau so, wie in einer Gesellschaft die allgemeine und politische Kommunikation nicht ohne die Beachtung von Prinzipien der *Toleranz, Sozialität* und *Solidarität*[8] funktionieren kann, kann auch eine auf Erkenntnis und theoretischen Fortschritts bedachte wissenschaftliche Kommunikation ohne sie nicht funktionieren. Die theoretische Einstellung impliziert nämlich gewisse praktische Einstellungen, deren Verletzung auch die Qualität der Wissenschaft in Mitleidenschaft zieht, die sie mit zu konstituieren helfen sollten.

Es liegt nun vielleicht nahe, wäre aber grundfalsch, etwa die drei genannten Eigenschaften der Handlungen von Mitgliedern einer funktionierenden Wissenschaftlergemeinschaft in dem Sinne mißzuverstehen, daß damit die Abhängigkeit der methodologischen Qualität einer Theorie von *moralischen* Einschätzungen ihrer Begründer behauptet werde. Der *Toleranzaspekt* etwa bedeutet im wissenschaftlichen Kontext ja nicht, daß man beispielsweise der Wahrheit gegenüber indifferent zu sein und auch Falschheit zu tolerieren habe. Hier ist nur Intoleranz am Platze. Aber der Besitz der Wahrheit ist keinesfalls, wie es für den Laien scheinen mag, der wissenschaftliche *Normalfall*, sondern eher eine auf glücklichen Umständen beruhende *Ausnahme*. Der Normalfall ist nicht der Besitz der wahren und endgültigen Lösung, sondern die durch den Nichtbesitz der Wahrheit notwendig bleibende Suche nach der besten Lösungsstrategie für unsere Erklärungsbedürfnisse.[9]

Was heißt dies? Es ist nichts anderes gemeint, als daß die konkurrierenden, ernstzunehmenden wissenschaftlichen Auffassungen auch als Konkurrenten um die Wahrheit ernstgenommen und in diesem Sinne toleriert werden müssen. Solange die Qualität einer wissenschaftlichen Theorie allenfalls mit Wahrscheinlichkeitsprädikaten belegt werden kann, die ihre vermutete Nähe zu einer optimalen Lösung der verhandelten Probleme

8 Ich wähle diese Ausdrücke, weil sie – jedenfalls partiell – auch schon für den Bereich der theoretischen Vernunft von Wissenschaft aufgegriffen und bei der Ausformulierung expliziter Theorien verwendet worden sind. In FINKE 1973 bin ich selbst deshalb teilweise der damit gegebenen Gefahr der Äquivokation mit moralischen Prinzipien erlegen, die beispielsweise GRICE 1968 mit Vorbedacht vermeidet. Cf. das folgende.

9 Cf. CARNAP 1947 (1956⁴) Es ist sehr fraglich, ob ein Begriff wie „wahre Theorie" überhaupt sinnvoll ist. – Ich bin mir bewußt, daß die hier vorgetragene Auffassung gewisse Ähnlichkeiten mit POPPERs von KUHN und anderen teilweise zu recht kritisierten Theorie der Wahrheitsnähe besitzt, betone aber im Unterschied zu POPPER den Strategiecharakter von Theorien und im Unterschied zu KUHN die Falschheit von dessen Inkommensurabilitätsthese.

kennzeichnen, ist die Toleranz gegenüber der konkurrierenden Theorie nicht nur eine nette Beigabe besonders netter Wissenschaftler, sondern für das Funktionieren des wissenschaftlichen Fortschritts unverzichtbar. Wer in einem Rennen gewettet hat, wird sich auch nicht leisten können, die bei der Hälfte nicht ganz vornliegenden Teilnehmer zu vergessen; da hat es schon viele Enttäuschungen gegeben. Das Rennen der Wissenschaft ist aber (fast) immer im vollen Gange und Intoleranz nur in jenen vergleichsweise seltenen Fällen am Platze, wo die Falschheit oder Unterlegenheit einer Lösungsstrategie (nahezu) zweifelsfrei feststeht.

Wie kommt dies? Es hängt damit zusammen, daß Wissenschaft kein Ein-Mann-Betrieb ist. Wissenschaft ist eine Form gemeinschaftlichen Handelns und sogar eine der wichtigsten. Neben dem Gesichtspunkt der Toleranz kann zum Beispiel ein anderer aus der Organisation des wissenschaftlichen Fortschritts nicht herausgenommen werden, ohne ihm Schaden zuzufügen. Es ist ein *Sozialitätsaspekt*, denn Wissenschaft ist eine auf funktionierende Intersubjektivität hin angelegte Tätigkeit. In der Regel vertrete ich nicht selbst auch die mit meiner Auffassung konkurrierende Auffassung, obwohl auch dies möglich ist. Und in fast jedem Falle ist ein Wissenschaftler, in ständig zunehmendem Maße, auf die Zusammenarbeit mit anders und ähnlich spezialisierten Kollegen *angewiesen*, wenn er wissenschaftlich lernen will. Die Zeit der absoluten wissenschaftlichen Originalität und Genialität ist längst vorbei. Ein heutiges wissenschaftliches Genie, als das ein CHOMSKY für die moderne Linguistik nahezu unbezweifelt gilt, bemißt sich eher durch die Klugheit, die vielfältigsten wissenschaftlichen Vorarbeiten anderer für die eigene Kreativität und wissenschaftliche Phantasie nutzbar machen zu können. Der Sozialitätsaspekt bedeutet also im wissenschaftlichen Kontext nicht primär eine soziale Einstellung gegenüber den wissenschaftlichen Kollegen, sondern das Angewiesensein auf seine wissenschaftliche Meinung, das Angewiesensein auf die Intersubjektivität des Lernens von anderen, die sich den gleichen Regeln der wissenschaftlichen Kommunikation verpflichtet wissen.[10]

Dies aber führt zu einem dritten Aspekt wissenschaftlichen Handelns hin, einem *Solidaritätsaspekt*, der auf eine Verbindlichkeit von einmal in den Wissenschaftsprozeß eingebrachten Auffassungen hinweist. Wer jeden Tag seine Meinung ändert, kann als Wissenschaftler ebensowenig akzeptiert werden, wie ein Mensch, der sich nicht bemüht, eingegangene Verpflichtungen auch zu erfüllen. Zwar besagt der Toleranzaspekt – der ja auch zugleich ein Intoleranzaspekt ist –, daß für falsch oder unbrauchbar erkannte

---

10 Dieser Sozialitätsaspekt aller Wissenschaft, also die Tatsache, daß Forschung im Rahmen einer Wissenschaftlergemeinschaft stattfindet, die in zahlreiche Forschergruppen gegliedert ist, wird von der Transzendentalhermeneutik zu dem Versuch einer *apriorischen Letztbegründung* von Wissenschaft und Philosophie benützt. Eine unbegrenzte, kritische, ideale Kommunikationsgemeinschaft, real (noch) nicht verwirklicht, jedoch eine angeblich notwendige Bedingung für das Zustandekommen jeglicher Form von Kommunikation, müsse „kontrafaktisch" vorausgesetzt werden, wenn die Möglichkeit von Kommunikation und Wissenschaft erklärbar sein soll, sagt APEL (1973: 18 f.). Eine solche Konzeption, die durch ein ungebrochenes Vertrauen auf notwendige und nichtempirische Fundamente allen Wissens gekennzeichnet ist, verkennt völlig die Schwierigkeiten, aber auch den Bedarf, die einer apriorischen Letztbegründung entgegenstehen. Auch ich bringe meine hier skizzierte Position weiter unten in Zusammenhang mit dem philosophischen Transzendentalismus KANTs, jedoch mit einigen entscheidenden Modifikationen.

Auffassungen nicht weiter vertreten werden sollen; doch dies ist, wie wir gesehen haben, nicht der Normalfall. Der Normalfall ist der gemeinschaftliche, oft in Alternativen vorangetriebene Versuch, aus Fehlern zu lernen und neue Ideen auszusprobieren. Dies aber setzt voraus, daß man sich auf die Verbindlichkeit wissenschaftlicher Kommunikation verlassen kann. Zwar sind bisweilen Überprüfungsaktionen ratsam, doch dienen auch sie nur dazu, die zu überprüfenden Faktoren als so *verbindlich* zu erweisen, daß man beruhigt mit ihnen arbeiten kann. Dabei ist mit dieser Verbindlichkeit keinesfalls nur die spezielle Verbindlichkeit der Wahrheit gemeint, sondern auch und gerade die Verbindlichkeit jeder Auffassung, die für wert erachtet wird, publiziert oder anderweitig in die wissenschaftliche Diskussion eingeführt zu werden.

Diesen drei Aspekten von Wissenschaft entsprechen somit offenbar *Prinzipien der wissenschaftlichen Kommunikation*, die nicht nur Prinzipien der *theoretischen* Vernunft der Wissenschaft sind, sondern solche einer *praktischen* Vernunft. Dies muß aber nicht eo ipso bedeuten, daß es sich hierbei um *moralische* Prinzipien handelt, die wissenschaftliche Theorienbildung und -entwicklung also ‚letztlich' auf eine moralische Basis zurückgeführt werden müßte. Ich behaupte vielmehr, daß die Wissenschaftstheorie bislang weitgehend übersehen hat, daß es eine *praktische Vernunft wissenschaftlichen Handelns* gibt, die nichtmoralisch ist und das Handeln der Menschen mitsteuert, die die Wissenschaftsprozesse tragen. Die These ist, daß es wissenschaftstheoretische Prinzipien gibt, die nicht nur wünschenwerte Eigenschaften von Wissenschaftlern ausdrücken, sondern etwas über die Natur der tatsächlichen wissenschaftlichen Arbeit aussagen. Nach ihnen richten sich alle ernsthaften Wissenschaftler, ganz unabhängig von ihrer moralischen oder politischen Einstellung. So kann es sein, daß jemand die Intoleranz predigt, von Sozialität nichts wissen will und absolute Freiheit der Solidarität vorordnet; wenn er zugleich ein guter Wissenschaftler ist, wird er in diesem Bereich und vielleicht unbewußt doch diesen Prinzipien folgen. Wir können ihm dann allerdings zu Recht *auch moralische* Kurzsichtigkeit vorwerfen.

Offenbar handelt es sich bei solchen regulativen Prinzipien des wissenschaftlichen Handelns um *nützliche* Prinzipien für das Zustandekommen und die Aufrechterhaltung der wissenschaftsinternen Kommunikation, und dies legt es nahe, danach Ausschau zu halten, ob es nicht auch in anderen Bereichen sozialer Interaktion ähnliche Prinzipien zu entdecken gibt, deren Befolgung für die allgemeinen Interessen einer Kommunikationsgemeinschaft von Nutzen ist. Hier ist es wichtig, sich daran zu erinnern, daß der Bereich möglicher Wissenschaft und der Bereich eines rationalen Verhaltens gegenüber Problemstellungen zusammenfallen; aber während es im Bereich faktischer Wissenschaft weitgehend üblich ist, die Prinzipien der wissenschaftlichen Vernunft zu befolgen, gilt dies für das Umgebungsfeld und die hierfür jeweils inhaltlich eingegrenzten Prinzipien praktischer Vernunft keineswegs im gleichen Maße. Der Nutzen ist hier – im Unterschied zum Bereich faktischer Wissenschaft – meist nicht ebenso eindeutig definiert und akzeptiert; welches die Bedeutung des utilitaristischen Grundprinzips „Das größte Glück der größten Zahl" ist, muß in jedem konkreten einzelnen Fall durch die Abwägung von Interessen und Bedürfnissen neu ermittelt werden. Dies ist erstens mühevoll und verlangt zweitens oft – wenn auch nicht immer – rationale Entscheidungen, die das eigene Interesse gegenüber einem anderen zurückstellen.

Mir scheint, daß überall dort, wo die rationale Entscheidung getroffen wird, Prinzipien praktischer Vernunft zu befolgen, eine *moralische* Entscheidung getroffen wird. Dies bedeutet, daß auch die Entscheidung für die regulativen Prinzipien der wissenschaftlichen Kommunikation eine moralische Entscheidung ist, wenn auch diese Prizipien selbst nur solche einer praktischen Vernunft der wissenschaftlichen Arbeit und keine moralischen Prinzipien sind. Es ist aber z. B. ein moralisches Prinzip, sich für die Prinzipien der praktischen Vernunft der Wissenschaft zu entscheiden, weil diese für die Erweiterung wissenschaftlicher Erkenntnis von Nutzen sind. Moralität ist nur dort im Spiel, wo rationale Entscheidungen getroffen werden, aber nicht jede rationale Entscheidung ist auch eine moralische Entscheidung.[11]

Prinzipien der praktischen Vernunft finden nicht nur eine Anwendung in der Wissenschaft, sondern auch im allgemeinen sozialen und politischen Handeln. Die Entscheidung für sie ist allemal eine moralische Entscheidung. Die Toleranz gegenüber der gleichberechtigten Individualität rechtfertigt politische Maßnahmen gegen Herrschaftsansprüche, die diese gefährden, das gesellschaftliche Aufeinanderangewiesensein Maßnahmen gegen die Flucht aus der gemeinsamen Verantwortung.

Der hier entwickelte Zusammenhang zwischen Wissenschaft, Moral und Politik sieht also vor, daß es Prinzipien praktischer Vernunft gibt, die sowohl in der Wissenschaft als in der Politik de facto wirksam sind und, bis zu einem gewissen Grade, nicht suspendiert werden können. Die Entscheidung, sie zu befolgen, ist moralisch, jedoch soll dies Moralprinzip selbst hier nicht begründet werden; dieses kann nur im Rahmen einer Ethik geschehen. Hier kommt es lediglich darauf an, daß z. B. Toleranz, Sozialität und Solidarität sowohl in der Wissenschaft, als in der Politik tatsächlich eine *konstitutive Rolle* spielen. Sie tragen zur Konstituierung funktionsfähiger Formen der gesellschaftlichen Kommunikation bei, die durch sie jene Minimalstabilität erhalten, ohne die weder wissenschaftliches noch politisches Handeln ihre gesellschaftliche Funktion ausüben könnten.

Wissenschaft ist selbst ein Politikum: Sie findet in einer politisch strukturierten Welt statt, in teilweiser Abhängigkeit von politischer Förderung und meist unter gesellschaftlichen Bedingungen, die nicht von der konsequenten Anwendung moralischer Prinzipien zeugen. Hier ist die Wissenschaft selbst angesprochen, denn wer für die Stabilisierung seiner eigenen Kommunikationsform die moralische Entscheidung zugunsten der praktischen Vernunft reklamiert, kann kaum bei ihrer Nichtanwendung in anderen wichtigen Angelegenheiten der Gesellschaft ein Auge zudrücken. Hier bleibt der Wissenschaft kein unpolitischer Freiraum, gleichsam ein politikfreies Laboratorium, wo ihre Protagonisten nur der Wahrheit auf der Spur sein könnten.

Die Gültigkeit der Prinzipien praktischer Vernunft sowohl für das Funktionieren von Wissenschaft, wie aller anderen Formen einer rationalen gesellschaftlichen Praxis, verbindet die Wissenschaft nicht nur äußerlich, sondern *tief in ihrem Innern* mit der Politik. Sie macht das implizit Politische der Wissenschaft oder ihre Politizität aus. Die wissenschaftliche Einstellung ist nicht apolitisch. Sie ist nicht toto coelo von der politischen verschieden, sondern benutzt zum Teil die gleichen Prinzipien, die auch für jene gelten,

---

11 Ich widerspreche hier beispielsweise der Ethikkonzeption von LORENZEN (cf. LORENZEN 1969).

im Prozeß ihrer Theorieentwicklung. Wer Wissenschaft gegen die Prinzipien der Toleranz, Sozialität und Solidarität zu betreiben versucht, wird nicht nur als Wissenschaftler scheitern, sondern sich auch vorwerfen lassen müssen, das Funktionieren der wissenschaftlichen Kommunikation in Gefahr zu bringen. Wer leichtfertig oder wissentlich Falsches in die Verbindlichkeit einer wissenschaftlichen Diskussion einbringt, handelt nicht weniger unverantwortlich als ein Politiker, der seine Entscheidungen auf unzureichende Lagebeurteilung gründet. Wer sich nicht der anstrengenden Prozedur der logischen Disziplinierung seines wissenschaftlichen Sprachgebrauchs zu unterziehen bereit ist, setzt sich nicht nur selbst der Gefahr aus, wissenschaftlich mißverstanden zu werden, sondern es behindert alle. Wer, was er behauptet hat, nicht auch zu verteidigen bereit ist oder was er angegriffen hat, nicht auch zu begründen, ist nicht nur wissenschaftlich untragbar, sondern er verletzt Verpflichtungen, die er zumindest implizit übernommen hat, als er etwas behauptete oder etwas kritisierte. Die Ausformung der wissenschaftlichen Kommunikation ist keine Selbstverständlichkeit, sondern das Ergebnis kreativer menschlicher Arbeit. Wenn Prinzipien einer praktischen Vernunft der Wissenschaft bisher in der Wissenschatstheorie nicht auftauchen, kann es gerade deshalb sein, weil sie Wissenschaft zu Unrecht als moralisch neutrale Tätigkeit mißverstanden hat. *Ethik und Wissenschaftstheorie gehören enger zusammen, als uns vielleicht heute bewußt ist.*

Schauen wir uns nun das Beispiel der *Linguistik* an. Die Linguistik hat, insgesamt gesehen, einen recht hohen, in ihren einzelnen Teiltheorien aber unterschiedlichen Politizitätsgrad. Dies bedeutet, daß die Gesetze der sprachlichen Kommunikation, wie sie von der Linguistik untersucht werden, in einem besonders starken Maße soziale, kulturelle und politische Systeme prägen.

Der insgesamt gesehen relativ hohe Politizitätsgrad der Linguistik liegt in ihrem Thema, der *Sprache*, begründet. Die Erforschung der Sprachfähigkeit, der Systeme, die auf ihrer Grundlage erzeugt sowie der Verwendungsbedingungen und Zwecke, die diesen Systemen zugeordnet werden können, ist die Erforschung eines singularen Instrumentariums, dessen Besitz bestimmte lebende Oraganismen vor anderen Gegenständen auszeichnet und ihren zum guten Teil ihre Überlegenheit über diese verschafft hat. Aber schon *pflanzliche* Lebewesen verfügen über gewisse primitive Kommunikationsmittel. Wenn man etwa an die biochemischen Veränderungen denkt, die ein pflanzlicher Organismus in dem Milieu vornimmt, das er bewohnt — Wurzelsekretion in Böden, Redoxvorgänge in limnischen Systemen — oder an morphologische Eigenschaften mit Signalcharakter — Blattformen und -farben, Wuchsformen —, dann kann man dies als System auffassen, die für andere pflanzliche oder tierische Organismen wichtige und dekodierbare Informationen übertragen können.[12]

Interessanter sind in linguistischer Hinsicht schon Systeme *tierischer* Kommunikation, für die auch z. T. bereits ihre Einordnung als Sprachen üblich geworden ist. Kommt zudem noch eine staatsähnlich organisierte Gesellschaftsstruktur hinzu, wie bei vielen hierdurch bemerkenwerten Insekten, aber auch bei höheren Tieren in Schwärmen, Gruppen, Herden und Familien, ist die enge Verflechtung von tierbezogener Sprachbiologie

12 Cf. THIENEMANN 1956; WALTER 1973.

und Sprachsoziologie offenkundig. Die gesellschaftliche Organisation in Fischschwärmen scheint beispielsweise weitgehend mit der Sprache identisch zu sein, zu der sie fähig sind.[13]

Man sollte die Komplexität solcher Kommunikationssysteme nicht unterschätzen, wenn man die Gewißheit äußert, daß die Komplexität der *menschlichen* Sprache noch erheblich größer ist. Gründe für diese Gewißheit gibt es freilich mehrere, von denen die drei vielleicht wichtigsten genannt seien. Der *erste* ist die erstmals von HUMBOLDT ausgesprochene Einsicht, daß die menschliche Sprache einen unendlichen Gebrauch von endlichen Mitteln macht und seine in diesem Zusammenhang geäußerte These vom Energeia-Charakter der menschlichen Sprache. Dies scheint so für Tiersprachen nicht zu gelten und impliziert jedenfalls einen erheblichen Komplexitätszuwachs der Systeme. Es handelt sich um dynamische, veränderbare Systeme, deren Veränderung durch die Kommunikationsbedürfnisse des Menschen gesteuert wird. Tiersprachen scheinen aufgrund der viel höheren Stabilität tierischer Kommunikationsbedürfnisse vergleichsweise stabile Systeme zu sein. Man könnte dies eine *systaktische* Eigentümlichkeit der menschlichen Sprache nennen.[14]

Die *zweite*, für einen erneuten Komplexitätszuwachs verantwortliche Eigentümlichkeit der menschlichen Sprache ist die Tatsache, daß wir mit ihrer Hilfe über etwas reden können, ohne hierdurch automatisch zu gewissen Reaktionen oder Handlungen gezwungen zu sein. Eine Sprache dieser Art ermöglicht überhaupt erst die Ausformung theoretischer Kommunikationsformen und dadurch die Etablierung von Wissenschaft. So können wir insbesondere – und das macht den Unterschied zu den Tiersprachen schlagartig deutlich – auch über die Sprache selbst sprechen und uns auf diese Weise sogar neue Sprachen konstruieren. Dies ist eine *semantische* Eigentümlichkeit der menschlichen Sprache.

Die *dritte* Eigentümlichkeit nun, welche abermals für einen erheblichen Komplexitätszuwachs der menschlichen Sprache gegenüber den Tiersprachen verantwortlich ist, kann erstmals das in den Blick bringen, was ich als das implizit Politische an der Wissenschaft herausgestellt hatte. Dabei sieht es zunächst so aus, als ob diese Eigentümlichkeit, die ich eine *pragmatische* nennen will, uns schon von Tiersprachen, ja bereits von den Informationssystemen der Pflanzen wohlbekannt ist. In der Tat scheint dies für einen Teilbereich des Pragmatischen zuzutreffen, der insofern dann auch den ältesten biogenetischen Zustand markiert. Gemeint ist der *perlokutionäre* Aspekt sprachlicher Kommunikation,[15] also der Bereich alles dessen, was auf sprachliche Veranlassung hin an sprachlichen oder nichtsprachlichen Handlungen geschieht.

Doch haben die menschlichen Sprachen auch im Bereich des Pragmatischen eine wessentliche Differenzierung hinzugewonnen. Sie haben den performatorischen Aspekt von Sprache in einem Maße in das individuelle und gemeinschaftliche Leben integriert, das zwar nicht der vollständigen Integration von Tiersprachen und Tierleben nahekommt, aber dafür etwas ganz anderes neu zu schaffen erlaubt: die *sprachlichen Fakten*. Es sind

---

13 Cf. EIBL-EIBENSFELDT 1972; BURKWARDT 1972.

14 Zum Thema syntaktische Komplexität cf. BARTSCH 1975.

15 Zum Begriff der perlokutionären Handlung cf. AUSTIN 1962.

nicht nur Tatsachen, daß 333 v. Chr. bei Issos eine Schlacht stattfand, oder daß England im 19. Jahrhundert die führende Bergsteigernation war. Es sind auch Tatsachen, daß Cäsar gesagt hat: „Alea iacta est", oder ich gestern Renate versprochen habe, endlich mein Kapitel über Transformationsgrammatik zu schreiben. Die Integration von Sprache und Leben ermöglicht es, die sprachlichen Tatsachen genauso in unser Planen und Handeln mit einzubeziehen wie die anderen, ‚normalen' Tatsachen. Die charakteristische Komplizierung des Pragmatischen liegt in der Ausdifferenzierung einer Reihe von verschiedenartigen sprachlichen Handlungen, die man in Form von *Sprechakten*, wie warnen, behaupten, versprechen, befehlen, wünschen, ankündigen etc. linguistisch separiert und analysiert.

Man kann im Bereich der linguistischen Pragmatik die Sprache nicht von dem trennen, was wir mit ihr als Tatsache etablieren. *Schon hier verändert Sprache die Welt*, jedenfalls in dem Sinne, in dem Sprechen Handeln ist. Dies war mit der These gemeint, daß die Linguistik qua Wissenschaft von Sprache und Sprechen, insgesamt gesehen, einen relativ hohen Politizitätsgrad besitzt. Sprachen sind Lebensformen; sie determinieren unsere Weisen, die Wirklichkeit zu sehen, doch darüberhinaus determinieren sie auch die Wirklichkeit selbst: die Wirklichkeit sozialer, kultureller, ethnischer und politischer Systeme.

Ich will nun versuchen, etwas genauer einzugrenzen, worin das implizit Politische der Linguistik liegt, um auf diese Weise zu den drei Prinzipien zurückzufinden, die ich als Beispiel für Prinzipien der praktischen Vernunft aller wissenschaftlichen Kommunikation genannt hatte.

Das implizit Politische der Wissenschaft beruht auf dem von der sonstigen moralischen Einstellung eines Wissenschaftlers unabhängigen Akzeptieren gewisser Prinzipien, die einen vernünftigen Ablauf des Wissenschaftsprozesses genauso ermöglichen, wie andere und allgemeinere Prozesse der gesellschaftlichen Kommunikation. Wer sie akzeptiert, handelt moralisch, denn er trifft eine rationale Entscheidung, die in seine Verhaltensweisen anderen gegenüber eine Verbindlichkeit einführen, auf die man sich muß verlassen können, wenn man untereinander einen funktionsfähigen Kommunikationsprozeß aufbauen will. Die wissenschaftliche Kommunikation stellt in dieser Hinsicht ein Modell rationaler Kommunikation in einer Gesellschaft überhaupt dar, denn sie sondert genau solche Prinzipien aus den vielfältigen Regeln menschlicher Kommunikation aus, die es erlauben, die Kommunikationsbedürfnisse von Individuen zu erfüllen, welche an einer nützlichen Organisation des Interaktionssystems interessiert sind, nützlich für alle diejenigen, die an den Prozessen des Systems beteiligt sind. Man kann daher von *Bedingungen sprachlicher Interaktion* sprechen, die für die, welche sich für sie entscheiden, die insgesamt gesehen optimale Abdeckung eines Kommunikationsbedarfs sichern. Eine dieser Bedingungen ist Forderung nach Toleranz gegenüber allen Kommunikationsteilnehmern im Hinblick auf ihren gleichberechtigten Interessen. Eine zweite Bedingung ist die Forderung nach Sozialität gegenüber allen Kommunikationsteilnehmern im Hinblick auf ihre gesellschaftlich relevanten Handlungen. Eine dritte Bedingung ist die Forderung nach Solidarität gegenüber allen Kommunikationsteilnehmern im Hinblick auf die ihnen gegenüber eingegangenen Verpflichtungen. Ich spreche hier von *Forderungen*, weil sich aus der rationalen Entscheidung dafür, seine Beiträge zu den Handlungen des Interaktionssystems nach solchen Prinzipien auszuführen, für jeden Beteiligten die *moralische Verpflichtung* ergibt, diese Entscheidung auch konsequent zu befolgen. Jeder wird nämlich vom anderen erwarten dürfen, daß dieser im Interesse der Funktionsfähigkeit des Interaktionssystems zu den Entscheidungen steht, die er bewußt getroffen hat.

Wenn wir uns also fragen, worin — zunächst einmal allgemein gesprochen — das implizit Politische oder die Politizität der Linguistik eigentlich besteht, dann kommen wir auf die Antwort, daß dies das ist, was man die *transzendentale Funktion ihres Gegenstandes Sprache* genannt hat. Diese Funktion der Sprache, also der Anteil, den sie an der Konstitution der Wirklichkeit und der Handlungen hat, mittels derer wir diese Wirklichkeit zu erkennen und zu verändern uns bemühen können, erscheint als der eigentliche Sitz des Moralischen und damit des implizit Politischen auch in der Wissenschaft von der Sprache.

Dies mag verwunderlich erscheinen. Der transzendentale Gedanke, wie er ursprünglich von KANT als das Begründungsprinzip einer neuen philosophischen Methode entwickelt worden ist, scheint auf den ersten Blick so unpolitisch zu sein, wie nur eine Theorie unpolitisch sein kann. Im Bereich der theoretischen Vernunft ist dies auch ohne Zweifel richtig. Ich habe aber plausibel zu machen versucht, daß die Handlungen der Menschen im Bereich der theoretischen Vernunft bereits durch Prinzipien praktischer Vernunft gesteuert werden können, deren Akzeptieren moralische Verpflichtungen zur Konsequenz hat. Wir müssen sehen lernen, daß die transzendentale Funktion von Sprache ein Politikum in dem Sinne ist, als sie die Auffassungen der Menschen von der Wirklichkeit, die Darstellungen, die sie davon geben, sowie die Möglichkeiten betrifft, diese Wirklichkeit nach eigenen Willen zu formen und zu verändern. Denn wenn es wahr ist, daß wir überhaupt Einflußmöglichkeiten auf die Gestaltung der Wirklichkeit haben, und es außerdem wahr ist, daß die Wirklichkeit immer schon sprachlich vermittelt ist, daß muß es von großem allgemeinen Interesse sein, die sprachlichen Bedingungen kennenzulernen und zu studieren, unter denen sich Menschen mit der Wirklichkeit auseinandersetzen und soziale Systeme kommunikativer Interaktion aufbauen können.

Ich will hier kurz auf den Unterschied meines Begriffs der transzendentalen Funktion der Sprachen zu dem der sog. Transzendentalhermeneutik eingehen. Er besteht — knapp gesagt — darin, daß ich auch transzendentale Bedingungen für veränderbar halte und auch nicht ausschließe, daß es unterschiedliche Systeme solcher Bedingungen gibt. Der gesamte Phänomenbereich von Sprachverschiedenheit und Sprachveränderung wird von der mit allzu vereinfachten Sprach- und Linguistikmodellen operierenden Transzendentalhermeneutik praktisch nicht erfaßt. Die Struktur und der Zweck *diachroner Sprachprozesse* sind für eine mit Begriffen wie Unentrinnbarkeit, Idealität, Notwendigkeit und Kontrafaktizität arbeitende Sprachtheorie nicht oder nur empirisch völlig inadäquat erklärbar. Eine apriorische Letztbegründung von Sprache, Kommunikation und Linguistik ist ebenso unnötig, wie wahrscheinlich unmöglich. *Was wir brauchen, sind empirische Forschungen, nicht nichtempirische Metatheorien.* Der Linguistik ist mit diesen nicht gedient, weil sie ein falsches Selbstverständnis dieser Wissenschaft implizieren, und der Philosophie der Linguistik dienen sie nicht, weil sie ziemlich unkritisch wiederzubeleben versuchen, was von der modernen Kantforschung und Wissenschaftsphilosophie wohl für immer verabschiedet worden ist. Auch KANT, der ein Nichtdogmatiker sein wollte, war ein Dogmatiker, nur raffinierter als die, die er so nannte.

Weshalb aber berufe ich mich dennoch auf KANT? Aus zwei Gründen. *Erstens*, weil er einen Begriff der praktischen Vernunft formuliert hat, der – wie ich meine – nicht nur die Ethiker, sondern auch die Wissenschaftstheoretiker interessieren sollte, und *zweitens*, weil eine tranzendentale Argumentation *nicht* in eine apriorische, mit Notwendigkeit geltende und unveränderliche Theorie einmünden muß. Hier gibt es mehrere Auswege; ich beschränke mich auf einen.

Es ist möglich, auf den Begriff der Apriorizität im Zusammenhang mit empirischer Wissenschaft überhaupt zu verzichten; man darf nur nicht glauben, damit auch auf Untersuchungen über die Bedingungen der Möglichkeit von etwas verzichten zu müssen. Hier tut sich eine Lösung dann auf, wenn man sieht und akzeptiert, daß es neben *notwendigen* auch *nicht-notwendige, kontingente* Bedingungen der Möglichkeit von, beispielsweise, funktionierender sprachlicher Kommunikation gibt. Diese zu untersuchen, ist eine ebenso transzendentale, wie empirische Aufgabe: transzendental, weil sie eine Theorie konstitutiver Bedingungen sprachlicher Kommunikation anstrebt, empirisch, weil die Behauptung, es gäbe Ausschnitte der Wirklichkeit, die als Modelle der Struktur dieser Theorie dienen könnten, durch empirische Untersuchungen bestätigt- bzw. widerlegbar ist. Anstatt – wie die Transzendentalhermeneutiker – die Aprioris zu sammeln, sollten wir empirische Hypothesen und theoretische Alternativen sammeln.[16] Ich kehre zurück zu meinem eigentlichen Thema.

Die Behauptung ist: Die transzendentale Funktion menschlicher Sprache hat moralische Implikate für den, der die Gesetze akzeptiert, unter denen eine für den Kommunikationsbedarf einer Gesellschaft optimal nützliche Organisation der sprachlichen Interaktion steht. Diese Gesetze oder Prinzipien aber sind Bedingungen der Möglichkeit, die soziale Wirklichkeit zu gestalten, und damit implizit politische Faktoren.

Die Linguistik hat, gemeinsam mit ihrem weniger theoriegebundenen und darum prinzipiell vorurteilsfreien Vorreiter Sprachphilosophie ohne Zweifel auch die Aufgabe, diese Faktoren zu untersuchen. Das implizit Politische der Wissenschaften verbindet sich also bei der Linguistik sogar noch mit dem Thema, das sie zu bearbeiten hat. Nicht nur die allgemeinen Prinzipien der wissenschaftlichen Kommunikation, nach denen sie genauso verfährt, wie jede andere Wissenschaft auch, machen ihre Politizität aus, sondern auch die transzendentale Funktion ihres speziellen Gegenstandes, die eine unmittelbare strukturierende Wirkung auf die Gesellschaft und die sie verändernden Kräfte hat. Ich will, in Analogie zu den anfangs diskutierten drei Prinzipien, bezüglich dreier Theoriegebiete der Linguistik skizzieren, in welcher Beziehung die Politizität der Linguistik zu einzelnen linguistischen Fragestellungen und damit zu ihrer externen politischen Rolle steht.

Der hohe Grad impliziter Politizität der Linguistik beruht vor allem auf dem *pragmatisch-funktionalen* Aspekt ihres Gegenstandes Sprache, wie er in dem konstruktiven Charakter ihrer transzendentalen Funktion zum Ausdruck kommt. Dieser konstruktive

16 Es gibt inzwischen mehrere gute Grundsatzkritiken der Theorien von GADAMER und APEL, sowie der verwandten Theorien von HABERMAS und LORENZEN. Für die hier besonders einschlägige Theorie APELs nenne ich vor allem KRÜGER 1970, SCHNELLE 1973, GÖTTNER 1973 und SCHMIDT 1975. – Im Zusammenhang der Aprioritätsdiskussion verweise ich auf die interessante Theorie KRIPKEs (KRIPKE 1972).

Charakter äußert sich in dem Anteil, den die Sprache an der Auffassung und Strukturierung der Wirklichkeit hat. Als erster hat dies in einem systematischen Zusammenhang Wilhelm von HUMBOLDT ausgesprochen, der in seiner berühmten Abhandlung „Über die Verschiedenheit des menschlichen Sprachbaues und ihren Einfluß auf die geistige Entwicklung des Menschengeschlechts“[17] eine Theorie der Wirklichkeit entwarf, die eine sprachspezifische Relativierung des Wirklichkeitsbegriffes vorsah. In der Tat scheint die moderne Sprachphilosophie und Linguistik eine solche Auffassung, unter Befreiung von ihrem spekulativen und romantischen Beiwerk, mit neuen Argumenten stützen zu können. Und nachdem sich die Linguisten bereits seit einiger Zeit wieder intensiv um die Erforschung sprachlicher Universalien bemühen, dürfte es nunmehr an der Zeit sein, sich auf diesem Hintergrund und versehen mit den neuen Methoden nun auch an die Erforschung der anderen Seite der Medaille zu begeben: an eine Theorie der Sprachverschiedenheit.

Eine solche Theorie nun, für die es bereits eine Fülle von Einzelheiten vornehmlich aus der historisch-vergleichenden Sprachwissenschaft auszuwerten gäbe, würde – und das ist hier der Punkt – ein *linguistisches Relativitätsprinzip* zu formulieren haben. Dabei ist in erster Linie immer an den Bereich der starken Sprachverschiedenheit gedacht, jedoch muß auch die schwache Sprachverschiedenheit in dieser Theorie erklärt werden.

Beschränken wir uns auf den Beispielfall der einzelnen natürlichen Sprachen als realisierte Alternativen der Wirklichkeitskonstitution, wie sie Völkern als Kommunikationsgemeinschaften zugeordnet sind.

Eine wichtige Beobachtung ist die, daß diese Zuordnung zwar de facto zunächst in der Regel eine eindeutige ist, im Prinzip aber durchaus eine einmehrdeutige, mehreindeutige und mehrmehrdeutige ersetzt werden kann.[18]

Nicht nur können eine Gesellschaft in mehreren alternativen Sprachen kommunizieren bzw. mehrere Gesellschaften sich nur einer Sprache dabei bedienen, sondern verschiedene Gesellschaften können sich verschiedener Sprachen in unterschiedlicher und veränderlicher Zuordnung bedienen. Wir müssen hier an das seither oft trivialisierte Wort HUMBOLDTs denken, daß jede Sprache eine bestimmte Weltansicht inkorporiere und die Erlernung neuer Sprachen auch neue Weisen der Wirklichkeitskonstitution aufschließt. Hieraus scheint die *moralische* Forderung abgeleitet werden zu können, den Menschen diesen Zugang zu einer Erweiterung ihres Bewußtseins zu ermöglichen und dafür politische Maßnahmen zu treffen. Wie aber funktioniert dieses Argument genau?

Eine genaue Analyse zeigt hier, daß es nicht einfach ist, es schlüssig zu begründen. Andererseits gibt es ein berechtigtes moralisches Interesse an einer solchen Begründung. Die Schwierigkeit liegt insbesondere in zwei Punkten, einem linguistischen und einem philosophischen. Die *linguistische* Schwierigkeit beruht auf der Tatsache, daß wir noch keine befriedigende linguistische Theorie der Sprachverschiedenheit besitzen, und die *philosophische* Schwierigkeit ist das alte Problem, wie an Tatsachenaussagen moralische Forderungen angeschlossen werden sollen.

---

17 HUMBOLDT 1836.

18 Aus diesem Grunde habe ich im formalen System von Sprache-Welt-Beziehungen, das ich in FINKE 1974: dargestellt habe, vier Ebenen der Mannigfaltigkeit unterschieden. Cf. auch FINKE (im Druck).

Beginnen wir mit letzterem, so könnte die Theorie der Kommunikationsprinzipien vielleicht einen neuen Aspekt in dieser Debatte angeben. Wenn wir uns für eine funktionierende wissenschaftliche und auch sonstige Kommunikation nämlich ohnehin darauf einstellen, gewissen Bedingungen zu genügen, die die optimale Deckung eines bestehenden Kommunikationsbedarfs allererst ermöglichen, dann werden auf diese Weise typische, eine Kommunikationsgemeinschaft mitkonstituierende Verbindlichkeiten eingeführt, die die berechtigte Erwartung eines jeweils adäquaten Verhaltens implizieren. Das setzt aber voraus, daß den Kommunikationsteilnehmern Möglichkeiten gegeben werden, sich über Standpunkte und Meinungen der jeweils anderen zu informieren. Wir haben mit den Prinzipien der Kommunikation dann auch die Verpflichtung akzeptiert, dafür Sorge zu tragen, daß die Bedingungen, unter denen ein Kommunikationsprozeß zustandekommen kann, überhaupt bestehen.[19]

Was die linguistische Schwierigkeit, noch nicht über eine befriedigende Theorie der Sprachverschiedenheit zu verfügen, anbetrifft, so muß das in ihr zu formulierende linguistische Relativitätsprinzip mit linguistischen Universalien in dem Sinne verträglich sein, als es die *prinzipielle Ausdrückbarkeit* eines Sachverhalts in jeder natürlichen Sprache nicht in Frage stellen darf. Diese prinzipielle Ausdrückbarkeit wird durch Innovationsmechanismen ermöglicht, wie sie in diachronen Sprachveränderungsprozessen zur Anwendung gelangen. Das Relativitätsprinzip würde dann etwa besagen, daß jede natürliche Sprache eine ihr spezifisch zugeordnete Weltansicht vermittelt, die aber die Existenz oder die Inkorporation sprachlicher Universalien keinesfalls ausschließt. Sie ermöglichen allererst einen Vergleich der relativen Systeme und auf diese Weise auch die Definition dessen, was gegen die Unterschiede der sprachlichen Systeme invariant bleibt, als Wirklichkeit.[20]

Diese Konzeption des linguistischen Relativitätsprinzips impliziert das *Toleranzprinzip*. Wenn nämlich die Linguisten der Auffassung sind, daß die Relativität der alternativen natürlichen Sprachen die Konzeption eines universalen Ausdrückbarkeitsprinzips einschließt, dann erkennen sie mit der prinzipiellen Gleichberechtigung der natürlichen Sprachen auch die prinzipielle Gleichberechtigung der ihnen zugeordneten Weltansicht an. Dies aber ist nichts anderes als die Toleranz gegenüber den sprachlichen Alternativen, unter denen keine linguistisch prinzipiell als ausgezeichnet gelten kann.

Es ist wichtig zu sehen, daß die ebengenannte Theorie der Sprachverschiedenheit strukturale, im wesentlichen jedoch funktionale Aspekte der Sprachen zum Gegenstand haben muß. Die einzelsprachliche Organisation der Wirklichkeit ist eine in den Sprechakten vollzogene Leistung der Sprecher dieser Sprache, zu der ihnen das Sprachsystem die grammatischen Strukturen an die Hand gibt; diese Strukturen sind Mittel zum Zweck der kommunikativen Interaktion und deren Bedarfslage steuert ihre Auswahl und Entwicklung.

19 Wir erinnern uns hier an HUMBOLDTs kategorischen Imperativ einer „freien Seminardiskussion": „Es darf also niemand auf andere Weise zum anderen reden, als dieser, unter gleichen Umständen, zu ihm gesprochen haben würde" (HUMBOLDT 1830: 419).

20 Die SAPIR-WHORFsche Hypothese, so behaupte ich, ist dann eine sinnvolle empirische Hypothese, wenn sie systematisch auf die *universellen* Bedingungen des sprachlichen Handelns bezogen wird; zur Widerlegung von Universalientheoremen eignet sie sich nicht. – Cf. WHORF 1959.

Ganz entsprechend sind es auch in den beiden weiteren, noch kurz zu behandelnden Beispielfällen die Sprachfunktionen, die den wichtigsten Beitrag zur Klärung der Rolle liefern können, die das implizit Politische im Bereich der linguistischen Theorienbildung spielt. So wird eine *Theorie der Sprachspiele* wenige syntaktische, mehr semantische, in erster Linie aber pragmatische Komponenten enthalten, die ihre Rolle in Kommunikationsprozessen verständlich machen können. Sprachspiele sind kommunikative Handlungsspiele (SCHMIDT), die aus aufeinander bezogenen sprachlichen und nichtsprachlichen Handlungen zusammengesetzt sind. Sie sind somit gleichsam die Elementarsätze der Kommunikation, aus einfachen Bausteinen zweierlei Art – den Handlungen und den sprachlichen Handlungen – zusammengesetzte Kommunikationseinheiten, die, ihrerseits wiederum zu größeren Einheiten zusammengesetzt, komplexere Strukturen der Kommunikation zu konstruieren erlauben.

Eine Theorie der Sprachspiele wird demnach vor allem ein *linguistisches Kommunikationsprinzip* zu formulieren haben, das die Sprache und die Weisen ihrer Verwendung als gesellschaftskonstituierende Faktoren darstellt. Dabei muß insbesondere die prinzipielle Vertauschbarkeit der Rollen berücksichtigt werden, die die Kommunikanden in Sprachspielen spielen können. Dieses Kommunikationsprinzip würde also etwa besagen, daß eine Kommunikationsgesellschaft aus *prinzipiell gleichberechtigten* Sprechern/Hörern besteht und von diesen mittels einer potentiell unendlichen Menge von Sprachspielen konstituiert und verändert werden kann. Als endlich wird die Menge der Typen von Handlungen und sprachlichen Handlungen angesehen werden können, aus denen die einzelnen Sprachspiele zusammengesetzt sind; als potentiell unendlich muß die Menge der tatsächlich aus ihnen mit rekursiven Methoden zusammensetzbaren Sprachspiele gelten.[21]

Wenn wir uns fragen, was das implizit Politische ist, was wir offenbar schon anerkannt haben, wenn wir eine solche linguistische Theorie der Sprachspiele anerkennen, so wird dies mindestens ein *Sozialitätsprinzip* sein. Dieses Sozialitätsprinzip besagt, daß Kommunikation ein sozialer und nicht ein bloß individueller, privater Akt ist und, daß die Akteure prinzipiell gleichberechtigt sind. Es besagt außerdem, daß funktionierende Kommunikation eine notwendige Bedingung der Konstitution einer Gesellschaft und der Möglichkeit ist, sie zu gestalten und zu verändern.

Ein drittes Beispiel. Die *Sprechakttheorie*, wie sie gegenwärtig den Hauptgegenstand der linguistischen Pragmatik bildet, hat eine besondere Bedeutung für das Verständnis der Kommunikation in einer Gesellschaft. Sie hat die linguistische Struktur der sprachlichen Handlungen zu untersuchen, die innerhalb der kommunikationskonstituierenden Einheiten der Sprachspiele als eine Art Bausteine figurieren.

Der transzendentale Aspekt von Sprache und Sprechen ist im Falle der Sprechakttheorie und der sie inkorporierenden Theorie der Sprachspiele die konstitutive Rolle, die Sprechakte für den Aufbau der Sprachspiele und Sprachspiele für den Aufbau einer Kommunikationsgemeinschaft spielen. Mit den für Sprechakte geltenden Regeln werden

21 Ein solches Kommunikationsprinzip, das auch als Symmetrieprinzip bezeichnet worden ist, ist nicht etwa deshalb falsch, weil die sozialen und sprachlichen Inhomogenitäten *faktische* Kommunikationssysmmetrie nur selten zulassen, sondern es formuliert vielmehr die Möglichkeit, daß die linguistischen Anteile dieser Asymmetrien prinzipiell ausgeglichen werden können.

Verbindlichkeiten nicht nur des korrekten Sprachgebrauchs in die Sprache eingeführt, sondern Beziehungen der Menschen untereinander allererst etabliert, Verbindlichkeiten ihres Zusammenlebens geschaffen und damit ein Teil der Wirklichkeit. Wir können hier einzelne Regeln abschaffen, ändern, neue einführen; wenn wir alle Regeln abschafften, würden wir die Kommunikationsmöglichkeit zerstören und damit jede Möglichkeit, den in einer Gesellschaft bestehenden Kommunikationsbedarf zu decken. Sprechen ist Handeln, aber Sprechen in einer Kommunikationsgemeinschaft - und das ist der Normalfall – bedeutet mehr. Es bedeutet entweder, daß man ernst meint, was man sagt oder, wenn dies nicht der Fall ist, daß dies so erkennbar ist. Ironie ist z. B. eine Weise der Sprachwendung, die die übliche Verbindlichkeit des Sprechens in einer Kommunikationsgemeinschaft wie einen Rahmen voraussetzt, in dem sie überhaupt möglich ist. Nur auf Ironie gegründete Kommunikation ist unmöglich. Wer nicht meint, was er sagt, hält, was er verspricht, tut, was er ankündigt, beantwortet, was er gefragt wird, zerstört eine Solidarität, die jeder Sprechakt qua verbindlicher Handlung in einer Gesellschaft aufs neue schafft.

Somit anerkennen die Mitglieder einer Kommunikationsgemeinschaft offenbar ein *Solidaritätsprinzip*, das eine Verbindlichkeit der mit ihren Sprechakten ausgeführten oder verbundenen Handlungen als legitime Erwartung aller am Kommunikationsprozeß Beteiligten ausweist.

Wir sehen, daß eine funktionale Linguistik auch in diesem sehr allgemeinen sprachtheoretischen Bereich einen substantiellen Beitrag zu einer Erforschung der impliziten Politizität von Sprache und Kommunikation leisten kann.

Die empirische Erforschung der funktionalen Zusammenhänge von Sprachsystemen und Systemen der Wirklichkeitskonstitution, Kommunikationsstrukturen und Kommunikationsbedürfnissen, ethischen und politischen Aspekten von Sprachveränderung, Sprachverschiedenheit und Sprachplanung ist eine wichtige linguistische Aufgabe. Ebenso wichtig aber ist die Aufgabe der Wissenschaftsphilosophie, in eine systematische Diskussion der Frage einzutreten, inwieweit die praktische Vernunft der Wissenschaften eine Voraussetzung der theoretischen ist und mit welchen Konsequenzen. Die Rolle der wissenschaftlichen Kommunikation, wie sie mit dem Begriff der Wissenschaftlergemeinschaft, dem Aspekt der Theoriendynamik und der Frage einer Finalisierung wissenschaftlicher Forschung in das Blickfeld der Wissenschaftstheorie geraten ist, ist bislang kaum zureichend untersucht worden. Ich habe in diesem Schlußkapitel am Beispiel der gegenwärtigen Situation in der Linguistik Hinweise dafür gegeben, daß es hier Problemstellungen und Vorschläge für Lösungsstrategien gibt, die ein neues und vollständigeres Verständnis der sprachlichen Bedingungen der Möglichkeit von theoretischer Vernunft eröffnen können.

Die theoretische Vernunft der Wissenschaft kann wohl nur dann in angemessener Weise verstanden werden, wenn man sieht, daß sie auf praktische Vernunft gegründet ist. Aber auch hier, wie bei allen Theorien, geht es zwar um Erkenntnis und wissenschaftschaftlichen Fortschritt, doch nicht um die Etablierung neuer Dogmen. Wir müssen unsere wissenschaftliche Phantasie zu disziplinieren versuchen, auch in praktischer Absicht, doch nicht um den Preis eines Verzichts auf Innovationen, die unsere Hypothesen überholen und relativieren können. Gelegentlich sollte man sich an ein Wort von FEYERABEND erinnern: „Die Wissenschaften sind schließlich unser eigenes Werk, eingeschlossen all die strengen Maßstäbe, die sie uns aufzuerlegen scheinen."

Literaturverzeichnis

ALTMANN, G./LEHFELDT, W. 1973: Allgemeine Sprachtypologie. Prinzipien und Meßverfahren. München: Fink 1973 (UTB 16).

APEL, K.-O. 1972: Die Kommunikationsgemeinschaft als transzendentale Voraussetzung der Sozialwissenschaften. In: Neue Hefte für Philosophie 2 (1972), 1–40.

– 1973: Einführende Bemerkungen zur Idee einer „transzendentalen Sprachpragmatik". Manuskript Frankfurt 1973.

ARNAULD, A. 1662: La logique, ou l'art de penser. – Engl. Neuausgabe Indianapolis 1964.

ARNOLD, H. L./SINEMUS, V. (Hrsg.) 1974: Grundzüge der Literatur- und Sprachwissenschaft, Bd. 2: Sprachwissenschaft. München: Deutscher Taschenbuchverlag 1974.

AUSTIN, J. L. 1961: Philosophical Papers. Oxford: Oxford University Press 1961.

– 1962: How to do things with words. Oxford: Oxford University Press 1962.

BAILEY, C. 1971: Trying to Talk in the New Paradigm. In: Papers in Linguistics 4 (1971), 312–338.

BALLMER, Th. T. 1976: Inwiefern ist Linguistik empirisch? In: WUNDERLICH, D. (Hrsg.) 1976, 6–53.

BALZER, W./SNEED, J. D. 1977: Generalized net structures of empirical theories. Manuskript Osnabrück/Santa Cruz 1977.

BARTSCH, R./EHRICH, V./LENERTZ 1976: Einführung in die Syntax. Kronberg/Ts.: Scriptor 1976 (Taschenbücher Linguistik und Kommunikationswisssenschaft 19).

BARTSCH, R./VENNEMANN, T. 1972: Semantic Structures. Frankfurt: Athenäum 1972.

– (Hrsg.) 1973: Linguistik und Nachbarwissenschaften. Kronberg/Ts.: Scriptor 1973.

BAUMANN, H.-H. 1970: Sprachwissenschaft oder Sprachwesenschaft? In: Linguistische Berichte 10 (1970), 84–87.

BAUMGÄRTNER, K. et al. (Hrsg.) 1973: Funk-Kolleg Sprache, 2 Bde. Frankfurt: Fischer Taschenbuchverlag 1973.

BRIDGMAN, G. 1950: Reflections of a Physicist. New York: New York Philosophical Library 1950.

BURKHARDT, D. et al. (Hrsg.) 1972: Signale in der Tierwelt. Vom Vorsprung der Natur. München: Deutscher Taschenbuchverlag 1972.

BURNET, J. (Hrsg.) 1900: Platonis Opera I. Oxford: Scriptorum Classicorum Bibliotheca Oxoniensis. Nachdruck 1961.

CARNAP, R. 1928: Der logische Aufbau der Welt. Berlin: Springer 1928. Neudruck Hamburg: Meiner 1958.

– 1936/37: Testability and Meaning. In: Philosophy of Science 3 (1936/37). Teilw. abgedruckt in: FEIGL, H./BRODBECK, M. (Hrsg.) 1953, 47–92.

– 1947: Meaning and Necessity. A Study in Semantics and Modal Logic. Chicago and London: The University of Chicago Press 1947 (^{4}1964).

CEDERGREN, H. J./SANKOFF, D. 1974: Variable rules: performance as a statistical reflection of competence. In: Language 50/2 (1974), 333–355.

CHOMSKY, N. 1965: Aspects of the Theory of Syntax. Cambridge/Mass.: The M.I.T. Press 1965. – Dt. Übers. Frankfurt: Suhrkamp 1969 und Berlin 1970.

– 1966: Cartesian Linguistics. A Chapter in the History of Rationalist Thought. New York and London: Harper & Row 1966. – Dt. Übers. Tübingen 1971.

– 1972: Studies on Semantics in Generative Grammar. Den Haag: Mouton 1972 (Janua Linguarum, ser. minor 107).

CRESSWELL, M. J. 1973: Logics and Languages. London: Methuen 1973.

DERWING, B. L. 1973: Transformational Grammar as a Theory of Language Acquisition. A Study in the Empirical, Conceptual and Methodological Foundations of Contemporary Linguistics. Cambridge: University Press 1973, 9–15.

DESCARTES, R. 1701: Oeuvres (ADAM, C./TANNERY, P. (Hrsg.) 1897–1913, Nachdruck Paris 1950 ff.).

DIEDERICH, W. 1974: Konventionalität in der Physik. Wissenschaftstheoretische Untersuchungen zum Konventionalismus. Berlin: Duncker & Humblot 1974.

– (Hrsg.) 1974: Theorien der Wissenschaftsgeschichte. Beiträge zur diachronischen Wissenschaftstheorie. Frankfurt: Suhrkamp 1974 (Theorie-Diskussion).

EHRICH, V./FINKE, P. (Hrsg.) 1975: Beiträge zur Grammatik und Pragmatik. Kronberg: Scriptor 1975 (Monographien Linguistik und Kommunikationswissenschaften 12).

EIBL-EIBESFELDT, I. 1972: Freundliche Signale von Fisch zu Fisch. In: BURKHARDT et al. (Hrsg.) 1972: 159–164.

FEIGL, H./BRODBECK, M. (Hrsg.) 1953: Readings in the Philosophy of Science. New York: Appleton – Century – Crofts 1953.

FEYERABEND, P. K. 1970: Against Method. In: RADNER, M./WINOKUR, S. (Hrsg.) 1970, 17–130.

– 1970: Wie wird man ein braver Empirist? Ein Aufruf zur Toleranz in der Erkenntnistheorie. In: KRÜGER, L. (Hrsg.) 1970, 302–335.

FINKE, P. 1973: Toleranz, Sozialität, Solidarität. Manuskript Göttingen 1973.

– 1974: Theoretische Probleme der Kasusgrammatik. Kronberg: Scriptor 1974 (Monographien Linguistik und Kommunikationswissenschaften 9).

– 1974a: Sprachanalytische Philosophie. In: ARNOLD, H. L./SINEMUS, V. (Hrsg.) 1974, 492–511.

– 1975: Kommunikationsprinzipien, Sprachverschiedenheit, Herrschaft. In: EHRICH, V./FINKE, P. (Hrsg.) 1975, 23–41.

– 1975a: Der Kasusprozeß in der Revision. Manuskript Bielefeld 1975.

– 1976: Anmerkungen zur Empiriediskussion. In: WUNDERLICH, D. (Hrsg.) 1976, 175–182.

– 1976a: Für eine offensive Schulpolitik in Sachen Linguistik. In: HENRICI, G./MEYER-HERMANN (Hrsg.) 1976, 67–82.

– 1976b: Linguistik, eine Form wissenschaftlicher Kommunikation. In: SCHECKER, M. (Hrsg.) 1976, 25–48.

– 1976c: Kommentar zu Lorenz. In: WUNDERLICH, D. (Hrsg.) 1976, 268.

– 1977: Was die Wissenschaftstheorie von der Linguistik lernen kann. Ansätze zu einer funktionalen Wissenschaftstheorie. In: Osnabrücker Beiträge zur Sprachtheorie Heft 3 (1977), 27–54.

– 1977a: Eine Sneed-Matrix für die Linguistik. In: VIETHEN, H. W. et alii (Hrsg.) 1977, 3–13.

– (im Druck): Sprache–Welt–Paare. Erscheint in: HABEL, Ch./KANNGIESSER, S. (Hrsg.), im Druck.

FINKE, P./KANNGIESSER, S. (im Druck), Kommunikationsbedürfnisse und Sprachadäquatheit. Erscheint in: QUASTHOFF, U. (Hrsg.), im Druck.

FINKE, P./KINDT, W./WIRRER, J. 1974: Zu Heide Göttners ‚Logik der Interpretation' aus literaturtheoretischer Sicht. Manuskript Bielefeld 1974.

– 1975: Antwort auf Göttner. Manuskript Bielefeld 1975.

FREGE, G. 1879: Begriffsschrift, eine der arithmetischen nachgebildete Formelsprache des reinen Denkens. Halle 1879. Neudruck Hildesheim: Wissenschaftliche Buchgesellschaft 19.

FREGE, G. 1891: Funktion und Begriff. Jena 1891. – Wiederabgedruckt in: FREGE 1962.

– 1918–1926: Der Gedanke/Die Verneinung/Gedankengefüge. Logische Untersuchungen I–III. In: Beitr. z. Philos. d. Dt. Idealismus 1 (1918/19) und 3 (1923–1926), 58–77, 143–157, 36–51. – Wiederabgedruckt in: FREGE 1966.

FREGE, G. 1962: Funktion, Begriff, Bedeutung. Fünf logische Studien. Hrsg. v. G. PATZIG. Göttingen: Vandenhoeck und Ruprecht 1962 (kl. Vandenhoeck-Reihe 144/145).

– 1966: Logische Untersuchungen. Hrsg. v. G. PATZIG. Göttingen: Vandenhoeck und Ruprecht 1966 (kl. Vandenhoeck-Reihe 219/221).

v. FRISCH, K. 1965: Tanzsprache und Orientierung der Bienen. Berlin: Springer 1965.

GAIFMAN, H. 1961: Dependency, Systems and Phrase Structure Systems. Abgedruckt in: Information and Control 8 (1965), 304–337.
GARDNER, T. 1973: Hauptströmungen der modernen Linguistik: Chomsky und die generative Grammatik. Göttingen: Vandenhoeck und Ruprecht 1973 (Kl. Vandenhoeck-Reihe 1387).
GINSBURG, S. 1966: The mathematical theory of context free languages. New York: McGraw-Hill 1966.
GINSBURG, S./PARTEE, B. 1969: A mathematical model of transformational grammars. In: Information and control 15 (1969), 297–334.
GINSBURG, S./SPANIER, E. 1968: Control Sets on Grammars. In: Math. Syst. Theory 2 (1968), 159–177.
GÖTTNER, H. 1972: Logik der Interpretation. Analyse einer literaturwissenschaftlichen Methode unter kritischer Betrachtung der Hermeneutik. München: Fink 1972 (Münchener Universitätsschriften 11).
– 1974: Theorienstruktur in der Literaturwissenschaft. Manuskript München 1974.
GRICE, H. P. 1968: Logic and Conversation. Manuskript Cambridge/Mass. 1968.
GUTHRIE, W. K. 1963: Die griechischen Philosophen von Thales bis Aristoteles. Göttingen: Vandenhoeck und Ruprecht 1963 (Kl. Vandenhoeck-Reihe Nr. 90–91).
HABEL, C. 1975 Mathematik – Hilfswissenschaft für Linguisten? In: Linguistische Berichte (1975), 50–54.
– 1975: Phrasenstrukturgrammatiken mit bewerteten Ableitungen. Manuskript Göttingen.
HABEL, Ch./KANNGIESSER, S. (Hrsg.) (im Druck), Sprachdynamik und Sprachstruktur. Ansätze zur Sprachtheorie. Tübingen: Niemeyer (im Druck).
HABERMAS, J. 1969: Vorbereitende Bemerkungen zu einer Theorie der kommunikativen Kompetenz. – Wiederabgedruckt in: HABERMAS, J./LUHMANN, N. 1971: Theorie der Gesellschaft oder Sozialtechnologie? Was leistet die Systemforschung? Frankfurt: Suhrkamp 1971: 101–141.
HACKING, I. 1968: A Language Without Particulars. In: Mind LXXVII (1968), 168–185.
HAECKEL, E. 1866: Generelle Morphologie der Organismen. Bd. II: Allgemeine Entwicklungsgeschichte der Organismen. Berlin 1866.
HANSON, N. R. 1958: Patterns of Discovery. Cambridge: Cambridge Press 1958.
HARRIS, Z. 1954: Distributional Structure. In: Word 10 (1954), 146–194.
HARTMANN, P. 1972: Zur Lage der Linguistik in der BRD. Frankfurt: Athenaion 1972.
HELBIG, G. 1974: Geschichte der neueren Sprachwissenschaft. Reinbek bei Hamburg: Rowohlt 1974 (Studium 48).
HELMER, O./RESCHER, N. 1969: Exact vs. inexact sciences: A more instructive dichotomy? In: KRIMERMAN, L. I. (Hrsg.) 1969: The nature and scope of social science. New York 1969: 181–203.
HEMPEL, C. G. 1965: Aspects of Scientific Explanation. New York–London: 1965.
– 1970: On the 'Standard Conception' of Scientific Theories. In: RADNER/WINOKUR (Hrsg.) 1970, 142–163.
– 1970: Erklärung in Naturwissenschaft und Geschichte. In: KRÜGER, L. (Hrsg.) 1970, 215–238.
– 1971: The Meaning of Theoretical Terms. A Critique of the Standard Empirist Construal. In: SUPPES, P. et al. (Hrsg.) 1971: Logic, Methodology, and Philosophy of Science. IV. Proceedings of the 1971 International Congress. Bukarest 1971. Amsterdam 1974.
HENRICH, D. (Hrsg.) 1967: Über Theorie und Praxis. Frankfurt: Suhrkamp 1967 (Theorie 1).
HENRICI, G./MEYER-HERMANN, R. (Hrsg.) 1976: Linguistik und Sprachunterricht. Paderborn: Schöningh 1976 (Informationen zur Sprach- und Literaturdidaktik 9).
HINTIKKA, J. 1962: Knowledge and Belief. Ithaca: Cornell University Press 1962.
– 1969: Models for Modalities. Dordrecht: Reidel 1969.
HUMBOLDT, W. v. 1830: Über die Verschiedenheit des menschlichen Sprachbaues und ihren Einfluß auf die geistige Entwicklung des Menschengeschlechts. Faksimile. Bonn: Dümmler 1960.
HUXLEY, J. S. 1942: Evolution. The modern Synthesis.

ITKONEN, E. 1975: Was für eine Wissenschaft ist die Linguistik eigentlich? Manuskript Helsinki 1975.
– 1976: Was für eine Wissenschaft ist die Linguistik eigentlich? (Überarbeitete Fassung von ITKONEN 1975). In: WUNDERLICH, D. (Hrsg.) 1976, 56–76.
– 1976a: Linguistics and Empiricalness. Answers to Criticisms. Schriftenreihe des Department of General Linguistics, University of Helsinki, No. 4, 1976.
KAMLAH, W./LORENZEN, P. 1967: Logische Propädeutik. Vorschule des vernünftigen Redens. Mannheim: Bibliographisches Institut 1967 (BI – Hochschultaschenbücher 227/227a).
KANNGIESSER, S. 1973: Ansätze zu einer Theorie der Synchronie und Diachronie. In: Linguistics 101 (1973), 5–71.
– 1976: Sprachliche Universalien und diachrone Prozesse. In: APEL, K.-O. (Hrsg.): Sprachpragmatik und Philosophie. Frankfurt: Suhrkamp 1976, 273–393 (Theorie-Diskussion).
– 1976a: Spracherklärungen und Sprachbeschreibungen. In: WUNDERLICH, D. (Hrsg.) 1976, 106–160.
KANT, I. 1787: Kritik der reinen Vernunft, 2. Aufl. – Zahlreiche Neuauflagen.
KINDT, W. 1974: Einige Überlegungen zum Verhältnis von formalen und natürlichen Sprachen. Manuskript des Zentrums f. interdiszipl. Forschung, Bielefeld.
KINDT, W./SCHMIDT, S. J. (Hrsg.) 1975: Interpretationsanalysen. München: Fink (Grundfragen der Literaturwissenschaft, Neue Folge 2).
KÖNIG, J. 1949: Bemerkungen über den Begriff der Ursache. In: Das Problem der Gesetzlichkeit I. Hamburg: Meiner 1949, 25–120.
KÖNIG, W. 1975: Kommunikationsbedürfnisse, Ausdrucksadäquatheit, Sprachveränderung. Manuskript Osnabrück 1975. – Erscheint in: HABEL, Ch./KANNGIESSER (Hrsg.), im Druck.
KRATZER, A./PAUSE, E./v. STECHOW, A. 1973: Einführung in Theorie und Anwendung der generativen Syntax. 2 Bde. Frankfurt: Athenäum 1973.
KRIPKE, S. A. 1963: Semantical Considerations on Modal Logic. In: LINSKY, L. (Hrsg.) 1971: 63–72.
– 1972: Naming and Necessity. In: DAVIDSON, D./HARMAN, G. (Hrsg.) 1972: Semantics of Natural Language. Dordrecht: Reidel 1972.
KRÜGER, L. 1970: Über das Verhältnis der hermeneutischen Philosophie zu den Wissenschaften. In: BUBNER, R. et al. (Hrsg.) 1970: Hermeneutik und Dialektik, Bd. I. Tübingen 1970, 3–30.
– (Hrsg.) 1970: Erkenntnisprobleme der Naturwissenschaften. Texte zur Einführung in die ‚Philosophie der Wissenschaft'. Köln–Berlin: Kiepenheuer & Witsch 1970 (NWB 38).
KRÜGER, L. 1974: Die systematische Bedeutung wissenschaftlicher Revolutionen. Pro und contra Thomas Kuhn. In: DIEDERICH, W. (Hrsg.) 1974, 210–246.
KUHN, T. S. 1970: The Structure of Scientific Revolutions (2nd edition). Chicago: The University Press 1970. – Dt. Übers. der 1. Aufl. (ohne ‚Postscript') Frankfurt: Suhrkamp 1973 (Suhrkamp Taschenbuch Wissenschaft 25). – Dt. Übers. des Postskripts in: WEINGART (Hrsg.) 1972, 287–319.
– 1976: Theory-Change as Structure Change: Comments on the Sneed Formalism. Erkenntnis 10 (1976), 179–199.
KUMMER, W. 1975: Grundlagen der Texttheorie. Zur Handlungstheoretischen Begründung einer materialistischen Sprachwissenschaft. Reinbek bei Hamburg: Rowohlt 1975 (Studium 51).
KUTSCHERA, F. v. 1972: Wissenschaftstheorie. 2 Bde. München: Fink 1972 (UTB 100/101).
– 1973: Sprachphilosophie. München: Fink 1972 (UTB 80).
LABOV, W. 1972: The internal evolution of linguistic rules. In: STOCKWELL, R. P. et al. (Hrsg.) 1972: Linguistic Change and Generative Theory. Bloomington: 1972.
LANCELOT, C./ARNAULD, A. 1660: Grammaire générale et raisonnée.
LAKATOS, I. 1974: Die Geschichte der Wissenschaft und ihre rationalen Rekonstruktionen. In: DIEDERICH, W. (Hrsg.) 1974, 55–119.
LAKATOS, I./MUSGRAVE, A. (Hrsg.) 1970: Kritik und Erkenntnisfortschritt. Abhandlungen des Internationalen Kolloquiums über die Philosophie der Wissenschaft. London 1965. – Dt. Übers. Braunschweig: Vieweg 1974 (Wissenschaftstheorie – Wissenschaft und Philosophie 9).

LEIBNIZ, G.W. 1714: La monalogie. ROBINET, A./BUCHENAU, A. (Hrsg.) Hamburg: Meiner 1956 (Phil. Bibl. 253).
LENNEBERG, E.H. 1967: Biological Foundations of Language. New York: Wiley 1967. – Dt. Übers. Frankfurt: Suhrkamp 1972.
LEPENIES, W. (Hrsg.) 1971: Soziologie, Anthropologie. Materialien. München: Hanser 1971.
LIEB, H.H. 1974/76: Grammars as theories: The case for axiomatic grammar. Teil I/II. In: Theoretical Linguistics 1 (1974), 39–115; Theoretical Linguistics 2 (1976), 1–98.
LINSKY, L. (Hrsg.) 1971: Reference and Modality. Oxford: Oxford University Press 1971 (Oxford Readings in Philosophy Series).
LOCKE, J. 1690: An Essay concerning human understanding. FRASER, A.C. (Hrsg.). New York/ London 1959.
LORENZ, K. 1969: Die Ethik der Logik. Vortragsmanuskript Heidelberg 1969.
- 1976: Sprachtheorie als Teil einer Handlungstheorie. In: WUNDERLICH, D. (Hrsg.) 1976, 250–266.
LORENZEN, P. 1963: Metamathematik. Mannheim: Bibliographisches Institut 1963 (BI-Hochschultaschenbücher 25).
– 1970: Normative Logic and Ethics. Mannheim: Bibl. Institut (BI-Hochschultaschenbücher 236).
– 1974: Konstruktive Wissenschaftstheorie. Frankfurt: Suhrkamp 1974 (Suhrkamp Taschenbuch Wissenschaft 93).
LYONS, J. 1968: Introduction to Theoretical Linguistics. Cambridge: C. University Press 1968.
MAAS, U. 1974: Dependenztheorie. In: ARNOLD, H.C./SINEMUS, V. (Hrsg.) 1974, 257–275.
MARSHALL, J.C. 1970: Biologische Aspekte der menschlichen und tierischen Kommunikation. In: LYONS, J. (Hrsg.) 1970: New Horizons in Linguistics. Dt. Ausgabe 1974: Neue Perspektiven in der Linguistik. Reinbek bei Hamburg: Rowohlt (rororo-studium 66) 1974, 205–216.
MASTERMAN, M. 1966: Die Natur eines Paradigmas. In: LAKATOS, I./MUSGRAVE, A. (Hrsg.) (1970), dt. 1974, 59–88.
TER MEULEN, A. 1976: Grammars and empirical theories. In: WUNDERLICH, D. (Hrsg.) 1976, 87–97.
MIGRANS, MILVUS M. 1973: Bemerkungen zur TSS-Konzeption der Wissenschaft. Manuskript Bursfelde 1973.
MONTAGUE, R. 1970: Pragmatics and Intensional Logic. In: Synthese 22, 1/2 (1970), 68–94. – Dt. Übers. in: SCHMIDT, S.J. (Hrsg.), 1974.
– 1970: Universal Grammar. In: Theoria 36 (1970), 373–398.
– 1970: English as a Formal Language. In: VISENTINI et al. (Hrsg.) 1970: Linguaggi nella Società e nella Tecnica. Milano 1970.
MORRIS, C.W. 1955: Signs, Language, and Behavior. Englewood Cliffs, N.J.: Prentice Hall 1955.
MOULINES, C.U. 1976: Approximate Application of empirical theories: a general explication. Erkenntnis 10 (1976), 201–227.
NAGEL, E. 1968: The Structure of Teleological Explanations. In: NIDDITCH, P.H. (Hrsg.) 1968: The Philosophy of Science. Oxford: O. University Press 1969, 80–96.
NAGEL, E./SUPPES, P./TARSKI, A. (Hrsg.) 1962: Logic, Methodology, and Philosophy of Science. Stanford 1962.
NOWAKOWSKA, M. 1973: Language of Motivation and Language of Actions. In: Janua Linguarum. The Hague-Paris: Mouton 1973 (Series Major 67).
PARRET, H. 1975: La grammaire devant les intentions. In: EHRICH, V./FINKE, P. (Hrsg.) 1975: 187–200.
PARSONS, T. 1966: Societies. Evolutionary and Comparative Perspectives. Englewood Cliffs. N.J.: Prentice Hall 1966.
PATZIG, G. 1964: Was ist philosophische Methode? In: Neue Deutsche Hefte 99, 20–38.
– 1966: Die Sprache, philosophisch befragt. In: Die deutsche Sprache im 20. Jahrhundert. Göttingen: Vandenhoeck und Ruprecht (Kl. Vandenhoeck-Reihe Nr. 232–234) 1966, 9–28.
– 1970: Sprache und Logik. Göttingen: Vandenhoeck und Ruprecht 1970. (Kl. Vandenhoeck-Reihe).

PETERS, P. S./RITCHIE, R. W. 1971: On restricting the Base Component of Transformational Grammars. In: Information and Control 18 (1971), 483–501.
– 1973: On the generative power of transformational grammars. In: Information Sciencies 6 (1973), 49–83.
PETÖFI, J. S. 1973: Der Wissenschaftsbegriff der Linguistik. Manuskript Bielefeld 1973. Erscheint in: Der Wissenschaftsbegriff in den Natur- und in den Geisteswissenschaften, hrsg. v.d. Gottfried-Wilhelm-Leibniz-Gesellschaft, Hannover.
POPPER, K. R. 1971: Logik der Forschung. 4., erw. Auflage, Tübingen 1971.
PUTNAM, H. 1962: What Theories are Not. In: NAGEL, E./SUPPES, P./TARSKI, A. (Hrsg.) 1962: 240–251.
QUASTHOFF, U. 1975: ‚Homogenität' vs. ‚Heterogenität' als Problem einer historischen Sprachwissenschaft. In: EHRICH, V./FINKE, P. (Hrsg.) 1975: 1–21.
QUASTHOFF, U. (Hrsg.) im Druck: Sprachstruktur–Sozialstruktur. Zur linguistischen Theoriebildung. Kronberg: Scriptor (im Druck).
RADNER, M./WINOKUR, S. (Hrsg.) 1970: Minnesota Studies in the Philosophy of Science, Bd. IV: Analyzes of Theories and Methods of Physics and Psychology. Minneapolis 1970.
REMANE, A. 1962: Gilt das Biogenetische Gesetz noch heute? In: Die Menschen, Sept. 1962.
RORTY, R. (Hrsg.) 1967: The Linguistic Turn. Recent Essays in Philosophical Method. Chicago-London. 1967.
RUSSELL, B. 1912: The Problems of Philosophy. Oxford: O. University Press 1912. Dt. Übers. Frankfurt: Suhrkamp 1967 (edition suhrkamp 207).
SALOMAA, A. 1973: Formal Languages. New York-London: Academic Press 1973.
DE SAUSSURE, F. 1916: Cours de Linguistique générale. Paris: Payot ^{5}1955.
SCHECKER, M. (Hrsg.) 1976: Methodologie der Linguistik. Hamburg: Hoffmann & Campe 1976 (Kritische Wissenschaft).
SCHEFFLER, I. 1968: Reflections on the Ramsey Method. In: Journal of Philosophy 65 (1968), 269–274.
SCHEIBE, E. 1969: Bemerkungen über den Begriff der Ursache. In: HOLZ, H. H./SCHICKEL, J. 1969: Vom Geist der Naturwissenschaft. Zürich 1969, 105–134.
– 1970: Ursache und Erklärung. In: KRÜGER, L. (Hrsg.) 1970: Erkenntnisprobleme der Naturwissenschaften. Texte nur Einführung in die Philosophie der Wissenschaft. Köln/Berlin: Kiepenheuer & Witsch (Neue Wissenschaftliche Bibliothek Nr. 38) 1970, 253–275.
SCHMIDT, S. J. (Hrsg.) 1974: Pragmatik I. Interdisziplinäre Beiträge zur Erforschung der sprachlichen Kommunikation. München: Fink 1974. (Reihe Kritische Information Nr. 11).
– 1975: Literaturwissenschaft als argumentierende Wissenschaft. Zur Grundlegung einer rationalen Literaturwissenschaft. München: Fink: 1975 (Kritische Information, 38).
SCHMIDT, S. J. 1975a: Die Schnelligkeit bei der Kunstproduktion nicht unterschätzen. Bielefeld: Sema 1975.
SCHNELLE, H. 1973: Sprachphilosophie und Linguistik. Reinbek bei Hamburg: Rowohlt 1973 (Studium 30).
SCHNELLE, H. 1976: Basic aspects of the theory of grammatical form. In: KASHER, A. (Hrsg.), Language in Focus. Dordrecht: Reidel 1976, 377–404.
SCHÜTZE, F. et al. (Hrsg.) 1973: Alltagswissen, Interaktion und gesellschaftliche Wirklichkeit, Bd. II: Ethnotheorie und Ethnographie des Sprechens. Reinbek bei Hamburg. Rowohlt 1973 (Studium 35).
SEARLE, J. R. 1968: Speech Acts. An Essay in the Philosophy of Language. Cambridge: C. University Press. 1968. Dt. Übers. Frankfurt: Suhrkamp 1970.
SHANNON, E./WEAVER, W. 1964: The Mathematical Theory of Communication. Urbana: The University of Illinois Press 1964.
SNEED, J. D. 1971: The Logical Structure of Mathematical Physics. Dordrecht: Reidel 1971.
– 1975: Formale inter-theoretische Relationen und wissenschaftlicher Fortschritt. Vortragsskript Bielefeld 1975.
– 1976: Philosophical Problems in the empirical Science of Sciene: a formal approach. Erkenntnis 10 (1976), 115–146.

SOMMERS, F. 1963: Types and Ontology. In: The Philosophical Review 72 (1963), 327–363.
STEGMÜLLER, W. 1961: Einige Beiträge zum Problem der Teleologie und der Analyse von Systemen mit zielgerichteter Organisation. In: Synthese 13 (1961), 5–40.
– 1969: Probleme und Resultate der Wissenschaftstheorie und Analytischen Philosophie. Bd. I: Wissenschaftliche Erklärung und Begründung. Berlin-Heidelberg-New York: Springer 1969.
– 1970: Probleme und Resultate (...), Bd. II/1: Theorie und Erfahrung. Berlin-Heidelberg-New York 1970.
– 1973: Probleme und Resultate (...), Bd. II/2: Theorie und Erfahrung. Theorienstrukturen und Theoriendynamik. Berlin-Heidelberg-New York 1973.
– 1974: Theoriendynamik und logisches Verständnis. In: DIEDERICH, W. (Hrsg.) 1974: 167–209.
– 1975: Hauptströmungen der Gegenwartsphilosophie, Bd. II. Stuttgart: Kröner 1975 (Kröners Taschenausgaben 309).
STRAWSON, P. F. 1950: On Referring. In: Mind 59 (1950): 320–344.
– 1959 Individuals. An Essay in Descriptive Metaphysics. London: Methuen 1959.
– 1966: The Bounds of Sense. An Essay in Kant's Critique of Pore Reason. London: Methuen 1966.
– 1974: Logik und Linguistik. Aufsätze zur Sprachphilosophie. München: List 1974.
TARSKI, A. 1936: Der Wahrheitsbegriff in den formalisierten Sprachen. Engl. Übers. in: TARSKI, A. 1956: Logic, Semantics, and Metamathematics. Papers from 1923 to 1938. Oxford: O. University Press 1956.
TEMBROCK, G. 1975: Biokommunikation. Reinbek bei Hamburg: Rowohlt 1975 (rororo-vieweg 15).
THIENEMANN, A. F. 1956: Leben und Umwelt. Vom Gesamthaushalt der Natur. Reinbek bei Hamburg: Rowohlt 1956.
TOULMIN, S. 1961: Foresight and Understanding. London: 1961. – Dt. Übers. Frankfurt: Suhrkamp 1968.
– 1974: Die evolutionäre Entwicklung der Naturwissenschaft. In: DIEDERICH, W. (Hrsg.) 1974: 249–275.
VAN DE VELDE, R. 1974: Zur Theorie der linguistischen Forschung. Ein Beitrag zur Grundlagenproblematik der Linguistik. München: Hueber 1974.
VIETHEN, H. W. et alii (Hrsg.) 1977: Grammatik und interdisziplinäre Bereiche der Linguistik. Akten des 11. Linguistischen Kolloquiums Aachen 1976, Band 1. Tübingen: Niemeyer 1977 (Linguistische Arbeiten 49).
WALTER, H. 1973: Vegetationszonen und Klima. Stuttgart: Ulmer 1973 (UTB 14).
v. WEIZSÄCKER, C. F. 1970: Die Einheit der Physik als konstruktive Aufgabe. In: KRÜGER, L. (Hrsg.) 1970: 372–388.
WEINGART, P. (Hrsg.) 1972: Wissenschaftssoziologie 1. Wissenschaftliche Entwicklung als sozialer Prozeß. Frankfurt: Fischer 1972 (FAT 4007).
WHORF, B. L. 1959: Language, Thought, and Reality. Dt. Sprache, Denken, Wirklichkeit. Beiträge zur Metalinguistik und Sprachphilosophie. Reinbek bei Hamburg. Rowohlt 1963.
WICKLER, W. 1968: Mimikry. München: Kindler 1968.
WITTGENSTEIN, L. 1921: Tractatus logico-philosophicus. Zahlreiche Neuausgaben, z.B. Oxford: Blackwell.
– 1953: Philosophische Untersuchungen. Oxford: Blackwell 1953.
WUNDERLICH, D. 1974: Grundlagen der Linguistik. Reinbek bei Hamburg: Rowohlt 1974 (studium 17).
– (Hrsg.) 1976: Wissenschaftstheorie der Linguistik. Kronberg: Athenäum 1976.